Linux 设备驱动开发

[美] 约翰·马德奥 著

李 强 译

清华大学出版社

北 京

内 容 简 介

本书详细阐述了与 Linux 设备驱动开发相关的基本解决方案，主要包括 Linux 内核概念、regmap API 应用、MFD 子系统和 syscon API、通用时钟框架、ALSA SoC 框架、V4L2 和视频采集、集成 V4L2 异步和媒体控制器框架、V4L2 API、Linux 内核电源管理、PCI 设备驱动、NVMEM 框架、看门狗设备驱动、Linux 内核调试技巧和最佳实践等内容。此外，本书还提供了相应的示例、代码，以帮助读者进一步理解相关方案的实现过程。

本书适合作为高等院校计算机及相关专业的教材和教学参考书，也可作为相关开发人员的自学用书和参考手册。

北京市版权局著作权合同登记号 图字：01-2021-6446

图书在版编目（CIP）数据

Linux 设备驱动开发 / （美）约翰·马德奥著；李强译. —北京：清华大学出版社，2022.10

书名原文：Mastering Linux Device Driver Development

ISBN 978-7-302-61902-4

Ⅰ．①L…　Ⅱ．①约…　②李…　Ⅲ．①Linux 操作系统—驱动程序—程序设计　Ⅳ．①TP316.85

中国版本图书馆 CIP 数据核字（2022）第 178337 号

责任编辑：贾小红
封面设计：刘　超
版式设计：文森时代
责任校对：马军令
责任印制：刘海龙

出版发行：清华大学出版社
网　　址：http://www.tup.com.cn，http://www.wqbook.com
地　　址：北京清华大学学研大厦 A 座　　邮　编：100084
社 总 机：010-83470000　　邮　购：010-62786544
投稿与读者服务：010-62776969，c-service@tup.tsinghua.edu.cn
质量反馈：010-62772015，zhiliang@tup.tsinghua.edu.cn
印 装 者：北京同文印刷有限责任公司
经　　销：全国新华书店
开　　本：185mm×230mm　　印　张：34.5　　字　数：688 千字
版　　次：2022 年 12 月第 1 版　　印　次：2022 年 12 月第 1 次印刷
定　　价：149.00 元

产品编号：091593-01

译 者 序

计算机硬件的发展日新月异，物联网的普及也催生出了异彩纷呈的业态。所有这些都有一个前提，那就是软件能够让硬件发挥出更好的性能，而 Linux 设备驱动程序就是高级应用程序与硬件设备之间的桥梁。物联网产业的迅猛发展，预示着我国将需要更多的设备驱动开发人员。

Linux 内核驱动程序开发是软硬件相互结合的技术。本书详细介绍了内核空间中的硬件抽象层、内存管理和设备驱动，以及从用户空间利用功能模块等。

Linux 设备驱动程序开发需要掌握 C 语言、硬件基础、Linux 内核源代码和多任务程序设计能力。因此，本书从实用性出发，介绍了内核锁 API、工作延迟机制和 Linux 内核中断管理等；在 Linux 源代码结构分析方面，介绍了 regmap API、MFD 子系统和 syscon API、内核配置选项、内核版本发布等；在硬件模块方面，重点介绍了通用时钟框架、编解码器和平台设备、数字音频电源管理、V4L2 异步框架和媒体控制器框架、Linux 内核电源管理、PCI 设备驱动、NVMEM 框架和看门狗设备驱动等。最后，本书还介绍了 Linux 内核调试技巧，该内容是驱动开发中比较棘手的一部分。

本书不但阐释了大量概念，也提供了众多的开发实例，并结合内核源代码进行了详细分析，是为 Linux 设备驱动程序开发人员精心编写的实战指南。

在翻译本书的过程中，为了更好地帮助读者理解和学习，本书对大量的术语以中英文对照的形式给出，这样不但方便读者理解书中的代码，而且也有助于读者通过网络查找和利用相关资源。

本书由李强翻译，此外，黄进青也参与了部分翻译工作。由于译者水平有限，错漏之处在所难免，在此诚挚欢迎读者提出宝贵意见和建议。

译 者

前　　言

　　Linux 是世界上发展最快的操作系统之一，在过去的几年里，Linux 内核得到了显著的发展，可以支持各种嵌入式设备，其子系统也得到了改进，并增加了许多新功能。

　　本书提供了有关 Linux 内核主题的较为全面的讨论（例如，市面图书中通常较少涉及的视频和音频框架，本书也有专门章节进行介绍）。我们将深入研究一些最复杂和最具影响力的 Linux 内核框架，如 PCI、用于 SoC 的 ALSA 和 Video4Linux2（V4L2），并在此过程中提供了一些专业技巧提示和最佳实践。

　　除此之外，本书还将讨论如何利用 NVMEM 和 Watchdog（看门狗）等框架，以及如何处理特殊设备类型，如多功能设备（multi-function device，MFD）等。

　　通读本书之后，相信你能够编写非常实用可靠的设备驱动程序，并将它们与一些最复杂的 Linux 内核框架集成，包括 V4L2 和 ALSA SoC。

本书读者

　　本书主要面向嵌入式爱好者和开发人员、Linux 系统管理员和内核黑客。无论你是软件开发人员、系统架构师还是制造商（电子爱好者），只要你希望深入了解 Linux 驱动程序开发，那么本书就适合你。

内容介绍

　　本书共分为 3 篇 14 章，具体内容如下。
- ❑　第 1 篇为"用于嵌入式设备驱动程序开发的内核核心框架"，包括第 1～4 章。
  - ➢　第 1 章为"嵌入式开发人员需要掌握的 Linux 内核概念"，详细介绍了内核锁 API，Linux 内核中的等待、感知和阻塞，工作延迟机制和 Linux 内核中断管理等。
  - ➢　第 2 章为"regmap API 应用"，简要介绍了 regmap 及其数据结构、regmap

和 IRQ 管理、链接 IRQ、regmap IRQ API 和数据结构等，并演示了如何利用 regmap API 来简化中断管理和抽象寄存器访问。

➢ 第 3 章为"深入研究 MFD 子系统和 syscon API"，重点介绍了 Linux 内核中的 MFD 驱动程序及其 API 和结构，并讨论了 syscon 和 simple-mfd 辅助函数。

➢ 第 4 章为"通用时钟框架"，详细解释了 Linux 内核时钟框架，并探讨了生产者和使用者设备驱动程序，以及它们的设备树绑定。

❑ 第 2 篇为"嵌入式 Linux 系统中的多媒体和节能"，包括第 5～10 章。

➢ 第 5 章为"ALSA SoC 框架——利用编解码器和平台类驱动程序"，讨论了编解码器和平台设备的 ALSA 驱动程序开发，并介绍了 kcontrol 和数字音频电源管理（digital audio power management，DAPM）等概念。

➢ 第 6 章为"ALSA SoC 框架——深入了解机器类驱动程序"，深入研究了 ALSA 机器类驱动程序开发，并展示了如何将编解码器和平台绑定在一起以及如何定义音频路由。

➢ 第 7 章为"V4L2 和视频采集设备驱动程序揭秘"，描述了 V4L2 的关键概念。本章侧重于桥接视频设备，介绍了子设备的概念，并涵盖了它们各自的设备驱动程序。

➢ 第 8 章为"集成 V4L2 异步和媒体控制器框架"，详细介绍了异步探测的概念，这样你就不必关心桥接设备和子设备探测顺序。此外，本章还介绍了媒体控制器框架，以提供自定义的视频路由和视频管道。

➢ 第 9 章为"从用户空间利用 V4L2 API"，逐一枚举和介绍了用户空间 V4L2 API。本章首先讨论了如何编写 C 语言代码，以便从视频设备中打开、配置和获取数据，然后演示了如何通过用户空间视频相关工具（如 v4l2-ctl 和 media-ctl）来编写尽可能少的代码。

➢ 第 10 章为"Linux 内核电源管理"，讨论了基于 Linux 系统的电源管理，并介绍了如何编写具有功耗意识的设备驱动程序。

❑ 第 3 篇为"与其他 Linux 内核子系统保持同步"，包括第 11～14 章。

➢ 第 11 章为"编写 PCI 设备驱动程序"，详细阐释了 PCI 子系统并介绍了其 Linux 内核的实现。本章还演示了如何编写 PCI 设备驱动程序。

➢ 第 12 章为"利用 NVMEM 框架"，描述了 Linux 非易失性内存（Non-Volatile Memory，NVEM）子系统。本章阐释了如何编写提供者和使用者驱动程序以及它们的设备树绑定，并展示了如何从用户空间利用此类设备。

➢ 第 13 章为"看门狗设备驱动程序"，提供了对 Linux 内核看门狗子系统的准确描述。本章首先介绍了看门狗设备驱动程序，然后逐步阐释了子系统的核心，讨论了一些关键概念（如预超时和调控器）。最后，还介绍了如何从用户空间管理子系统。

➢ 第 14 章为"Linux 内核调试技巧和最佳实践"，重点介绍了使用 Linux 内核嵌入式工具（如 Ftrace 和 oops 消息分析）最常用的 Linux 内核调试和跟踪技术。

充分利用本书

为了充分利用本书，你需要一些 C 语言和系统编程知识。此外，本书内容组织基于假设你熟悉 Linux 系统及其大部分基本命令。

本书软硬件和操作系统需求如表 P-1 所示。

表 P-1　本书操作系统需求

本书涵盖的软硬件	操作系统需求
一台具有良好网络带宽和足够磁盘空间和内存的计算机，可下载和构建 Linux 内核	最好是任何基于 Debian 的发行版
市场上的任何 Cortex-A 嵌入式板（如 Udoo、Raspberry Pi 和 BeagleBone）	Yocto/Buildroot 或任何特定于供应商的操作系统

表 P-1 中未列出的任何必要软件包将在具体章节中介绍。

下载彩色图像

我们还提供了一个 PDF 文件，其中包含本书中使用的屏幕截图/图表的彩色图像。可以通过以下地址下载：

http://www.packtpub.com/sites/default/files/downloads/9781789342048_ColorImages.pdf

本书约定

本书中使用了许多文本约定。

（1）Code In Text：表示文本中的代码字、数据库表名、文件夹名、文件名、文件扩展名、路径名、虚拟 URL、用户输入和 Twitter 句柄等。以下段落就是一个示例：

```
以下链接可能有助于你了解可能的值：

https://linuxtv.org/downloads/v4l-dvb-apis/userspace-api/
mediactl/media-types.html
```

（2）有关代码块的设置如下所示：

```
static int fake_probe(  struct i2c_client *client,
                        const struct i2c_device_id *id)
{
    [...]
    mutex_init(&data->mutex);
    [...]
}
```

（3）当我们希望让你注意代码块的特定部分时，相关行或项目以粗体字给出：

```
static int __init my_init(void)
{
    pr_info('Wait queue example\n');
    INIT_WORK(&wrk, work_handler);
    schedule_work(&wrk);
    pr_info('Going to sleep %s\n', __FUNCTION__);
    wait_event_interruptible(my_wq, condition != 0);
    pr_info('woken up by the work job\n');
    return 0;
}
```

（4）任何命令行输入或输出都采用如下所示的粗体代码形式：

```
# echo 1 >/sys/module/printk/parameters/time
# cat /sys/module/printk/parameters/time
```

（5）术语或重要单词采用中英文对照形式，在括号内保留其英文原文。示例如下：

随着时间的推移，媒体支持已成为系统级芯片（System on Chip，SoC）的必需品和销售卖点，它变得越来越复杂。这些媒体 IP 核心的复杂性使得获取传感器数据需要由软件设置整个管道（由多个子设备组成）。基于设备树的系统的异步特性意味着这些子设备的设置和探测并不简单，异步框架（Async Framework）由此应运而生。

（6）本书还使用了以下两个图标。

🛈表示警告或重要的注意事项。

💡表示提示或小技巧。

关 于 作 者

John Madieu 现居住在法国巴黎，他是一位嵌入式 Linux 和内核工程师。他的主要工作包括为物联网、自动化、运输、医疗保健、能源和军事等领域的公司开发设备驱动程序和板级支持包（Board Support Package，BSP）。John 是 LABCSMART 公司的创始人兼首席顾问，该公司可为嵌入式 Linux 和 Linux 内核工程提供培训和服务。他是一位开源和嵌入式系统爱好者，始终坚信只有分享知识，我们才能学到更多。

感谢我的妻子 Claudia ATK 和我的父母 Brigitte 和 François，本书完全献给他们。

感谢 Packt 出版社的 Gebin George，如果没有他，本书的发行将被取消；同时还要感谢 Ronn Kurien 和 Suzanne Coutinho。

最后，还要感谢 Cyprien Pacôme Nguefack、Stephane Capgras 和 Gilberto Alberto，他们是激励我的导师。感谢我的助手 Sacker Ngoufack 和 Ramez Zagmo，还有许多人请恕我无法在此一一提及，感谢你们。

关于审稿人

Salahaldeen Altous 是一名电气工程师，拥有德国多特蒙德工业大学的硕士学位。他拥有 10 年的软件堆栈和嵌入式 Linux 经验，熟悉从用户空间到内核空间和固件的开发。工作之余，他是一名书法家和一名厨师。

感谢我的父母、我的妻子 Shatha 和我们的两个孩子 Yahya 和 Shahd，感谢他们一直以来的支持和耐心。

Khem Raj 拥有电子和通信工程学士学位（荣誉）。他在 20 年的软件系统职业生涯中，曾与从初创公司到财富 500 强公司的各种组织合作过。在此期间，他致力于开发操作系统、编译器、计算机编程语言、可扩展的构建系统以及系统软件开发和优化。他对开源充满热情，并且是一位多产的开源贡献者，负责维护广受欢迎的开源项目，如 Yocto 项目。他经常在开源会议上发表演讲。他是一个狂热的终身学习者。

感谢 Packt 出版社给予我审阅本书的机会。最重要的是，我要感谢我的妻子 Sweta 和我们的孩子 Himangi 和 Vihaan，他们一直在我身边，支持我的所有努力。

目　　录

第 1 篇　用于嵌入式设备驱动程序开发的内核核心框架

第 2 篇　嵌入式 Linux 系统中的多媒体和节能

第 3 篇   与其他 Linux 内核子系统保持同步

第 1 篇

用于嵌入式设备驱动程序开发的
内核核心框架

本篇将讨论 Linux 内核（Kernel）核心，介绍 Linux 内核提供的抽象层和设置，以使开发人员少走弯路，提高效率。

此外，本篇还将介绍 Linux 时钟框架，因为系统上的大多数外设都是由它驱动的。

本篇包含以下章节。

第1章，嵌入式开发人员需要掌握的 Linux 内核概念。

第2章，regmap API 应用。

第3章，深入研究 MFD 子系统和 syscon API。

第4章，通用时钟框架。

第 1 章　嵌入式开发人员需要掌握的 Linux 内核概念

Linux Kernel 是一个独立的软件，它实现了一组函数，简化了设备驱动程序的开发，使开发人员不必每次都从头开始。这些函数的重要性体现在开发人员不需要为了让上游接受自己的代码而费神，因为可以将 Kernel 作为驱动程序依赖的内核核心。本书将介绍这些核心功能中最流行的函数（当然在此过程中也会涉及其他一些函数）。

本章将首先讨论内核锁 API（这与保护共享对象和避免争用状况有关），然后介绍各种可用的工作延迟机制，即在哪个执行上下文（原子上下文/进程上下文）中延迟代码的哪一部分（上半部/下半部）。最后，我们还将学习中断的工作原理以及如何通过 Linux Kernel 设计中断处理程序。

本章包含以下主题。

❑　内核锁 API 和共享对象。
❑　Linux 内核中的等待、感知和阻塞。
❑　工作延迟机制。
❑　Linux 内核中断管理。

让我们先从技术要求开始。

1.1　技　术　要　求

要轻松阅读和理解本章，你需要具备以下条件。

❑　高级计算机架构知识和 C 语言编程技能。
❑　Linux Kernel 4.19 源。其下载地址如下：

https://github.com/torvalds/linux

1.2　内核锁 API 和共享对象

当一个资源可以被多个争用者（contender）访问时，就可以说它是共享的，而不需要考虑其排他性如何。当它们是独占的时，访问必须同步，以便只有被允许的争用者才能拥有资源。这些资源可能是内存位置或外围设备，而争用者可能是处理器（processor）、进程（process）或线程（thread）。

　　操作系统通过原子方式来执行互斥（即采用可以被中断的操作方式），修改保存资源当前状态的变量，使其对可能同时访问该变量的所有争用者可见。这种原子性（atomicity）保证修改要么成功，要么根本不成功。现代操作系统依赖用于实现同步的硬件（这应该允许原子操作），当然，一个简单的系统也可以通过禁用关键代码部分周围的中断（并避免调度）来确保原子性。

　　本节将描述以下两种同步机制。

- ❏ 锁（lock）：用于互斥（mutual exclusion）。当一个争用者持有锁时，没有其他争用者可以持有它（其他争用者都被排除）。内核中最著名的锁定原语是自旋锁（spinlock）和互斥锁（mutex）。
- ❏ 状态变量（conditional variables）：主要用于感知或等待状态变化。这些状态变量在内核中的实现方式是不一样的，详见第 1.3 节"Linux 内核中的等待、感知和阻塞"。

　　就锁定而言，硬件可以通过原子操作来允许这种同步，然后 Kernel 使用它们来实现锁定。同步原语（synchronization primitive）是用于协调对共享资源的访问的数据结构。因为只有一个争用者可以持有锁（并因此访问共享资源），它可以对与锁相关联的资源执行任意操作，这在其他争用者看来就是原子操作。所谓原子操作（atomic operation），就是指不会被线程调度机制打断的操作，这种操作一旦开始就一直运行到结束，中间不会有任何上下文切换。

　　除处理给定共享资源的独占所有权之外，有些情况下最好等待资源的状态改变。例如，等待一个列表至少包含一个对象（这样它的状态就从空变为非空），或等待任务完成［如 DMA（存储器直接访问）事务］。

　　Linux Kernel 没有实现状态变量。从用户空间来看，可以考虑在两种情况下使用状态变量，但为了达到相同甚至更好的效果，Kernel 提供了以下机制。

- ❏ 等待队列（wait queue）：主要用于等待状态改变。它被设计用来与锁协同工作。
- ❏ 完成队列（completion queue）：用于等待给定的计算完成。

　　这两种机制都受 Linux 内核支持，并且由于 API（应用程序接口）集精简（这意味着开发人员可以更轻松地使用它们）而可以公开给驱动程序。下文将详细讨论它们。

1.2.1　自旋锁

　　自旋锁（spinlock）是一种基于硬件的锁定原语。它根据现有硬件的功能来提供原子操作（如 test_and_set，在非原子实现中，它会导致读取、修改和写入操作）。

　　自旋锁主要用于不允许或根本不需要休眠的原子上下文（例如，在中断中，或者想要禁用抢占时），但也可用作 CPU（中央处理器）间锁定原语。

　　它是最简单、最基础的锁定原语。其工作原理如图 1.1 所示。

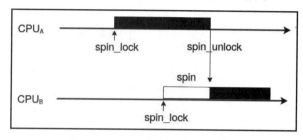

图 1.1　自旋锁争用流程

可通过以下场景来解读图 1.1。

　　（1）CPU$_A$ 正在运行任务 A，并且它已经调用了自旋锁的锁定函数（spin_lock）。

　　（2）假设 CPU$_B$ 需要运行任务 B。

　　（3）现在 CPU$_B$ 想要获取自旋锁，但由于自旋锁的锁定功能，并且这个自旋锁已经被另一个 CPU（CPU$_A$）持有，所以 CPU$_B$ 只能旋转（spin）一个 while 循环，从而阻塞任务 B，直到另一个 CPU 释放锁（即任务 A 调用自旋锁的释放函数 spin_unlock）。

　　这种自旋只会发生在多核机器上，而在单核机器上，任务要么持有自旋锁并继续执行，要么不运行直到锁被释放。这就是上述用例在单核机器上不会发生的原因。

　　请记住，自旋锁是 CPU 持有的锁，它与互斥锁相反，互斥锁是任务持有的锁。

　　自旋锁通过禁用本地 CPU 上的调度程序来运行。所谓本地 CPU（Local CPU），就是指正在运行任务并调用了自旋锁锁定 API 的 CPU。这也意味着当前在该 CPU 上运行的任务不能被另一个任务抢占，当然，如果 IRQ（中断请求）没有被禁用的话，IRQ 除外（下文会详细介绍 IRQ）。换句话说，自旋锁保护一次只有一个 CPU 可以获取/访问资源，这使得自旋锁适用于 SMP（对称多处理）安全和执行原子任务。

🛈 注意：

　　自旋锁并不是唯一利用硬件原子功能的实现。例如，在 Linux 内核中，抢占状态取决于每个 CPU 的变量，如果等于 0，则表示启用了抢占；如果大于 0，则意味着抢占被禁用（schedule() 变得无效）。因此，禁用抢占（preempt_disable()）包括将当前 per-CPU 变量加 1（实际上是 preempt_count），而 preempt_enable() 则是从变量中减去 1，检查新值是否为 0，并调用 schedule()。这些加/减操作应该是原子的，因此依赖于 CPU 能够提供原子加/减功能。

有两种方法可以创建和初始化自旋锁，具体如下。

（1）静态方式。使用 DEFINE_SPINLOCK 宏，它将声明和初始化自旋锁。

（2）动态方式。在未初始化的自旋锁上调用 spin_lock_init()。

先来看看如何使用 DEFINE_SPINLOCK 宏。

要想理解该宏是如何工作的，就必须查看 include/linux/spinlock_types.h 中该宏的定义，如下所示：

```
# define DEFINE_SPINLOCK(x) spinlock_t x = __SPIN_LOCK_
UNLOCKED(x)
```

其使用方式如下：

```
static DEFINE_SPINLOCK(foo_lock)
```

在此之后，可以通过其名称 foo_lock 访问自旋锁。请注意，它的地址是&foo_lock。当然，对于动态（运行时）分配，你需要将自旋锁嵌入更大的结构体中，为该结构体分配内存，然后在自旋锁元素上调用 spin_lock_init()，示例如下：

```
struct bigger_struct {
    spinlock_t lock;
    unsigned int foo;
    [...]
};

static struct bigger_struct *fake_alloc_init_function()
{
    struct bigger_struct *bs;
    bs = kmalloc(sizeof(struct bigger_struct), GFP_KERNEL);
    if (!bs)
        return -ENOMEM;
    spin_lock_init(&bs->lock);
    return bs;
}
```

开发人员应该尽可能使用 DEFINE_SPINLOCK。它提供编译时初始化功能，需要的代码行更少，没有什么真正的缺点。在这种情况下，可以使用 spin_lock()和 spin_unlock()内联函数来锁定/解锁自旋锁，这两个函数都是在 include/linux/spinlock.h 中定义的，如下所示：

```
void spin_unlock(spinlock_t *lock)
void spin_lock(spinlock_t *lock)
```

话虽如此，但以这种方式使用自旋锁仍有一些限制。尽管自旋锁可以防止抢占本地

CPU，但它并不能阻止该 CPU 被中断占用（也就是说，CPU 需要执行该中断的处理程序）。

假如，CPU 持有"自旋锁"以保护给定资源，但此时又发生了中断。在这种情况下，CPU 将停止其当前任务并分支到此中断处理程序。

现在，假设这个 IRQ 处理程序需要获取相同的自旋锁（你可能已经猜到，该资源与中断处理程序共享），那么此时它会在原地无限旋转，试图获取一个已经被它抢占的任务锁定的锁。这种情况称为死锁（deadlock）。

为了解决这个问题，Linux Kernel 为自旋锁提供了 _irq 变体函数，即 spin_lock_irq() 和 spin_unlock_irq()，它们除禁用/启用抢占之外，还禁用/启用本地 CPU 上的中断。其定义如下：

```
void spin_unlock_irq(spinlock_t *lock);
void spin_lock_irq(spinlock_t *lock);
```

你可能认为此解决方案已经足够，但事实并非如此。_irq 变体函数只是部分地解决了这个问题。假如，在代码开始锁定之前，处理器上的中断已经被禁用。此时，当调用 spin_unlock_irq() 时，你不仅会释放锁，而且还会启用中断。但是，这可能会以错误的方式发生，因为 spin_unlock_irq() 无法知道哪些中断在锁定之前被启用，哪些没有。

下面是一个简短的例子。

（1）假设中断 x 和 y 在获取自旋锁之前被禁用，而中断 z 则没有。这就好比 x 和 y 是犯人，而 z 则不是。

（2）spin_lock_irq() 将禁用中断（x、y 和 z 现在已被禁用）并获取锁。这就好比为了临时管控秩序，将 x、y 和 z 都监禁起来。

（3）spin_unlock_irq() 将启用中断。x、y 和 z 都将被启用。这就好比 x、y 和 z 都被释放了，显然，犯人被放跑了，这就是可能会出现问题的地方。

这使脱离上下文从 IRQ 调用 spin_lock_irq() 时变得不安全，因为其相应的函数 spin_unlock_irq() 将简单启用 IRQ，这很可能冒着放跑那些在调用 spin_lock_irq() 之前就被监禁的"罪犯"（未启用的 IRQ）的风险。只有在知道已启用的中断时，使用 spin_lock_irq() 才有意义；也就是说，开发人员应该先搞清楚被禁用的中断的情况。

现在假设一下，我们在一个变量中保存中断的状态，这样获取锁和恢复它们就不会有什么问题了。为此，Linux 内核提供了 _irqsave 变体函数，即 spin_lock_irqsave() 和 spin_lock_irqrestore()。这些函数的行为就像 _irq 一样，但是又会保存和恢复中断的状态。它们的定义如下：

```
spin_lock_irqsave(spinlock_t *lock, unsigned long flags)
spin_lock_irqrestore(spinlock_t *lock, unsigned long flags)
```

ℹ️ **注意：**

　　spin_lock() 及其所有变体自动调用 preempt_disable()，它禁用本地 CPU 上的抢占。另一方面，spin_unlock() 及其变体调用 preempt_enable()，它尝试启用（是的，是尝试！——这取决于其他自旋锁是否被锁定，它会影响抢占计数器的值）抢占，并且在内部调用 schedule()（这取决于计数器的当前值，应该是 0）。

　　spin_unlock() 是一个抢占点，可能会重新启用抢占。

1.2.2　禁用中断与仅禁用抢占

　　尽管禁用中断可能会阻止内核抢占（调度程序的定时器中断将被禁用），但没有什么可以阻止受保护的部分调用调度程序（即 schedule() 函数）。许多 Kernel 函数可以间接调用调度程序（scheduler），如处理自旋锁的那些函数。这就使得即使是简单的 printk() 函数也可能调用调度程序，因为它可以处理保护内核消息缓冲区的自旋锁。

　　Kernel 通过增加或减少称为 preempt_count 的 Kernel 全局和 CPU 本地变量（默认为 0，表示"已启用"）来禁用或启用调度程序（执行抢占）。当此变量大于 0（由 schedule() 函数检查）时，调度程序仅返回而不执行任何操作。

　　每次调用与 spin_lock* 相关的辅助函数时，此变量都会增加 1。另一方面，释放自旋锁（任何 spin_unlock* 系列函数）会使该变量减少 1，每当其达到 0 时，就会调用调度程序，这意味着你的临界区（critical section）不是完全原子操作的。

💡 **提示：临界区和临界资源**

　　"临界资源"就是一次仅允许一个线程使用的共享资源。它可以是硬件临界资源，也可以是软件临界资源。每个线程中访问临界资源的部分即称为临界区。每次只准许一个线程进入临界区，进入后不允许其他线程进入。

　　因此，如果你的代码本身不触发抢占，则只能通过禁用中断来防止其被抢占。话虽如此，但锁定自旋锁的代码可能不会休眠，因为无法唤醒它（别忘了，本地 CPU 上禁用了定时器中断和调度程序）。

　　现在我们已经熟悉了自旋锁及其相关知识。接下来将阐述互斥锁，这是有必要了解的第二个锁定原语。

1.2.3　互斥锁

　　互斥锁（Mutex）是本章重点讨论的另一个锁定原语。它的行为和自旋锁类似，唯一的区别是你的代码可以休眠。

如果试图锁定一个已经被另一个任务持有的互斥锁，那么你会发现自己的任务被挂起，只有当互斥锁被释放时该任务才会被唤醒。这次没有旋转，这意味着在你的任务等待时 CPU 可以处理其他事情。

如前文所述，自旋锁是 CPU 持有的锁，而互斥锁则是任务持有的锁。

互斥锁是一种简单的数据结构，它嵌入了一个等待队列（让争用者进入休眠状态），而自旋锁则是保护对这个等待队列的访问。struct mutex 的示例如下：

```
struct mutex {
    atomic_long_t owner;
    spinlock_t wait_lock;
#ifdef CONFIG_MUTEX_SPIN_ON_OWNER
    struct optimistic_spin_queue osq; /* Spinner MCS 锁 */
#endif
    struct list_head wait_list;
[...]
};
```

在上述代码中，为了增加可读性，删除了仅在调试模式下使用的元素。但是，可以看到的是，互斥锁是建立在自旋锁之上的。owner 表示实际拥有（持有）锁的进程；wait_list 是互斥体的争用者进入休眠状态的列表；wait_lock 是在争用者插入并进入休眠状态时保护 wait_list 的自旋锁。这有助于在 SMP 系统上保持 wait_list 的一致性。

互斥锁 API 可以在 include/linux/mutex.h 头文件中找到。在获取和释放互斥锁之前，必须对其进行初始化。至于其他 Kernel 核心数据结构，则可进行静态初始化，示例如下：

```
static DEFINE_MUTEX(my_mutex);
```

以下是 DEFINE_MUTEX() 宏的定义：

```
#define DEFINE_MUTEX(mutexname) \
        struct mutex mutexname = __MUTEX_INITIALIZER(mutexname)
```

Kernel 提供的第二种方法是动态初始化。这可以通过调用低级 __mutex_init() 函数来完成，该函数实际上由一个称为 mutex_init() 的对用户更友好的宏包装：

```
struct fake_data {
    struct i2c_client *client;
    u16 reg_conf;
    struct mutex mutex;
};
```

```
static int fake_probe(struct i2c_client *client,
                      const struct i2c_device_id *id)
{
    [...]
    mutex_init(&data->mutex);
    [...]
}
```

获取（也称为锁定）互斥锁非常简单，调用以下 3 个函数之一即可：

```
void mutex_lock(struct mutex *lock);
int mutex_lock_interruptible(struct mutex *lock);
int mutex_lock_killable(struct mutex *lock);
```

如果互斥锁空闲（解除锁定），那么你的任务可以立即获取它而无须休眠。否则，你的任务将进入休眠状态，其方式取决于你所使用的锁定函数。

例如，使用 mutex_lock()时，如果要等待互斥锁被释放（即它被另一个任务持有），则你的任务将进入不间断休眠（TASK_UNINTERRUPTIBLE）。

使用 mutex_lock_interruptible()时，你的任务将进入可中断休眠状态，即休眠可以被任何信号中断。

使用 mutex_lock_killable()时，将允许你的任务的休眠被中断，但仅限于实际终止任务的信号。

如果成功获取锁，则函数返回 0。

此外，当锁定尝试被信号中断时，interruptible 变体返回-EINTR。

无论使用什么锁定函数，互斥锁所有者（并且也只能由所有者执行）应该使用 mutex_unlock()释放互斥锁，其定义如下：

```
void mutex_unlock(struct mutex *lock);
```

如果要检查互斥锁的状态，可以使用 mutex_is_locked()：

```
static bool mutex_is_locked(struct mutex *lock)
```

此函数仅检查互斥锁所有者是否为 NULL，如果是，则返回 true，否则返回 false。

ⓘ 注意：

只有在可以保证互斥锁不会被长时间持有的情况下才推荐使用 mutex_lock()。一般来说，可使用 interruptible 变体。

使用互斥锁时有一些特定的规则。最重要的规则已经在 Kernel 的互斥锁 API 头文件（include/linux/mutex.h）中枚举。其中一部分摘录如下：

```
* - only one task can hold the mutex at a time
* - only the owner can unlock the mutex
* - multiple unlocks are not permitted
* - recursive locking is not permitted
* - a mutex object must be initialized via the API
* - a mutex object must not be initialized via memset or copying
* - task may not exit with mutex held
* - memory areas where held locks reside must not be freed
* - held mutexes must not be reinitialized
* - mutexes may not be used in hardware or software interrupt
    contexts such as tasklets and timers
```

对于上述规则的中文解释如下。

❑　一次只有一个任务可以持有互斥锁。

❑　只有所有者才能解锁互斥锁。

❑　不允许多次解锁。

❑　不允许递归锁定。

❑　必须通过 API 初始化互斥锁对象。

❑　不能通过 memset 或复制来初始化互斥锁对象。

❑　任务不能在持有互斥锁的情况下退出。

❑　不能释放持有锁所在的内存区域。

❑　持有的互斥锁不能重新初始化。

❑　互斥锁不能用于硬件或软件中断上下文（如 Tasklet 和 Timer）。

在同一个文件中可以找到规则的完整版本。

现在让我们看看一些可以避免在互斥锁被持有时将其置于休眠状态的情况。这被称为 try-lock 方法。

1.2.4　try-lock 方法

一般来说，如果锁未被其他线程持有，则可以获取该锁。try-lock 方法尝试获取锁并立即返回一个状态值（如果使用的是自旋锁则不旋转，如果使用的是互斥锁则不休眠）。该值可以告诉我们锁是否已经成功锁定。当其他线程持有锁时，如果我们不需要访问受锁保护的数据，则可以使用 try-lock 方法。

自旋锁和互斥锁 API 都提供了一种 try-lock 方法。它们分别称为 spin_trylock()和 mutex_trylock()。这两种方法在失败时都返回 0（表示锁已被锁定），在成功时都返回 1（表示已获得锁）。因此，通过以下语句使用这些函数是有意义的：

```
int mutex_trylock(struct mutex *lock)
```

　　spin_trylock()实际上针对的是自旋锁。如果自旋锁没有锁定，那么它将锁定自旋锁（并且其锁定的方式与 spin_lock()方法相同）；但是，如果自旋锁已经被锁定，那么它会立即返回 0 而不旋转。示例如下：

```
static DEFINE_SPINLOCK(foo_lock);
[...]
static void foo(void)
{
[...]
    if (!spin_trylock(&foo_lock)) {
        /* 失败! 自旋锁已经被锁定 */
        [...]
        return;
    }
    /*
     * 到达代码的该部分意味着自旋锁已经成功锁定
     */
[...]
    spin_unlock(&foo_lock);
[...]
}
```

　　另一方面，mutex_trylock()则以互斥锁为目标。如果互斥锁尚未锁定，那么它将锁定互斥锁（并且其锁定的方式与 mutex_lock()方法相同）；但是，如果互斥锁已被锁定，那么它会立即返回 0 而不会休眠。示例如下：

```
static DEFINE_MUTEX(bar_mutex);
[...]
static void bar (void)
{
[...]
    if (!mutex_trylock(&bar_mutex))
        /* 失败! 互斥锁已经被锁定 */
        [...]
        return;
    }
    /*
     * 到达代码的该部分意味着互斥锁已经成功锁定
     */
[...]
    mutex_unlock(&bar_mutex);
```

```
[...]
}
```

在上述代码中，try-lock 与 if 语句一起使用，以便驱动程序可以调整其行为。

1.3　Linux 内核中的等待、感知和阻塞

本节可命名为内核休眠机制（kernel sleeping mechanism），因为这些机制涉及将进程置于休眠状态。设备驱动程序在其生命周期中可以启动完全独立的任务，但还有一些任务则依赖于其他任务的完成。Linux Kernel 使用 struct completion 来解决此类依赖项。另一方面，可能需要等待特定条件变为 true 或对象的状态发生变化。此处，Kernel 提供了工作队列来解决这种情况。

1.3.1　等待活动完成或状态改变

你可能不必专门等待资源，而是等待给定对象（共享或非共享）的状态更改或任务完成。在 Kernel 编程实践中，通常在当前线程之外启动一个活动（activity），然后等待该活动完成。例如，当你等待使用缓冲区时，活动完成就是sleep()的一个很好的替代方法。它适用于感知数据，就像 DMA 传输一样。使用活动完成需要包括<linux/completion.h>头文件。其结构体如下所示：

```
struct completion {
    unsigned int done;
    wait_queue_head_t wait;
};
```

要创建 struct completion 的实例，可以采用以下方式进行。

（1）静态方式。使用 static DECLARE_COMPLETION(my_comp)函数。

（2）动态方式。将 completion 结构体包装到一个动态数据结构中（分配在堆上，它将在函数/驱动程序的生命周期内保持活动状态）并调用 init_completion (&dynamic_object -> my_comp)。

当设备驱动程序执行某些工作（如 DMA 事务）而其他程序（如线程）需要被通知完成时，等待进程（waiter）必须在先前初始化的 struct completion 对象上调用 wait_for_completion()以便获得通知：

```
void wait_for_completion(struct completion *comp);
```

当代码的另一部分确定工作已完成（如果是 DMA，则表明事务已经完成）时，它可以唤醒正在等待的任何进程（即需要访问 DMA 缓冲区的代码）。

等待的方式有以下两种。

（1）调用 complete()，这只能唤醒一个等待的进程。

（2）调用 complete_all()，这会唤醒所有等待此工作完成的进程。

相应的代码如下：

```
void complete(struct completion *comp);
void complete_all(struct completion *comp);
```

一个典型的使用场景如下（本代码片段摘自 Kernel 文档）：

```
CPU#1                                           CPU#2

struct completion setup_done;
init_completion(&setup_done);
initialize_work(...,&setup_done,...);

/* 运行独立代码 */                              /* 执行某些设置 */
[...]                                           [...]
wait_for_completion(&setup_done);               complete(setup_done);
```

值得一提的是，调用 wait_for_completion()和 complete()的顺序并不重要。作为信号量（semaphore），completion API 旨在使其能够正常工作，因此，即使在 wait_for_completion()之前调用了 complete()也没关系。在本示例中，一旦所有依赖项都得到满足，则等待的进程将立即继续。

请注意，wait_for_completion()将调用 spin_lock_irq()和 spin_unlock_irq()。在第 1.2.1 节"自旋锁"中已经介绍过，不建议在中断处理程序中或在禁用 IRQ 的情况下使用它们，因为它会导致启用难以检测的虚假中断。

此外，默认情况下，wait_for_completion()会将任务标记为不可中断（TASK_UNINTERRUPTIBLE），使其对任何外部信号无响应（甚至 kill 也无效）。这可能会阻塞很长时间，具体取决于它等待的活动的性质。

鉴于此，在不可中断状态下，你可能需要 wait 不被完成，或者至少可能需要 wait 能够被任何信号或仅被 kill 进程的信号中断。为此，Kernel 提供了以下 API。

❑ wait_for_completion_interruptible()。

❑ wait_for_completion_interruptible_timeout()。

❑ wait_for_completion_killable()。

❑ wait_for_completion_killable_timeout()。

_killable 变体将任务标记为 TASK_KILLABLE，使其仅响应实际杀死它的信号，而 _interruptible 变体则是将任务标记为 TASK_INTERRUPTIBLE，允许它被任何信号中断。 _timeout 变体则最多将等待指定的超时时间：

```
int wait_for_completion_interruptible(struct completion *done)
long wait_for_completion_interruptible_timeout(
        struct completion *done, unsigned long timeout)
long wait_for_completion_killable(struct completion *done)
long wait_for_completion_killable_timeout(
        struct completion *done, unsigned long timeout)
```

由于 wait_for_completion*() 可能会休眠，因此只能在此进程上下文（process context）中使用。

此外，由于 interruptible、killable 或 timeout 变体可能会在底层作业运行完成之前返回，因此，我们应仔细检查它们的返回值，以便可以采取正确的行为。

如果被中断，则 killable 和 interruptible 变体将返回-ERESTARTSYS；如果它们已经完成，则返回 0。

如果 timeout 变体被中断，则返回-ERESTARTSYS；如果超时则返回 0；如果它们在超时之前完成，则返回超时前剩余的 jiffies 数量（至少为 1）。关于这方面的更多信息，以及本书未涉及的更多函数，请参阅 Kernel 源代码中的 kernel/sched/completion.c。

另一方面，complete() 和 complete_all() 从不休眠，并在内部调用 spin_lock_irqsave()/ spin_unlock_irqrestore()，使来自 IRQ 上下文的 completion 信号完全安全。

1.3.2　Linux 内核等待队列

等待队列（wait queue）是用于处理块 I/O、等待特定条件为 true、等待给定事件发生、感知数据或资源可用性的高级机制。

要理解等待队列的工作原理，不妨来看一下 include/linux/wait.h 中的结构体：

```
struct wait_queue_head {
    spinlock_t lock;
    struct list_head head;
};
```

wait queue 只不过是一个列表（其中的进程被置于休眠状态，以便在满足某些条件时可以唤醒它们），其中有一个自旋锁来保护对该列表的访问。当有多个进程想要休眠并且你正在等待一个或多个事件发生以便它可以被唤醒时，即可使用 wait queue。

head 成员是等待事件的进程列表。每个在等待事件发生的同时想要休眠的进程在进入休眠之前都可以将自己放入此列表中。当一个进程在列表中时，它被称为 wait queue entry（等待队列条目）。

当事件发生时，列表中的一个或多个进程被唤醒并移出列表。

可以通过以下两种方式声明和初始化 wait queue。

（1）静态方式。可以使用 DECLARE_WAIT_QUEUE_HEAD 静态声明和初始化它，具体如下所示：

```
DECLARE_WAIT_QUEUE_HEAD(my_event);
```

（2）动态方式。使用 init_waitqueue_head()，示例如下：

```
wait_queue_head_t my_event;
init_waitqueue_head(&my_event);
```

任何在等待 my_event 发生时想要休眠的进程都可以调用 wait_event_interruptible()或 wait_event()。大多数情况下，事件意味着资源变得可用，因此，只有在检查了该资源的可用性后，进程才能进入休眠状态。为方便起见，这些函数都使用一个表达式来代替第二个参数，这样，只有在表达式的计算结果为 false 时，进程才会进入休眠状态：

```
wait_event(&my_event, (event_occurred == 1) );
/* 或者 */
wait_event_interruptible(&my_event, (event_occurred == 1) );
```

wait_event()和 wait_event_interruptible()只是在调用时评估条件。如果条件为 false，则进程将进入 TASK_UNINTERRUPTIBLE 或 TASK_INTERRUPTIBLE（用于_interruptible 变体）状态并从运行队列中删除。

在某些情况下，你不仅需要条件为 true，还需要在等待一定时间后超时。对于这种情况，可以使用 wait_event_timeout()，其原型如下：

```
wait_event_timeout(wq_head, condition, timeout)
```

该函数有两种行为，具体取决于超时是否已过。

（1）timeout 时间已过：如果条件评估结果为 false，则函数返回 0；如果条件评估结果为 true，则函数返回 1。

（2）timeout 时间尚未结束：如果条件评估结果为 true，则该函数返回剩余时间（以 jiffies 为单位，同时必须至少为 1）。

请注意，超时的时间单位是 jiffies。因此，你不必费心将秒数转换为 jiffies，而应该使用 msecs_to_jiffies()和 usecs_to_jiffies()辅助函数，它们可分别将毫秒（milliseconds，ms）或微秒（microseconds，μs）转换为 jiffies：

```
unsigned long msecs_to_jiffies(const unsigned int m)
unsigned long usecs_to_jiffies(const unsigned int u)
```

💡 提示：

　　jiffy（复数形式为 jiffies）是一个时间间隔单位，那么它究竟等于多少毫秒/微秒呢？这取决于你的系统和设置。在 Linux 内核中，时间可以按 jiffy 度量。一个 jiffy 表示内部硬件计时器的一声嘀嗒，这是可编程产生固定频率的中断。因此，jiffy 可视为一个系统中断的周期，它不是一个固定的时间片段。

　　在对可能破坏等待条件结果的任何变量进行更改后，必须调用相应的 wake_up*系列函数。简而言之，为了唤醒在等待队列中休眠的进程，开发人员应该调用 wake_up()、wake_up_all()、wake_up_interruptible()或 wake_up_interruptible_all()。每当调用这些函数中的任何一个时，都会重新评估条件。如果此时条件为 true，则等待队列中的一个进程将被唤醒（对于_all()变体来说，则是所有进程都被唤醒），其状态将被设置为 TASK_RUNNING；否则（即条件评估为 false），什么都不会发生：

```
/* 仅从等待队列中唤醒一个进程 */
wake_up(&my_event);

/* 唤醒等待队列中的所有进程 */
wake_up_all(&my_event);

/* 仅从等待队列中唤醒一个 interruptible 休眠的进程 */
wake_up_interruptible(&my_event);

/* 从等待队列中唤醒所有 interruptible 休眠的进程 */
wake_up_interruptible_all(&my_event);
```

　　由于它们可以被信号中断，因此应该检查 _interruptible 变体的返回值。返回非零值意味着进程的休眠已被某种信号中断，因此驱动程序应返回 ERESTARTSYS。示例如下：

```
#include <linux/module.h>
#include <linux/init.h>
#include <linux/sched.h>
#include <linux/time.h>
#include <linux/delay.h>
#include <linux/workqueue.h>

static DECLARE_WAIT_QUEUE_HEAD(my_wq);
static int condition = 0;
/* 声明一个 work 队列 */
```

```
static struct work_struct wrk;

static void work_handler(struct work_struct *work)
{
    pr_info("Waitqueue module handler %s\n", __FUNCTION__);
    msleep(5000);
    pr_info("Wake up the sleeping module\n");
    condition = 1;
    wake_up_interruptible(&my_wq);
}

static int __init my_init(void)
{
    pr_info("Wait queue example\n");
    INIT_WORK(&wrk, work_handler);
    schedule_work(&wrk);
    pr_info("Going to sleep %s\n", __FUNCTION__);
    wait_event_interruptible(my_wq, condition != 0);
    pr_info("woken up by the work job\n");
    return 0;
}
void my_exit(void)
{
    pr_info("waitqueue example cleanup\n");
}
module_init(my_init);
module_exit(my_exit);
MODULE_AUTHOR("John Madieu <john.madieu@labcsmart.com>");
MODULE_LICENSE("GPL");
```

在上面的示例中，当前进程（实际上是 insmod）将在等待队列中休眠 5s，然后被 work handler 处理程序唤醒。dmesg 的输出如下：

```
[342081.385491] Wait queue example
[342081.385505] Going to sleep my_init
[342081.385515] Waitqueue module handler work_handler
[342086.387017] Wake up the sleeping module
[342086.387096] woken up by the work job
[342092.912033] waitqueue example cleanup
```

你可能已经注意到，上述示例并没有检查 wait_event_interruptible() 的返回值。虽然大多数时候没事，但有时也可能导致严重的问题。

本人就曾经在某公司遇到过与此相关的一个真实案例，出现的问题是，杀死用户空间任务（或向其发送信号）会导致 Kernel 模块出错，使系统崩溃（结果就是计算机死机和重启——当然，系统已配置为在计算机死机时重新启动）。

发生这种情况的原因是，该用户进程中有一个线程在其 Kernel 模块公开的 char 设备上执行 ioctl()。这导致在给定标志上调用 Kernel 中的 wait_event_interruptible()，同时意味着需要在 Kernel 中处理一些数据（无法使用 select()系统调用）。

那么，具体错误是什么呢？发送到进程的信号使 wait_event_interruptible()在没有设置标志的情况下返回（这意味着数据仍然不可用），并且其代码不检查其返回值，也不重新检查标志或对应该可用的数据执行完整性检查，就好像已经设置标志一样访问数据，而它实际上取消了对无效指针的引用。

该问题的解决方案很简单，如下所示：

```
if (wait_event_interruptible(...)){
    pr_info("catching a signal supposed make us crashing\n");
    /* 处理这种情况，不访问数据 */
    [...]
} else {
    /* 访问数据并处理它 */
    [...]
}
```

但是，具体到该示例，出于某种原因，开发人员不得不使其不可中断，这导致只能使用 wait_event()。请注意，此函数将进程置于独占等待（不可中断的休眠）中，这意味着它不能被信号中断，只能用于关键任务。在大多数情况下建议使用 interruptible 函数。

至此，我们已经熟悉了内核锁定 API，接下来将讨论各种工作延迟机制，所有这些机制在编写 Linux 设备驱动程序时都将被大量使用。

1.4　工作延迟机制

工作延迟（work deferring）是 Linux 内核提供的一种机制。它允许你推迟工作/任务，直到系统的工作负载允许它平稳运行或在给定时间过去之后再执行。

根据工作类型，延迟任务可以在进程上下文或原子上下文中运行。使用延迟工作来补充中断处理程序是很常见的一种情况，这样可以弥补它的一些局限性，具体如下。

❑　中断处理程序必须尽可能快，这意味着在处理程序中应仅执行关键任务，而其余任务则可以推迟到系统不那么忙时再执行。

❑　在中断上下文中，不能使用阻塞调用。休眠任务应该在进程上下文中调度。

延迟工作机制允许开发人员在中断处理程序中执行尽可能少的工作（上半部），并调度异步操作以便它可以在以后运行并执行其余的操作（下半部）。Linux 中断所谓的上半部（top-half）是在中断上下文中运行的，而所谓的下半部（bottom-half）则可能（但并不总是）在用户上下文中运行。

如今，下半部的概念大多被同化为在进程上下文中运行的延迟工作，因为调度可能处于休眠状态的工作是很常见的（它不像在中断上下文中运行的工作，后者的调度比较少见）。在第 1.5.7 节"上半部和下半部的概念"中将展开更详细的讨论。

Linux 目前对此有 3 种不同的实现：softIRQ、tasklet 和 workqueue。具体如下。

❑　softIRQ：在原子上下文中执行。

❑　tasklet：在原子上下文中执行。

❑　workqueue：在进程上下文中运行。

接下来，我们将逐一介绍这些实现。

1.4.1　softIRQ

顾名思义，softIRQ 指的是软件中断（software interrupt）。此处理程序可以抢占系统上除硬件 IRQ 处理程序之外的所有其他任务，因为它们是在启用 IRQ 的情况下执行的。

softIRQ 被设计用于高频线程作业调度。网络（network）和块设备（block device）是内核中仅有的两个直接使用 softIRQ 的子系统。即使 softIRQ 处理程序在启用中断的情况下运行，它们也无法休眠，并且任何共享数据都需要适当地锁定。

softIRQ API 在 Kernel 源代码树中定义为 kernel/softirq.c，任何希望使用此 API 的驱动程序都需要包含<linux/interrupt.h>。

请注意，你不能动态注册或销毁 softIRQ。它们在编译时静态分配。此外，softIRQ 的使用仅限于静态编译的内核代码；它们不能与可动态加载的模块一起使用。

softIRQ 由<linux/interrupt.h>中定义的 struct softirq_action 结构体表示，具体如下所示：

```
struct softirq_action {
    void (*action)(struct softirq_action *);
};
```

该结构体嵌入了一个指向函数的指针，该函数要在引发 softirq 操作时运行。因此，softIRQ 处理程序的原型应如下所示：

```
void softirq_handler(struct softirq_action *h)
```

运行 softIRQ 处理程序会导致执行此操作函数。它只有一个参数：一个指向相应 softirq_action 结构体的指针。

可以在运行时通过 open_softirq()函数注册 softIRQ 处理程序：

```
void open_softirq(int nr,
                  void (*action)(struct softirq_action *))
```

其中，nr 表示 softIRQ 的索引，也可以被视为 softIRQ 的优先级（其中 0 是最高优先级）；action 是指向 softIRQ 处理程序的指针。

以下 enum 中枚举了任何可能的索引：

```
enum
{
    HI_SOFTIRQ=0,               /* 高优先级 tasklet */
    TIMER_SOFTIRQ,             /* 定时器 */
    NET_TX_SOFTIRQ,           /* 发送 network 包 */
    NET_RX_SOFTIRQ,           /* 接收 network 包 */
    BLOCK_SOFTIRQ,            /* 块设备 */
    BLOCK_IOPOLL_SOFTIRQ,    /* 具有 I/O 轮询的块设备在其他 CPU 上被阻止 */
    TASKLET_SOFTIRQ,         /* 普通优先级 tasklet */
    SCHED_SOFTIRQ,           /* 调度程序 */
    HRTIMER_SOFTIRQ,         /* 高分辨率定时器 */
    RCU_SOFTIRQ,             /* RCU 锁定 */
    NR_SOFTIRQS              /* 仅代表数字或者 softirqs 类型，实际上是 10 */
};
```

具有较低索引值（最高优先级）的 softIRQ 在具有较高索引值（最低优先级）的 softIRQ 之前运行。Kernel 中所有可用的 softIRQ 名称均列在以下数组中：

```
const char * const softirq_to_name[NR_SOFTIRQS] = {
    "HI", "TIMER", "NET_TX", "NET_RX", "BLOCK", "BLOCK_IOPOLL",
    "TASKLET", "SCHED", "HRTIMER", "RCU"
};
```

可以轻松查看/proc/softirqs 虚拟文件的输出，如下所示：

```
~$ cat /proc/softirqs
                    CPU0        CPU1        CPU2        CPU3
          HI:      14026          89         491         104
       TIMER:     862910      817640      816676      808172
      NET_TX:          0           2           1           3
      NET_RX:       1249         860         939        1184
       BLOCK:        130         100         138         145
    IRQ_POLL:          0           0           0           0
```

TASKLET:	55947	23	108	188
SCHED:	1192596	967411	882492	835607
HRTIMER:	0	0	0	0
RCU:	314100	302251	304380	298610

~$

struct softirq_action 的 NR_SOFTIRQS 条目数组是在 kernel/softirq.c 中声明的：

```
static struct softirq_action softirq_vec[NR_SOFTIRQS];
```

此数组中的每个条目可能包含且仅包含一个 softIRQ。因此，注册的 softIRQ 数目最多可以有 NR_SOFTIRQS 个（在 v4.19 中是 10 个）：

```
void open_softirq(int nr,
                  void (*action)(struct softirq_action *))
{
    softirq_vec[nr].action = action;
}
```

下面来看一个具体的例子。在网络子系统中，可按以下方式（在 net/core/dev.c 中）注册所需要的 softIRQ：

```
open_softirq(NET_TX_SOFTIRQ, net_tx_action);
open_softirq(NET_RX_SOFTIRQ, net_rx_action);
```

在注册的 softIRQ 有机会运行之前，它应该被激活/调度。为此，开发人员还必须调用 raise_softirq()或 raise_softirq_irqoff()（如果中断已经关闭的话）：

```
void __raise_softirq_irqoff(unsigned int nr)
void raise_softirq_irqoff(unsigned int nr)
void raise_softirq(unsigned int nr)
```

上述第一个函数只是在 per-CPU softIRQ 位图（bitmap）中设置适当的位（struct irq_cpustat_t 数据结构体中的 __softirq_pending 字段，在 kernel/softirq.c 中为 per-CPU 分配），具体如下所示：

```
irq_cpustat_t irq_stat[NR_CPUS] ____cacheline_aligned;
EXPORT_SYMBOL(irq_stat);
```

💡 提示：

结构体中的字段也称为域（field）、成员（member）或元素（element）。

这允许它在检查标志时运行。请注意，我们仅出于学习目的介绍此函数，在实际开发中不应直接使用它。

raise_softirq_irqoff 需要在禁用中断的情况下调用。

首先，它在内部调用__raise_softirq_irqoff()，以激活 softIRQ。

其次，它将通过 in_interrupt()宏检查它是否已从中断（硬中断或软中断）上下文中调用。该宏可简单返回 current_thread_info() ->preempt_count 的值，其中，值为 0 表示启用了抢占，同时表示我们不在中断上下文中；值大于 0 则表示我们在中断上下文中。

如果 in_interrupt()>0，则什么也不做，因为我们处于中断上下文中。之所以如此，是因为在任何 I/O IRQ 处理程序的退出路径上都将检查 softIRQ 标志。在 ARM 平台上使用的是 asm_do_IRQ()，而在 x86 平台上使用的则是 do_IRQ()，它将调用 irq_exit()。

在这里，softIRQ 在中断上下文中运行。但是，如果 in_interrupt()==0，则将调用 wakeup_softirqd()。后者将负责唤醒本地 CPU ksoftirqd 线程，以确保 softIRQ 很快运行，只不过这次是在进程上下文中运行。

raise_softirq 首先调用 local_irq_save()（这将在保存当前中断标志后禁用本地处理器上的中断）；然后调用 raise_softirq_irqoff()，如前文所述，在本地 CPU 上调度 softIRQ（请记住，必须在本地 CPU 上禁用 IRQ 的情况下调用此函数）；最后调用 local_irq_restore()来恢复之前保存的中断标志。

关于 softIRQ，需要记住以下事项。

❑ 一个 softIRQ 永远不能抢占另一个 softIRQ，只有硬件中断才可以。softIRQ 以高优先级执行，禁用调度程序抢占，但启用 IRQ。这使得 softIRQ 适用于系统上对时间非常敏感的任务和最重要的延迟处理。

❑ 当处理程序在 CPU 上运行时，该 CPU 上的其他 softIRQ 被禁用。但是，softIRQ 可以同时运行。当一个 softIRQ 正在运行时，另一个 softIRQ（甚至是同一个）可以在另一个处理器上运行。这是 softIRQ 相对于 hardIRQ 的主要优势之一，也是它们用于可能需要大量 CPU 算力的网络子系统中的原因。

❑ 对于 softIRQ 之间的锁定（包括相同 softIRQ 之间的锁定，因为它们可能运行在不同的 CPU 上），应该使用 spin_lock()和 spin_unlock()。

❑ softIRQ 主要在硬件中断处理程序的返回路径中进行调度。如果在本地 ksoftirqd 线程获得 CPU 时仍处于挂起状态，则在中断上下文之外调度的 SoftIRQ 将在进程上下文中运行。以下情况可能会触发它们的执行。

➢ 在本地 per-CPU 定时器中断的情况下（这仅在 SMP 系统上，并且启用了 CONFIG_SMP 的情况下）。有关详细信息，可参阅 timer_tick()、update_process_times()和 run_local_timers()的说明。

➢ 在调用 local_bh_enable()函数的情况下（主要由网络子系统调用以处理数据

包接收/发送 softIRQ）。

> 在任何 I/O IRQ 处理程序的退出路径上（参见 do_IRQ 的说明，它将调用 irq_exit()，后者又将调用 invoke_softirq()）。
> 本地 ksoftirqd 获得 CPU 的时候（被唤醒）。

负责遍历 softIRQ 的挂起位图（pending bitmap）并运行它们的实际内核函数是 __do_softirq()，它在 kernel/softirq.c 中定义。

此函数始终在本地 CPU 上禁用中断的情况下调用。它执行以下任务。

（1）一旦调用，该函数将当前 per-CPU 挂起的 softIRQ 位图保存在一个所谓的挂起变量中，并通过 __local_bh_disable_ip 在本地禁用 softIRQ。

（2）重置当前 per-CPU 的挂起位掩码（已保存），然后重新启用中断（softIRQ 在启用中断的情况下运行）。

（3）在此之后，它进入一个 while 循环，检查已保存的位图中挂起的 softIRQ。如果没有挂起的 softIRQ，则什么也不会发生。否则，它将执行每个挂起的 softIRQ 的处理程序，注意增加它们执行的统计信息。

（4）在所有挂起的处理程序都执行完毕后（我们退出了 while 循环），__do_softirq() 再次读取 per-CPU 的挂起位掩码（需要禁用 IRQ 并将它们保存到同一个挂起变量中）以检查在 while 循环中是否调度了任何 softIRQ。如果有任何挂起的 softIRQ，则从步骤（2）开始重新启动整个过程（基于 goto 循环）。这有助于处理重复调度自身的 softIRQ。

但是，如果发生了以下情况之一，则 __do_softirq() 将不会重复。

❑ 它已经重复了 MAX_SOFTIRQ_RESTART 次，在 kernel/softirq.c 中该变量被设置为 10。这实际上是 softIRQ 处理循环的限制，而不是前述 while 循环的上限。

❑ 它占用 CPU 的时间超过了 MAX_SOFTIRQ_TIME，在 kernel/softirq.c 中该变量被设置为 2 ms（msecs_to_jiffies(2)），这样可以阻止启用调度程序。

如果出现上述两种情况之一，则 __do_softirq() 将中断其循环并调用 wakeup_softirqd() 来唤醒本地 ksoftirqd 线程，该线程稍后将在进程上下文中执行挂起的 softIRQ。

由于 __do_softirq 在内核中的许多点被调用，因此，很可能在 ksoftirqd 运行之前，就先调用 __do_softirq 来处理挂起的 softIRQ。

请注意，softIRQ 并不总是在原子上下文中运行。接下来，我们将解释如何在进程上下文中执行 softIRQ 以及为什么可以这样做。

1.4.2　关于 ksoftirqd

ksoftirqd 是一个 per-CPU 内核线程，它可被触发以处理未被处理的软件中断。它在内核引导过程的早期产生，这在 kernel/softirq.c 中可以看到：

```
static __init int spawn_ksoftirqd(void)
{
    cpuhp_setup_state_nocalls( CPUHP_SOFTIRQ_DEAD,
                               "softirq:dead", NULL,
                               takeover_tasklets);
        BUG_ON(smpboot_register_percpu_thread(&softirq_threads));
        return 0;
}
early_initcall(spawn_ksoftirqd);
```

运行 top 命令后，你将能够看到一些 ksoftirqd/n 条目，其中，n 是运行 ksoftirqd 线程的 CPU 的逻辑 CPU 索引。

由于 ksoftirqds 在进程上下文中运行，因此它们等同于经典进程/线程，并且它们对 CPU 的争用要求也和经典进程/线程一样。如果 ksoftirqd 长时间占用 CPU，则可能表明系统负载非常吃力。

现在我们已经完成了 Linux 内核中第一个工作延迟机制的研究，接下来将讨论 tasklet，它是 softIRQ 的替代方案（从原子上下文的角度来看），尽管前者是使用后者构建的。

1.4.3　tasklet

tasklet 是构建在 HI_SOFTIRQ 和 TASKLET_SOFTIRQ softIRQ 之上的下半部（bottom-half），唯一的区别是基于 HI_SOFTIRQ 的 tasklet 在基于 TASKLET_SOFTIRQ 的 tasklet 之前运行。这就意味着 tasklet 与 softIRQ 遵循相同的规则。当然，与 softIRQ 不同的是，两个相同的 tasklet 永远不会同时运行。

tasklet API 非常简单和直观。

tasklet 由<linux/interrupt.h>中定义的 struct tasklet_struct 结构体表示。此结构体的每个实例都代表一个唯一的 tasklet：

```
struct tasklet_struct {
    struct tasklet_struct *next;       /* 列表中的下一个 tasklet */
    unsigned long state;               /* tasklet 的状态
                                        * TASKLET_STATE_SCHED 或
                                        * TASKLET_STATE_RUN */
    atomic_t count;                    /* 引用计数器 */
    void (*func)(unsigned long);       /* tasklet 处理程序函数 */
    unsigned long data;                /* tasklet 函数的参数 */
};
```

func 成员是由底层 softIRQ 执行的 tasklet 的处理程序。它相当于 softIRQ 的 action，具有相同的原型和参数含义。data 将作为其唯一参数传递。

开发人员可以使用 tasklet_init()函数在运行时动态分配和初始化 tasklet。对于静态方法，则可以使用 DECLARE_TASKLET 宏。具体选择哪一种方式（动态还是静态）取决于你对 tasklet 的直接或间接引用的需要。

使用 tasklet_init()需要将 tasklet 结构体嵌入更大的动态分配的对象中。已经初始化的 tasklet 默认可调度——你也可以说它已启用。

要声明默认禁用的 tasklet，可以使用 DECLARE_TASKLET_DISABLED，在这种情况下，需要调用 tasklet_enable()函数以使 tasklet 可调度。

tasklet 可通过 tasklet_schedule()和 tasklet_hi_schedule()函数进行调度（这和触发 softIRQ 类似）。

开发人员可以使用 tasklet_disable()来禁用一个 tasklet。此函数禁用 tasklet 并且仅在 tasklet 终止其执行（假设它正在运行）时返回。在此之后，该 tasklet 仍然可以被调度，但它不会在 CPU 上运行，直到它再次被启用。

当然，你也可以使用称为 tasklet_disable_nosync()的异步变体并立即返回（即使尚未终止也将返回）。

此外，一个被禁用多次的 tasklet 也应该被启用完全相同的次数（由于有 count 字段，所以这是可以做到的）：

```
DECLARE_TASKLET(name, func, data)
DECLARE_TASKLET_DISABLED(name, func, data);

tasklet_init(t, tasklet_handler, dev);
void tasklet_enable(struct tasklet_struct*);
void tasklet_disable(struct tasklet_struct *);
void tasklet_schedule(struct tasklet_struct *t);
void tasklet_hi_schedule(struct tasklet_struct *t);
```

内核在两个不同的队列中维护普通优先级和高优先级的 tasklet。

队列（queue）实际上是单链表（singly linked list），每个 CPU 都有自己的队列对（低优先级和高优先级）。每个处理器都有自己的对。

tasklet_schedule()将 tasklet 添加到普通优先级列表中，从而使用 TASKLET_SOFTIRQ 标志调度关联的 softIRQ。

使用 tasklet_hi_schedule()时，则会将 tasklet 添加到高优先级列表中，从而使用 HI_SOFTIRQ 标志调度关联的 softIRQ。

　　一旦 tasklet 被调度，那么它将被设置 TASKLET_STATE_SCHED 标志，并且该 tasklet 被添加到队列中。

　　在 tasklet 执行时，将设置 TASKLET_STATE_RUN 标志，而 TASKLET_STATE_SCHED 状态则被移除，从而允许 tasklet 在其执行期间被重新调度，它可以被 tasklet 自身调度，也可以从中断处理程序中调度。

　　高优先级 tasklet 旨在用于具有低延迟要求的软中断处理程序。

　　对已经被调度但尚未开始执行的 tasklet 调用 tasklet_schedule()将不起任何作用，导致 tasklet 只执行一次。

　　tasklet 可以重新调度自身，这意味着你可以安全地在 tasklet 中调用 tasklet_schedule()。

　　高优先级的 tasklet 总是先于普通优先级的 tasklet 执行，因此应谨慎使用；否则，你可能会增加系统延迟。

　　停止一个 tasklet 非常简单，调用 tasklet_kill()即可，它将阻止 tasklet 再次运行；如果该 tasklet 当前已调度运行，则会先等待它完成，然后再杀死它。如果该 tasklet 重新调度它自身，则你应该在调用此函数之前阻止 tasklet 重新调度自身：

```
void tasklet_kill(struct tasklet_struct *t);
```

　　现在来看一个 tasklet 代码使用示例：

```
#include <linux/kernel.h>
#include <linux/module.h>
#include <linux/interrupt.h> /* tasklet API 需要 */

char tasklet_data[] =
    "We use a string; but it could be pointer to a structure";

/* tasklet 处理程序，仅打印数据 */
void tasklet_work(unsigned long data)
{
    printk("%s\n", (char *)data);
}
static DECLARE_TASKLET(my_tasklet, tasklet_function,
                    (unsigned long) tasklet_data);

static int __init my_init(void)
{
    tasklet_schedule(&my_tasklet);
    return 0;
}
```

```
void my_exit(void)
{
    tasklet_kill(&my_tasklet);
}

module_init(my_init);
module_exit(my_exit);
MODULE_AUTHOR("John Madieu <john.madieu@gmail.com>");
MODULE_LICENSE("GPL");
```

在上面的代码中，以静态方式声明了 my_tasklet 和在调度此 tasklet 时调用的函数，以及将作为参数提供给此函数的数据。

🛈 注意:

因为同一个 tasklet 永远不会并发运行，所以无须处理 tasklet 与其自身之间的锁定情况。但是，两个 tasklet 之间共享的任何数据都应该使用 spin_lock()和 spin_unlock()进行保护。请记住，tasklet 是在 softIRQ 之上实现的。

1.4.4　工作队列

前文介绍的 tasklet 是原子延迟机制。除了原子机制，在某些情况下，开发人员还可能希望延迟休眠任务。工作队列（workqueue）允许这样做。

workqueue 是一种跨内核广泛使用的异步工作延迟机制，允许它们在进程执行上下文中异步运行专用函数。这使得它们适用于长时间运行和冗长的任务或需要休眠的工作，从而改善用户体验。

在 workqueue 子系统的核心，有两种数据结构可以解释这种机制背后的概念。

❑　要延迟的工作（即工作项）在内核中由 struct work_struct 的实例表示，它指示要运行的处理程序函数。

　　一般来说，此结构体是用户工作定义结构体的第一个元素。如果在工作提交到 workqueue 后需要延迟才能运行，则 Kernel 会提供 struct delay_work 来代替。工作项（work item）是一个基本结构体，它包含一个指向要异步执行的函数的指针。总而言之，可列举以下两种类型的工作项结构体。

➤　struct work_struct 结构体，它调度一个任务稍后运行（在系统允许的情况下尽快运行）。

➤　struct delayed_work 结构体，它调度任务至少在给定的时间间隔后运行。

❑ workqueue 本身，由 struct workqueue_struct 表示。这是放置工作的结构体。它是工作项的队列。

除了上述数据结构，开发人员还应该了解以下两个通用术语。

❑ 工作线程（worker thread）：这是专用线程，逐一执行队列外的函数。

❑ 工作池（workerpool）：这是用于管理工作线程的工作线程（线程池）的集合。

使用工作队列的第一步包括创建一个工作项，由 struct work_struct 或 struct delayed_work 表示（struct delayed_work 用于延迟变体），它们在 linux/workqueue.h 中定义。

Kernel 提供了用于静态声明和初始化工作结构体的 DECLARE_WORK 宏，还提供了用于动态执行相同操作的 INIT_WORK 宏。

相应地，如果需要延迟工作，则可以使用 INIT_DELAYED_WORK 宏进行动态分配和初始化，或使用 DECLARE_DELAYED_WORK 执行静态操作：

```
DECLARE_WORK(name, function)
DECLARE_DELAYED_WORK(name, function)
INIT_WORK(work, func);
INIT_DELAYED_WORK(work, func);
```

以下代码显示了工作项结构体原型：

```
struct work_struct {
    atomic_long_t data;
    struct list_head entry;
    work_func_t func;
#ifdef CONFIG_LOCKDEP
    struct lockdep_map lockdep_map;
#endif
};

struct delayed_work {
    struct work_struct work;
    struct timer_list timer;

    /* 目标 workqueue 和 CPU -> 用于排队的定时器 -> work */
    struct workqueue_struct *wq;
    int cpu;
};
```

func 字段属于 work_func_t 类型，它告诉我们有关 work 函数头的更多信息：

```
typedef void (*work_func_t)(struct work_struct *work);
```

在上述代码中，work 是一个输入参数，对应于 struct work_struct 结构体，与你的工作相关。如果你提交的是延迟工作，则将对应于 delayed_work.work 字段。在这里，需要使用 to_delayed_work()函数来获取底层延迟工作结构体：

```
struct delay_work *to_delayed_work(struct work_struct *work)
```

工作队列允许你的驱动程序创建一个内核线程（称为工作线程）来处理延迟的工作。可以使用以下函数创建新的工作队列：

```
struct workqueue_struct *create_workqueue( const char *name
                                                    name)

struct workqueue_struct
    *create_singlethread_workqueue(const char *name)
```

create_workqueue()可为系统上的每个 CPU 创建一个专用线程（工作线程），但这可能并不是一个好主意。在 8 核系统上，这将导致创建 8 个内核线程运行已提交到工作队列的工作。而在大多数情况下，一个系统范围的内核线程就足够了。

在这种情况下，你应该使用 create_singlethread_workqueue()代替，顾名思义，该函数将创建一个单线程工作队列。也就是说，系统范围内只有一个工作线程。正常或延迟的工作都可以在同一个队列中排队。

要在已经创建的工作队列上调度工作，可以使用 queue_delayed_work()或 queue_work()，具体取决于工作的性质：

```
bool queue_work(struct workqueue_struct *wq,
                struct work_struct *work)
bool queue_delayed_work(struct workqueue_struct *wq,
                        struct delayed_work *dwork,
                        unsigned long delay)
```

如果工作已经在队列中，则这些函数返回 false，否则返回 true。

queue_dalayed_work()可用于计划（延迟）工作，以便在给定延迟之后执行。延迟的时间单位是 jiffies。如果你不想执行从秒到 jiffies 的转换，则可以使用 msecs_to_jiffies()和 usecs_to_jiffies()辅助函数，它们分别可以将毫秒（milliseconds，ms）或微秒（microseconds，μs）转换为 jiffies：

```
unsigned long msecs_to_jiffies(const unsigned int m)
unsigned long usecs_to_jiffies(const unsigned int u)
```

以下示例使用 200 ms 作为延迟：

```
schedule_delayed_work(&drvdata->tx_work, usecs_to_jiffies(200));
```

要取消已经提交的工作项,可以调用 cancel_delayed_work()、cancel_delayed_work_sync()
或 cancel_work_sync(),示例如下:

```
bool cancel_work_sync(struct work_struct *work)
bool cancel_delayed_work(struct delayed_work *dwork)
bool cancel_delayed_work_sync(struct delayed_work *dwork)
```

这些函数的作用如下。

- ❑ cancel_work_sync():可同步取消给定的工作队列条目。

  换句话说,它将取消 work 并等待其执行完成。内核保证该工作从此函数返回时
  不会在任何 CPU 上挂起或执行,即使该工作迁移到另一个工作队列或重新排队。
  如果 work 被挂起,则返回 true,否则返回 false。

- ❑ cancel_delayed_work():异步取消挂起的工作队列条目(延迟的条目)。

  如果 dwork 已被挂起和取消,则返回 true(非零值);如果未被挂起,则返回
  false。未被挂起可能是因为它正在运行,因此在 cancel_delayed_work()之后可能
  仍在运行。为了确保该工作真正运行到最后,你可能需要使用 flush_workqueue(),
  它会刷新给定队列中的每个工作项,或者也可以使用 cancel_delayed_work_sync(),
  它是 cancel_delayed_work()的同步版本。

要等待所有工作项完成,可调用 flush_workqueue()。

当完成一个工作队列时,应该使用 destroy_workqueue()来销毁它。这两个选项都可以
在以下代码中看到:

```
void flush_workqueue(struct worksqueue_struct * queue);
void destroy_workqueue(structure workqeque_struct *queue);
```

当等待任何挂起的工作执行时,_sync 变体函数会休眠,这意味着它们只能从进程上
下文中调用。

1.4.5　内核共享队列

在大多数情况下,你的代码并不一定需要拥有自己的专用线程集的性能,而且因为
create_workqueue()会为每个 CPU 创建一个工作线程,所以在非常大的多 CPU 系统上使
用它可能是一个糟糕的主意。

在这种情况下,你可能希望使用内核共享队列(kernel shared queue),它有自己的
一组内核线程预分配(在引导早期,通过 workqueue_init_early()函数执行)来运行工作。

这个全局内核工作队列就是所谓的 system_wq,定义在 kernel/workqueue.c 中。每个

CPU 都有一个实例，每个实例由一个名为 events/n 的专用线程支持，其中，n 是线程绑定的处理器编号。

可使用以下函数之一将工作排队到系统的默认工作队列：

```
int schedule_work(struct work_struct *work);
int schedule_delayed_work(struct delayed_work *dwork,
                          unsigned long delay);
int schedule_work_on(int cpu, struct work_struct *work);
int schedule_delayed_work_on(int cpu,
                             struct delayed_work *dwork,
                             unsigned long delay);
```

schedule_work()可立即调度工作，这些工作在当前处理器上的工作线程唤醒后将尽快执行。

使用 schedule_delayed_work()时，工作将被放入未来执行的队列中，在给定的延迟时间到达之后执行。

_on 变体用于在特定 CPU 上调度工作（这不需要是当前 CPU）。

上述每一个函数都将在系统的共享工作队列（system_wq）上排队工作。系统的共享工作队列是在 kernel/workqueue.c 中定义的：

```
struct workqueue_struct *system_wq __read_mostly;
EXPORT_SYMBOL(system_wq);
```

要刷新内核全局工作队列（即确保给定的工作批次完成），可使用 flush_scheduled_work()，具体如下所示：

```
void flush_scheduled_work(void);
```

flush_scheduled_work()是一个在 system_wq 上调用 flush_workqueue()的包装器。请注意，system_wq 中可能存在你尚未提交且无法控制的工作。因此，完全刷新这个工作队列可能有点杀鸡用牛刀。建议改用 cancel_delayed_work_sync()或 cancel_work_sync()。

💡 提示：

除非你有充分的理由创建专用线程，否则应该选择使用默认（内核全局）线程。

1.4.6　新的工作队列

最初的（也可以说是传统的或陈旧的）工作队列实现使用了两种工作队列：一种是系统范围的单线程（single thread system-wide），另一种是每个 CPU 的线程（thread per-CPU）。但是，由于 CPU 数量的增加，这也导致了如下限制。

- ❑ 在非常大的系统上，内核可能会在启动时（开始初始化之前）就用完了进程 ID（默认为 32k）。
- ❑ 多线程工作队列提供了比较糟糕的并发管理，因为它们的线程会与系统上的其他线程争用 CPU。由于有更多的 CPU 争用者，这产生了一些开销，也就是说，需要更多的上下文切换。
- ❑ 消耗的资源比实际需要的多得多。

此外，如果子系统需要动态或细粒度并发级别，则必须实现自己的线程池。因此，人们设计了一个新的工作队列 API，而早期的工作队列 API（create_workqueue()、create_singlethread_workqueue()和 create_freezable_workqueue())）则已计划删除。

当然，这些新工作队列 API 实际上是新工作队列的包装器——即所谓的并发管理的工作队列（concurrency-managed workqueue）。这是使用由所有工作队列共享的 per-CPU 工作池完成的，目的是自动提供动态和灵活的并发级别，从而为 API 用户抽象这些细节。

1.4.7　并发管理的工作队列

并发管理的工作队列是工作队列 API 的升级。使用这个新 API 意味着你必须在两个宏之间进行选择来创建工作队列：alloc_workqueue()和 alloc_ordered_workqueue()。这两个宏都分配一个工作队列并在成功时返回指向它的指针，在失败时返回 NULL。

可以使用 destroy_workqueue()函数释放返回的工作队列：

```
#define alloc_workqueue(fmt, flags, max_active, args...)
#define alloc_ordered_workqueue(fmt, flags, args...)
void destroy_workqueue(struct workqueue_struct *wq)
```

在上述代码中，fmt 是工作队列名称的 printf 格式，而 args...则是 fmt 的参数。

在工作队列完成之后，将调用 destroy_workqueue()以销毁它。在内核销毁工作队列之前，所有当前挂起的工作将首先完成。

alloc_workqueue()基于 max_active 创建一个工作队列，它将定义并发级别，方法是限制在任何给定 CPU 上该工作队列可以同时执行的工作（任务）数量（即处于可运行状态的工作线程）。

例如，max_active 为 5 意味着每个 CPU 最多可以同时执行此工作队列上的 5 个工作项。

另一方面，alloc_ordered_workqueue()创建了一个工作队列，它按照排队的顺序——即先进先出（first in first out，FIFO）顺序逐个处理每个工作项。

flags 控制工作项排队、分配执行资源、调度和执行的方式和时间。这个新 API 中使用了各种标志。其中一些标志如下所示。

❑ **WQ_UNBOUND**：传统工作队列的每个 CPU 都有一个工作线程，被设计为在提交任务的 CPU 上运行任务，这意味着内核调度程序别无选择，只能在定义它的 CPU 上调度工作线程。

使用这种方法时，即使是单个工作队列也可以防止 CPU 空闲和关闭，从而导致功耗增加或调度策略不佳。

WQ_UNBOUND 则可以杜绝此类行为。工作不再绑定到 CPU，因此名称未绑定工作队列，这意味着它不再是局部的，调度程序可以在它认为合适的任何 CPU 上重新调度工作程序。

调度程序现在拥有最终决定权，可以平衡 CPU 负载，特别是对于长时间且有时是 CPU 密集型的工作更是如此。

❑ **WQ_MEM_RECLAIM**：该标志是为在内存回收路径期间需要保证前向进度的工作队列设置的。

当空闲内存非常低时，系统处于内存压力之下。在这种情况下，GFP_KERNEL 分配可能会阻塞并导致整个工作队列死锁。

WQ_MEM_RECLAIM 保证工作队列有一个随时可用的工作线程，一个为它保留的所谓的救援线程（rescuer thread），不管内存压力如何，它都可以继续前进。

每个设置了此标志的工作队列都将分配一个救援线程。

现在可以来考虑这样一种情况：工作队列 W 中有 3 个工作项（$w1$、$w2$ 和 $w3$）。

$w1$ 执行了一些工作，然后等待 $w3$ 完成（假设它需要 $w3$ 的计算结果）；然后，$w2$（独立于其他工作项）执行一些 kmalloc() 分配（GFP_KERNEL）。

现在出现了问题，似乎没有足够的内存。$w2$ 被阻塞，但它仍然占用 W 的工作队列。这导致 $w3$ 无法运行，尽管 $w2$ 和 $w3$ 之间没有依赖关系。

由于没有足够的可用内存，因此无法分配新线程来运行 $w3$。

如果有一个预先分配的线程，那么无疑就可以解决这个问题，这并不是通过为 $w2$ 分配内存，而是通过运行 $w3$ 以便 $w1$ 可以继续它的工作，依次类推。

当有足够的可用内存可供分配时，$w2$ 将尽快继续其进程。

这个预先分配的线程就是所谓的救援线程。如果你认为可能在内存回收路径中使用工作队列，则必须设置此 WQ_MEM_RECLAIM 标志。

从以下提交开始，此标志替换了旧的 WQ_RESCUER 标志：

https://git.kernel.org/pub/scm/linux/kernel/git/torvalds/
linux.git/commit/?id= 493008a8e475771a2126e0ce95a73e35b371d277

❑　**WQ_FREEZABLE**：此标志用于电源管理目的。当系统挂起或休眠时，设置了此标志的工作队列将被冻结。

　　在冻结路径上，工作线程的所有当前工作都将被处理。冻结完成后，在系统解冻之前不会执行新的工作项。

　　文件系统相关的工作队列可以使用此标志来确保对文件所做的修改被推送到磁盘或在冻结路径上创建休眠映像，并且在创建休眠映像后不会在磁盘上进行任何修改。在这种情况下，不可冻结的项目可能会以不同的方式执行，从而导致文件系统损坏。例如，所有 XFS 内部工作队列都设置了此标志（请参阅 fs/xfs/xfs_super.c），以确保一旦冻结线程基础结构（freezer infrastructure）冻结了内核线程并创建休眠映像，就不会在磁盘上做进一步的更改。

　　如果你的工作队列可以作为系统休眠/挂起/恢复进程的一部分运行任务，则不应设置此标志。

　　有关此主题的更多信息可以在 Documentation/power/freeze-of-tasks.txt 中找到，也可以查看 Kernel 的内部函数 freeze_workqueues_begin() 和 thaw_workqueues() 的说明文档。

❑　**WQ_HIGHPRI**：设置了此标志的任务会立即运行，而不会等待 CPU 可用。

　　此标志用于对需要高优先级执行的工作项进行排队的工作队列。此类工作队列所包含的工作线程具有高优先级（较低的 nice 值）。

　　在 CMWQ 的早期，高优先级的工作项只是排在全局普通优先级工作列表的头部，以便它们可以立即运行。

　　现在，普通优先级和高优先级工作队列之间没有交互，因为每个队列都有自己的工作列表和自己的工作池。

　　高优先级工作队列的工作项排队到目标 CPU 的高优先级工作池中。此工作队列中的任务不应阻塞太多。

　　如果你不希望你的工作项与普通优先级或较低优先级的任务竞争 CPU，则可以使用此标志。例如，Crypto 和 Block 子系统就可以使用它。

❑　**WQ_CPU_INTENSIVE**：这些工作项属于 CPU 密集型工作队列的一部分，可能会消耗大量 CPU 周期，并且不会参与工作队列的并发管理。相反，它们的执行由系统调度程序调节，就像任何其他任务一样。这使得该标志对于可能占用 CPU 周期的绑定工作项非常有用。

　　虽然这些工作项的执行受系统调度程序的调控，但它们的执行启动仍然会受到并发管理的调控，可运行的非 CPU 密集型工作项可以延迟 CPU 密集型工作项的执行。实际上，Crypto 和 dm-crypt 子系统使用的就是这样的工作队列。为了防止此类任务延迟其他非 CPU 密集型工作项的执行，在工作队列代码确定 CPU 是否可用时不会考虑它们。

为了与传统的工作队列 API 兼容，新的并发管理工作队列进行了以下映射以保持此 API 与原始 API 的兼容。

- ❑ create_workqueue(name)映射到 alloc_workqueue(name, WQ_MEM_RECLAIM, 1)。
- ❑ create_singlethread_workqueue(name)映射到 alloc_ordered_workqueue(name, WQ_MEM_RECLAIM)。
- ❑ create_freezable_workqueue(name)映射到 alloc_workqueue(name, WQ_FREEZABLE | WQ_UNBOUND | WQ_MEM_RECLAIM, 1)。

总而言之，alloc_ordered_workqueue()实际上替换了 create_freezable_workqueue()和 create_singlethread_workqueue()，这源于以下网址提交的版本：

https://git.kernel.org/pub/scm/linux/kernel/git/next/linux-next.git/commit/?id=81dcaf6516d8

请注意，使用 alloc_ordered_workqueue()分配的工作队列是未绑定的，并且 max_active 设置为 1。

当涉及工作队列中的调度项目时，使用 queue_work_on()排队到特定 CPU 的工作项目将在该 CPU 上执行。已通过 queue_work()排队的工作项将更喜欢排队的 CPU，尽管这样做无法保证使用本地 CPU。

🛈 注意：

schedule_work()是在系统工作队列（system_wq）上调用 queue_work()的包装器，而 schedule_work_on()是 queue_work_on()的包装器。

另外，请记住 system_wq = alloc_workqueue("events", 0, 0);。开发人员可以查看 Kernel 源代码 kernel/workqueue.c 中的 workqueue_init_early()函数，了解其他系统范围的工作队列是如何创建的。

内存回收（memory reclaim）是 Linux Kernel 内存分配路径上的一种机制。这包括在扔掉内存的当前内容之后分配内存。

至此，我们已经完成了工作队列的研究，特别是并发管理的工作队列。接下来，我们将介绍 Linux 内核中断管理，这是之前大部分机制都用得着的内容。

1.5　Linux 内核中断管理

除服务进程和用户请求之外，Linux 内核的另一项工作是管理和与硬件对话。这既可以从 CPU 到设备，也可以从设备到 CPU。这是通过中断实现的。

1.5.1　中断的状态

中断（interrupt）是由外部硬件设备发送到处理器请求立即关注的信号。在中断可以被 CPU 看见之前，该中断应由中断控制器启用，中断控制器本身就是一个设备，其主要工作包括将中断路由到 CPU。

一个中断可能有以下 5 种状态。

- ❑ 活动（active）：这是已经被处理单元（processing element，PE）确认并正在处理的中断。在处理时，同一中断的另一个置位（assertion）不会作为中断呈现给处理单元，直到初始中断不再有效为止。
- ❑ 挂起（pending）：这是在硬件中识别为置位或由软件生成的中断，正在等待目标处理单元（PE）处理。大多数硬件设备的常见行为是在其中断挂起（interrupt pending）位被清除之前不生成其他中断。被禁用的中断不能挂起，因为它永远不会被置位，它会立即被中断控制器丢弃。
- ❑ 活动和挂起（active and pending）：这种中断从中断的一个置位中激活并在随后的置位中挂起。
- ❑ 非活动（inactive）：这是非活动或挂起的中断。停用（deactivation）会清除中断的活动状态，从而允许中断在挂起时再次被采用。
- ❑ 禁用/停用（disabled/deactivated）：该中断 CPU 不知道，甚至中断控制器也看不到。这永远不会被置位。禁用的中断将丢失。

ℹ **注意：**

有些中断控制器禁用中断意味着屏蔽该中断，反之亦然。因此，在本书的其余部分，会将"禁用"和"屏蔽"看作是一回事，尽管这并不总是正确的。

在复位之后，处理器将禁用所有中断，直到它们被初始化代码再次启用（在我们的例子中，这是 Linux 内核的工作）。

可以通过设置/清除处理器状态/控制寄存器中的位来启用/禁用中断。

在中断置位（发生中断）时，处理器将检查中断是否被屏蔽，如果被屏蔽，则不执行任何操作。

一旦取消屏蔽，则处理器将选择一个挂起的中断（如果有的话）。这里的顺序无关紧要，因为它会为每个挂起的中断执行此操作，直到它们全部被服务（处理），并将执行一个称为中断服务程序（interrupt service routine，ISR）的特殊用途的函数（它与此中断相关联）。

该 ISR 必须由代码（即我们的设备驱动程序，它依赖于 kernel irq 核心代码）在称为向量表（vector table）的特殊位置注册。

在处理器开始执行此 ISR 之前，它会进行一些上下文保存（包括中断的未屏蔽状态），然后屏蔽本地 CPU 上的中断（中断可以被置位，一旦未屏蔽将被服务）。一旦 ISR 运行，则可以说该中断正在被服务。

1.5.2　中断处理流程

以下是 ARM Linux 上完整的 IRQ 处理流程。当发生中断且在 PSR 中启用中断时，会发生以下情况。

（1）ARM 核心将禁止本地 CPU 上发生更多中断。

（2）ARM 核心将当前程序状态寄存器（current program status register，CPSR）放入保存的程序状态寄存器（saved program status register，SPSR），将当前程序计数器（program counter，PC）放入链接寄存器（link register，LR），然后切换到 IRQ 模式。

（3）最后，ARM 处理器会参考向量表并跳转到异常处理程序。在我们的例子中，它将跳转到 IRQ 的异常处理程序，在 Linux Kernel 中，它对应 arch/arm/kernel/entry-armv.S 中定义的 vector_stub 宏。

上述 3 个步骤是由 ARM 处理器本身完成的。接下来是 Linux Kernel 的操作。

（4）vector_stub 宏将检查处理器使用的模式（kernel 模式或 user 模式），并相应地确定要调用的宏，即 __irq_user 或 __irq_svc。

（5）__irq_svc() 将寄存器（从 r0 到 r12）保存在内核堆栈上，然后调用 irq_handler() 宏。

如果定义了 CONFIG_MULTI_IRQ_HANDLER，则调用 handle_arch_irq()（它存在于 arch/arm/include/asm/entry-macro-multi.S 中），否则，调用 arch_irq_handler_default()。

handle_arch_irq 是指向在 arch/arm/kernel/setup.c 中设置的函数的全局指针（来自 setup_arch() 函数内）。

（6）现在需要识别硬件 IRQ 编号，这是 asm_do_IRQ() 需要做的事情。

在识别出硬件 IRQ 编号之后，即可在硬件 IRQ 上调用 handle_IRQ()，后者又会调用

__handle_domain_irq()，它可将硬件 IRQ 转换为其相应的 Linux IRQ 编号：

```
irq = irq_find_mapping(domain, hwirq)
```

然后在解码获得的 Linux IRQ 上调用 generic_handle_irq()：

```
generic_handle_irq(irq)
```

（7）generic_handle_irq()将寻找与解码获得的 Linux IRQ 相对应的 IRQ 描述符结构体（Linux 的中断视图）：

```
struct irq_desc *desc = irq_to_desc(irq)
```

然后在这个描述符上调用 generic_handle_irq_desc()，这将得到 desc->handle_irq(desc)。

desc->handle_irq 对应于在此 IRQ 映射期间使用 irq_set_chip_and_handler()设置的高级 IRQ 处理程序。

（8）desc->handle_irq()可能导致对 handle_level_irq()、handle_simple_irq()和 handle_edge_irq()等的调用。

（9）高级 IRQ 处理程序将调用我们的中断服务程序（ISR）。

（10）一旦 ISR 完成，irq_svc 将通过恢复寄存器（r0～r12）、程序计数器（PC）和当前程序状态寄存器（CPSR）来返回和恢复处理器状态。

ℹ️ **注意：**

回到上面的步骤（1），我们说的是在中断期间，ARM 核心将禁止本地 CPU 上发生更多中断。

值得一提的是，在早期的 Linux 内核时代，有两个中断处理程序系列：其中一个系列在禁用中断的情况下运行（即设置了传统的 IRQF_DISABLED 标志），另外一个系列则在启用中断的情况下运行，它们当时是可中断的。前者称为快速处理程序（fast handlers），而后者则称为慢速处理程序（slow handlers）。

对于慢速处理程序来说，在调用处理程序之前，内核实际上已经重新启用了中断。

与进程堆栈相比，中断上下文的堆栈非常小，因此，如果我们处于中断上下文中（运行给定的 IRQ 处理程序）而其他中断不断发生，则我们可能会遇到堆栈溢出。因此，禁用中断是有意义的。以下网址提交的信息证实了这一点：

https://git.kernel.org/pub/scm/linux/kernel/git/next/linux-next.git/commit/?id=e58aa3d2d0cc

上述提交放弃了在启用 IRQ 的情况下运行中断处理程序这一做法。从这个补丁开始，在执行 IRQ 处理程序期间，IRQ 保持禁用状态（ARM 核心在本地 CPU 上禁用它们后则保持不变）。

此外，自 Linux v4.1 开始，上述标志已被以下网址提交的修改完全删除：

https://git.kernel.org/pub/scm/linux/kernel/git/next/linux-next.git/commit/?id=d8bf368d0631

1.5.3　设计中断处理程序

在熟悉了 Linux 中断下半部和延迟机制的概念之后，是时候实现中断处理程序了。本节将讨论一些细节。今天的中断处理程序将在禁用中断的情况下运行（在本地 CPU 上禁用），这一事实意味着我们需要尊重中断服务程序（ISR）设计中的某些约束。

- ❑　执行时间：由于 IRQ 处理程序在本地 CPU 禁用中断的情况下运行，因此代码必须尽可能短小，并且应足够快，以确保先前禁用的 CPU 本地中断能够快速重新启用，以便其他 IRQ 不会被错过。耗时的 IRQ 处理程序可能会显著改变系统的实时属性并减慢其速度。
- ❑　执行上下文：由于中断处理程序是在原子上下文中执行的，因此禁止休眠（或任何其他可能导致休眠的机制，如互斥锁、将数据从内核复制到用户空间或反过来从用户空间复制到内核等）。需要或涉及休眠的代码的任何部分都必须延迟到另一个更安全的上下文（即进程上下文）中。

开发人员需要为 IRQ 处理程序提供两个参数：一个是中断线（要为其安装处理程序），另外一个是外围设备的唯一设备标识符（主要用作上下文数据结构；即指向每个设备或关联的硬件设备私有结构体的指针）：

```
typedef irqreturn_t(*irq_handler_t)(int, void *);
```

对于想要启用给定中断并为其注册 ISR 的设备驱动程序来说，应该调用 request_irq()。该函数是在<linux/interrupt.h>中声明的。它必须包含在驱动程序代码中：

```
int request_irq(unsigned int irq,
                irq_handler_t handler,
                unsigned long flags,
                const char *name,
                void *dev)
```

虽然上述 API 会要求调用方在不再需要时（即在驱动程序分离时）释放 IRQ，但是开发人员也可以使用设备管理的变体 devm_request_irq()，它包含允许它处理的内部逻辑自动释放 IRQ 线。它有以下原型：

```
int devm_request_irq(struct device *dev, unsigned int irq,
                     irq_handler_t handler,
```

```
                   unsigned long flags,
                   const char *name, void *dev)
```

除了额外的 dev 参数（它是需要中断的设备），devm_request_irq()和 request_irq()都需要以下参数。

- □ irq：这是中断线（即发出设备的中断号）。
  在验证请求之前，内核将确保所请求的中断有效，并且尚未分配给另一个设备，除非两个设备都请求共享此 IRQ 线（借助标志）。
- □ handler：它是一个指向中断处理程序的函数指针。
- □ flags：代表中断标志。
- □ name：一个 ASCII 字符串，表示产生或要求此中断的设备的名称。
- □ dev：对于每个注册的处理程序，它应该是唯一的。对于共享 IRQ，这不能为 NULL，因为它用于通过内核 IRQ 核心识别设备。
  最常见的使用方法是提供一个指向设备结构的指针，或一个指向任何设备（这对处理程序可能有用）数据结构的指针。这是因为当中断发生时，中断线（irq）和这个参数都会被传递给注册的处理程序，它可以将此数据作为上下文数据以执行进一步的处理。

flags 通过以下掩码修改 IRQ 线或其处理程序的状态或行为，可以根据你的需要对这些掩码进行 OR 运算以形成最终所需的位掩码：

```
#define IRQF_TRIGGER_RISING      0x00000001
#define IRQF_TRIGGER_FALLING     0x00000002
#define IRQF_TRIGGER_HIGH        0x00000004
#define IRQF_TRIGGER_LOW         0x00000008

#define IRQF_SHARED              0x00000080
#define IRQF_PROBE_SHARED        0x00000100
#define IRQF_NOBALANCING         0x00000800
#define IRQF_IRQPOLL             0x00001000
#define IRQF_ONESHOT             0x00002000
#define IRQF_NO_SUSPEND          0x00004000
#define IRQF_FORCE_RESUME        0x00008000
#define IRQF_NO_THREAD           0x00010000
#define IRQF_EARLY_RESUME        0x00020000
#define IRQF_COND_SUSPEND        0x00040000
```

请注意，flags（标志）也可以为 0。

1.5.4　中断的标志

现在让我们来看看一些重要的中断标志。余下的标志读者可以自行到 include/linux/interrupt.h 中探索。

❑ IRQF_TRIGGER_HIGH 和 IRQF_TRIGGER_LOW 标志：用于电平敏感中断（level-sensitive interrupt）。

　前者用于高电平触发的中断，而后者则用于低电平触发的中断。只要物理中断信号为高电平，就会触发电平敏感中断。

　如果内核中的中断处理程序结束时未清除中断源，则操作系统将重复调用该内核中断处理程序，这可能导致平台挂起。

　换句话说，当处理程序服务中断并返回时，如果 IRQ 线仍然有效，则 CPU 将立即再次发出中断信号。

　为防止出现这种情况，内核中断处理程序必须在收到中断时立即确认中断（即清除或取消置位）。

　当然，这些标志对于中断共享是安全的，因为如果多个设备将中断线拉到活动状态，则会发出中断信号（假设 IRQ 已启用或一旦启用它们就会这样做），直到所有驱动程序都为它们的设备提供服务。唯一的缺点是，如果驱动程序未能清除其中断源，则可能导致锁定。

❑ IRQF_TRIGGER_RISING 和 IRQF_TRIGGER_FALLING 标志：分别涉及边沿触发中断（edge-triggered interrupt）、上升沿（rising edge）和下降沿（falling edge）。

　当中断线从非活动状态变为活动状态时，会发出此类中断信号，但只有一次。要获得新的请求，中断线必须回到非活动状态，然后再次变为活动状态。大多数情况下，无须在软件中执行特殊操作即可确认此类中断。

　当然，在使用边沿触发中断时，中断可能会丢失，尤其是在共享中断线的情况下：如果一个设备拉线活动的时间太长，则当另一个设备拉线活动时，将不会产生边沿，这样第二个请求就不会被处理器看到，于是它将被忽略。

　对于共享边沿触发的中断，如果硬件不取消置位 IRQ 线，则不会为任何一个共享设备通知其他中断。

ⓘ注意：

　电平触发中断和边沿触发中断有什么区别？这里有一个简洁提示：电平触发中断发出的是状态信号（即是高电平还是低电平），而边沿触发中断发出的是事件信号（即是从低电平到高电平还是从高电平到低电平。从低电平到高电平称为上升沿，从高电平到低电平则为下降沿）。

此外，当请求中断而不指定 IRQF_TRIGGER 标志时，应假定该设置已经配置，这可能根据机器或固件初始化。在这种情况下，可以参考设备树（如果在树中已经指定的话），如查看假定配置。

❑ IRQF_SHARED：该标志允许在多个设备之间共享中断线。
请注意，每个需要共享给定中断线的设备驱动程序都必须设置此标志；否则，注册将失败。

❑ IRQF_NOBALANCING：该标志可将中断排除在 IRQ 平衡（IRQ balancing）之外。所谓 IRQ 平衡，其实是一种由跨 CPU 分布/重定位中断组成的机制，目的是提高系统处理性能。
该标志可以防止更改此 IRQ 的 CPU 关联性。
该标志可用于为时钟源（clocksource）提供灵活的设置，以防止事件被错误地分配给错误的 CPU 核心。
这种错误归因可能会导致 IRQ 被禁用，因为如果处理中断的 CPU 不是触发它的 CPU，则处理程序将返回 IRQ_NONE。
此标志仅在多核系统上有意义。

❑ IRQF_IRQPOLL：该标志允许使用 irqpoll 机制，从而修复中断问题。
poll 是"轮询"的意思，这意味着应该将此处理程序添加到已知的中断处理程序列表中，当给定中断未被处理时，可以查找该列表。

❑ IRQF_ONESHOT：一般来说，正在服务的实际中断线在其硬中断（hardIRQ）处理程序完成后启用，无论它是否唤醒线程处理程序。在 hardIRQ 处理程序完成后，此标志使中断线保持禁用状态。这个标志必须在线程中断（下文将详细讨论）上设置，在线程处理程序完成之前，中断线必须保持禁用状态。在此之后，它将被启用。

❑ IRQF_NO_SUSPEND：该标志不会在系统休眠/挂起期间禁用 IRQ。这意味着中断能够将系统从挂起状态中拯救出来。
此类 IRQ 可能是定时器中断，可能会在系统挂起时触发并需要处理。
整个 IRQ 线都受此标志的影响，因为如果 IRQ 是共享的，则此共享线的每个注册处理程序都将被执行，而不仅仅是安装此标志的处理程序。
应该尽可能避免同时使用 IRQF_NO_SUSPEND 和 IRQF_SHARED。

❑ IRQF_FORCE_RESUME：即使设置了 IRQF_NO_SUSPEND，该标志也会启用

系统恢复路径中的 IRQ。

❑ **IRQF_NO_THREAD**：该标志可以防止中断处理程序被线程化。

　该标志可覆盖 threadirqs 内核（在 RT 内核上使用，如在应用 PREEMPT_RT 补丁时）命令行选项。threadirqs 选项强制每个中断都被线程化。引入此标志是为了解决某些中断的非线程性问题（例如，即使在所有中断处理程序都被强制线程化时也无法线程化的定时器）。

❑ **IRQF_TIMER**：该标记可将处理程序标记为与系统定时器中断相关。

　在系统挂起期间不禁用定时器 IRQ 有助于确保它正常恢复，并且在启用完全抢占（请参考 PREEMPT_RT）时不会将它们线程化。它只是 IRQF_NO_SUSPEND | IRQF_NO_THREAD 的别名。

❑ **IRQF_EARLY_RESUME**：该标志会在系统核心（syscore）操作的恢复时间而不是设备恢复时间提前恢复 IRQ。有关其详细信息，可访问：

https://lkml.org/lkml/2013/11/20/89

1.5.5　中断的返回值

开发人员还必须考虑中断处理程序的返回类型 irqreturn_t，因为一旦处理程序返回，那么它们可能涉及进一步的操作。

❑ **IRQ_NONE**：在共享中断线上，一旦中断发生，则内核 irqcore 会依次遍历已为此中断线注册的处理程序，并按照注册的顺序执行它们。然后，驱动程序负责检查是否是它们的设备发出了中断。如果中断不是来自其设备，那么驱动程序必须返回 IRQ_NONE 以指示内核调用下一个注册的中断处理程序。

　该返回值主要用于共享中断线，因为它通知内核，中断不是来自于我们的设备。当然，如果给定 IRQ 中断线的前 100000 次中断中有 99900 次没有被处理，则内核假定此 IRQ 以某种方式被卡住，需要诊断，并尝试关闭 IRQ。有关这方面的更多信息，请查看 Kernel 源代码树中的__report_bad_irq()函数。

❑ **IRQ_HANDLED**：如果中断已成功处理，则应返回此值。在线程 IRQ 上，该值可在不唤醒线程处理程序的情况下确认中断。

❑ **IRQ_WAKE_THREAD**：在线程 IRQ 处理程序上，该值必须由硬 IRQ 处理程序返回，以便唤醒处理程序线程。在这种情况下，IRQ_HANDLED 只能由先前使用 request_threaded_irq()注册的线程处理程序返回。

　第 1.5.8 节 "线程中断处理程序" 将详细讨论这一点。

ⓘ注意：

在处理程序中重新启用中断时必须非常小心。实际上，绝不能从 IRQ 处理程序中重新启用 IRQ，因为这涉及允许中断重入（interrupt reentrancy）。在这种情况下，开发人员有责任解决这个问题。

在驱动程序的卸载路径中（或者一旦开发人员认为在驱动程序运行时生命周期中不再需要 IRQ 线，虽然这种情况非常罕见），必须通过取消中断处理程序注册来释放 IRQ 资源，并且可能还要禁用中断线。free_irq()接口可完成此操作，示例如下：

```
void free_irq(unsigned int irq, void *dev_id)
```

但是，如果需要单独释放使用 devm_request_irq()分配的 IRQ，则必须使用 devm_free_irq()。它有以下原型：

```
void devm_free_irq( struct device *dev,
                    unsigned int irq,
                    void *dev_id)
```

可以看到，该函数有一个额外的 dev 参数，它是释放 IRQ 的设备。这通常与 IRQ 已注册的设备相同。除 dev 之外，该函数采用了与 free_irq()相同的参数并执行相同的功能。但是，它应该用于手动释放已使用 devm_request_irq()分配的 IRQ，因为在这种情况下不能使用 free_irq()。

devm_free_irq()和 free_irq()都删除处理程序（在涉及共享中断时由 dev_id 标识）并禁用该中断线。如果中断线是共享的，则处理程序只是从该 IRQ 的处理程序列表中删除，并且在将来删除最后一个处理程序时禁用该中断线。

此外，如果可能的话，你的代码必须确保在调用函数之前在它所驱动的卡上真正禁用了中断，如果忽略该操作可能会导致虚假的 IRQ。

1.5.6　关于中断的一些注意事项

关于中断，还有以下一些需要牢记的注意事项。

❑ 由于 Linux 中的中断处理程序在本地 CPU 上禁用 IRQ，并且当前中断线在所有其他 CPU 核心中被屏蔽，因此它们不需要可重入，因为在当前处理程序完成之前永远不会收到相同的中断。

当然，所有其他中断（在其他 CPU 核心上）将保持启用（或者也可以说是未受影响），因此其他中断可继续被服务，即使当前中断线以及本地 CPU 上的其他中断始终被禁用。

也就是说，永远不会同时调用相同的中断处理程序来服务嵌套中断。这大大简化了中断处理程序的编写。

- ❑ 应尽可能限制需要在禁用中断的情况下运行的临界区（critical region）。开发人员应该牢记并告诉自己，我的中断处理程序已经中断了其他代码，需要将 CPU 还回去。
- ❑ 中断处理程序不能阻塞，因为它们不在进程上下文中运行。
- ❑ 中断处理程序可能不会向用户空间传输数据或从用户空间输出数据，因为这两者都可能造成阻塞。
- ❑ 中断处理程序可能不会休眠或依赖可能导致休眠的代码，如调用 wait_event()、使用除 GFP_ATOMIC 以外的任何方式分配内存或使用互斥锁/信号量。如果需要上述操作，可使用线程处理程序。
- ❑ 中断处理程序可能不会触发或调用 schedule()。
- ❑ 给定中断线上只有一个中断可以挂起（无论其相应的启用位或全局启用位的状态如何，其中断标志位在其中断条件发生时设置）。该中断线的任何其他中断都将丢失。

  例如，如果你正在处理一个 RX 中断，同时又接收了 5 个以上的数据包，那么你不应该期望又连续出现 5 次以上的中断，你只会收到一次通知。

  如果处理器不首先为中断服务程序（ISR）提供服务，则无法检查到稍后会发生多少个 RX 中断。这意味着如果设备在处理程序函数返回 IRQ_HANDLED 之前产生另一个中断，则中断控制器将收到挂起中断标志的通知，并且处理程序将再次被调用（仅一次）。因此，如果处理程序不够快，则可能会错过一些中断。当你仍在处理第一个中断时，会发生多个中断。

🛈 注意:

如果在禁用（或屏蔽）时发生中断，则根本不会对其进行处理（将在流处理程序中被屏蔽），但会被识别为已置位并保持挂起状态，以便在启用（或未屏蔽）时进行处理。

中断上下文有其自己的（固定且相当低的）堆栈大小。因此，在运行中断服务程序（ISR）时禁用 IRQ 是完全有意义的，因为如果发生太多抢占，可重入可能导致堆栈溢出。

中断不可重入的概念意味着，如果一个中断已经处于活动状态，则在活动状态被清除之前，它不能再次进入。

1.5.7　上半部和下半部的概念

外部设备向 CPU 发送中断请求，以表示特定事件或请求服务。如前文所述，糟糕的中断管理可能会显著增加系统延迟并降低其实时性能。我们还曾经提到,中断处理——即硬 IRQ 处理程序——必须非常快,不仅要保持系统响应,而且还要不错过其他中断事件。

先来看看如图 1.2 所示的中断拆分示意图。

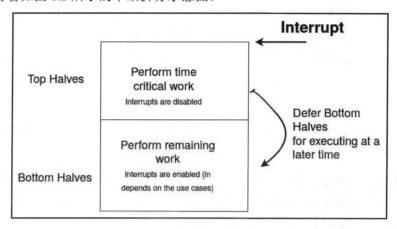

图 1.2 中断拆分示意图

原　　文	译　　文
Interrupt	中断
Top Halves	上半部
Perform time critical work	执行时间紧迫的工作
Interrupts are disabled	中断被禁用
Bottom Halves	下半部
Perform remaining work	执行剩余的工作
Interrupts are enabled (in depends on the use cases)	中断已启用（取决于用例）
Defer Bottom Halves for executing at a later time	延迟下半部的工作至以后执行

可以看到,其基本思想是将中断处理程序分成两部分。第一部分是一个函数,它将在所谓的硬 IRQ 上下文中运行,禁用中断,并执行最低要求的工作（如执行一些快速的完整性检查、时间敏感的任务、读/写硬件寄存器、处理数据并确认引发它的设备上的中断等）。

在 Linux 系统上,第一部分就是所谓的上半部。上半部调度一个（有时是线程化的）处理程序,然后运行一个所谓的下半部的函数,并重新启用中断。这是中断的第二部分。

下半部可能会执行一些耗时的任务（如缓冲区处理）——这些任务可以休眠,具体取决于延迟机制。

这种拆分将大大提高系统的响应能力,因为禁用 IRQ 所花费的时间减少到最低限度。

当下半部在内核线程中运行时，它们会与运行队列上的其他进程竞争 CPU。此外，它们还可以设置实时属性。

上半部实际上是使用 request_irq()注册的处理程序。使用 request_threaded_irq()时，上半部是提供给函数的第一个处理程序。

如前文所述，下半部表示从中断处理程序中调度的任何任务（或工作）。下半部是使用我们之前讨论过的延迟工作机制设计的。根据开发人员的选择，它可以在（软）中断上下文或进程上下文中运行，这包括 softIRQ、tasklet、工作队列和线程 IRQ。

🛈 **注意：**

softIRQ 和 tasklet 实际上并不适合所谓的线程中断（thread interrupt）机制，因为它们运行在自己的特殊上下文中。

由于 softIRQ 处理程序在禁用调度程序抢占的情况下以高优先级运行，因此它们在完成之前不会将 CPU 交给进程/线程，因此在将它们用于下半部委托时必须小心。

目前，由于分配给特定进程的时间不一，因此，对于 softIRQ 处理程序应该花费多长时间才能完成并没有严格的规定，这样就不会因为内核无法将 CPU 时间给予其他进程而减慢系统速度。一般来说，这应该不超过半个 jiffy。

硬中断（hardIRQ）处理程序（上半部）必须尽可能快，而且大多数时候，它应该只是在 I/O 内存中读写。任何其他计算都应延迟到下半部，其主要目标是执行上半部未执行的任何耗时且与中断相关的工作。

上半部和下半部之间的重新分配工作并没有明确的指导方针。以下是一些建议。

- ❏ 与硬件相关的工作和时间敏感的工作应该在上半部进行。
- ❏ 如果工作不需要中断，则在上半部进行。
- ❏ 在我看来，除上述两项之外的其他一切都可以延迟——即在下半部执行——以便它在启用中断的情况下运行，并且可在系统不那么繁忙时运行。
- ❏ 如果硬中断处理程序足够快，可以在几微秒内处理和确认中断，则完全没有必要使用下半部委托。

接下来，我们将讨论线程 IRQ 处理程序。

1.5.8　线程中断处理程序

线程中断处理程序（threaded interrupt handler）的引入是为了减少在中断处理程序中花费的时间，并将其余处理工作推迟到内核线程。这样，上半部（硬中断处理程序）就可以仅包括快速完整性检查，如确保中断来自其设备并相应地唤醒下半部。

　　线程中断处理程序在其自己的线程中运行，这要么是在其父线程（如果有的话）中，要么是在单独的内核线程中。

　　此外，专用内核线程还可以设置其实时优先级，尽管它是以普通实时优先级运行的。普通实时优先级即 MAX_USER_RT_PRIO/2。有关详细信息，可查看 kernel/irq/manage.c 中的 setup_irq_thread()函数。

　　线程中断背后的一般规则很简单：尽可能减少硬中断处理程序，并将尽可能多的工作推迟到内核线程（最好是将所有能延迟的工作都推给内核线程）。

　　要请求一个线程中断处理程序，可以使用 request_threaded_irq()，该函数是在 kernel/irq/ manage.c 中定义的，具体如下所示：

```
int
request_threaded_irq(unsigned int irq,
                     irq_handler_t handler,
                     irq_handler_t thread_fn,
                     unsigned long irqflags,
                     const char *devname,
                     void *dev_id)
```

　　可以看到，该函数接收两个特殊参数 handler 和 thread_fn。其他参数则与 request_irq() 函数是一样的。对这两个特殊函数的解释如下。

- ❑　handler：当中断发生在中断上下文中时，该处理程序立即运行，并充当硬中断处理程序。它的工作通常包括读取中断原因（在设备的状态寄存器中），以确定是否处理或如何处理中断（这在 MMIO 设备上很常见）。

  如果中断不是来自其设备，则该函数应返回 IRQ_NONE。这个返回值通常只在共享中断线上有意义。

  另一方面，如果这个硬中断处理程序可以足够快地完成中断处理（何谓"足够快"？这并没有一个通用标准，但我们假设不超过半个 jiffy——也就是说，如果 CONFIG_HZ 定义的 jiffy 值为 1000 的话，则不超过 500 μs），那么处理后应返回 IRQ_HANDLED 以确认中断。

  如果中断处理需要的时间超过了上面所说的时间（500 μs），则应推迟到线程中断处理程序。在这种情况下，硬中断处理程序应返回 IRQ_WAKE_THREAD 以唤醒线程处理程序。请注意，返回 IRQ_WAKE_THREAD 仅在 thread_fn 处理程序也已经注册时才有意义。

- ❑　thread_fn：这是当硬中断处理程序函数返回 IRQ_WAKE_THREAD 时添加到调度程序运行队列的线程处理程序。

如果 thread_fn 参数为 NULL，handler 参数已设置并且它返回 IRQ_WAKE_THREAD，则硬中断处理程序的返回路径除了显示简单的警告消息外不会发生任何事情。查看 Kernel 源代码中的 __irq_wake_thread()函数可获取更多信息。

由于 thread_fn 与 runqueue 上的其他进程竞争 CPU，它可能会立即执行或稍后在系统负载较小时执行。

该函数在成功完成中断处理过程后应返回 IRQ_HANDLED。在这个阶段，关联的 kthread 将从运行队列中取出并置于阻塞状态，直到它被硬中断函数再次唤醒。

如果 handler 为 NULL 且 thread_fn != NULL，则内核将安装默认的硬中断处理程序。这是默认的主处理程序，它是一个几乎空白的处理程序，仅返回 IRQ_WAKE_THREAD 以唤醒将执行 thread_fn 处理程序的相关内核线程。这使得我们可以将中断处理程序的执行完全转移到进程上下文中，从而防止有问题的驱动程序（有问题的中断处理程序）破坏整个系统并减少中断延迟。专用处理程序的 kthreads 在 ps ax 中可见，具体如下所示：

```
/*
 * 当使用 handler == NULL 调用 request_threaded_irq 时
 * 线程中断的默认主中断处理程序被分配为主处理程序
 * 对一次性中断很有用
 */
static irqreturn_t irq_default_primary_handler(int irq,
                                               void *dev_id)
{
    return IRQ_WAKE_THREAD;
}


int
request_threaded_irq(unsigned int irq,
                     irq_handler_t handler,
                     irq_handler_t thread_fn,
                     unsigned long irqflags,
                     const char *devname,
                     void *dev_id)
{
    [...]
    if (!handler) {
        if (!thread_fn)
            return -EINVAL;
        handler = irq_default_primary_handler;
    }
```

```
    [...]
}
EXPORT_SYMBOL(request_threaded_irq);
```

> 🛈 **注意：**
>
> 目前，在 thread_fn 参数设置为 NULL 的情况下，request_irq()只是 request_threaded_irq()的包装器。

请注意，当你从硬中断处理程序返回时（无论返回值是什么），在中断控制器级别将确认中断，从而允许你考虑其他中断。

对于电平触发的中断来说，在这种情况下，如果中断没有在设备级别被确认，则中断将一次又一次地触发，导致堆栈溢出（或永远卡在硬中断处理程序中），这是因为发出信号的设备仍然会置位（assert）中断线。

在线程 IRQ 出现之前，当你需要在线程中运行下半部时，需要指示上半部在设备级别禁用 IRQ，然后再唤醒线程。这样，即使控制器已经准备好接受另一个中断，设备也不会再次引发它。

IRQF_ONESHOT 标志解决了这个问题。在使用线程中断时必须设置它（在request_threaded_irq()调用处）；否则，请求将失败并显示以下错误：

```
pr_err(
    "Threaded irq requested with handler=NULL and !ONESHOT for irq %d\n",
    irq);
```

有关更多信息，请查看 Kernel 源代码树中的__setup_irq()函数。

以下是对 IRQF_ONESHOT 标志作用的解释：

"在硬中断上下文处理程序已经执行且线程已被唤醒的情况下，它允许驱动程序请求（在控制器级别）不取消中断的屏蔽。在线程处理函数执行后，中断线才被取消屏蔽。"

完整的解释可访问：

http://lkml.iu.edu/hypermail/linux/kernel/0908.1/02114.html

> 🛈 **注意：**
>
> 如果省略 IRQF_ONESHOT 标志，则必须提供硬中断处理程序（并且在其中应禁用中断线），否则请求将失败。

仅使用线程中断的示例如下：

```
static irqreturn_t data_event_handler(int irq, void *dev_id)
{
```

```
    struct big_structure *bs = dev_id;
    process_data(bs->buffer);
    return IRQ_HANDLED;
}
static int my_probe(struct i2c_client *client,
                    const struct i2c_device_id *id)
{
    [...]
    if (client->irq > 0) {
        ret = request_threaded_irq(client->irq,
                                    NULL,
                                    &data_event_handler,
                                    IRQF_TRIGGER_LOW | IRQF_ONESHOT,
                                    id->name,
                                    private);

        if (ret)
            goto error_irq;
    }
    [...]
    return 0;
error_irq:
    do_cleanup();
    return ret;
}
```

在上述示例中，设备位于 I2C 总线上，因此，访问可用数据可能会导致其休眠，故不应在硬中断处理程序中执行此操作。这就是 handler 参数为 NULL 的原因。

💡 提示：

　　如果需要使用线程 ISR 处理的中断线在多个设备之间共享（例如，某些 SoC（系统级芯片）在其内部 ADC 和触摸屏模块之间共享相同的中断），则必须实现硬中断处理程序，它应该检查设备是否已经引发中断。如果中断确实来自设备，则应该在设备级别禁用中断并返回 IRQ_WAKE_THREAD 以唤醒线程处理程序。

　　在线程处理程序的返回路径中，应该在设备级别启用中断。如果中断不是来自设备，则应该直接从硬中断处理程序返回 IRQ_NONE。

　　此外，如果一个驱动程序在中断线上设置了 IRQF_SHARED 或 IRQF_ONESHOT 标志，则共享该线的所有其他驱动程序都必须设置相同的标志。

　　在/proc/interrupts 文件中列出了每个 CPU 的 IRQ 及其处理、在请求步骤中给出的 IRQ 名称，以及为该中断注册 ISR 的驱动程序的逗号分隔列表。

线程 IRQ 是中断处理的最佳选择,因为这些处理(如批量数据处理)会占用太多 CPU 周期(在大多数情况下超过 1 jiffy)。

线程 IRQ 允许单独管理其关联线程的优先级和 CPU 关联性。由于这个概念来自实时内核树(来自 Thomas Gleixner),它满足了实时系统的许多要求,例如,允许使用细粒度的优先级模型并减少内核中的中断延迟。

开发人员可以通过查看/proc/irq/IRQ_NUMBER/smp_affinity 来获取或设置对应的 IRQ_NUMBER 关联。此文件返回并接受一个位掩码(bitmask),该位掩码表示哪些处理器可以处理已为此 IRQ 注册的 ISR。这样,你就可以决定将硬中断的关联性(affinity)设置为一个 CPU,同时将线程处理程序的关联性设置为另一个 CPU。

1.5.9　请求一个上下文中断

请求 IRQ 的驱动程序必须提前知道中断的性质,并决定其处理程序是否可以在硬中断上下文中运行,以便相应地调用 request_irq()或 request_threaded_irq()。

在请求由离散和非基于 MMIO 的中断控制器(如 I2C/SPI GPIO 扩展器)提供的中断线时,会出现一个问题。由于访问这些总线可能会导致它们进入休眠状态,因此在硬中断上下文中运行此类慢速控制器的处理程序将是一场灾难。由于驱动程序不包含有关中断线/控制器性质的任何信息,因此 IRQ 核心提供了 request_any_context_irq() API。该函数将确定中断线/控制器是否可以休眠并调用相应的请求函数:

```
int request_any_context_irq(unsigned int irq,
                            irq_handler_t handler,
                            unsigned long flags,
                            const char *name,
                            void *dev_id)
```

request_any_context_irq()和 request_irq()具有相同的接口但语义不同。

根据底层上下文(硬件平台),request_any_context_irq()将选择使用 request_irq()的硬中断处理方法或使用 request_threaded_irq()的线程处理方法。它在失败时返回一个负错误值,而在成功时,则返回 IRQC_IS_HARDIRQ(这意味着将使用硬中断处理)或 IRQC_IS_NESTED(这意味着使用线程版本)。

使用此函数时,中断处理程序的行为将在运行时决定。有关详细信息,可通过以下链接查看对它的介绍:

https://git.kernel.org/pub/scm/linux/kernel/git/next/linux-next.git/commit/?id=ae731f8d0785

    使用 request_any_context_irq() 的好处是你不需要关心在 IRQ 处理程序中可以做什么，这是因为处理程序运行的上下文取决于提供 IRQ 线的中断控制器。

    例如，对于基于 gpio-IRQ 的设备驱动程序，如果 gpio 属于位于 I2C 或 SPI（串行外设接口）总线上的控制器（在这种情况下 gpio 访问可能会休眠），则处理程序将被线程化；否则（gpio 访问可能不会休眠并且由于它属于 SoC 而被内存映射），处理程序将在硬中断上下文中运行。

    在以下示例中，设备需要一个映射到 gpio 的 IRQ 线。驱动程序不能假设给定的 gpio 线来自 SoC 并且将被内存映射，因为也可能来自离散的 I2C 或 SPI gpio 控制器。一个很好的做法是使用 request_any_context_irq()：

```
static irqreturn_t packt_btn_interrupt(int irq, void *dev_id)
{
    struct btn_data *priv = dev_id;
    input_report_key(priv->i_dev,
                     BTN_0,
                     gpiod_get_value(priv->btn_gpiod) & 1);
    input_sync(priv->i_dev);
    return IRQ_HANDLED;
}

static int btn_probe(struct platform_device *pdev)
{
    struct gpio_desc *gpiod;
    int ret, irq;

    gpiod = gpiod_get(&pdev->dev, "button", GPIOD_IN);
    if (IS_ERR(gpiod))
        return -ENODEV;

    priv->irq = gpiod_to_irq(priv->btn_gpiod);
    priv->btn_gpiod = gpiod;
    [...]
    ret = request_any_context_irq(
                    priv->irq,
                    packt_btn_interrupt,
                    (IRQF_TRIGGER_FALLING | IRQF_TRIGGER_RISING),
                    "packt-input-button",
                    priv);
    if (ret < 0)
        goto err_btn;
```

```
return 0;

err_btn:
    do_cleanup();
    return ret;
}
```

上述代码虽然很简单，但是由于使用了 request_any_context_irq()，因此非常安全，它可以防止误认底层 gpio 的类型。

1.5.10　使用工作队列延迟下半部

由于前文已经讨论了工作队列 API，因此本节将提供一个如何使用它的示例。此示例并非没有错误且未经测试。这只是一个演示，通过工作队列突出了下半部延迟的概念。

首先需要定义数据结构体，它将包含进一步开发所需的元素：

```
struct private_struct {
    int counter;
    struct work_struct my_work;
    void __iomem *reg_base;
    spinlock_t lock;
    int irq;
    /* 其他字段 */
    [...]
};
```

在上述数据结构体中，工作结构体由 my_work 元素表示。在这里没有使用指针，因为我们需要使用 container_of()宏来获取指向初始数据结构体的指针。

接下来，可以定义将在工作线程中调用的方法：

```
static void work_handler(struct work_struct *work)
{
    int i;
    unsigned long flags;
    struct private_data *my_data =
            container_of(work, struct private_data, my_work);
    /*
     * 在设备级别重新启用 irq 之前
     * 至少处理 MIN_REQUIRED_FIFO_SIZE 的一半
     * 以便缓冲更多数据
     */
    for (i = 0, i < MIN_REQUIRED_FIFO_SIZE, i++) {
```

```
        device_pop_and_process_data_buffer();
        if (i == MIN_REQUIRED_FIFO_SIZE / 2)
            enable_irq_at_device_level();
    }

    spin_lock_irqsave(&my_data->lock, flags);
    my_data->buf_counter -= MIN_REQUIRED_FIFO_SIZE;
    spin_unlock_irqrestore(&my_data->lock, flags);
}
```

上述代码在缓冲了足够的数据之后才开始数据处理。现在我们可以提供 IRQ 处理程序，它负责调度工作，具体如下所示：

```
/* 这是我们的硬中断处理程序 */
static irqreturn_t my_interrupt_handler(int irq, void *dev_id)
{
    u32 status;
    unsigned long flags;
    struct private_struct *my_data = dev_id;

    /* 读取状态寄存器
     * 以确定该怎么做以及做什么
     */
    status = readl(my_data->reg_base + REG_STATUS_OFFSET);

    /*
     * 让我们在设备级别确认这个 irq
     * 即使它引发另一个 irq，我们也是安全的
     * 因为在该处理程序中时，这个 irq 在控制器级别保持禁用
     */
    writel(my_data->reg_base + REG_STATUS_OFFSET,
        status | MASK_IRQ_ACK);
    /*
     * 保存共享资源
     * 因为工作线程也会访问该计数器
     */
    spin_lock_irqsave(&my_data->lock, flags);
    my_data->buf_counter++;
    spin_unlock_irqrestore(&my_data->lock, flags);

    /*
     * 现在我们的设备提出了一个中断
     * 以通知它先进先出（FIFO）队列中有一些新数据
```

```
    * 这足以进行处理
    */
   if (my_data->buf_counter != MIN_REQUIRED_FIFO_SIZE)) {
      /* 在控制器级别确认和重新启用该 irq */
      return IRQ_HANDLED;
   } else {
      /*
       * 在调度工作线程并从该处理程序返回之前
       * 需要在设备级别禁用 irq
       */
      writel(my_data->reg_base + REG_STATUS_OFFSET,
             MASK_IRQ_DISABLE);
             schedule_work(&my_work);
   }

      /* 在控制器级别重新启用该 irq */
      return IRQ_HANDLED;
};
```

上述 IRQ 处理程序代码中的注释已经写得足够清楚了。schedule_work()就是调度我们工作的函数。

最后，可以编写 probe 方法，它将请求 IRQ 并注册之前的处理程序：

```
static int foo_probe(struct platform_device *pdev)
{
   struct resource *mem;
   struct private_struct *my_data;

   my_data = alloc_some_memory(sizeof(struct private_struct));
   mem = platform_get_resource(pdev, IORESOURCE_MEM, 0);
   my_data->reg_base =
       ioremap(ioremap(mem->start, resource_size(mem));

   if (IS_ERR(my_data->reg_base))
       return PTR_ERR(my_data->reg_base);

   /*
    * 工作队列初始化
    * work_handler 是一个回调函数
    * 它将在工作被调度时执行
    */
   INIT_WORK(&my_data->my_work, work_handler);
   spin_lock_init(&my_data->lock);
```

```
    my_data->irq = platform_get_irq(pdev, 0);

    if (request_irq(my_data->irq, my_interrupt_handler,
                    0, pdev->name, my_data))
        handler_this_error()
    return 0;
}
```

上述 probe 方法的结构无疑表明我们面对的是一个平台设备驱动程序。这里使用了通用 IRQ 和工作队列 API 来初始化我们的工作队列并注册处理程序。

1.5.11　从中断处理程序中锁定

如果一个资源在两个或多个使用上下文（kthread、work、线程 IRQ 等）之间共享，并且仅使用线程的下半部（也就是说，它们永远不会被硬中断访问），则使用互斥锁是可行的。具体如下所示：

```
static int my_probe(struct platform_device *pdev)
{
    int irq;
    int ret;

    irq = platform_get_irq(pdev, i);
    ret = devm_request_threaded_irq(dev, irq, NULL,
                                    my_threaded_irq,
                                    IRQF_ONESHOT, dev_
                                    name(dev),
                                    my_data);
    [...]
    return ret;
}

static irqreturn_t my_threaded_irq(int irq, void *dev_id)
{
    struct priv_struct *my_data = dev_id;

    /* 保存 FIFO Underrun & Transfer Error 状态 */
    mutex_lock(&my_data->fifo_lock);

    /* 通过 I2C 访问设备的缓冲区 */
    [...]
```

```
    mutex_unlock(&ldev->fifo_lock);
    return IRQ_HANDLED;
}
```

在上面的代码中，用户任务（kthread、work 等）和线程的下半部都必须在访问资源之前持有互斥锁。

上述示例只是一个最简单的例子。以下是一些规则，可以帮助开发人员在硬中断上下文和其他上下文之间进行锁定。

❑ 如果资源在用户上下文和硬中断处理程序之间共享，则需要使用自旋锁变体（它将禁用中断），例如，简单的_irq 或_irqsave/_irq_restore 变体。这确保用户上下文在访问资源时永远不会被此 IRQ 抢占。这可以在以下示例中看到：

```
static int my_probe(struct platform_device *pdev)
{
    int irq;
    int ret;
    [...]
    irq = platform_get_irq(pdev, 0);
    if (irq < 0)
        goto handle_get_irq_error;

    ret = devm_request_threaded_irq(&pdev->dev,
                                    irq,
                                    my_hardirq,
                                    my_threaded_irq,
                                    IRQF_ONESHOT,
                                    dev_name(dev),
                                    my_data);
    if (ret < 0)
        goto err_cleanup_irq;
    [...]
    return 0;
}
static irqreturn_t my_hardirq(int irq, void *dev_id)
{
    struct priv_struct *my_data = dev_id;
    unsigned long flags;

    /* 无须保护共享资源 */
    my_data->status = __raw_readl(
            my_data->mmio_base + my_data->foo.reg_offset);
```

```
    /* 调度下半部 */
    return IRQ_WAKE_THREAD;
}

static irqreturn_t my_threaded_irq(int irq, void *dev_id)
{
    struct priv_struct *my_data = dev_id;
    spin_lock_irqsave(&my_data->lock, flags);
    /* 处理 status 状态 */
    process_status(my_data->status);
    spin_unlock_irqrestore(&my_data->lock, flags);
    [...]
    return IRQ_HANDLED;
}
```

在上面的代码中，硬中断处理程序不需要持有自旋锁，因为它永远不会被抢占，只需要保存用户上下文即可。

在某些情况下，硬中断和它的线程副本之间可能不需要保护；也就是说，在请求 IRQ 线时设置了 IRQF_ONESHOT 标志。

在硬中断处理程序完成后，此标志使中断保持禁用状态。设置此标志后，中断线将保持禁用状态，直到线程处理程序运行完毕为止。这样，硬中断处理程序和它相应的线程处理程序永远不会竞争，并且可能不需要锁定两者之间共享的资源。

❑ 当资源在用户上下文和 softIRQ 之间共享时，你需要防范两件事：一是用户上下文可能被 softIRQ 中断（请记住，softIRQ 在硬中断处理程序的返回路径上运行）；二是临界区（critical region）可以从另一个 CPU 进入（请记住，同一个 softIRQ 可以在另一个 CPU 上同时运行）。

在这种情况下，你应该使用自旋锁 API 变体（它将禁用 softIRQ），即 spin_lock_bh() 和 spin_unlock_bh()。

其中，_bh 表示下半部。由于本章未详细讨论这些 API，因此你可以使用 _irq 甚至 _irqsave 变体，它们也禁用硬件中断。

❑ 上述操作同样适用于 tasklet（因为 tasklet 是建立在 softIRQ 之上的），唯一的区别是 tasklet 永远不会并发运行（它永远不会同时在多个 CPU 上运行）。Tasklet 具有排他性。

❑ 当涉及硬中断和 softIRQ 之间的锁定时，有两件事情需要防范：一是 softIRQ 可以被 hardIRQ 中断；二是可以从另一个 CPU 进入临界区。

因为 softIRQ 在硬中断处理程序运行时永远不会运行，所以对于硬中断处理程序来说，只需要使用 spin_lock()和 spin_unlock() API 即可（不必考虑 softIRQ 的问题），它们可以防止其他 CPU 上的其他硬中断处理程序并发访问。

但是，对于 softIRQ 来说，则需要使用实际禁用中断的锁定 API——即_irq()或 irqsave()变体——优先选择后者。

❑ 因为 softIRQ 可能同时运行，所以在两个不同的 softIRQ 之间，甚至在 softIRQ 和它自己（在另一个 CPU 上运行）之间都可能需要锁定。在这种情况下，应使用 spinlock()/spin_unlock()。无须禁用硬件中断。

对中断锁定的研究至此结束。

1.6　小　　结

本章介绍了接下来几章将要使用的一些核心内核功能。

本章讨论的概念涉及内核锁 API、工作延迟机制、Linux 内核中断设计和实现。在学习完本章之后，开发人员应该能够决定是否应该将中断处理程序分成两部分，并知道哪一种锁定原语适合你的需要。

第 2 章将介绍 Linux 内核管理的资源，这是一个用于将分配的资源管理卸载到内核核心的接口。

第 2 章　regmap API 应用

本章将介绍 Linux 内核寄存器映射抽象层，演示如何简化 I/O 操作并将其委托给 regmap 子系统。在处理设备时，无论它们是内置在系统级芯片（system on chip，SoC，也称为片上系统）中还是位于 I2C/SPI 总线上，都涉及访问（读取/修改/更新）寄存器。系统级芯片采用的是内存映射 I/O（memory mapped I/O，MMIO），I/O 设备被放置在内存空间而不是 I/O 空间。因此，从处理器的角度来看，内存映射 I/O 后系统设备访问起来就和内存一样。此时 regmap 就变得很有必要，因为许多设备驱动程序对其寄存器访问例程进行了开放编码。

regmap 代表的是寄存器映射（register map）。它主要是为 ALSA SoC（ASoC）开发的，目的是摆脱编解码器驱动程序中冗余的开放编码 SPI/I2C 寄存器访问例程。regmap 最初提供了一组 API，用于读/写非内存映射 I/O（例如，I2C 和 SPI 读/写）。此后，MMIO regmap 进行了升级，以便开发人员可以使用 regmap 访问 MMIO。

现在，这个框架抽象了 I2C、SPI 和 MMIO 寄存器访问，不仅在必要时处理锁定，还管理寄存器缓存，以及寄存器的可读性和可写性。它还处理 IRQ 芯片和 IRQ。

本章将讨论 regmap 并解释使用它来抽象 I2C、SPI 和 MMIO 设备的寄存器访问的方法。我们还将介绍如何使用 regmap 来管理 IRQ 和 IRQ 控制器。

本章包含以下主题。

❑　regmap 及其数据结构。

❑　regmap 和 IRQ 管理。

❑　链接 IRQ。

❑　regmap IRQ API 和数据结构。

2.1　技　术　要　求

要轻松阅读和理解本章，你需要具备以下条件。

❑　良好的 C 语言编程技能。

❑　熟悉设备树的概念。

❑　Linux Kernel v4.19.X 源，其下载地址如下：

　　https://git.kernel.org/pub/scm/linux/kernel/git/stable/linux.git/refs/tags

2.2　regmap 及其数据结构

regmap 是 Linux Kernel 提供的一种抽象寄存器访问机制，主要针对 SPI、I2C 和内存映射寄存器。

此框架中的 API 与总线无关，并在幕后处理底层配置。话虽如此，这个框架中的主要数据结构是 struct regmap_config，它在 Kernel 源代码树的 include/linux/regmap.h 中定义如下：

```c
struct regmap_config {
    const char *name;
    int reg_bits;
    int reg_stride;
    int pad_bits;
    int val_bits;
    bool (*writeable_reg)(struct device *dev, unsigned int reg);
    bool (*readable_reg)(struct device *dev, unsigned int reg);
    bool (*volatile_reg)(struct device *dev, unsigned int reg);
    bool (*precious_reg)(struct device *dev, unsigned int reg);

    int (*reg_read)(void *context, unsigned int reg,
                    unsigned int *val);
    int (*reg_write)(void *context, unsigned int reg,
                    unsigned int val);

    bool disable_locking;
    regmap_lock lock;
    regmap_unlock unlock;
    void *lock_arg;
    bool fast_io;

    unsigned int max_register;
    const struct regmap_access_table *wr_table;
    const struct regmap_access_table *rd_table;
    const struct regmap_access_table *volatile_table;
    const struct regmap_access_table *precious_table;
    const struct reg_default *reg_defaults;
    unsigned int num_reg_defaults;

    unsigned long read_flag_mask;
```

```
    unsigned long write_flag_mask;
    enum regcache_type cache_type;
    bool use_single_rw;
    bool can_multi_write;
};
```

为简单起见，该结构体中的某些字段已被删除，本章不再讨论。对于开发人员来说，只要 struct regmap_config 能够正确完成即可，对于底层总线机制不必过于纠结。

2.2.1　struct regmap_config 结构体中的字段

下面介绍一下 struct regmap_config 这个数据结构体中的字段。

❑　reg_bits：表示寄存器的位大小。换句话说，它是寄存器地址中的位数。

❑　reg_stride：表示寄存器地址的步幅（stride）。如果寄存器地址是该值的倍数，则它是有效的。如果设置为 0，将使用值 1，这意味着任何地址都是有效的。对不是该值倍数的地址的任何读/写都将返回-EINVAL。

❑　pad_bits：表示寄存器和值之间的填充（padding）位数。这是格式化时寄存器值左移的位数。

❑　val_bits：表示用于存储寄存器值（value）的位数。它是必填字段。

❑　writeable_reg：如果提供了该字段，则此可选回调将在每次 regmap 写入操作时调用，以检查给定地址是否可写。如果此函数在给定 regmap 写入事务的地址上返回 false，则该事务将返回-EIO。

以下代码片段显示了如何实现此回调：

```
static bool foo_writeable_register(struct device *dev,
                                   unsigned int reg)
{
    switch (reg) {
    case 0x30 ... 0x38:
    case 0x40 ... 0x45:
    case 0x50 ... 0x57:
    case 0x60 ... 0x6e:
    case 0xb0 ... 0xb2:
        return true;
    default:
        return false;
    }
}
```

❑ readable_reg：这与 writeable_reg 相同，但用于寄存器读取操作。

❑ volatile_reg：这是一个可选回调，如果提供了该字段，则每次需要通过 regmap 缓存读取或写入寄存器时都会调用该回调。

如果寄存器是易失性的（即寄存器值不能被缓存），函数应该返回 true，然后对寄存器执行直接读/写操作；如果返回 false，则表示该寄存器是可缓存的，在这种情况下，缓存将用于读取操作，缓存将在写入操作的情况下写入。

以下是随机选择了假寄存器地址的示例：

```
static bool volatile_reg(struct device *dev,
                        unsigned int reg)
{
    switch (reg) {
    case 0x30:
    case 0x31:
    [...]
    case 0xb3:
        return false;
    case 0xb4:
        return true;
        default:
        if ((reg >= 0xb5) && (reg <= 0xcc))
            return false;
    [...]
        break;
    }
    return true;
}
```

❑ reg_read：如果设备需要特殊的读取操作技巧，则可以提供自定义读取回调并使该字段指向它，以便使用自定义读取回调而不是使用标准的 regmap 读取函数。反过来这也说明，大多数设备其实并不需要这个字段，因为大多数设备都使用标准的 regmap 读取函数。

❑ reg_write：这与 reg_read 相同，但用于写入操作。

❑ disable_locking：这显示是否应该使用 lock/unlock 回调。如果为 false，则不会使用锁定机制。这意味着这个 regmap 要么受到外部方式的保护，要么保证不被多个线程访问。

❑ lock/unlock：这些是可选的锁定/解锁（lock/unlock）回调，它们会覆盖 regmap 的默认锁定/解锁函数。这些选项基于自旋锁或互斥锁，取决于访问的底层设备是否可能休眠。

- lock_arg：这是 lock/unlock 函数的唯一参数（如果没有覆盖常规 lock/unlock 函数，那么它将被忽略）。

- fast_io：这表示寄存器的输入/输出（I/O）速度很快。如果设置了该字段，则 regmap 将使用自旋锁而不是互斥锁来执行锁定。

  如果使用自定义 lock/unlock 函数（此处未讨论），则忽略此字段（请参阅 Kernel 源代码中 struct regmap_config 的 lock/unlock 字段）。

  它仅用于无总线（no bus）的情况（MMIO 设备），不适用于慢速总线（如 I2C、SPI）或访问可能休眠的类似总线。

- wr_table：这是 regmap_access_table 类型的 writeable_reg()回调的替代方法，该回调是一个包含 yes_range 和 no_range 字段的结构，这两个字段都是指向 struct regmap_range 的指针。

  任何属于 yes_range 条目的寄存器都被认为是可写的，如果它属于 no_range 或没有在 yes_range 中指定，则被认为是不可写的。

- rd_table：这与 wr_table 相同，但用于任何读取操作。

- volatile_table：你可以提供 volatile_table 而不是 volatile_reg。原理与 wr_table 和 rd_table 相同，但用于缓存机制。

- max_register：这是可选的；它指定了不允许操作的最大有效寄存器地址。

- reg_defaults：这是一个 reg_default 类型元素的数组，其中每个元素是一个{reg, value}对，表示给定寄存器的上电复位值。

  该字段与缓存一起使用，以便读取在此数组中存在的地址，以及自上电复位后尚未写入的地址，这将返回此数组中的默认寄存器值，而无须在设备上执行任何读取事务。这方面的一个例子是 IIO（industrial I/O，工业输入/输出）设备驱动程序，有关详细信息，可访问：

  https://elixir.bootlin.com/linux/v4.19/source/drivers/iio/light/apds9960.c

- use_single_rw：这是一个布尔值，如果设置了该字段，则可指示 regmap 将设备上的任何批量写入或读取操作转换为一系列单次写入或读取操作。这对于不支持批量读取和/或写入操作的设备很有用。

- can_multi_write：这仅针对写入操作。如果设置了该字段，则表示该设备支持批量写入操作的 multi-write 模式。如果为空，则 multi-write 请求将被拆分为单独的写入操作。

- num_reg_defaults：这是 reg_defaults 中的元素数量。

❑ read_flag_mask：这是在进行读取时在寄存器的最高字节中设置的掩码（mask）。一般来说，在 SPI 或 I2C 中，写入或读取将在顶部字节中设置最高位，以区分写入和读取操作。

❑ write_flag_mask：这是在进行写入时在寄存器的最高字节中设置的掩码。

❑ cache_type：这是实际的缓存类型，它可以是以下值：REGCACHE_NONE、REGCACHE_RBTREE、REGCACHE_COMPRESSED 或 REGCACHE_FLAT。

初始化 regmap 非常简单，根据设备所在的总线调用以下函数之一即可。

```
struct regmap * devm_regmap_init_i2c(
                struct i2c_client *client,
                struct regmap_config *config)

struct regmap * devm_regmap_init_spi(
                struct spi_device *spi,
                const struct regmap_config);

struct regmap * devm_regmap_init_mmio(
                struct device *dev,
                void __iomem *regs,
                const struct regmap_config *config)

#define devm_regmap_init_spmi_base(dev, config) \
    __regmap_lockdep_wrapper(__devm_regmap_init_spmi_base, \
                            #config, dev, config)

#define devm_regmap_init_w1(w1_dev, config) \
    __regmap_lockdep_wrapper(__devm_regmap_init_w1, #config, \
                            w1_dev, config)
```

在上面的原型中，如果出现错误，则返回值将是指向 struct regmap 或 ERR_PTR()的有效指针。regmap 将被设备管理代码自动释放。regs 是指向内存映射 IO（MMIO）区域的指针（由 devm_ioremap_resource()或任何 ioremap*系列函数返回）。dev 是将与之交互的设备（struct device 类型）。

在 Kernel 源代码中提供了以下 drivers/mfd/sun4i-gpadc.c 示例：

```
struct sun4i_gpadc_dev {
    struct device *dev;
    struct regmap *regmap;
    struct regmap_irq_chip_data *regmap_irqc;
    void __iomem *base;
```

```
};

static const struct regmap_config sun4i_gpadc_regmap_config = {
    .reg_bits = 32,
    .val_bits = 32,
    .reg_stride = 4,
    .fast_io = true,
};

static int sun4i_gpadc_probe(struct platform_device *pdev)
{
    struct sun4i_gpadc_dev *dev;
    struct resource *mem;
    [...]
    mem = platform_get_resource(pdev, IORESOURCE_MEM, 0);
    dev->base = devm_ioremap_resource(&pdev->dev, mem);
    if (IS_ERR(dev->base))
        return PTR_ERR(dev->base);
    dev->dev = &pdev->dev;
    dev_set_drvdata(dev->dev, dev);
    dev->regmap = devm_regmap_init_mmio(dev->dev, dev->base,
                                   &sun4i_gpadc_regmap_config);

    if (IS_ERR(dev->regmap)) {
        ret = PTR_ERR(dev->regmap);
        dev_err(&pdev->dev, "failed to init regmap: %d\n", ret);
        return ret;
    }
    [...]
```

上述代码片段展示了如何创建 regmap。尽管该示例是面向 MMIO 的，但对于其他类型来说，概念上是不变的。对于基于 SPI 或 I2C 的 regmap，可分别使用 devm_regmap_init_spi()或 devm_regmap_init_i2c()，而不是使用 devm_regmap_init_MMIO()。

2.2.2　访问设备寄存器

访问设备寄存器有两个主要函数，即 regmap_write()和 regmap_read()，负责锁定和抽象底层总线：

```
int regmap_write(struct regmap *map,
                 unsigned int reg,
                 unsigned int val);
```

```
int regmap_read(struct regmap *map,
                unsigned int reg,
                unsigned int *val);
```

在上面的两个函数中，第一个参数 map 是初始化时返回的 regmap 结构体；reg 是写入/读取数据的寄存器地址；val 是写入操作中要写入的数据，或读取操作中的读取值。

对这些 API 的详细说明如下。

1. regmap_write

此函数用于将数据写入设备。以下是此函数执行的步骤。

（1）首先，它将检查 reg 是否与 regmap_config.reg_stride 对齐。如果不是，则返回 -EINVAL 并且函数执行失败。

（2）然后，根据 fast_io、lock 和 unlock 字段获取锁。如果提供了 lock 回调，那么它将用于获取锁。否则，regmap 内核将使用其内部默认 lock 函数，根据是否设置了 fast_io，使用自旋锁或互斥锁。

（3）接下来，regmap 内核对传递的寄存器地址执行一些完整性检查（sanity check），具体如下所示。

① 如果设置了 max_register，则会检查这个寄存器的地址是否小于 max_register。如果地址不小于 max_register，则 regmap_write()执行失败，返回-EIO（无效 I/O）错误代码。

② 然后，如果设置了 writeable_reg 回调，则以寄存器为参数调用此回调，如果此回调返回 false，则 regmap_write()执行失败，返回-EIO。

如果未设置 writeable_reg 但设置了 wr_table，则 regmap 内核将检查寄存器地址是否在 no_range 内。如果是，则 regmap_write()执行失败并返回-EIO；否则，regmap 内核将检查寄存器地址是否在 yes_range 中，如果不存在，则 regmap_write()执行失败并返回-EIO。

（4）如果设置了 cache_type 字段，则将使用缓存。要写入的值将被缓存以备将来引用，而不是写入硬件。

（5）如果 cache_type 未设置，则立即调用写入例程将值写入硬件寄存器。在将值写入寄存器之前，该例程会先将 write_flag_mask 应用到寄存器地址的第一个字节。

（6）最后，使用适当的解锁函数解除锁定。

2. regmap_read

此函数用于从设备中读取数据。此函数执行与 regmap_write()相同的安全性和完整性检查，只是将 writable_reg 和 wr_table 替换为 readable_reg 和 rd_table 即可。

当涉及缓存时，如果启用，则从缓存中读取寄存器值；如果未启用缓存，则调用读取例程以从硬件寄存器读取值。该例程将在读取操作之前将 read_flag_mask 应用于寄存器地址的最高字节，并且*val 会使用读取的新值进行更新。

最后，使用适当的解锁函数解除锁定。

上述访问函数一次只针对一个寄存器，另外还有一些访问函数则可以执行批量访问，这也是 2.2.3 节将要介绍的内容。

2.2.3　一次读/写多个寄存器

有时开发人员可能希望同时对寄存器范围内的数据执行批量读/写操作。有些人可能会想到在循环中使用 regmap_read()或 regmap_write()，但是最好的解决方案是使用针对此类情况提供的 regmap API。

这实际上就是指 regmap_bulk_read()和 regmap_bulk_write()函数，具体如下所示：

```
int regmap_bulk_read(struct regmap *map, unsigned int reg,
                     void *val, size_tval_count);
int regmap_bulk_write(struct regmap *map, unsigned int reg,
                      const void *val, size_t val_count)
```

这些函数可以从设备读取或向设备写入多个寄存器。其中，map 是用于执行操作的regmap。

对于读取操作，reg 是要读取的第一个寄存器，应该从该位置开始读取，val 是一个指向缓冲区的指针，在其中读取的值应该按设备的原生寄存器大小（native register size）存储（这意味着如果设备寄存器大小是 4 字节，则读取值将以 4 字节为单位存储），而val_count 则是要读取的寄存器数。

对于写入操作，reg 是要写入的第一个寄存器，val 是指向要写入的数据块的指针，以设备的原生寄存器大小写入，val_count 是要写入的寄存器数量。

对于这两个函数，成功时将返回值 0，如果出现错误，将返回负的 errno。

🔵 提示：

该框架还提供了其他一些有趣的读/写函数。查看 Kernel 头文件可获取更多信息。

其中一个比较有意思的方法是 regmap_multi_reg_write()，它可以将以任何顺序提供的一组{register, value}对中的多个寄存器写入设备中。这些寄存器可能并不全在一个范围中，设备则以参数的形式给出。

在熟悉了寄存器访问之后，接下来我们将介绍在位级别管理寄存器内容。

2.2.4　更新寄存器中的位

要更新给定寄存器中的位，可以使用 regmap_update_bits()，这是一个三合一函数。其原型如下所示：

```
int regmap_update_bits(struct regmap *map, unsigned int reg,
                       unsigned int mask, unsigned int val)
```

该函数可在寄存器映射上执行读取/修改/写入循环。它是_regmap_update_bits()的封装，具体如下所示：

```
static int _regmap_update_bits(
                struct regmap *map, unsigned int reg,
                unsigned int mask, unsigned int val,
                bool *change, bool force_write)
{
    int ret;
    unsigned int tmp, orig;

    if (change)
        *change = false;

    if (regmap_volatile(map, reg) && map->reg_update_bits) {
        ret = map->reg_update_bits(map->bus_context,
                                   reg, mask, val);
        if (ret == 0 && change)
            *change = true;
    } else {
        ret = _regmap_read(map, reg, &orig);
        if (ret != 0)
            return ret;

        tmp = orig & ~mask;
        tmp |= val & mask;
        if (force_write || (tmp != orig)) {
            ret = _regmap_write(map, reg, tmp);
            if (ret == 0 && change)
                *change = true;
        }
    }
    return ret;
}
```

需要更新的位（bits）在 mask 中设置为 1，对应的位会被赋予 val 中相同位置的位的值。

例如，要将第一个位（BIT(0)）和第三个位（BIT(2)）设置为 1，则 mask 应为 0b00000101，其值应为 0bxxxxx1x1。要清除第七个位（BIT(6)），则 mask 必须为 0b01000000，值应为 0bx0xxxxxx，依次类推。

💡提示：

出于调试目的，可以使用 debugfs 文件系统来转储 regmap 管理的寄存器的内容，示例如下：

```
# mount -t debugfs none /sys/kernel/debug
# cat /sys/kernel/debug/regmap/1-0008/registers
```

这将以<addr:value>格式转储寄存器地址及其值。

在掌握了硬件寄存器的访问和在位的级别使用寄存器的技巧之后，接下来，我们将深入讨论 IRQ 管理。

2.3　regmap 和 IRQ 管理

regmap 不仅抽象了对寄存器的访问，接下来，我们还将看到该框架如何在较低级别抽象 IRQ 管理（如 IRQ 芯片处理），从而隐藏模板操作。

2.3.1　Linux 内核 IRQ 管理的结构

IRQ 通过称为中断控制器（interrupt controller）的特殊设备公开给设备。从软件的角度来看，中断控制器设备驱动程序使用了虚拟 IRQ 概念（在 Linux 内核中称为 IRQ 域）来管理和公开这些中断线。

中断管理建立在以下结构体之上。

❑ struct irq_chip：该结构体是 IRQ 控制器的 Linux 表示，它实现了一组方法来驱动由核心 IRQ 代码直接调用的中断控制器。

如果需要，这个结构体应该由驱动程序填充，提供一组回调以允许我们管理 IRQ 芯片上的 IRQ，如 irq_startup、irq_shutdown、irq_enable、irq_disable、irq_ack、irq_mask、irq_unmask、irq_eoi 和 irq_set_affinity。

对于傻瓜化（即简单化）的 IRQ 芯片设备（如不允许 IRQ 管理的芯片）来说，则应该使用 Kernel 提供的 dummy_irq_chip。

❑ struct irq_domain：每个中断控制器都被赋予了一个域，对于控制器来说，这个域就像是一个进程的地址空间。struct irq_domain 结构体可存储硬件 IRQ 和 Linux IRQ（即虚拟 IRQ，全称为 virtual IRQ，也称为 virq）之间的映射。它是硬件中断号转换对象。

此结构体提供以下内容。

➢ 一个指针，指向给定中断控制器的固件节点（firmware node，fwnode）。

➢ 一个方法，将 IRQ 的固件（设备树）描述转换为中断控制器本地 ID（即硬件 IRQ 编号，也称为 hwirq）。

对于同时充当 IRQ 控制器的 gpio 芯片，大多数情况下，给定 gpio 线路的硬件 IRQ 编号（hwirq）对应于该线路在芯片中的本地索引。

➢ 一个方法，从 hwirq 中检索 IRQ 的 Linux 视图。

❑ struct irq_desc：该结构体是 Linux 内核中断视图，包含所有核心内容和 Linux 中断号的一对一映射。

❑ struct irq_action：这是 Linux 用来描述 IRQ 处理程序的结构体。

❑ struct irq_data：此结构体嵌入在 struct irq_desc 结构体中，并包含以下内容。

➢ 与管理此中断的 irq_chip 相关的数据。

➢ Linux IRQ 号和 hwirq。

➢ 指向 irq_chip 的指针。

➢ 指向中断转换域（irq_domain）的指针。

开发人员应该牢记，irq_domain 是用于中断控制器的（就像地址空间是用于进程一样），因为它存储了虚拟 IRQ（virq）和硬件 IRQ 编号（hwirq）之间的映射。

2.3.2　创建映射

中断控制器驱动程序可以通过调用以下 irq_domain_add_<mapping_method>()函数之一来创建和注册 irq_domain。

❑ irq_domain_add_linear()。

❑ irq_domain_add_tree()。

❑ irq_domain_add_nomap()。

实际上，<mapping_method>是将 hwirq 映射到 virq 的方法。

irq_domain_add_linear()可创建一个空的固定大小的表，由 hwirq 编号索引，为每个映射的 hwirq 分配 struct irq_desc。分配的 IRQ 描述符将存储在表中，索引等于分配给它的 hwirq。这种线性映射适用于固定和少量的 hwirq（小于 256）。

　　这种映射的主要优点是 IRQ 编号查找时间是固定的，并且 irq_desc 仅分配给使用中的 IRQ；其主要缺点是受限于表的大小，无法处理更大的 hwirq 编号。

　　大多数驱动程序可使用此线性映射。该函数具有以下原型：

```
struct irq_domain *irq_domain_add_linear(
                      struct device_node *of_node,
                      unsigned int size,
                      const struct irq_domain_ops *ops,
                      void *host_data)
```

　　irq_domain_add_tree()可创建一个空的 irq_domain，它维护 Linux IRQ 和基数树（radix tree）中 hwirq 编号之间的映射。

　　当映射 hwirq 时，会分配一个 struct irq_desc，并且 hwirq 用作基数树的查找键。如果 hwirq 编号非常大，那么树映射是一个不错的选择，因为它不需要分配与最大 hwirq 编号一样大的表。缺点是 hwirq-to-IRQ 编号查找取决于表中有多少条目。

　　只有很少的驱动程序需要使用此映射。它具有以下原型：

```
struct irq_domain *irq_domain_add_tree(
                      struct device_node *of_node,
                      const struct irq_domain_ops *ops,
                      void *host_data)
```

　　irq_domain_add_nomap()可能是你永远都不会使用的函数，它的完整描述可以在 Kernel 源代码树中的 Documentation/IRQ-domain.txt 中找到。其原型如下：

```
struct irq_domain *irq_domain_add_nomap(
                      struct device_node *of_node,
                      unsigned int max_irq,
                      const struct irq_domain_ops *ops,
                      void *host_data)
```

　　在以上这些原型中，of_node 是一个指向中断控制器的 DT 节点的指针；size 表示在线性映射的情况下域中的中断号；ops 代表映射/取消映射域回调；host_data 是控制器的私有数据指针。

　　由于这 3 个函数都创建空的 IRQ 域，因此你应该使用 irq_create_mapping()函数和 hwirq，以及传递给它的指向 IRQ 域的指针，以创建一个映射，并将此映射插入域中：

```
unsigned int irq_create_mapping(struct irq_domain *domain,
                          irq_hw_number_t hwirq)
```

　　在上面的函数原型中，domain 是这个硬件中断所属的域。NULL 值表示默认域。

hwirq 是需要为其创建映射的硬件 IRQ 编号。此函数可将硬件中断映射到 Linux IRQ 空间并返回 Linux IRQ 编号。

另外，请记住，每个硬件中断只允许一个映射。

以下是创建映射的示例：

```
unsigned int virq = 0;
virq = irq_create_mapping(irq_domain, hwirq);
if (!virq) {
    ret = -EINVAL;
    goto err_irq;
}
```

在上面的代码中，virq 是映射对应的 Linux 内核 IRQ，即虚拟 IRQ 编号（virq）。

ⓘ 注意：

在为 GPIO 控制器（它同时也是中断控制器）编写驱动程序时，可从 gpio_chip.to_irq() 回调内部调用 irq_create_mapping()，此时可通过以下语句返回 virq：

```
return irq_create_ mapping(gpiochip->irq_domain, hwirq)
```

其中，hwirq 是 GPIO 芯片的 GPIO 偏移量。

一些驱动程序更喜欢在 probe() 函数中预先为每个 hwirq 创建映射并填充域，示例如下：

```
for (j = 0; j < gpiochip->chip.ngpio; j++) {
    irq = irq_create_mapping(gpiochip ->irq_domain, j);
}
```

在此之后，此类驱动程序只需将 irq_find_mapping()（给定 hwirq）调用到 to_irq()回调函数中即可。如果给定的 hwirq 不存在映射，则 irq_create_mapping()将分配一个新的 struct irq_desc 结构体，将其与 hwirq 关联，并调用 irq_domain_ops.map()回调（使用 irq_domain_ associate()函数）以便驱动程序可以执行任何所需的硬件设置。

2.3.3　struct irq_domain_ops

此结构体公开了一些与 IRQ 域相关的回调函数（callback）。由于映射是在给定的 IRQ 域中创建的，因此，每个映射（实际上是每个 irq_desc）都应该被赋予一个 IRQ 配置、一些私有数据和一个转换函数（给定一个设备树节点和一个中断说明符，转换函数将解码为硬件 IRQ 编号和 Linux IRQ 类型值）。以下是此结构体中的回调函数所执行的操作：

```
struct irq_domain_ops {
    int (*map)(struct irq_domain *d, unsigned int virq,
            irq_hw_number_t hw);
    void (*unmap)(struct irq_domain *d, unsigned int virq);
    int (*xlate)(struct irq_domain *d, struct device_node *node,
            const u32 *intspec, unsigned int intsize,
            unsigned long *out_hwirq,
            unsigned int *out_type);
};
```

上述数据结构中元素的每个 Linux 内核 IRQ 管理都值得单独用一个小节来描述。因此，接下来我们将逐一展开介绍。

2.3.4　irq_domain_ops.map()

该回调函数的原型如下：

```
int (*map)(struct irq_domain *d, unsigned int virq,
        irq_hw_number_t hw);
```

在描述这个函数的作用之前，不妨先来看看它的参数。

❑　d：指 IRQ 芯片使用的 IRQ 域。

❑　virq：指基于 GPIO 的 IRQ 芯片使用的全局 IRQ 编号。

❑　hw：指 GPIO 芯片上的本地 IRQ/GPIO 线偏移。

.map()可创建或更新 virq 和 hwirq 之间的映射。此回调函数将设置 IRQ 配置。对于给定的映射，它仅被调用一次（由 IRQ 核心在内部调用）。这是为给定的 IRQ 设置 IRQ 芯片数据的地方，可以使用 irq_set_chip_data()来完成，它具有以下原型：

```
int irq_set_chip_data(unsigned int irq, void *data);
```

根据 IRQ 芯片的类型（嵌套或链接），还可以执行其他操作。

2.3.5　irq_domain_ops.xlate()

给定一个设备树（device tree，DT）节点和一个中断说明符（interrupt specifier），此回调函数可将其解码为硬件 IRQ 编号及其 Linux IRQ 类型值。

根据 DT 控制器节点中指定的#interrupt-cells 属性，Kernel 提供了一个通用的转换函数，如下所示。

❑　irq_domain_xlate_twocell()：此通用转换函数可用于直接双单元绑定（two cell

binding）。DT IRQ 说明符与双单元绑定一起使用，其中，单元值直接映射到
hwirq 编号和 Linux IRQ 标志。

- ❑ irq_domain_xlate_onecell()：这是一个用于直接单个单元绑定（one cell binding）
  的通用 xlate 函数。
- ❑ irq_domain_xlate_onetwocell()：这是一个用于单个单元或双单元绑定的通用 xlate
  函数。

域操作示例如下：

```
static struct irq_domain_ops mcp23016_irq_domain_ops = {
    .map = my_irq_domain_map,
    .xlate = irq_domain_xlate_twocell,
};
```

上述数据结构的显著特征是分配给.xlate 元素的值，即 irq_domain_xlate_twocell。这
意味着我们期望设备树中有一个双单元 irq 说明符，其中，第一个单元将指定 irq，第二
个单元将指定其标志。

2.4　链接 IRQ

发生中断时，可以使用 irq_find_mapping()辅助函数从 hwirq 编号中查找 Linux IRQ
编号。例如，此 hwirq 编号可以是一组 GPIO 控制器中的 GPIO 偏移量。一旦找到并返回
有效的 virq，即可在此 virq 上调用 handle_nested_irq()或 generic_handle_irq()。我们要介
绍的操作正来自这两个函数，它们可以管理 irq-flow 处理程序。

这意味着有两种方法可以使用中断处理程序。硬中断处理程序——或称为链式中断
（chained interrupt）是原子的，在禁用 irq 的情况下运行，并且可以调度线程处理程序；
另外还有一种简单的线程中断处理程序，称为嵌套中断（nested interrupt），它可能被其
他中断中断。

2.4.1　链式中断

这种方法将用于可能不休眠的控制器，例如，SoC 的内部 GPIO 控制器，它是内存映
射的并且其访问不休眠。

链式中断（chained interrupt）意味着这些中断只是函数调用链（例如，从 GIC 中断
处理程序内部调用 SoC 的 GPIO 控制器中断处理程序，就像函数调用一样）。通过这种

方法，可以在父 hwirq 处理程序中调用子 IRQ 处理程序。

　　请注意，必须使用 generic_handle_irq() 来链接父 hwirq 处理程序内的子 IRQ 处理程序。即使在子中断处理程序中，我们仍然处于原子上下文（硬件中断）中。因此，不能调用可能休眠的函数。

　　对于链式（并且只能是链式）IRQ 芯片，irq_domain_ops.map() 也是使用 irq_set_chip_and_handler() 为给定的 irq 分配高级 irq-type 流处理程序的正确方式。不同的 IRQ 类型将调用不同的高级中断流处理程序。irq_set_chip_and_handler() 函数示例如下：

```
void irq_set_chip_and_handler(unsigned int irq,
                              struct irq_chip *chip,
                              irq_flow_handler_t handle)
```

　　在上述原型中，irq 代表 Linux IRQ（virq），作为参数提供给 irq_domain_ops.map() 函数；chip 是 irq_chip 结构体；而 handle 则是高级中断流处理程序。

ⓘ 注意：

　　有些控制器非常傻瓜化（dumb），在它们的 irq_chip 结构体中几乎不需要任何东西。在这种情况下，应该将 dummy_irq_chip 传递给 irq_set_chip_ and_handler()。

　　dummy_irq_chip 是在 kernel/irq/dummychip.c 中定义的。

　　以下代码流总结了 irq_set_chip_and_handler() 的操作：

```
void irq_set_chip_and_handler(unsigned int irq,
                              struct irq_chip *chip,
                              irq_flow_handler_t handle)
{
    struct irq_desc *desc = irq_get_desc(irq);
    desc->irq_data.chip = chip;
    desc->handle_irq = handle;
}
```

　　以下是通用层提供的一些可能的高级 IRQ 流处理程序：

```
/*
 * 各种 IRQ 类型的内置 IRQ 处理程序
 * 可以通过 desc->handle_irq() 调用
 */
void handle_level_irq(struct irq_desc *desc);
void handle_fasteoi_irq(struct irq_desc *desc);
void handle_edge_irq(struct irq_desc *desc);
void handle_edge_eoi_irq(struct irq_desc *desc);
```

```
void handle_simple_irq(struct irq_desc *desc);
void handle_untracked_irq(struct irq_desc *desc);
void handle_percpu_irq(struct irq_desc *desc);
void handle_percpu_devid_irq(struct irq_desc *desc);
void handle_bad_irq(struct irq_desc *desc);
```

上述每个函数名都很好地描述了它处理的 IRQ 类型。

对于链式 IRQ 芯片，irq_domain_ops.map()可能看起来如下所示：

```
static int my_chained_irq_domain_map(struct irq_domain *d,
                                     unsigned int virq,
                                     irq_hw_number_t hw)
{
    irq_set_chip_data(virq, d->host_data);
    irq_set_chip_and_handler(virq, &dummy_irq_chip,
                             handle_edge_irq);
    return 0;
}
```

在为链式 IRQ 芯片编写父 IRQ 处理程序时，代码应在每个子 irq 上调用 generic_handle_irq()。该函数非常简单，它将调用 irq_desc->handle_irq()，指向使用 irq_set_chip_and_handler()分配给给定子 IRQ 的高级中断处理程序。

底层的高级 irq 事件处理程序（假设是 handle_level_irq()）将首先进行一些修改，然后运行硬 irq-handler（irq_desc->action->handler），并根据返回的值，运行提供的线程处理程序（irq_desc->action->thread_fn）。

以下是一个链式 IRQ 芯片的父 IRQ 处理程序的示例，其原始代码位于 Kernel 源代码的 drivers/pinctrl/pinctrl-at91.c 中：

```
static void parent_hwirq_handler(struct irq_desc *desc)
{
    struct irq_chip *chip = irq_desc_get_chip(desc);
    struct gpio_chip *gpio_chip = irq_desc_get_handler_data(desc);
    struct at91_gpio_chip *at91_gpio = gpiochip_get_data
                                        (gpio_chip);
    void __iomem *pio = at91_gpio->regbase;
    unsigned long isr;
    int n;

    chained_irq_enter(chip, desc);
    for (;;) {
        /* 读取 ISR 确认挂起（边沿触发）GPIO 中断
```

```
      *  当没有挂起项时，即视为已经完成
      *  除非需要处理多个页面（bank）
      *  （如 sam9263 上的 ID_PIOCDE）
      */
     isr = readl_relaxed(pio + PIO_ISR) & readl_relaxed(pio + PIO_IMR);
     if (!isr) {
         if (!at91_gpio->next)
             break;
         at91_gpio = at91_gpio->next;
         pio = at91_gpio->regbase;
         gpio_chip = &at91_gpio->chip;
         continue;
     }
     for_each_set_bit(n, &isr, BITS_PER_LONG) {
         generic_handle_irq(
             irq_find_mapping(gpio_chip->irq.domain, n));
     }
 }
 chained_irq_exit(chip, desc);
 /* 现在它可能再次触发 */
 [...]
}
```

链式 IRQ 芯片驱动程序不需要使用 devm_request_threaded_irq() 或 devm_request_irq() 注册父 IRQ 处理程序。当驱动程序在这个父 IRQ 上调用 irq_set_chained_handler_and_data() 时，该处理程序会自动注册，给定关联的处理程序作为参数，以及一些私有数据，示例如下：

```
void irq_set_chained_handler_and_data( unsigned int irq,
                                       irq_flow_handler_thandle,
                                       void *data)
```

该函数的参数不言而喻。你应该在 probe 函数中调用该函数，示例如下：

```
static int my_probe(struct platform_device *pdev)
{
    int parent_irq, i;
    struct irq_domain *my_domain;

    parent_irq = platform_get_irq(pdev, 0);
    if (!parent_irq) {
        pr_err("failed to map parent interrupt %d\n", parent_irq);
        return -EINVAL;
```

```
    }

    my_domain =
        irq_domain_add_linear(np, nr_irq, &my_irq_domain_ops,
                              my_private_data);
    if (WARN_ON(!my_domain)) {
        pr_warn("%s: irq domain init failed\n", __func__);
        return;
    }

    /* 该代码放在其他地方也可以 */
    for(i = 0; i < nr_irq; i++) {
        int virqno = irq_create_mapping(my_domain, i);

        /*
         * 在注册处理程序之前
         * 可能需要屏蔽和清除所有 IRQ
         */
        [...]

        irq_set_chained_handler_and_data(parent_irq,
                                         parent_hwirq_handler,
                                         my_private_data);
        /*
         * 可能还需要在 virq 编号上调用 irq_set_chip_data()
         */
        [...]
    }
    [...]
}
```

在上面的 probe 方法中，使用 irq_domain_add_linear()创建了一个线性域，并使用 irq_create_mapping()在这个域中创建了一个 IRQ 映射（虚拟 IRQ）。最后，还为主 IRQ（即父 IRQ）设置了高级链式流处理程序及其数据。

🛈 注意:

irq_set_chained_handler_and_data()可自动启用中断（在第一个参数中指定），分配其处理程序（也作为参数给出），并给此中断添加标志：IRQ_NOREQUEST、IRQ_NOPROBE 或 IRQ_NOTHREAD，这些标志分别意味着：无法通过 request_irq()请求、不能被自动探测、不能被线程化（因为它是链式中断）。

2.4.2　嵌套中断

嵌套流方法由可能休眠的 IRQ 芯片使用，例如，那些在慢速总线上的芯片。I2C 总线就是慢速总线（例如，I2C GPIO 扩展器）。

嵌套（nested）是指那些不在硬件上下文中运行的中断处理程序（它们不是真正的 hwirq，也不是在原子上下文中），而是被线程化并且可以被抢占。在这里，处理程序函数在调用线程上下文中被调用。

对于嵌套（且仅嵌套）的 IRQ 芯片，irq_domain_ops.map() 回调函数也是设置 irq 配置标志的正确位置。最重要的配置标志如下。

❑ IRQ_NESTED_THREAD：该标志表明，在 devm_request_threaded_irq() 上，不应为 IRQ 处理程序创建专用的中断线程，因为它在分用（demultiplexing）中断处理程序线程的上下文中嵌套调用。

有关这方面的详细信息，可参阅 __setup_irq() 函数，该函数在 Kernel 源代码的 kernel/irq/manage.c 中实现。

开发人员可以使用 void irq_set_nested_thread(unsigned int irq, int nest) 对这个标志进行操作。其中，irq 对应于全局中断号；nest 为 0 表示清除标志，为 1 则表示设置 IRQ_NESTED_THREAD 标志。

❑ IRQ_NOTHREAD：可以使用 void irq_set_nothread(unsigned int irq) 设置该标志。它用于将给定的 IRQ 标记为不可线程化。

以下是 irq_domain_ops.map() 对于嵌套 IRQ 芯片的应用示例：

```
static int my_nested_irq_domain_map(struct irq_domain *d,
                                    unsigned int virq,
                                    irq_hw_number_t hw)
{
    irq_set_chip_data(virq, d->host_data);
    irq_set_nested_thread(virq, 1);
    irq_set_noprobe(virq);
    return 0;
}
```

在为嵌套的 IRQ 芯片编写父 IRQ 处理程序时，代码应调用 handle_nested_irq() 以处理子 IRQ 处理程序，以便它们从父 IRQ 线程运行。

handle_nested_irq() 不关心 irq_desc->action->handler（这是硬中断处理程序）。它只是运行 irq_desc->action->thread_fn：

```
static irqreturn_t mcp23016_irq(int irq, void *data)
{
    struct mcp23016 *mcp = data;
    unsigned int child_irq, i;
    /* 执行某项操作 */
    [...]
    for (i = 0; i < mcp->chip.ngpio; i++) {
        if (gpio_value_changed_and_raised_irq(i)) {
            child_irq = irq_find_mapping(mcp->chip.irqdomain,i);
            handle_nested_irq(child_irq);
        }
    }
    [...]
}
```

嵌套的 IRQ 芯片驱动程序必须使用 devm_request_threaded_irq()注册父 IRQ 处理程序，因为这种 IRQ 芯片没有像 irq_set_chained_handler_and_data()这样的函数。将此 API 用于嵌套的 IRQ 芯片是没有意义的。

大多数情况下，嵌套的 IRQ 芯片是基于 GPIO 芯片的。因此，我们最好使用基于 GPIO 芯片的 IRQ 芯片 API，或者使用基于 regmap 的 IRQ 芯片 API。2.4.3 节将会详细讨论，这里我们可以先看看一个示例：

```
static int my_probe(struct i2c_client *client,
                    const struct i2c_device_id *id)
{
    int parent_irq, i;
    struct irq_domain *my_domain;
    [...]

    int irq_nr = get_number_of_needed_irqs();

    /* 如果有中断线则启用 IRQ 芯片 */
    if (client->irq) {
        domain = irq_domain_add_linear(
                    client->dev.of_node, irq_nr,
                    &my_irq_domain_ops, my_private_data);
        if (!domain) {
            dev_err(&client->dev,
                "could not create irq domain\n");
            return -ENODEV;
        }
        /*
```

```
  * 可能正在使用 irq_create_mapping() 在该域中创建 IRQ 映射
  * 或者如果它是 MFD 芯片设备
  * 则让 mfd 核心执行此操作
  */
[...]

ret =
    devm_request_threaded_irq(
        &client->dev, client->irq,
        NULL, my_parent_irq_thread,
        IRQF_TRIGGER_FALLING | IRQF_ONESHOT,
        "my-parent-irq", my_private_data);
    [...]
}
[...]
}
```

在上面的 probe 方法中，嵌套流与链式流有两个主要区别，具体如下。

❑　首先，注册主 IRQ 的方式有区别：链式 IRQ 芯片使用 irq_set_chained_handler_and_data() 自动注册处理程序；而嵌套流方法则必须使用 request_threaded_irq() 系列方法显式注册其处理程序。

❑　其次，主 IRQ 处理程序调用底层 IRQ 处理程序的方式有区别：在链式流中，handle_nested_irq() 在主 IRQ 处理程序中调用，它以函数调用链的形式调用每个底层 IRQ 的处理程序，这些处理程序在与主处理程序相同的上下文（即原子上下文，这种原子性也称为 hard-irq）中执行；但是，嵌套流处理程序必须调用 handle_nested_irq()，它在父线程的线程上下文中执行底层 IRQ 的处理程序（thread_fn）。

以上就是链式流和嵌套流之间的主要区别。

2.4.3　irqchip 和 gpiolib API——新一代

由于每个 irq-gpiochip 驱动程序都对自己的 irqdomain 处理进行了开放编码，导致驱动程序可产生大量的冗余代码。Kernel 开发人员决定将该代码移至 gpiolib 框架，从而提供 GPIOLIB_IRQCHIP Kconfig 符号，使得开发人员能够为 GPIO 芯片使用统一的 IRQ 域管理 API。这一部分代码有助于使用简化的辅助函数集处理 GPIO IRQ 芯片及其相关的 irq_domain 和资源分配回调函数，以及它们的设置管理。

gpiolib 框架的函数包括如下两类。

❑　gpiochip_irqchip_add()或 gpiochip_irqchip_add_nested()。

❑　gpiochip_set_chained_irqchip()或 gpiochip_set_nested_irqchip()。

gpiochip_irqchip_add()或 gpiochip_irqchip_add_nested()都将 IRQ 芯片添加到 GPIO 芯片。以下是它们各自的原型：

```
static inline int gpiochip_irqchip_add(
                               struct gpio_chip *gpiochip,
                               struct irq_chip *irqchip,
                               unsigned int first_irq,
                               irq_flow_handler_t handler,
                               unsigned int type)

static inline int gpiochip_irqchip_add_nested(
                               struct gpio_chip *gpiochip,
                               struct irq_chip *irqchip,
                               unsigned int first_irq,
                               irq_flow_handler_t handler,
                               unsigned int type)
```

在上面的原型中，gpiochip 参数是要添加 irqchip 的 GPIO 芯片。irqchip 是要添加到 GPIO 的 IRQ 芯片，这样可以扩展 GPIO 的功能，使其也可以充当 IRQ 控制器。

该 IRQ 芯片必须由驱动程序或 IRQ 核心代码正确配置（如果 dummy_irq_chip 已作为参数给出的话）。如果它不是动态分配的，则 first_irq 将是用于分配 GPIO 芯片 IRQ 的基本（第一个）IRQ。

handler 是要使用的主要 IRQ 处理程序（通常是预定义的高级 IRQ 核心函数之一）。

type 是这个 IRQ chip 上 IRQ 的默认类型，在这里传递的是 IRQ_TYPE_NONE 并允许驱动程序根据要求进行配置。

上述函数的操作总结如下。

❑　第一个函数可使用 irq_domain_add_simple()函数为 GPIO 芯片分配一个 struct irq_domain。这个 IRQ 域的 ops 是使用称为 gpiochip_domain_ops 的 Kernel IRQ 核心域 ops 变量设置的。

　　该域 ops 在 drivers/gpio/gpiolib.c 中定义，并且 irq_domain_ops.xlate 字段设置为 irq_domain_xlate_twocell，这意味着该 GPIO 芯片将处理双单元 IRQ。

❑　将 gpiochip.to_irq 字段设置为 gpiochip_to_irq，这是一个回调函数，它返回 irq_create_mapping(chip->irq.domain, offset)，即创建对应于 GPIO 偏移量的 IRQ 映射。这是在我们对该 GPIO 调用 gpiod_to_irq()时执行的。该函数假设 gpiochip 上的每个引脚都可以生成唯一的 IRQ。

以下是 gpiochip_domain_ops IRQ 域的定义方式：

```
static const struct irq_domain_ops gpiochip_domain_ops =
{
    .map = gpiochip_irq_map,
    .unmap = gpiochip_irq_unmap,
    /* 几乎所有基于 GPIO 的 IRQ 芯片都是双单元的 */
    .xlate = irq_domain_xlate_twocell,
};
```

gpiochip_irqchip_add_nested()和 gpiochip_irqchip_add()的唯一区别是前者在 GPIO 芯片上添加了一个嵌套的 IRQ 芯片（它将 gpio_chip->irq.threaded 字段设置为 true），而后者则是在 GPIO 芯片上添加了一个链式 IRQ 芯片并将此字段设置为 false。

另一方面，gpiochip_set_chained_irqchip()和 gpiochip_set_nested_irqchip()可分别将一个链式或嵌套的 IRQ 芯片分配/链接到 GPIO 芯片。以下是这两个函数的原型：

```
void gpiochip_set_chained_irqchip(
                        struct gpio_chip *gpiochip,
                        struct irq_chip *irqchip,
                        unsigned int parent_irq,
                        irq_flow_handler_t parent_handler)

void gpiochip_set_nested_irqchip(struct gpio_chip *gpiochip,
                        struct irq_chip *irqchip,
                        unsigned int parent_irq)
```

在上面的原型中，gpiochip 是要设置 irqchip 链的 GPIO 芯片。irqchip 表示要链接到 GPIO 芯片的 IRQ 芯片。

parent_irq 是与此链式 IRQ 芯片的父 IRQ 对应的 IRQ 编号。换句话说，它是该芯片所连接的 IRQ 编号。parent_handler 是来自 GPIO 芯片的累积 IRQ 的父中断处理程序。它实际上是 hwirq 处理程序。这不能用于嵌套的 IRQ 芯片，因为父处理程序是线程化的。

链式变体内部将在 parent_handler 上调用 irq_set_chained_handler_and_data()。

2.4.4　基于 gpiochip 的链式 IRQ 芯片

gpiochip_irqchip_add()和 gpiochip_set_chained_irqchip()函数可用于基于 GPIO 芯片的链式 IRQ 芯片，而 gpiochip_irqchip_add_nested()和 gpiochip_set_nested_irqchip()则仅用于基于 GPIO 芯片的嵌套 IRQ 芯片。

对于基于 GPIO 芯片的链式 IRQ 芯片，gpiochip_set_chained_irqchip()将配置父 hwirq

的处理程序，无须调用任何 devm_request_*irq 系列函数。但是，父 hwirq 的处理程序必须在引发的子 irq 上调用 generic_handle_irq()，这有点类似于标准的链式 IRQ 芯片。示例如下（来自 Kernel 源代码中的 drivers/pinctrl/pinctrl-at91.c）：

```c
static void gpio_irq_handler(struct irq_desc *desc)
{
    unsigned long isr;
    int n;

    struct irq_chip *chip = irq_desc_get_chip(desc);
    struct gpio_chip *gpio_chip = irq_desc_get_handler_data(desc);
    struct at91_gpio_chip *at91_gpio = gpiochip_get_data(gpio_chip);
    void __iomem *pio = at91_gpio->regbase;

    chained_irq_enter(chip, desc);
    for (;;) {
        isr = readl_relaxed(pio + PIO_ISR) & readl_relaxed(pio + PIO_IMR);
        [...]
        for_each_set_bit(n, &isr, BITS_PER_LONG) {
            generic_handle_irq(irq_find_mapping(
                        gpio_chip->irq.domain, n));
        }
    }
    chained_irq_exit(chip, desc);
    [...]
}
```

在上述代码中，首先引入了中断处理程序。在 GPIO 芯片发出中断时，读取其整个 GPIO 状态页面（bank）以检测设置的每个位，这意味着由相应 GPIO 线后面的设备触发的潜在 IRQ。

然后，在每个 IRQ 描述符上调用 generic_handle_irq()，其域中的索引对应于 GPIO 状态页面中设置的位的索引。该方法依次调用在原子上下文（hard-irq 上下文）中为上一步找到的每个描述符注册的每个处理程序，除非使用 GPIO 作为 IRQ 线的设备的底层驱动程序请求的处理程序被线程化。

现在不妨来看一下 probe 方法，示例如下：

```c
static int at91_gpio_probe(struct platform_device *pdev)
{
    [...]
    ret = gpiochip_irqchip_add(&at91_gpio->chip,
                                &gpio_irqchip,
```

```
                                      0,
                                      handle_edge_irq,
                                      IRQ_TYPE_NONE);
        if (ret) {
            dev_err(
                &pdev->dev,
                "at91_gpio.%d: Couldn't add irqchip to gpiochip.\n",
                at91_gpio->pioc_idx);
            return ret;
        }
        [...]
        /* 然后在父 IRQ 上注册该链 */
        gpiochip_set_chained_irqchip(&at91_gpio->chip,
                                      &gpio_irqchip,
                                      at91_gpio->pioc_virq,
                                      gpio_irq_handler);

        return 0;
}
```

可以看到，这个 probe 方法并没有什么特别之处。它在某种程度上遵循了前面提到的通用 IRQ 芯片处理机制。这里没有使用任何 request_irq()系列方法请求父 IRQ，是因为 gpiochip_set_chained_irqchip()将在后台调用 irq_set_chained_handler_and_data()。

2.4.5　基于 gpiochip 的嵌套 IRQ 芯片

以下代码片段显示了基于 GPIO 芯片的嵌套 IRQ 芯片如何由其驱动程序注册。它有点类似于独立的嵌套 IRQ 芯片：

```
static irqreturn_t pcf857x_irq(int irq, void *data)
{
    struct pcf857x *gpio = data;
    unsigned long change, i, status;
    status = gpio->read(gpio->client);

    /*
     * 如果 GPIO 用作中断源，则调用中断处理程序
     * 以避免坏的 IRQ
     */
    mutex_lock(&gpio->lock);
    change = (gpio->status ^ status) & gpio->irq_enabled;
    gpio->status = status;
    mutex_unlock(&gpio->lock);
```

```
   for_each_set_bit(i, &change, gpio->chip.ngpio)
      handle_nested_irq(
          irq_find_mapping(gpio->chip.irq.domain, i));
   return IRQ_HANDLED;
}
```

上述代码是 IRQ 处理程序。可以看到，它使用了 handle_nested_irq()，这对我们来说并不是什么新鲜事。

现在来看一下 probe 方法：

```
static int pcf857x_probe(struct i2c_client *client,
                      const struct i2c_device_id *id)
{
   struct pcf857x *gpio;
   [...]
   /* 仅在有中断线时启用 irqchip */
   if (client->irq) {
      status = gpiochip_irqchip_add_nested(&gpio->chip,
                                        &gpio->irqchip,
                                        0,
                                        handle_level_irq,
                                        IRQ_TYPE_NONE);

      if (status) {
         dev_err(&client->dev, "cannot add irqchip\n");
         goto fail;
      }
      status = devm_request_threaded_irq(
              &client->dev, client->irq,
              NULL, pcf857x_irq,
              IRQF_ONESHOT |IRQF_TRIGGER_FALLING | IRQF_SHARED,
              dev_name(&client->dev), gpio);
      if (status)
          goto fail;

      gpiochip_set_nested_irqchip(&gpio->chip,
                                 &gpio->irqchip,
                                 client->irq);
   }
   [...]
}
```

在上述代码中，父 IRQ 处理程序是线程化的，必须使用 devm_request_threaded_irq()

进行注册。这解释了为什么它的 IRQ 处理程序必须在子 IRQ 上调用 handle_nested_irq()
以调用它们的处理程序。这看起来类似于通用的嵌套 irqchips，区别在于 gpiolib 包装了
一些底层的嵌套 irqchip API。要确认这一点，开发人员可以查看 gpiochip_set_nested_
irqchip()和 gpiochip_irqchip_add_nested()方法的主体。

2.5　regmap IRQ API 和数据结构

regmap IRQ API 是在 drivers/base/regmap/regmap-irq.c 中实现的。它的构建基础包括
两个基本函数和 3 个数据结构。

两个基本函数如下所示。

❑　devm_regmap_add_irq_chip()。

❑　regmap_irq_get_virq() 。

3 个数据结构如下所示。

❑　struct regmap_irq_chip。

❑　struct regmap_irq_chip_data。

❑　struct regmap_irq。

🛈 注意：

regmap 的 irqchip API 完全使用线程 IRQ。因此，只有第 2.4.2 节"嵌套中断"中讨
论的内容才适用于此。

2.5.1　regmap IRQ 数据结构

如前文所述，regmap IRQ API 有 3 种数据结构，现在将详细介绍它们，以了解 regmap
是如何抽象出 IRQ 管理的。

1. struct regmap_irq_chip 和 struct regmap_irq

struct regmap_irq_chip 结构体描述了一个通用的 regmap irq_chip。在讨论这个结构体
之前，不妨先来看一下 struct regmap_irq，它存储了 regmap irq_chip 的 IRQ 的寄存器和掩
码描述，具体如下所示：

```
struct regmap_irq {
    unsigned int reg_offset;
    unsigned int mask;
    unsigned int type_reg_offset;
```

```
    unsigned int type_rising_mask;
    unsigned int type_falling_mask;
};
```

对上述结构体中的字段说明如下。

❑ reg_offset：这是页面（bank）内状态/掩码寄存器的偏移量。这个页面实际上可能是 IRQ chip 的 {status/mask/unmask/ack/wake}_base 寄存器。

❑ mask：这是用于标记/控制此 IRQ 状态寄存器的掩码。当禁用 IRQ 时，掩码值将与来自 regmap 的 irq_chip.status_base 寄存器的 reg_offset 的实际内容进行或（OR）运算。在启用 IRQ 的情况下，~mask 将执行与（AND）运算。

❑ type_reg_offset：这是用于 IRQ 类型设置的偏移（offset）寄存器（来自 irqchip 状态基址寄存器）。

❑ type_rising_mask：这是配置上升（rising）型 IRQ 的掩码位。当将 IRQ 的类型设置为 IRQ_TYPE_EDGE_RISING 时，该值将与 type_reg_offset 的实际内容进行或（OR）运算。

❑ type_falling_mask：这是配置下降（falling）型 IRQ 的掩码位。当将 IRQ 的类型设置为 IRQ_TYPE_EDGE_FALLING 时，该值将与 type_reg_offset 的实际内容进行或（OR）运算。

　　对于 IRQ_TYPE_EDGE_BOTH 类型，将使用(type_falling_mask | irq_data -> type_rising_mask)作为掩码。

在熟悉了 struct regmap_irq 结构体之后，现在再来了解一下 struct regmap_irq_chip，其结构体如下：

```
struct regmap_irq_chip {
    const char *name;

    unsigned int status_base;
    unsigned int mask_base;
    unsigned int unmask_base;
    unsigned int ack_base;
    unsigned int wake_base;
    unsigned int type_base;
    unsigned int irq_reg_stride;
    bool mask_writeonly:1;
    bool init_ack_masked:1;
    bool mask_invert:1;
    bool use_ack:1;
    bool ack_invert:1;
    bool wake_invert:1;
```

```
    bool type_invert:1;

    int num_regs;

    const struct regmap_irq *irqs;
    int num_irqs;

    int num_type_reg;
    unsigned int type_reg_stride;

    int (*handle_pre_irq)(void *irq_drv_data);
    int (*handle_post_irq)(void *irq_drv_data);
    void *irq_drv_data;
};
```

该结构体描述了一个通用的 regmap_irq_chip，它可以处理大多数中断控制器（不是全部，下文会叙述）。该数据结构中的字段说明如下。

❑　name：这是 IRQ 控制器的描述性名称。

❑　status_base：这是基本状态寄存器地址，regmap IRQ 核心在获得给定 regmap_irq 的最终状态寄存器之前，会将 regmap_irq.reg_offset 添加到该地址。

❑　mask_writeonly：说明基址掩码寄存器是否为只写（write only）。如果是，则使用 regmap_write_bits() 写入寄存器，否则使用 regmap_update_bits()。

❑　unmask_base：这是基址解掩码寄存器（base unmask register）地址，必须为具有单独掩码和解掩码寄存器的芯片指定该地址。

❑　ack_base：这是确认（acknowledge）基址寄存器地址。use_ack 位可以使用 0 值。

❑　wake_base：这是 wake enable 的基地址，用于控制 IRQ 电源管理唤醒。如果值为 0，则表示不支持。

❑　type_base：这是 IRQ 类型的基地址，regmap IRQ 核心在获得给定 regmap_irq 的最终类型寄存器之前，会将 regmap_irq.type_reg_offset 添加到该基地址。如果为 0，则表示不支持。

❑　irq_reg_stride：这是在寄存器不连续时用于芯片的步幅。

❑　init_ack_masked：指示在初始化期间 regmap IRQ 核心是否应该对所有已屏蔽的中断都确认一次。

❑　mask_invert：如果为 true，则表示屏蔽寄存器被反转。这意味着已清除的位索引对应于屏蔽掉的中断。

❑　use_ack：如果为 true，则表示即使为 0 也应使用确认寄存器。

❑ ack_invert：如果为 true，则表示确认寄存器被反转。被清除的位表示确认。

❑ wake_invert：如果为 true，则表示唤醒寄存器被反转。被清除的位表示启用唤醒。

❑ type_invert：如果为 true，则表示使用反转类型标志。

❑ num_regs：这是每个控制页面（bank）中的寄存器数量。它将给出使用 regmap_bulk_read() 时要读取的寄存器数量。查看 regmap_irq_thread() 的定义可获取更多信息。

❑ irqs：这是单个 IRQ 的描述符的数组，num_irqs 是数组中的描述符总数。将根据该数组中的索引分配中断号。

❑ num_type_reg：这是类型寄存器的数量，而 type_reg_stride 则是用于类型寄存器不连续的芯片的步幅。regmap IRQ 实现了通用中断服务例程，这对于大多数设备来说都是通用的。

某些器件，如 MAX77620 或 MAX20024，需要在中断服务前后进行特殊处理。这就是 handle_pre_irq 和 handle_post_irq 发挥作用的地方。它们是与驱动程序相关的回调函数，用于在 regmap_irq_handler 处理中断之前处理来自设备的中断。

irq_drv_data 是作为参数传递给那些中断前/中断后处理程序的数据。例如，MAX77620 中断服务编程指南给出了以下说明。

❑ 当 PMIC（电源管理集或电路）发生中断时，可通过设置 GLBLM 来屏蔽 PMIC 中断。

❑ 读取 IRQTOP 并相应地服务中断。

❑ 一旦检查并服务了所有中断，则中断服务例程通过清除 GLBLM 来取消屏蔽硬件中断线。

接下来，我们将讨论 struct regmap_irq_chip_data 结构体，这是前面介绍过的 regmap IRQ API 的 3 个数据结构之一。

2．struct regmap_irq_chip_data

该结构体是 regmap IRQ 控制器的运行时数据结构，分配在 devm_regmap_add_irq_chip() 的成功返回路径上。它必须存储在大型私有数据结构中以备日后使用。其定义如下：

```
struct regmap_irq_chip_data {
    struct mutex lock;
    struct irq_chip irq_chip;
    struct regmap *map;
    const struct regmap_irq_chip *chip;
    int irq_base;
    struct irq_domain *domain;
```

```
    int irq;
    [...]
};
```

为简单起见，该结构体中的某些字段已被删除。

该结构体中字段的说明如下。

❑ lock：这是用于保护对 regmap_irq_chip_data 所属的 irq_chip 进行访问的锁。由
   于 regmap IRQ 是完全线程化的，因此使用互斥锁是安全的。

❑ irq_chip：这是启用了 regmap 的 irqchip 的底层中断芯片描述符结构体（提供 IRQ
   相关的操作），它可以使用 regmap_irq_chip 设置，后者在 drivers/base/regmap/
   regmap-irq.c 中定义如下：

```
static const struct irq_chip regmap_irq_chip = {
    .irq_bus_lock = regmap_irq_lock,
    .irq_bus_sync_unlock = regmap_irq_sync_unlock,
    .irq_disable = regmap_irq_disable,
    .irq_enable = regmap_irq_enable,
    .irq_set_type = regmap_irq_set_type,
    .irq_set_wake = regmap_irq_set_wake,
};
```

❑ map：这是上述 irq_chip 的 regmap 结构体。

❑ chip：这是一个指向通用 regmap irq_chip 的指针，它应该已在驱动程序中设置。
   它将作为参数提供给 devm_regmap_add_irq_chip()。

❑ base：如果大于零，则它是分配特定 IRQ 编号的基数。换句话说，IRQ 的编号
   从 base 开始。

❑ domain：这是底层 IRQ 芯片的 IRQ 域，其 ops 设置为 regmap_domain_ops，定
   义示例如下：

```
static const struct irq_domain_ops regmap_domain_ops = {
    .map = regmap_irq_map,
    .xlate = irq_domain_xlate_onetwocell,
};
```

❑ irq：这是 irq_chip 的父（基本）IRQ。它对应于提供给 devm_regmap_add_irq_chip()
   的 irq 参数。

2.5.2 regmap IRQ API

如前文所述，regmap IRQ API 有两个基本函数，即 devm_regmap_add_irq_chip()和

regmap_irq_get_virq()。它们实际上是 regmap IRQ 管理最重要的函数。

这两个函数的原型如下所示：

```
int devm_regmap_add_irq_chip(struct device *dev,
                             struct regmap *map,
                             int irq, int irq_flags,
                             int irq_base,
                             const struct regmap_irq_chip *chip,
                             struct regmap_irq_chip_data **data)

int regmap_irq_get_virq(struct regmap_irq_chip_data *data, int irq)
```

在上面的代码中，dev 是 irq_chip 所属设备的指针；map 是设备有效且已初始化的 regmap；如果 irq_base 大于零，则它将是第一个分配的 IRQ 编号；chip 则是中断控制器的配置。

在 regmap_irq_get_virq() 的原型中，*data 是一个初始化的输入参数，必须由 devm_regmap_add_irq_chip() 通过 **data 返回。

devm_regmap_add_irq_chip() 函数可用来在代码中添加基于 regmap 的 irqchip 支持。它的 data 参数是一个输出参数，表示控制器的运行时数据结构，在该函数调用成功时分配。它的 irq 参数是 irqchip 的父级和主要 IRQ。它是设备用来发出中断信号的 IRQ，而 irq_flags 则是用于此主中断的 IRQF_ 标志的掩码。

如果该函数成功（即返回 0），则输出的 data 将使用类型为 regmap_irq_chip_data 的全新分配且配置良好的结构体进行设置。

该函数在失败时返回 errno。

devm_regmap_add_irq_chip() 可组合以下操作。

❑ 分配和初始化 struct regmap_irq_chip_data。

❑ irq_domain_add_linear()：如果 irq_base == 0，那么它将根据域中所需的 IRQ 数量分配一个 IRQ 域。成功后，IRQ 域将分配给先前分配的 IRQ 芯片数据的 .domain 字段。该域的 ops.map 函数会将每个 IRQ 子进程配置为嵌套到父线程中，并且 ops.xlate 将设置为 irq_domain_xlate_onetwocell。

　　如果 irq_base > 0，则使用 irq_domain_add_legacy() 而不是 irq_domain_add_linear()。

❑ request_threaded_irq()：它将注册父 IRQ 线程处理程序。

　　regmap 可使用其自定义的线程处理程序 regmap_irq_thread()，它在对子 irq 调用 handle_nested_irq() 之前将进行一些修改。

以下代码片段汇总了上述操作：

```
static int regmap_irq_map(struct irq_domain *h,
                          unsigned int virq,
                          irq_hw_number_t hw)
{
    struct regmap_irq_chip_data *data = h->host_data;
    irq_set_chip_data(virq, data);
    irq_set_chip(virq, &data->irq_chip);
    irq_set_nested_thread(virq, 1);
    irq_set_parent(virq, data->irq);
    irq_set_noprobe(virq);
    return 0;
}

static const struct irq_domain_ops regmap_domain_ops = {
    .map = regmap_irq_map,
    .xlate = irq_domain_xlate_onetwocell,
};

static irqreturn_t regmap_irq_thread(int irq, void *d)
{
    [...]
    for (i = 0; i < chip->num_irqs; i++) {
        if (data->status_buf[chip->irqs[i].reg_offset /
            map->reg_stride] & chip->irqs[i].mask) {
            handle_nested_irq(irq_find_mapping(data->domain, i));
            handled = true;
        }
    }
    [...]

    if (handled)
        return IRQ_HANDLED;
    else
        return IRQ_NONE;
}

int regmap_add_irq_chip(struct regmap *map, int irq,
                        int irq_ flags,
                        int irq_base,
                        const struct regmap_irq_chip *chip,
                        struct regmap_irq_chip_data **data)
{
    struct regmap_irq_chip_data *d;
```

```
[...]
d = kzalloc(sizeof(*d), GFP_KERNEL);
if (!d)
    return -ENOMEM;

/* 以下代码进行了简化处理 */
initialize_irq_chip_data(d);

if (irq_base)
    d->domain = irq_domain_add_legacy( map->dev->of_node,
                                       chip->num_irqs,
                                       irq_base, 0,
                                       &regmap_domain_ops, d);
else
    d->domain = irq_domain_add_linear( map->dev->of_node,
                                       chip->num_irqs,
                                       &regmap_domain_ops, d);

ret = request_threaded_irq(irq, NULL, regmap_irq_thread,
                           irq_flags | IRQF_ONESHOT,
                           chip->name, d);

[...]
*data = d;

return 0;
}
```

regmap_irq_get_virq()可将芯片上的中断映射到虚拟 IRQ。在上述代码中可以看到，它只是在给定的 irq 和域上返回 irq_create_mapping(data->domain, irq)。其 irq 参数是芯片 IRQ 中请求中断的索引。

2.5.3　regmap IRQ API 示例

本小节将以 max7760 GPIO 控制器的驱动程序为例，阐述如何应用 regmap IRQ API 的概念。该驱动程序位于 Kernel 源代码的 drivers/gpio/gpio-max77620.c 中，下面我们也将提供该驱动程序使用 regmap 处理 IRQ 管理方式的简化代码片段。

首先定义将在整个代码编写过程中使用的数据结构：

```
struct max77620_gpio {
    struct gpio_chip gpio_chip;
    struct regmap *rmap;
```

```
    struct device *dev;
};

struct max77620_chip {
    struct device *dev;
    struct regmap *rmap;
    int chip_irq;
    int irq_base;
    [...]
    struct regmap_irq_chip_data *top_irq_data;
    struct regmap_irq_chip_data *gpio_irq_data;
};
```

在上述代码中可以看到，这些数据结构的含义是非常清楚的。接下来，需要定义regmap IRQ 数组，如下所示：

```
static const struct regmap_irq max77620_gpio_irqs[] = {
    [0] = {
        .mask = MAX77620_IRQ_LVL2_GPIO_EDGE0,
        .type_rising_mask = MAX77620_CNFG_GPIO_INT_RISING,
        .type_falling_mask = MAX77620_CNFG_GPIO_INT_FALLING,
        .reg_offset = 0,
        .type_reg_offset = 0,
    },
    [1] = {
        .mask = MAX77620_IRQ_LVL2_GPIO_EDGE1,
        .type_rising_mask = MAX77620_CNFG_GPIO_INT_RISING,
        .type_falling_mask = MAX77620_CNFG_GPIO_INT_FALLING,
        .reg_offset = 0,
        .type_reg_offset = 1,
    },
    [2] = {
        .mask = MAX77620_IRQ_LVL2_GPIO_EDGE2,
        .type_rising_mask = MAX77620_CNFG_GPIO_INT_RISING,
        .type_falling_mask = MAX77620_CNFG_GPIO_INT_FALLING,
        .reg_offset = 0,
        .type_reg_offset = 2,
    },
    [...]
    [7] = {
        .mask = MAX77620_IRQ_LVL2_GPIO_EDGE7,
        .type_rising_mask = MAX77620_CNFG_GPIO_INT_RISING,
        .type_falling_mask = MAX77620_CNFG_GPIO_INT_FALLING,
```

```
        .reg_offset = 0,
        .type_reg_offset = 7,
    },
};
```

你可能已经注意到，为了便于阅读，我们已经截断了数组。该数组随后可以分配给 regmap_irq_chip 数据结构，具体如下所示：

```
static const struct regmap_irq_chip max77620_gpio_irq_chip = {
    .name = "max77620-gpio",
    .irqs = max77620_gpio_irqs,
    .num_irqs = ARRAY_SIZE(max77620_gpio_irqs),
    .num_regs = 1,
    .num_type_reg = 8,
    .irq_reg_stride = 1,
    .type_reg_stride = 1,
    .status_base = MAX77620_REG_IRQ_LVL2_GPIO,
    .type_base = MAX77620_REG_GPIO0,
};
```

可以看到，驱动程序填充 regmap_irq 的数组（max77620_gpio_irqs[]）并使用它来构建 regmap_irq_chip 结构体（max77620_gpio_irq_chip）。

一旦 regmap_irq_chip 数据结构准备就绪，即可开始编写 irqchip 回调函数，这是 Kernel gpiochip 核心所需要的：

```
static int max77620_gpio_to_irq(struct gpio_chip *gc,
                                unsigned int offset)
{
    struct max77620_gpio *mgpio = gpiochip_get_data(gc);
    struct max77620_chip *chip = dev_get_drvdata(mgpio->dev->parent);
    return regmap_irq_get_virq(chip->gpio_irq_data, offset);
}
```

在上述代码片段中，仅定义了将分配给 GPIO 芯片的.to_irq 字段的回调函数。其他回调函数可以在原始驱动程序中找到。同样，上述代码已部分被截断。

现在可以讨论 probe 方法，它将使用之前定义的所有函数：

```
static int max77620_gpio_probe(struct platform_device *pdev)
{
    struct max77620_chip *chip = dev_get_drvdata(pdev->dev.parent);
    struct max77620_gpio *mgpio;
    int gpio_irq;
    int ret;
```

```
gpio_irq = platform_get_irq(pdev, 0);
[...]
mgpio = devm_kzalloc(&pdev->dev, sizeof(*mgpio), GFP_KERNEL);
if (!mgpio)
    return -ENOMEM;

mgpio->rmap = chip->rmap;
mgpio->dev = &pdev->dev;

/* 设置 gpiochip 字段 */
mgpio->gpio_chip.direction_input = max77620_gpio_dir_input;
mgpio->gpio_chip.get = max77620_gpio_get;
mgpio->gpio_chip.direction_output = max77620_gpio_dir_output;
mgpio->gpio_chip.set = max77620_gpio_set;
mgpio->gpio_chip.set_config = max77620_gpio_set_config;
mgpio->gpio_chip.to_irq = max77620_gpio_to_irq;
mgpio->gpio_chip.ngpio = MAX77620_GPIO_NR;
mgpio->gpio_chip.can_sleep = 1;
mgpio->gpio_chip.base = -1;
#ifdef CONFIG_OF_GPIO
mgpio->gpio_chip.of_node = pdev->dev.parent->of_node;
#endif

ret = devm_gpiochip_add_data(&pdev->dev,
                             &mgpio->gpio_chip, mgpio);
[...]
ret = devm_regmap_add_irq_chip(&pdev->dev,
                               chip->rmap, gpio_irq,
                               IRQF_ONESHOT, -1,
                               &max77620_gpio_irq_chip,
                               &chip->gpio_irq_data);
[...]
return 0;
}
```

在该 probe 方法代码片段（去掉了错误检查）中，max77620_gpio_irq_chip 最终提供给 devm_regmap_add_irq_chip，以便用 IRQ 填充 irqchip，然后将 IRQ 芯片添加到 regmap 核心。该函数还将 chip->gpio_irq_data 设置为一个有效的 regmap_irq_chip_data 结构体，chip 是私有数据结构，允许我们存储此 IRQ 芯片数据以备后用。

由于该 IRQ 控制器建立在 GPIO 控制器（gpiochip）之上，因此必须设置 gpio_chip.to_irq

字段，此处指的是 max77620_gpio_to_irq 回调函数。此回调函数仅返回 regmap_irq_get_virq()返回的值，它根据作为参数给出的偏移量在 regmap_irq_chip_data.domain 中创建，并返回有效的 irq 映射。其他函数已经介绍过，对我们来说并不陌生。

使用 regmap 管理 IRQ 的介绍至此结束，相信现在你已经可以将基于 MMIO 的 IRQ 管理移至 regmap。

2.6　小　　结

本章主要围绕 regmap 核心内容，详细阐释了该框架，介绍了它的 API，并提供了一些用例和相应的解释。

除了寄存器访问，本章还深入讨论了如何使用 regmap 进行基于 MMIO 的 IRQ 管理。学习完本章之后，你应该能够开发支持 regmap 的 IRQ 控制器，并且可以利用该框架进行寄存器访问。

第 3 章涉及 MFD 设备和 syscon 框架，将大量使用本章中学到的概念。

第 3 章 深入研究 MFD 子系统和 syscon API

如今的设备集成越来越密集，由此产生了一种由多个其他设备或 IP 组成的可以实现专用功能的设备。随着该设备的出现，Linux 内核中出现了一个新的子系统，这就是多功能设备（multi-function device，MFD）。这些设备在物理上被视为独立设备，但从软件的角度来看，它们以父子关系表示，其中的子（child）就是指子设备（subdevice）。

有些基于 I2C 和串行外围设备接口（serial peripheral interface，SPI）总线技术的设备/子设备在添加到系统之前可能需要进行一些修改或配置。另外，基于 MMIO 的设备/子设备也可能需要进行零配置（zero conf）或修改，因为它们只需要共享子设备之间的主设备寄存器区域。

simple-mfd 辅助函数可以处理零配置或修改之后的子设备注册，而 syscon 则可以与其他设备共享设备的内存区域。

由于 regmap 可以处理 MMIO 寄存器和对内存的托管锁定（又称为同步）访问，因此，在 regmap 之上构建 syscon 已成为一个很自然的选择。

为了熟悉 MFD 子系统，本章首先详细阐释 MFD 的数据结构和 API，然后讨论设备树绑定，以便对 Kernel 描述这些设备。最后，我们将讨论 syscon 并介绍用于零配置或修改子设备的 simple-mfd 驱动程序。

本章包含以下主题。
- ❑ MFD 子系统和 syscon API。
- ❑ MFD 设备的设备树绑定。
- ❑ 了解 syscon 和 simple-mfd。

3.1 技 术 要 求

要轻松阅读和理解本章，你需要具备以下条件。
- ❑ 良好的 C 语言编程技能。
- ❑ 熟悉 Linux 设备驱动程序模型。
- ❑ Linux Kernel v4.19.X 源，其下载地址如下：

https://git.kernel.org/pub/scm/linux/kernel/git/stable/linux.git/refs/tags

3.2　MFD 子系统和 syscon API

在深入研究 syscon 框架及其 API 之前，不妨先来看看 MFD。有些外设或硬件块通过嵌入其中的子设备公开了多个功能，并由 Kernel 中的单独子系统处理。

也就是说，子设备其实是所谓的多功能设备中的专用实体，负责特定任务，并通过芯片寄存器映射中的一组简化寄存器进行管理。

ADP5520 是 MFD 设备的典型示例，因为它包含背光、键盘、LED 和 GPIO 控制器。我们可以将其中的每一项都视为一个子设备，并且每一项都属于不同的子系统。

MFD 子系统在 include/linux/mfd/core.h 中定义，并在 drivers/mfd/mfd-core.c 中实现，它已创建用于处理这些设备，允许以下功能。

- ❑　向多个子系统注册相同的设备。
- ❑　复用总线和寄存器访问，因为子设备之间可能共享一些寄存器。
- ❑　处理 IRQ 和时钟。

3.2.1　da9055 设备驱动程序示例

本小节将研究 Dialog Semiconductor 公司生产的 da9055 设备的驱动程序，该驱动程序位于 Kernel 源代码树中的 drivers/mfd/da9055-core.c。该设备的数据表网址如下：

https://www.dialog-semiconductor.com/sites/default/files/da9055-00-ids3a_20120710.pdf

在大多数情况下，MFD 设备驱动程序由以下两部分组成。

- ❑　核心驱动程序：应托管在 drivers/mfd 中，负责主设备的初始化并将每个子设备注册为系统上的平台设备（连同其平台数据）。

　　此驱动程序应为子设备驱动程序提供公共服务。这些服务包括寄存器访问、控制和共享中断管理等。

　　当子系统之一的平台驱动程序被实例化时，核心驱动程序将初始化芯片（可由平台数据指定）。它可以支持在单个内核映像中构建多个相同类型的块设备，这要归功于平台数据机制。

　　内核中特定于平台的数据抽象机制可用于将配置传递给内核，辅助驱动程序可以支持多个相同类型的块设备。

- ❑　子设备驱动程序：负责处理核心驱动程序先前注册的特定子设备。这些驱动程序位于它们各自的子系统目录中。每个外围设备（子系统设备）都有一个有限的设备视图，它可以隐式地精简为外围设备正确运行所需的特定资源集。

ⓘ **注意：**

本章中子设备（subdevice）的概念不应与第 7 章 "V4L2 和视频采集设备驱动程序揭秘" 中的同名概念混淆，二者略有不同，后者中的子设备指的是视频管道中的一个实体。

子设备在 MFD 子系统中由 struct mfd_cell 结构体的实例表示，可以将其称为单元（cell）。单元用于描述子设备。

核心驱动程序必须提供与给定外围设备中的子设备数量一样多的单元数组。MFD 子系统将使用数组中每个结构体注册的信息以及与每个子设备关联的平台数据为每个子设备创建平台设备。

在 struct mfd_cell 结构体中，开发人员还可以指定一些更高级的内容，例如，子设备使用的资源和挂起-恢复操作（可从子设备驱动程序中调用）。该结构体如下所示（为简单起见，这里删除了一些字段）：

```
/*
 * 此结构体将描述 MFD 的组成部分（单元），
 * 在注册之后，此结构体的副本将成为
 * 生成 platform_device 的平台数据
 */
struct mfd_cell {
    const char *name;
    int id;
    [...]
    int (*suspend)(struct platform_device *dev);
    int (*resume)(struct platform_device *dev);

    /* 传递给子设备驱动程序的平台数据 */
    void *platform_data;
    size_t pdata_size;

    /* 设备树兼容字符串 */
    const char *of_compatible;
    /* 匹配 ACPI */
    const struct mfd_cell_acpi_match *acpi_match;

    /*
     * 这些资源可以相对于父设备进行指定
     * 要访问硬件，应该使用来自平台 dev 的资源
```

```
    */
    int num_resources;
    const struct resource *resources;
    [...]
};
```

ℹ 注意:

新创建的平台设备将以单元结构体作为其平台数据，然后可以通过 pdev->mfd_cell-> platform_data 访问真实的平台数据。驱动程序还可以使用 mfd_get_cell()来检索与平台设备对应的 MFD 单元，示例如下：

```
const struct mfd_cell *cell = mfd_get_cell(pdev);
```

此结构体中每个成员的功能几乎不用解释就能明白其含义。当然，以下说明还能为你提供更多的信息。

❑ .resources 元素是一个数组，表示特定于子设备（也是平台设备）的资源。

❑ .num_resources 表示数组中的条目数。

进行这些定义是为了使用 platform_data，你也可以按自己的实际需要命名它们以便于检索。以下是来自 MFD 驱动程序的示例，其原始核心源文件为 drivers/mfd/da9055-core.c：

```
static struct resource da9055_rtc_resource[] = {
    {
        .name = "ALM",
        .start = DA9055_IRQ_ALARM,
        .end = DA9055_IRQ_ALARM,
        .flags = IORESOURCE_IRQ,
    },
    {
        .name = "TICK",
        .start = DA9055_IRQ_TICK,
        .end = DA9055_IRQ_TICK,
        .flags = IORESOURCE_IRQ,
    },
};

static const struct mfd_cell da9055_devs[] = {
    ...
    {
        .of_compatible = "dlg,da9055-rtc",
        .name = "da9055-rtc",
        .resources = da9055_rtc_resource,
```

```
        .num_resources = ARRAY_SIZE(da9055_rtc_resource),
    },
    ...
};
```

以下示例显示了如何从子设备驱动程序中检索资源，该示例是在 drivers/rtc/rtc-da9055.c 中实现的：

```
static int da9055_rtc_probe(struct platform_device *pdev)
{
    [...]
    alm_irq = platform_get_irq_byname(pdev, "ALM");
    if (alm_irq < 0)
        return alm_irq;

    ret = devm_request_threaded_irq(&pdev->dev, alm_irq, NULL,
                                    da9055_rtc_alm_irq,
                                    IRQF_TRIGGER_HIGH | IRQF_ONESHOT,
                                    "ALM", rtc);

    if (ret != 0)
        dev_err(rtc->da9055->dev, "irq registration failed: %d\n", ret);

    [...]
}
```

实际上，开发人员应该使用 platform_get_resource()、platform_get_resource_byname()、platform_get_irq()和 platform_get_irq_byname()来检索资源。

使用.of_compatible 时，函数必须是 MFD 的子项（请参阅第 3.3 节 "MFD 设备的设备树绑定"）。开发人员应该静态填充此结构体的数组，其中包含与设备上的子设备一样多的条目：

```
static struct resource da9055_rtc_resource[] = {
    {
        .name = "ALM",
        .start = DA9055_IRQ_ALARM,
        .end = DA9055_IRQ_ALARM,
        .flags = IORESOURCE_IRQ,
    },
    [...]
};
```

```
[...]
static const struct mfd_cell da9055_devs[] = {
    {
        .of_compatible = "dlg,da9055-gpio",
        .name = "da9055-gpio",
    },
    {
        .of_compatible = "dlg,da9055-regulator",
        .name = "da9055-regulator",
        .id = 1,
    },
    [...]
    {
        .of_compatible = "dlg,da9055-rtc",
        .name = "da9055-rtc",
        .resources = da9055_rtc_resource,
        .num_resources = ARRAY_SIZE(da9055_rtc_resource),
    },
    {
        .of_compatible = "dlg,da9055-watchdog",
        .name = "da9055-watchdog",
    },
};
```

struct mfd_cell 的数组被填满后，还要传递给 devm_mfd_add_devices()函数，其函数头如下所示：

```
int devm_mfd_add_devices(
            struct device *dev,
            int id,
            const struct mfd_cell *cells,
            int n_devs,
            struct resource *mem_base,
            int irq_base,
            struct irq_domain *domain)
```

其参数解释如下。

❑ dev：这是 MFD 芯片的通用 struct device 结构体。它将用于设置子设备的父设备。

❑ id：因为子设备是作为平台设备创建的，所以应该赋予它们一个 ID。此字段应设置为 PLATFORM_DEVID_AUTO 以进行自动 ID 分配，在这种情况下，相应单元的 mfd_cell.id 将被忽略；否则，应该使用 PLATFORM_DEVID_NONE。

❑ cells：这是一个指针，指向描述子设备的 struct mfd_cell 结构体的列表（该列表实际上是一个数组）。

❑ n_dev：这是在数组中用于创建平台设备的 struct mfd_cell 条目的数量。要创建
与数组中的单元一样多的平台设备，应该使用 ARRAY_SIZE()宏。

❑ mem_base：如果该参数不为 NULL，则其.start 字段将用作前面提到的数组中每
个 MFD 单元的 IORESOURCE_MEM 类型的每个资源的基址（base）。

以下是 mfd_add_device()函数的代码片段，可以显示这一特征：

```
for (r = 0; r < cell->num_resources; r++) {
    res[r].name = cell->resources[r].name;
    res[r].flags = cell->resources[r].flags;

    /* 找出要使用的基址 */
    if ((cell->resources[r].flags & IORESOURCE_MEM) && mem_base) {
        res[r].parent = mem_base;
        res[r].start = mem_base->start + cell->resources[r].start;
        res[r].end = mem_base->start + cell->resources[r].end;
    } else if (cell->resources[r].flags & IORESOURCE_IRQ)
{
[...]
```

❑ irq_base：如果设置了域，则忽略此参数；否则，它的行为类似于 mem_base，
只不过面向的是 IORESOURCE_IRQ 类型的每个资源。

以下是 mfd_add_device()函数的代码片段，可以显示这一特征：

```
} else if (cell->resources[r].flags & IORESOURCE_IRQ) {
    if (domain) {
        /* 无法为 IRQ 范围创建映射 */
        WARN_ON(cell->resources[r].start != cell->resources[r].end);
        res[r].start = res[r].end =
            irq_create_mapping(
                domain,cell->resources[r].start);
    } else {
        res[r].start = irq_base + cell->resources[r].start;

        res[r].end = irq_base + cell->resources[r].end;
    }
} else {
[...]
```

❑ domain：如果 MFD 芯片同时也为其子设备扮演 IRQ 控制器的角色，则该参数
将作为 IRQ 域，为这些子设备创建 IRQ 映射。其工作原理如下。

对于每个单元中类型为 IORESOURCE_IRQ 的每个资源 r，MFD 核心将创建一个新的相同类型的资源 res——实际上就是一个 IRQ 资源，其 res.start 和 res.end 字段已使用此域中对应于初始资源的.start 字段的 IRQ 映射设置，即：

```
res[r].start = res[r].end =
    irq_create_mapping(domain, cell->resources[r].start);
```

然后将新的 IRQ 资源分配给当前单元的平台设备并与其 virq 相对应。

在上面的代码片段中可以看到，此参数可以为 NULL。

现在来看看 da9055 MFD 驱动程序的代码片段：

```
#define DA9055_IRQ_NONKEY_MASK 0x01
#define DA9055_IRQ_ALM_MASK 0x02
#define DA9055_IRQ_TICK_MASK 0x04
#define DA9055_IRQ_ADC_MASK 0x08
#define DA9055_IRQ_BUCK_ILIM_MASK 0x08

/*
* PMIC IRQ
*/
#define DA9055_IRQ_ALARM 0x01
#define DA9055_IRQ_TICK 0x02
#define DA9055_IRQ_NONKEY 0x00
#define DA9055_IRQ_REGULATOR 0x0B
#define DA9055_IRQ_HWMON 0x03

struct da9055 {
    struct regmap *regmap;
    struct regmap_irq_chip_data *irq_data;
    struct device *dev;
    struct i2c_client *i2c_client;

    int irq_base;
    int chip_irq;
};
```

在上面的代码片段中，驱动程序定义了一些常量以及私有数据结构，其含义也非常清晰。随后，为寄存器映射核心定义了 IRQ，具体如下所示：

```
static const struct regmap_irq da9055_irqs[] = {
    [DA9055_IRQ_NONKEY] = {
        .reg_offset = 0,
        .mask = DA9055_IRQ_NONKEY_MASK,
```

```
    },
    [DA9055_IRQ_ALARM] = {
        .reg_offset = 0,
        .mask = DA9055_IRQ_ALM_MASK,
    },
    [DA9055_IRQ_TICK] = {
        .reg_offset = 0,
        .mask = DA9055_IRQ_TICK_MASK,
    },
    [DA9055_IRQ_HWMON] = {
        .reg_offset = 0,
        .mask = DA9055_IRQ_ADC_MASK,
    },
    [DA9055_IRQ_REGULATOR] = {
        .reg_offset = 1,
        .mask = DA9055_IRQ_BUCK_ILIM_MASK,
    },
};

static const struct regmap_irq_chip da9055_regmap_irq_chip = {
    .name = "da9055_irq",
    .status_base = DA9055_REG_EVENT_A,
    .mask_base = DA9055_REG_IRQ_MASK_A,
    .ack_base = DA9055_REG_EVENT_A,
    .num_regs = 3,
    .irqs = da9055_irqs,
    .num_irqs = ARRAY_SIZE(da9055_irqs),
};
```

在上面的代码片段中，da9055_irqs 是一个 regmap_irq 类型的元素数组，它描述了一个通用的 regmap IRQ。它被分配给 da9055_regmap_irq_chip，其类型是 regmap_irq_chip，代表 regmap IRQ 芯片。两者都是 regmap IRQ 数据结构集的一部分。

最后，实现 probe 方法示例如下：

```
static int da9055_i2c_probe(struct i2c_client *client,
                            const struct i2c_device_id *id)
{
    int ret;
    struct da9055_pdata *pdata = dev_get_platdata(da9055->dev);

    uint8_t clear_events[3] = {0xFF, 0xFF, 0xFF};
    [...]
```

```
    ret =
        devm_regmap_add_irq_chip(
            &client->dev, da9055->regmap,
            da9055->chip_irq, IRQF_TRIGGER_LOW | IRQF_ONESHOT,
            da9055->irq_base, &da9055_regmap_irq_chip,
            &da9055->irq_data);
    if (ret < 0)
            return ret;

    da9055->irq_base = regmap_irq_chip_get_base(da9055->irq_data);

    ret = devm_mfd_add_devices(
                    da9055->dev, -1,
                    da9055_devs, ARRAY_SIZE(da9055_devs),
                    NULL, da9055->irq_base,
                    regmap_irq_get_domain(da9055->irq_data));
    if (ret)
        goto err;
    [...]
}
```

在上面 probe 方法中，da9055_regmap_irq_chip（前文已经定义）作为参数提供给 regmap_add_irq_chip()，以便将有效的 regmap IRQ 控制器添加到 IRQ 核心。此函数在成功时返回 0。

此外，它还通过其最后一个参数返回一个完整配置的 regmap_irq_chip_data 结构体，该结构体可在以后用作控制器的运行时数据结构。这个 regmap_irq_chip_data 结构体将包含与先前添加的 IRQ 控制器相关联的 IRQ 域。该 IRQ 域最终作为参数，连同 MFD 单元的数组及其在单元数量方面的大小，一起提供给 devm_mfd_add_devices()。

🛈 注意：

devm_mfd_add_devices()实际上是 mfd_add_devices()的资源管理版本，它具有以下函数调用序列：

```
mfd_add_devices()-> mfd_add_device()-> platform_device_alloc()
                          -> platform_device_add_data()
                          -> platform_device_add_resources()
                          -> platform_device_add()
```

有一些 I2C 芯片，其芯片本身和内部子设备具有不同的 I2C 地址。此类 I2C 子设备无法作为 I2C 客户端进行探测，因为 MFD 核心仅实例化给定 MFD 单元的平台设备。此问题可通过以下方式解决。

- ❑ 给定子设备的 I2C 地址和 MFD 芯片的适配器，创建一个虚拟 I2C 客户端。这实际上对应于管理 MFD 设备的适配器（总线）。

  上述情况可以使用 i2c_new_dummy()来实现，同时应保存返回的 I2C 客户端以备后用。例如，使用 i2c_unregister_device()时应该在卸载模块时调用。
- ❑ 如果子设备需要自己的 regmap，则该 regmap 必须建立在其虚拟 I2C 客户端之上。
- ❑ 仅存储 I2C 客户端（方便日后删除），或与 regmap 一起存储在可分配给底层平台设备的私有数据结构中。

3.2.2　max8925 设备驱动程序示例

在理解了上述步骤之后，让我们来看看一个真正的 MFD 设备的驱动程序，这个设备就是 max8925，它其实是一个电源管理集成电路（integrated circuit，IC），由多个子设备组成。我们的代码是原始代码的精简版（仅处理两个子设备），并且为了增加可读性而修改了函数名称。原始驱动程序可以在 Kernel 源代码树的 drivers/mfd/max8925-i2c.c 中找到。

现在从上下文数据结构定义开始，如下所示：

```
struct priv_chip {
    struct device *dev;
    struct regmap *regmap;

    /* 父芯片的芯片客户端，假设是 PMIC */
    struct i2c_client *client;

    /* 子设备 1 的芯片客户端，假设是 rtc */
    struct i2c_client *subdev1_client;

    /* 子设备 2 的芯片客户端，假设是一个 gpio 控制器 */
    struct i2c_client *subdev2_client;

    struct regmap *subdev1_regmap;
    struct regmap *subdev2_regmap;
    unsigned short subdev1_addr; /* 子设备 1 I2C 地址 */
    unsigned short subdev2_addr; /* 子设备 2 I2C 地址 */
};

const struct regmap_config chip_regmap_config = {
    [...]
};
```

```
const struct regmap_config subdev_rtc_regmap_config = {
    [...]
};
const struct regmap_config subdev_gpiochip_regmap_config = {
    [...]
};
```

在上面的代码片段中，驱动程序定义了上下文数据结构体 struct priv_chip，其中包含子设备 regmap，然后初始化 MFD 设备 regmap 配置以及子设备自己的配置。

现在定义 probe 方法，具体如下所示：

```
static int my_mfd_probe(struct i2c_client *client,
                        const struct i2c_device_id *id)
{
    struct priv_chip *chip;
    struct regmap *map;

    chip = devm_kzalloc(&client->dev,
                        sizeof(struct priv_chip), GFP_KERNEL);
    map = devm_regmap_init_i2c(client, &chip_regmap_config);
    chip->client = client;
    chip->regmap = map;

    chip->dev = &client->dev;
    dev_set_drvdata(chip->dev, chip);
    i2c_set_clientdata(chip->client, chip);

    chip->subdev1_addr = client->addr + 1;
    chip->subdev2_addr = client->addr + 2;

    /* 子设备1，假设是 RTC */
    chip->subdev1_client = i2c_new_dummy(client->adapter,
                                         chip->subdev1_addr);
    chip->subdev1_regmap =
        devm_regmap_init_i2c(chip->subdev1_client,
                             &subdev_rtc_regmap_config);
    i2c_set_clientdata(chip->subdev1_client, chip);

    /* 子设备2，假设是 gpio 控制器 */
    chip->subdev2_client = i2c_new_dummy(client->adapter,
                                         chip->subdev2_addr);
```

```
chip->subdev2_regmap =
    devm_regmap_init_i2c(chip->subdev2_client,
                         subdev_gpiochip_regmap_config);
i2c_set_clientdata(chip->subdev2_client, chip);
/* mfd_add_devices()在某个地方被调用 */
[...]
}
```

为了增加可读性，上述代码片段省略了错误检查部分。此外，以下代码显示了如何删除虚拟 I2C 客户端：

```
static int my_mfd_remove(struct i2c_client *client)
{
    struct priv_chip *chip = i2c_get_clientdata(client);

    mfd_remove_devices(chip->dev);
    i2c_unregister_device(chip->subdev1_client);
    i2c_unregister_device(chip->subdev2_client);
    return 0;
}
```

最后，以下简化代码显示了子设备驱动程序如何获取指针，以指向 MFD 驱动程序中设置的任何 regmap 数据结构：

```
static int subdev_rtc_probe(struct platform_device *pdev)
{
    struct priv_chip *chip = dev_get_drvdata(pdev->dev.parent);
    struct regmap *rtc_regmap = chip->subdev1_regmap;
    int ret;

    [...]

    if (!rtc_regmap) {
        dev_err(&pdev->dev, "no regmap!\n");
        ret = -EINVAL;
        goto out;
    }
    [...]
}
```

虽然我们已经掌握开发 MFD 设备驱动程序所需的大部分知识，但是还有必要将其与设备树集成，以便更好地描述 MFD 设备（即不采用硬编码的方式）。这正是 3.3 节将要讨论的内容。

3.3　MFD 设备的设备树绑定

尽管我们可以利用一些必要的工具和输入来编写自己的 MFD 驱动程序，但对于底层 MFD 设备来说，在设备树中定义其描述很重要，因为这可以让 MFD 核心知道我们的 MFD 设备的组成，以及如何处理它。

此外，设备树主要是声明设备的正确位置，无论它们是否是 MFD。请记住，设备树的目的只是描述系统上的设备。

由于子设备是其内置的 MFD 设备的子设备（存在父子关系），因此，在父节点下声明这些子设备节点是一种很好的做法，下面的示例就是这样做的。

而且，子设备使用的资源有时也是父设备资源的一部分，因此，有必要强制将子设备节点置于主设备节点下方。

在每个子设备节点中，兼容属性应该匹配子设备的 cell.of_compatible 字段和子设备的 platform_driver.of_match_table 数组中的.compatible 字符串条目之一，或者将子设备的 cell.name 字段和子设备的 platform_driver.name 字段匹配。

ℹ️ 注意：

子设备的 cell.of_compatible 和 cell.name 字段是在 MFD 核心驱动程序中子设备的 mfd_cell 结构体中声明的字段。

```
&i2c3 {
    pinctrl-names = "default";
    pinctrl-0 = <&pinctrl_i2c3>;
    clock-frequency = <400000>;
    status = "okay";

    pmic0: da9062@58 {
        compatible = "dlg,da9062";
        reg = <0x58>;
        pinctrl-names = "default";
        pinctrl-0 = <&pinctrl_pmic>;
        interrupt-parent = <&gpio6>;
        interrupts = <11 IRQ_TYPE_LEVEL_LOW>;
        interrupt-controller;

        regulators {
            DA9062_BUCK1: buck1 {
```

```
            regulator-name = "BUCK1";
            regulator-min-microvolt = <300000>;
            regulator-max-microvolt = <1570000>;
            regulator-min-microamp = <500000>;
            regulator-max-microamp = <2000000>;
            regulator-boot-on;
        };
        DA9062_LDO1: ldo1 {
            regulator-name = "LDO_1";
            regulator-min-microvolt = <900000>;
            regulator-max-microvolt = <3600000>;
            regulator-boot-on;
        };
    };

    da9062_rtc: rtc {
        compatible = "dlg,da9062-rtc";
    };

    watchdog {
        compatible = "dlg,da9062-watchdog";
    };

    onkey {
        compatible = "dlg,da9062-onkey";
        dlg,disable-key-power;
    };
};
};
```

在上面的设备树示例中，父节点是 da9062，它是一个电源管理集成电路（power management integrated circuit，PMIC），在其总线节点下声明。该 PMIC 的调节输出被声明为 PMIC 节点的子节点。

现在，每个子设备都被声明为其父节点（实际上是 da9092）下的独立设备节点。我们应该重点关注子设备的 compatible 属性，并以 onkey 为例。该节点的 MFD 单元在 MFD 核心驱动程序中声明（其源文件为 drivers/mfd/da9063-core.c），具体如下所示：

```
static struct resource da9063_onkey_resources[] = {
    {
        .name = "ONKEY",
        .start = DA9063_IRQ_ONKEY,
        .end = DA9063_IRQ_ONKEY,
```

```
        .flags = IORESOURCE_IRQ,d
    },
};

static const struct mfd_cell da9062_devs[] = {
    [...]
    {
        .name = "da9062-onkey",
        .num_resources = ARRAY_SIZE(da9062_onkey_resources),
        .resources = da9062_onkey_resources,
        .of_compatible = "dlg,da9062-onkey",
    },
};
```

现在，可以在驱动程序中声明这个 onekey 平台驱动程序结构体（连同其.of_match_table 条目），其源文件为 drivers/input/misc/da9063_onkey.c，如下所示：

```
static const struct of_device_id da9063_compatible_reg_id_table[] = {
    { .compatible = "dlg,da9063-onkey", .data = &da9063_regs },
    { .compatible = "dlg,da9062-onkey", .data = &da9062_regs },
    { },
};
MODULE_DEVICE_TABLE(of, da9063_compatible_reg_id_table);

[...]

static struct platform_driver da9063_onkey_driver = {
    .probe = da9063_onkey_probe,
    .driver = {
        .name = DA9063_DRVNAME_ONKEY,
        .of_match_table = da9063_compatible_reg_id_table,
    },
};
```

可以看到，两个 compatible 字符串都与设备节点中节点的 compatible 字符串匹配。同时，相同的平台驱动程序可用于两个或多个（子）设备，这样一来，使用名称匹配的方法就容易让人搞混，这也正是我们使用设备树进行声明和使用 compatible 字符串进行匹配的原因。

至此，我们已经了解了 MFD 子系统如何处理设备，接下来，我们会将这些概念扩展到 syscon 和 simple-mfd，这两个框架均有助于 MFD 驱动程序开发。

3.4　了解 syscon 和 simple-mfd

syscon 代表的是系统控制器（system controller）。系统级芯片（system on chip，SoC）有时会具有一组专用的 MMIO 寄存器，用于一些与特定 IP 无关的杂项功能。显然，不能为它们开发一个功能驱动程序，因为这些寄存器既没有代表性，也没有足够的整体性来表示特定类型的设备。syscon 驱动程序即可处理这种情况。

3.4.1　syscon API

syscon 允许其他节点通过 regmap 机制访问这个寄存器空间。它实际上只是一组用于 regmap 的包装器 API。当你请求访问 syscon 时，即可创建 regmap（如果映射尚不存在话）。

使用 syscon API 所需的头文件是<linux/mfd/syscon.h>。由于此 API 基于 regmap，因此还必须包含<linux/regmap.h>。

syscon API 在 Kernel 源代码树的 drivers/mfd/syscon.c 中实现。其主要数据结构是 struct syscon，虽然这个结构体不能直接使用：

```
struct syscon {
    struct device_node *np;
    struct regmap *regmap;
    struct list_head list;
};
```

上述结构体中的参数解释如下。

❑ np：这是一个指针，指向充当 syscon 的节点。它也可用于设备节点的 syscon 查找。

❑ regmap：这是与此 syscon 相关的 regmap。

❑ list：用于实现内核链表机制，可以将系统中的所有 syscon 链接到系统范围的列表 syscon_list，它是在 drivers/mfd/syscon.c 中定义的。这种链表机制允许遍历整个 syscon 列表，无论是按节点匹配还是按 regmap 匹配。

通过将"syscon"添加到应充当 syscon 的设备节点中的 compatible 字符串列表，即可从设备树中专门声明 syscon。在早期启动期间，根据默认的 regmap 配置（syscon_regmap_config），在其 compatible 字符串列表中具有 syscon 的每个节点都可以将其 reg 内存区域 IO 映射并绑定到 MMIO regmap，如下所示：

```
static const struct regmap_config syscon_regmap_config = {
    .reg_bits = 32,
```

```
    .val_bits = 32,
    .reg_stride = 4,
};
```

然后将创建的 syscon 添加到 syscon 框架范围的 syscon_list 中，由 syscon_list_slock 自旋锁保护，如下所示：

```
static DEFINE_SPINLOCK(syscon_list_slock);
static LIST_HEAD(syscon_list);
static struct syscon *of_syscon_register(struct device_node *np)
{
    struct syscon *syscon;
    struct regmap *regmap;
    void __iomem *base;
    [...]

    if (!of_device_is_compatible(np, "syscon"))
        return ERR_PTR(-EINVAL);
    [...]

    spin_lock(&syscon_list_slock);
    list_add_tail(&syscon->list, &syscon_list);
    spin_unlock(&syscon_list_slock);
    return syscon;
}
```

syscon 绑定需要以下强制性属性。

❑ compatible：此属性值应为"syscon"。

❑ reg：这是可以从 syscon 访问的寄存器区域。

以下是可选属性，用于修改默认的 syscon_regmap_config regmap 配置。

❑ reg-io-width：应该在设备上执行的 IO 访问的大小（或宽度，以字节为单位）。

❑ hwlocks：对硬件自旋锁提供程序节点的引用。

以下示例代码片段摘自 Kernel 文档，其完整版本可在 Kernel 源代码的 Documentation/devicetree/bindings/mfd/syscon.txt 文件中获得：

```
gpr: iomuxc-gpr@20e0000 {
    compatible = "fsl,imx6q-iomuxc-gpr", "syscon";
    reg = <0x020e0000 0x38>;
    hwlocks = <&hwlock1 1>;
};
```

```
hwlock1: hwspinlock@40500000 {
    ...
    reg = <0x40500000 0x1000>;
    #hwlock-cells = <1>;
};
```

在设备树中，可以通过 3 种不同的方式引用 syscon 节点：一是通过指针手柄（pointer handle，phandle，即在此驱动程序的设备节点中指定）；二是通过其路径；三是通过使用特定的 compatible 值搜索它，之后驱动程序可以询问节点（或此 regmap 的相关操作系统驱动程序）以确定寄存器的位置，最后直接访问寄存器。

开发人员可以使用以下 syscon API 之一来获取指针，以指向与给定 syscon 节点相关联的 regmap：

```
struct regmap * syscon_node_to_regmap (struct device_node *np);
struct regmap * syscon_regmap_lookup_by_compatible(const char *s);
struct regmap * syscon_regmap_lookup_by_pdevname(const char *s);
struct regmap * syscon_regmap_lookup_by_phandle(
                        struct device_node *np,
                        const char *property);
```

上述 API 的说明如下。

❑ syscon_regmap_lookup_by_compatible()：给定 syscon 设备节点的 compatible 字符串之一，此函数将返回关联的 regmap，如果尚不存在，则在返回之前创建一个。

❑ syscon_node_to_regmap()：给定一个 syscon 设备节点作为参数，此函数返回关联的 regmap，如果尚不存在，则在返回之前创建一个。

❑ syscon_regmap_lookup_by_phandle()：给定一个持有 syscon 节点标识符的 phandle 属性，该函数返回与该 syscon 节点对应的 regmap。

在演示上述 API 的使用示例之前，不妨先来了解一下平台设备节点，因为我们将为其编写 probe 函数。

为了更好地理解 syscon_node_to_regmap()，可以将此节点声明为前面介绍过的 gpr 节点的子节点，具体如下：

```
gpr: iomuxc-gpr@20e0000 {
    compatible = "fsl,imx6q-iomuxc-gpr", "syscon";
    reg = <0x020e0000 0x38>;

    my_pdev: my_pdev {
        compatible = "company,regmap-sample";
```

```
        regmap-phandle = <&gpr>;
        [...]
    };
};
```

在定义了设备树节点之后，现在我们可以来看看驱动程序的代码，它使用了前面列举的函数，其实现如下：

```
static struct regmap *by_node_regmap;
static struct regmap *by_compat_regmap;
static struct regmap *by_pdevname_regmap;
static struct regmap *by_phandle_regmap;

static int my_pdev_regmap_sample(struct platform_device *pdev)
{
    struct device_node *np = pdev->dev.of_node;
    struct device_node *syscon_node;
    [...]
    syscon_node = of_get_parent(np);
    if (!syscon_node)
        return -ENODEV;

    /* 如果有一个指针指向 syscon 设备节点则可以使用它 */
    by_node_regmap = syscon_node_to_regmap(syscon_node);
    of_node_put(syscon_node);
    if (IS_ERR(by_node_regmap)) {
        pr_err("%s: could not find regmap by node\n", __func__);
        return PTR_ERR(by_node_regmap);
    }

    /* 如果有一个 syscon 节点的 compatible 字符串，则可以使用该字符串 */
    by_compat_regmap =
        syscon_regmap_lookup_by_compatible("fsl, imx6q-iomuxc-gpr");
    if (IS_ERR(by_compat_regmap)) {
        pr_err("%s: could not find regmap by compatible\n", __func__);
        return PTR_ERR(by_compat_regmap);
    }

    /* 或者有一个 phandle 属性指向 syscon 设备节点 */
    by_phandle_regmap =
        syscon_regmap_lookup_by_phandle(np, "fsl,tempmon");
    if (IS_ERR(map)) {
        pr_err("%s: could not find regmap by phandle\n", __func__);
```

```
        return PTR_ERR(by_phandle_regmap);
    }

    /*
     * 这是极端和罕见的回退情况
     * 从 Linux Kernel v4.18 开始，只有一个驱动程序在使用它
     * 即 drivers/tty/serial/clips711.c
     */
    char pdev_syscon_name[9];
    int index = pdev->id;
    sprintf(syscon_name, "syscon.%i", index + 1);
    by_pdevname_regmap =
        syscon_regmap_lookup_by_pdevname(syscon_name);
    if (IS_ERR(by_pdevname_regmap)) {
        pr_err("%s: could not find regmap by pdevname\n", __func__);
        return PTR_ERR(by_pdevname_regmap);
    }

    [...]
    return 0;
}
```

在上面的例子中，如果我们认为 syscon_name 包含 gpr 设备的平台设备名称，那么 by_node_regmap、by_compat_regmap、by_pdevname_regmap 和 by_phandle_regmap 变量都将指向同一个 syscon regmap。当然，这里只是为了解释这个概念。my_pdev 可能是 gpr 的兄弟（或任何关系）节点，在这里将它作为子节点使用是为了理解概念和代码，并证明任何一个 API 都有其应用方式，可根据具体情况灵活掌握。

在熟悉了 syscon 框架之后，接下来让我们看看如何将它与 simple-mfd 一起使用。

3.4.2　simple-mfd

对于基于 MMIO 的 MFD 设备，在将它们添加到系统之前可能并不需要配置子设备。由于此配置是在 MFD 核心驱动程序中完成的，因此，该 MFD 核心驱动程序的唯一目标是使用平台子设备填充系统，而由于存在大量基于 MMIO 的 MFD 设备，因此会有大量冗余代码。simple-mfd 是一个简单的 DT 绑定，它可以解决这个问题。

当将 simple-mfd 字符串添加到给定设备节点（此处视为 MFD 设备）的 compatible 字符串列表中时，它将使用 for_each_child_of_node() 迭代器，使开放固件（open firmware，OF）核心为该 MFD 设备的所有子节点生成子设备。

simple-mfd 在 drivers/of/platform.c 中实现，其别名（alias）为 simple-bus，其文档位于 Kernel 源代码树的 Documentation/devicetree/bindings/mfd/mfd.txt 中。

simple-mfd 与 syscon 结合使用来创建 regmap，有助于避免编写 MFD 驱动程序，开发人员可以将精力放在编写子设备驱动程序上。如下面示例所示：

```
snvs: snvs@20cc000 {
    compatible = "fsl,sec-v4.0-mon", "syscon", "simple-mfd";
    reg = <0x020cc000 0x4000>;

    snvs_rtc: snvs-rtc-lp {
        compatible = "fsl,sec-v4.0-mon-rtc-lp";
        regmap = <&snvs>;
        offset = <0x34>;
        interrupts = <GIC_SPI 19 IRQ_TYPE_LEVEL_HIGH>,
                    <GIC_SPI 20 IRQ_TYPE_LEVEL_HIGH>;
    };

    snvs_poweroff: snvs-poweroff {
        compatible = "syscon-poweroff";
        regmap = <&snvs>;
        offset = <0x38>;
        value = <0x60>;
        mask = <0x60>;
        status = "disabled";
    };

    snvs_pwrkey: snvs-powerkey {
        compatible = "fsl,sec-v4.0-pwrkey";
        regmap = <&snvs>;
        interrupts = <GIC_SPI 4 IRQ_TYPE_LEVEL_HIGH>;
        linux,keycode = <KEY_POWER>;
        wakeup-source;
    };
    [...]
};
```

在上述设备树代码片段中，snvs 是主设备，由电源控制子设备（由主设备寄存器区域中的寄存器子区域表示）、rtc 子设备以及电源键等组成。

完整的定义可以在 arch/arm/boot/dts/imx6qdl.dtsi 中找到，这是 i.MX6 芯片系列 SoC 供应商的 dtsi 文件。可以通过 grep（搜索）其 compatible 属性的内容在 Kernel 源代码中找到相应的驱动程序。

💡 **提示：**

　　.dts 是对设备树（device tree，DT）进行描述的 ASCII 文件，放置在 Kernel 的 /arch/arm/boot/dts 目录中。由于一个 SoC 可能有多个不同的电路板，而每个电路板都拥有一个.dts，因此这些 dts 会存在许多共同部分。为了减少代码的冗余，设备树将这些共同部分提炼并保存在*.dtsi 文件中，供不同的 dts 共同使用。

　　总之，dtsi 类似于 C 语言的头文件，可通过 include 方式包含在其他 dts 或 dtsi 文件中。

　　总而言之，对于 snvs 节点中的每个子节点，MFD 核心将创建一个相应的设备及其 regmap，这将对应于主设备的内存区域。

　　本节介绍了在涉及 MMIO 设备时轻松进行 MFD 驱动程序开发的方法。虽然 SPI/I2C 设备不属于这一类，但它涵盖了几乎 95%的基于 MMIO 的 MFD 设备。

3.5　小　　结

　　本章详细讨论了 MFD 设备、syscon 和 regmap API 相关知识，并阐释了 MFD 设备的工作原理以及如何将 regmap 嵌入 syscon 中。

　　在阅读完本章之后，相信你能够开发支持 regmap 的 IRQ 控制器，以及设计和使用 syscon 在设备之间共享寄存器区域。

　　第 4 章将介绍常见的时钟框架及其组织方式、实现方式、使用方式，以及如何添加自己的时钟。

第4章 通用时钟框架

嵌入式系统从诞生之日开始就需要时钟信号来协调其内部工作,无论是用于同步还是用于电源管理(例如,在设备处于活动状态时启用时钟,或根据系统负载之类的某些标准调整时钟)。因此,Linux 一直都有时钟框架。

Linux 系统时钟树的软件管理一直只有编程接口声明支持,每个平台都必须实现这个 API。不同的系统级芯片(SoC,也称为片上系统)都有自己的实现。这暂时没问题,但人们很快发现其硬件实现非常相似,代码也变得繁杂和冗余,这意味着必须使用依赖于平台的 API 来获取/设置时钟。

人们对于这种情况非常不满意,于是,通用时钟框架(common clock framework,CCF)出现了,其允许软件以独立于硬件的方式管理系统上可用的时钟。

CCF 是一个接口,允许开发人员控制各种时钟设备(大多数情况下,这些设备嵌入在 SoC 中),并提供可用于控制它们的统一 API,其功能包括启用/禁用、获取/设置频率、门控/取消门控(gate/ungate)等。

在本章中,时钟的概念不是指实时时钟(real-time clock,RTC),也不是计时设备,它们是在内核中有自己子系统的其他类型的设备。

CCF 的主要功能是统一和抽象分布在不同 SoC 时钟驱动程序中的类似代码。这种标准化方法以下列方式引入了时钟提供者和时钟使用者的概念。

- ❑ 提供者(provider):这是 Linux Kernel 驱动程序,它与框架连接并提供对硬件的访问,从而根据 SoC 数据表提供时钟树,使它们对使用者可用。这是因为现在可以转储整个时钟树。
- ❑ 使用者(consumer):这是通过公共 API 访问 CCF 框架的 Linux Kernel 驱动程序或子系统。
- ❑ 驱动程序既可以是提供者,也可以是使用者。在作为使用者时,它可以使用自己或其他提供者提供的一个或多个时钟。

本章将首先介绍 CCF 数据结构,然后重点讨论编写时钟提供者驱动程序(无论时钟类型),最后还将介绍使用者 API。

本章包括以下主题。

- ❑ CCF 数据结构和接口。
- ❑ 编写时钟提供者驱动程序。

❑　时钟使用者 API。

4.1　技　术　要　求

要轻松阅读和理解本章，你需要具备以下条件。
❑　高级计算机架构知识。
❑　良好的 C 语言编程技能。
❑　Linux Kernel v4.19.X 源，其下载地址如下：

　　https://git.kernel.org/pub/scm/linux/kernel/git/stable/linux.git/refs/tags

4.2　CCF 数据结构和接口

在旧内核时代，每个平台都必须实现内核中定义的基本 API（获取/释放时钟、设置/获取频率、启用/禁用时钟等），供使用者驱动程序使用。由于这些特定 API 的实现是由每台机器的代码完成的，这导致每个机器目录中都有一个类似的文件，通过类似的逻辑来实现时钟提供者的功能。由此产生了若干个缺点，其中之一就是会产生很多冗余代码。因此，后来的内核以时钟提供者的形式抽象了这个公共代码（drivers/clk/clk.c），这就是我们现在所说的通用时钟框架（CCF）内核。

在学习使用 CCF 之前，需要通过 CONFIG_COMMON_CLK 选项将其支持拉入内核。CCF 本身分为以下两个部分。
❑　通用时钟框架核心：这是 CCF 框架的核心，添加新驱动程序并提供 struct clk 的通用定义时不应对其进行修改。struct clk 统一了框架级代码和传统的依赖平台的实现，这些实现曾经在各种平台上复制。这一部分还允许开发人员将使用者接口（也称为 clk 实现）包装在 struct clk_ops 之上，它必须由每个时钟提供者提供。
❑　特定于硬件的部分：这一部分针对的是时钟设备，它需要为每个新硬件时钟编写。这需要驱动程序提供对应于回调函数的 struct clk_ops，用于让开发人员在底层硬件上操作（这些由时钟的核心实现调用），此外，还需要相应的特定于硬件的结构体，以包装和抽象时钟硬件。

这两部分通过 struct clk_hw 结构体连接在一起。这种结构体有助于实现我们自己的硬件时钟类型。本章将它称为 struct clk_foo。由于在 struct clk 中也可以指向 struct clk_hw，因此后者允许在上述两部分之间进行导航。

现在我们可以先来看看 CCF 数据结构。CCF 建立在常见的异构数据结构之上（在 include/linux/clk-provider.h 中），这有助于保持该框架尽可能通用。

具体的结构体如下所示。

❑ struct clk_hw：该结构体抽象了硬件时钟线，仅在提供者代码中使用。它可以将前面介绍的两个部分联系起来，并允许在它们之间进行导航。

此外，这个硬件时钟的基础结构体还允许平台定义它们自己的特定于硬件的时钟结构体，以及它们自己的时钟操作回调函数，只要它们包装了一个 struct clk_hw 结构体的实例即可。

❑ struct clk_ops：该结构体表示可以在时钟线（即硬件）上操作的特定于硬件的回调函数。这就是此结构体中的所有回调函数都接收指向 struct clk_hw 的指针作为其第一个参数的原因。当然，这些操作中只有少数操作是强制性的，具体取决于时钟类型。

❑ struct clk_init_data：它保存在时钟提供者和公共时钟框架之间共享的所有时钟共有的初始化（init）数据。时钟提供者负责为系统中的每个时钟准备这些静态数据，然后将其交给时钟框架的核心逻辑。

❑ struct clk：该结构体是时钟使用者的表示，因为每个使用者 API 都依赖于该结构体。

❑ struct clk_core：这是时钟的 CCF 表示形式。

ℹ️ 注意：

准确理解 struct clk_hw 和 struct clk 之间的区别，即可更清晰地划分使用者和提供者 clk API。

现在我们已经掌握了 CCF 框架的数据结构，接下来将了解它们是如何实现的以及它们的用途。

4.2.1　了解 struct clk_hw 及其依赖项

struct clk_hw 是 CCF 中每一种时钟类型的基本结构体，可以将其视为从 struct clk 遍历到其对应的特定于硬件的结构体的句柄。以下是 struct clk_hw 的主体：

```
struct clk_hw {
    struct clk_core *core;
    struct clk *clk;
    const struct clk_init_data *init;
};
```

上述结构体中的字段解释如下。

❑ core：此结构体是框架核心的内部结构。它也在内部指向回到 struct clk_hw 实例。
❑ clk：这是一个面向每个用户的 struct clk 实例，可以使用 clk API 进行操作。
它由时钟框架分配和维护，并在需要时提供给时钟使用者。每当使用者通过 clk_get 发起对 CCF 中时钟设备（即 clk_core）的访问时，都需要获取一个句柄，即 clk。
❑ init：这是一个指向 struct clk_init_data 的指针。在初始化底层时钟提供者驱动程序的过程中，将调用 clk_register() 接口注册时钟硬件。在此之前，需要设置一些初始数据，并将这些初始数据抽象为一个 struct clk_init_data 数据结构。在初始化过程中，来自 clk_init_data 的数据用于初始化 clk_hw 对应的 clk_core 数据结构。初始化完成后，clk_init_data 就没有意义了。

struct clk_init_data 定义如下：

```
struct clk_init_data {
    const char *name;
    const struct clk_ops *ops;
    const char * const *parent_names;
    u8 num_parents;
    unsigned long flags;
};
```

它将保存所有时钟共有的初始化数据，并在时钟提供者和公共时钟框架之间共享。其字段解释如下。

❑ name：表示时钟的名称。
❑ ops：这是一组与时钟相关的操作函数。第 4.3.2 节"提供时钟操作"将对此展开详细讨论。它的回调函数将由时钟提供者驱动程序提供（以允许驱动硬件时钟），并由驱动程序通过 clk_* 使用者 API 调用。
❑ parent_names：包含时钟中所有父时钟（也称为上级时钟）的名称。这是一个包含所有可能父时钟的字符串数组。
❑ num_parents：这是父时钟的数量。它对应于 parent_names 数组中的条目数。
❑ flags：表示时钟的框架级标志。第 4.3.2 节"提供时钟操作"将详细解释这一点，因为这些标志实际上修改了一些 ops。

ℹ️ 注意：
　　struct clk 和 struct clk_core 是私有数据结构，在 drivers/clk/clk.c 中定义。struct clk_core 结构体可将时钟设备抽象到 CCF 层，这样每个实际的硬件时钟设备（struct clk_hw）即可对应于 struct clk_core。

现在我们已经了解了通用时钟框架（CCF）的核心结构体 clk_hw，接下来将学习如何在系统中注册时钟提供者。

4.2.2　注册/取消注册时钟提供者

时钟提供者（clock provider）负责将其提供的时钟以树的形式公开出来，排序整理，并在系统初始化时通过提供者或时钟框架的内核来初始化接口。

在早期 Kernel 时代（即在 CCF 出现之前），时钟注册由 clk_register()接口统一。现在我们有了基于 clk_hw（提供者）的 API，即可在注册时钟时摆脱基于 struct clk 的 API。

由于建议时钟提供者使用新的基于 struct clk_hw 的 API，因此可以考虑使用的适当注册接口是 devm_clk_hw_register()，它是 clk_hw_register()的托管版本。

当然，由于历史原因，旧的基于 clk 的 API 名称仍然保留，你可能会发现有若干个驱动程序仍在使用它，甚至还实现了一个名为 devm_clk_register()的资源托管版本。我们讨论这个旧的 API 只是为了让你了解现有的代码，而不是帮助你使用它实现新的驱动程序：

```
struct clk *clk_register(struct device *dev, struct clk_hw *hw)
int clk_hw_register(struct device *dev, struct clk_hw *hw)
```

基于该 clk_hw_register()接口，Kernel 还提供了一些更方便的注册接口（下文会有介绍），其选择具体取决于要注册的时钟类型。clk_hw_register()负责将时钟注册到内核并返回一个代表时钟的 struct clk_hw 指针。

它接收一个指向 struct clk_hw 的指针（因为 struct clk_hw 是时钟的提供者端表示）并且必须包含要注册的时钟的一些信息。这将由内核填充更多数据。

其实现逻辑如下。

（1）分配 struct clk_core 空间（clk_hw->core），具体如下。

❑　根据 struct clk_hw 指针提供的信息，初始化 clk 的字段名、ops、hw、flags、num_parents 和 parents_names。

❑　调用内核接口 __clk_core_init()，对其进行后续的初始化操作，包括构建时钟树层次结构。

（2）通过内部内核接口 clk_create_clk()分配 struct clk 空间（clk_hw->clk），并返回该 struct clk 变量。

（3）即使 clk_hw_register()包装了 clk_register()，你也不能直接使用 clk_register()，因为它返回 struct clk。这可能会导致混淆并打破提供者和使用者接口之间的严格分离。

以下是 drivers/clk/clk.c 中 clk_hw_register 的实现：

```
int clk_hw_register(struct device *dev, struct clk_hw *hw)
{
    return PTR_ERR_OR_ZERO(clk_register(dev, hw));
}
```

在执行下一步骤之前，你应该检查 clk_hw_register() 的返回值。由于 CCF 框架负责建立整个抽象时钟树的树结构并维护其数据，因此，它将通过 drivers/clk/clk.c 中定义的两个静态链表来完成，具体如下所示：

```
static HLIST_HEAD(clk_root_list);
static HLIST_HEAD(clk_orphan_list);
```

每当在时钟 hw 上调用 clk_hw_register()（内部调用__clk_core_init() 以初始化时钟）时，如果该时钟存在有效的父时钟，那么它最终会出现在父时钟的 children 列表中。另一方面，如果 num_parent 为 0，则将其放置在 clk_root_list 中；否则，它将挂在 clk_orphan_list 列表中，这意味着它没有有效的父级。

此外，每当一个新的 clk 被初始化时，CCF 将遍历 clk_orphan_list（孤儿时钟列表）并重新给当前正在初始化的时钟找到有父子关系的所有时钟。这就是 CCF 使时钟树与硬件拓扑保持一致的方式。

另一方面，struct clk 是时钟设备的使用者端实例。基本上，所有用户对时钟设备进行访问时都会创建一个 struct clk 类型的访问句柄。当不同的用户访问同一个时钟设备时，虽然在后台使用了同一个 struct clk_core 实例，但他们访问的句柄（struct clk）是不同的。

🛈 注意：

请记住，clk_hw_register（或其祖先 clk_register()）都是在后台使用 struct clk_core，因为这是时钟的 CCF 表示。

CCF 通过在 drivers/clk/clkdev.c 中声明的全局链表来管理 clk 实体，还使用了一个互斥锁来保护其访问，如下所示：

```
static LIST_HEAD(clocks);
static DEFINE_MUTEX(clocks_mutex);
```

这来自设备树未被大量使用的时代，当时的时钟使用者通过名称（时钟的名称）获取时钟，以识别时钟。

使用者只知道 clk_register() 的目的是注册到通用时钟框架，但不知道如何定位 clk。所以，对于底层的时钟提供者驱动程序，除了调用 clk_register() 函数注册到通用时钟框架之外，还必须在 clk_register() 之后立即调用 clk_register_clkdev()，以便给时钟绑定一个名字（否则，时钟使用者不知道如何定位时钟）。因此，内核使用 struct clk_lookup 来查找可用时钟，以便使用者请求时钟（通过名称请求）。

这种机制在内核中仍然有效并得到支持。但是，为了使用基于硬件的 API 强制分离提供者和使用者代码，应该在代码中分别用 clk_hw_register() 和 clk_hw_register_clkdev() 替换 clk_register() 和 clk_register_clkdev()。

换句话说，假设你有以下代码：

```
/* 已不再使用，这里进行介绍仅用于学习 */
int clk_register_clkdev(struct clk *clk,
                        const char *con_id, const char *dev_id)
```

应该替换为以下代码：

```
/* 建议使用的接口 */
int clk_hw_register_clkdev(struct clk_hw *hw,
                           const char *con_id,
                           const char *dev_id)
```

回到 struct clk_lookup 数据结构，现在来看看它的定义：

```
struct clk_lookup {
    struct list_head node;
    const char *dev_id;
    const char *con_id;
    struct clk *clk;
    struct clk_hw *clk_hw;
};
```

在上面的数据结构中，dev_id 和 con_id 用于识别/找到合适的 clk。这个 clk 是对应的底层时钟。node 是将挂在全局时钟列表中的列表条目，如以下低级 __clkdev_add() 函数的代码片段所示：

```
static void __clkdev_add(struct clk_lookup *cl)
{
    mutex_lock(&clocks_mutex);
    list_add_tail(&cl->node, &clocks);
    mutex_unlock(&clocks_mutex);
}
```

上面的 __clkdev_add() 函数是从 clk_hw_register_clkdev() 内部间接调用的，它实际上包装了 clk_register_clkdev()。

现在我们已经引入了设备树，事情已经发生了变化。基本上，每个时钟提供者都成为 DTS（数据传输服务）中的一个节点，也就是说，每个 clk 在设备树中都有一个与其对应的设备节点。在这种情况下，最好通过新的数据结构 struct of_clk_provider 将 clk 和你的设备节点捆绑在一起，而不是捆绑 clk 和名称。

其具体的数据结构体如下：

```
struct of_clk_provider {
    struct list_head link;
    struct device_node *node;
    struct clk * (*get) (struct of_phandle_args *clkspec, void *data);
    struct clk_hw * (*get_hw) (struct of_phandle_args *clkspec, void *data);
    void *data;
};
```

在上述结构体中，发生了以下情况。

（1）link 挂在 of_clk_providers 全局列表中。

（2）node 代表时钟设备的 DTS 节点。

（3）get_hw 是解码时钟的回调函数。对于设备（使用者），通过 clk_get()调用来返回与节点关联的时钟或 NULL。

（4）出于历史和兼容性原因，get 用于旧的基于 clk 的 API。

当然，现在由于设备树的频繁使用，对于底层的提供者驱动程序，原来的 clk_hw_register()+clk_hw_register_clkdev()（或者旧的基于 clk 的实现，clk_register()+clk_register_clkdev()）组合已经变成了 clk_hw_register+of_clk_add_hw_provider 组合（以前则是 clk_register+of_clk_add_provider，这可以在旧的和非基于 clk_hw 的驱动程序中找到）。

此外，CCF 中引入了一个新的全局链表 of_clk_providers，以帮助管理所有 DTS 节点和时钟之间的对应关系，另外，还使用了一个互斥锁来保护此列表：

```
static LIST_HEAD(of_clk_providers);
static DEFINE_MUTEX(of_clk_mutex);
```

尽管 clk_hw_register()和 clk_hw_register_clkdev()函数名称非常相似，但这两个函数的目标并不相同。使用前者，时钟提供者可以在通用时钟框架中注册一个时钟；使用后者，则可以在公共时钟框架中注册一个 struct clk_lookup，顾名思义，这个操作主要是为了查找 clk。

如果你有一个仅使用设备树的平台，则不再需要对 clk_hw_register_clkdev()的所有调用（除非你有充分的理由），因此你应该依赖对 of_clk_add_provider()的调用。

ℹ️ **注意：**

建议时钟提供者使用新的基于 struct clk_hw 的 API，因为这可以帮助我们更好地理解使用者和提供者 clk API 的清晰分离。

clk_hw_* 接口是在时钟提供者驱动程序中使用的提供者接口，而 clk_* 则用于使用者端。当你在提供者代码中遇到基于 clk_* 的 API 时，请注意更新此驱动程序以支持新的基于硬件的接口。

一些驱动程序仍然使用这两个函数（clk_hw_register_clkdev() 和 of_clk_add_hw_provider()）来支持这两种时钟查找方法，例如，SoC 时钟驱动程序，但除非有充足的理由，否则不应同时使用这两种方法。

到目前为止，我们已经讨论了时钟的注册问题。但是，因为底层时钟硬件脱离系统或硬件初始化期间出现的问题，开发人员也可能需要取消时钟注册。取消时钟注册的 API 非常简单，如下所示：

```
void clk_hw_unregister(struct clk_hw *hw)
void clk_unregister(struct clk *clk)
```

上面的第一个函数针对基于 clk_hw 的时钟，而第二个函数则针对基于 clk 的时钟。对于托管的变体，除非 Devres 核心处理时钟的取消注册操作，否则应该使用以下 API：

```
void devm_clk_unregister(struct device *dev, struct clk *clk)
void devm_clk_hw_unregister(struct device *dev, struct clk_hw *hw)
```

在这两种情况下，dev 都表示与时钟相关的底层设备结构体。

至此，我们已经完成了对时钟注册/取消注册的研究。

驱动程序的主要目的之一是向潜在使用者公开设备资源，这也适用于时钟设备。因此，接下来我们将学习如何向使用者公开时钟线。

4.2.3　将时钟公开给使用者

一旦时钟在 CCF 框架下注册，则下一步就是注册该时钟的提供者，以便其他设备可以使用它的时钟线。在早期 Kernel 时代（即设备树还没有被大量使用的时代），开发人员必须通过在每个时钟线上调用 clk_hw_register_clkdev() 来向使用者公开时钟，这就导致需要为给定的时钟线注册一个查找结构。而如今，设备树可通过调用 of_clk_add_hw_provider() 接口以及一定数量的参数来实现此目的：

```
int of_clk_add_hw_provider(
    struct device_node *np,
    struct clk_hw *(*get)(struct of_phandle_args *clkspec, void *data),
    void *data)
```

现在来看看这个函数中的参数，具体如下。

- ❑ np：这是与时钟提供者关联的设备节点指针。
- ❑ get：这是解码时钟的回调函数。下文将详细讨论这个回调函数。
- ❑ data：这是给定的 get 回调函数的上下文指针。它通常是指向需要与设备节点关联的时钟的指针。这对解码很有用。

此函数在成功路径上返回 0。它与 of_clk_del_provider() 相反，后者包括从全局列表中删除提供者并释放其空间：

```
void of_clk_del_provider(struct device_node *np)
```

它的资源托管版本 devm_of_clk_add_hw_provider() 也可以用来去掉删除功能。

4.2.4　时钟提供者设备树节点及其相关机制

过去很长一段时间内，设备树是描述（声明）系统上的设备的首选方法。通用时钟框架也不能脱离这个规则。在这里，我们将尝试从设备树和相关驱动程序代码中找出时钟的描述方式。为此，我们先来看看以下设备树代码片段：

```
clocks {
    /* 提供者节点 */
    clk54: clk54 {
        #clock-cells = <0>;
        compatible = 'fixed-clock';
        clock-frequency = <54000000>;
        clock-output-names = 'osc';
    };
};
[...]
i2c0: i2c-master@d090000 {
    [...]
    /* 使用者节点 */
    cdce706: clock-synth@69 {
        compatible = 'ti,cdce706';
        #clock-cells = <1>;
        reg = <0x69>;
        clocks = <&clk54>;
        clock-names = 'clk_in0';
    };
};
```

请记住，时钟是通过 clocks 属性分配给使用者的，时钟提供者自己也可以是使用者。

在上面的代码片段中，clk54 是一个固定时钟，此处不打算详细介绍。cdce706 是一个时钟提供者，它也使用 clk54（作为 clocks 属性中的一个 phandle 给出）。

时钟提供者节点需要指定的最重要的信息是#clock-cells 属性，它决定了时钟说明符的长度：当它为 0 时，意味着只需要将此提供者的 phandle 属性提供给使用者；当它为 1（或更大）时，意味着 phandle 属性有多个输出，需要提供附加信息，例如，指示需要使用什么输出的 ID。此 ID 直接由立即数（immediate value）表示。最好在头文件中定义系统中所有时钟的 ID。设备树可以包含这个头文件，例如：

```
clocks = <&clock CLK_SPI0>
```

其中，CLK_SPI0 是头文件中定义的宏。

现在来看看 clock-output-names（时钟输出名称）。这是一个可选但推荐使用的属性，也是与输出（即已提供）时钟线名称相对应的字符串列表。

如下给出了提供者节点代码片段：

```
osc {
    #clock-cells = <1>;
    clock-output-names = 'ckout1', 'ckout2';
};
```

上述节点定义了一个设备，该设备提供两条时钟输出线，并命名为 ckout1 和 ckout2。使用者节点不应直接使用这些名称来引用这些时钟线。相反，应该使用的是适当的时钟说明符（clock specifier），即根据提供者的#clock-cells 索引引用时钟，这允许根据设备的需要命名输入时钟线：

```
device {
    clocks = <&osc 0>, <&osc 1>;
    clock-names = 'baud', 'register';
};
```

该设备使用 osc 提供的两条时钟线，并根据需要为其输入线命名。本章末尾将详细讨论使用者节点。

当时钟线分配给使用者设备并且该使用者的驱动程序调用 clk_get()（或用于获取时钟的类似接口）时，该接口将调用 of_clk_get_by_name()，而后者又调用__of_clk_get()。这里我们感兴趣的函数是__of_clk_get()。它在 drivers/clk/clkdev.c 中定义，具体如下：

```
static struct clk * of_clk_get(struct device_node *np,
                               int index,
                               const char *dev_id,
                               const char *con_id)
```

```
{
    struct of_phandle_args clkspec;
    struct clk *clk;
    int rc;

    rc = of_parse_phandle_with_args(np, 'clocks',
                                    '#clock-cells',
                                    index, &clkspec);
    if (rc)
        return ERR_PTR(rc);

    clk = of_clk_get_from_provider(&clkspec, dev_id, con_id);
    of_node_put(clkspec.np);
    return clk;
}
```

ⓘ 注意：

该函数返回一个指向 struct clk 而不是指向 struct clk_hw 的指针，这是完全正常的，因为该接口是从使用者端操作的。

这里需要注意的是，of_parse_phandle_with_args()将解析 phandle 列表及其参数，然后调用__of_clk_get_from_provider()，接下来我们将仔细讨论它。

4.2.5　了解 of_parse_phandle_with_args() API

以下是 of_parse_phandle_with_args 的原型：

```
int of_parse_phandle_with_args(const struct device_node *np,
                               const char *list_name,
                               const char *cells_name,
                               int index,
                               struct of_phandle_args *out_args)
```

此函数成功则返回 0 并填充 out_args；出错则返回适当的 errno 值。

对于其参数的解释如下。

❑ np：这是指向包含列表的设备树节点的指针。在本示例中，它是与使用者相对应的节点。

❑ list_name：这是包含列表的属性名称。在本示例中，它是 clocks。

❑ cells_name：这是指定 phandle 参数计数的属性名称。在本示例中，它是 #clock-cells。它有助于在说明符中的 phandle 属性之后获取参数（其他单元）。

❑　index：这是 phandle 属性的索引，用于解析列表。
❑　out_args：这是可选项，是在成功路径上填充的输出参数。该参数属于 of_phandle_args 类型，其定义如下：

```
#define MAX_PHANDLE_ARGS 16
struct of_phandle_args {
    struct device_node *np;
    int args_count;
    uint32_t args[MAX_PHANDLE_ARGS];
};
```

在 struct of_phandle_args 中，np 元素是指向 phandle 属性对应节点的指针。在使用时钟说明符的情况下，它将是时钟提供者的设备树节点。

args_count 元素对应于说明符中 phandle 之后的单元数。它可用于遍历 args，args 是一个包含相关参数的数组。

现在来看一个使用 of_parse_phandle_with_args() 的例子，其 DTS 代码片段如下：

```
phandle1: node1 {
    #gpio-cells = <2>;
};
phandle2: node2 {
    #list-cells = <1>;
};
node3 {
    list = <&phandle1 1 2 &phandle2 3>;
};
/* 或者 */
node3 {
    list = <&phandle1 1 2>, <&phandle2 3>;
}
```

在上述代码中，node3 是一个使用者。要获取指向 node2 节点的 device_node 指针，可以使用以下语句：

```
of_parse_phandle_with_args(node3, 'list', '#list-cells', 1, &args);
```

由于 &phandle2 在列表中的索引 1（从 0 开始）处，因此可在 index 参数中指定 1。同理，要获取 node1 节点关联的 device_node，可以调用：

```
of_parse_phandle_with_args(node3, 'list', '#gpio-cells', 0, &args);
```

对于上述第二个示例，如果查看 args 输出参数，则会看到 args->np 对应于 node3，

args->args_count 的值为 2（因为此说明符需要 2 个参数），args->args[0]的值为 1，args->args[1]的值为 2，这对应于说明符中的参数 2。

ⓘ **注意：**

　　如需进一步了解设备树 API，可详细了解 of_parse_phandle_with_fixed_args()以及由 drivers/of/base.c 中的设备树核心代码提供的其他接口。

4.2.6　了解__of_clk_get_from_provider() API

　　如前文所述，__of_clk_get()中的下一个函数调用是__of_clk_get_from_provider()。笔者提供其原型的原因是你不能在代码中使用它。

　　当然，该函数只是遍历时钟提供者（在 of_clk_providers 列表中），当找到合适的提供者时，它将调用作为 of_clk_add_provider()的第二个参数给出的底层回调函数来解码底层时钟。这里，of_parse_phandle_with_args()返回的时钟说明符将作为参数给出。前文提到过，当我们必须向其他设备公开时钟提供者时，就必须使用 of_clk_add_hw_provider()。作为第二个参数，每当使用者调用 clk_get()时，此接口都会接受 CCF 用来解码底层时钟的回调函数。该回调函数的结构体如下：

```
struct clk_hw *(*get_hw)(struct of_phandle_args *clkspec, void *data)
```

　　该回调函数应该根据它的参数返回底层的 clock_hw。

　　clkspec 是 of_parse_phandle_with_args()返回的时钟说明符，而 data 则是作为 of_clk_add_hw_provider()的第三个参数给出的上下文数据。

　　请记住，data 通常是指向与节点相关联的时钟的指针。要了解这个回调函数是如何在内部调用的，我们需要看一下__of_clk_get_from_provider()接口的定义，其定义如下：

```
struct clk * of_clk_get_from_provider( struct
                                       of_phandle_args *clkspec,
                                       const char *dev_id,
                                       const char *con_id)
{
    struct of_clk_provider *provider;
    struct clk *clk = ERR_PTR(-EPROBE_DEFER);
    struct clk_hw *hw;

    if (!clkspec)
        return ERR_PTR(-EINVAL);
```

```
    /* 检查数组中是否有这样的提供者 */
    mutex_lock(&of_clk_mutex);
    list_for_each_entry(provider, &of_clk_providers, link) {
        if (provider->node == clkspec->np) {
            hw = of_clk_get_hw_from_provider (provider, clkspec);
                clk = clk_create_clk(hw, dev_id, con_id);
        }

        if (!IS_ERR(clk)) {
            if (! clk_get(clk)) {
                clk_free_clk(clk);
                clk = ERR_PTR(-ENOENT);
            }
            break;
        }
    }
    mutex_unlock(&of_clk_mutex);

    return clk;
}
```

4.2.7　时钟解码回调

如果总结一下从 CCF 获取时钟背后的机制，我们会说，当使用者调用 clk_get()时，CCF 在内部调用 __of_clk_get()。这是作为此使用者的 device_node 属性的第一个参数给出的，以便 CCF 可以获取时钟说明符并找到与提供者相对应的 device_node 属性（通过 of_parse_phandle_with_args()），然后它以 of_phandle_args 的形式返回该值。

这个 of_phandle_args 对应于时钟说明符，并作为参数提供给 __of_clk_get_from_provider()，它简单地将 of_phandle_args 中提供者的 device_node 属性（即 of_phandle_args->np）与存在于 of_clk_providers（即设备树时钟提供者列表）中的相应属性进行比较。一旦找到匹配项，就会调用此提供者的相应 of_clk_provider->get()回调函数并返回底层时钟。

ℹ️ 注意：

如果 __of_clk_get()失败，则意味着无法找到给定设备节点的有效时钟。这也可能意味着提供者没有向设备树接口注册其时钟。因此，当 of_clk_get()失败时，CCF 代码调用 clk_get_sys()，这是在基于时钟名称查找设备树上的时钟未果时的回退。这就是 clk_get()背后的真正逻辑。

of_clk_provider->get()回调函数通常作为参数提供给 of_clk_add_provider()的上下文数据，以便返回底层时钟。

尽管可以编写自己的回调函数（可以参考前文介绍的原型），但 CCF 框架提供了两个通用的解码回调函数，涵盖了大多数情况。这两个函数就是 of_clk_src_onecell_get()和 of_clk_src_simple_get()，它们具有相同的原型：

```
struct clk_hw *of_clk_hw_simple_get(struct of_phandle_args *clkspec,
                                    void *data);
struct clk_hw *of_clk_hw_onecell_get(struct of_phandle_args *clkspec,
                                     void *data);
```

of_clk_hw_simple_get()用于简单的时钟提供者，除了时钟本身，不需要特殊的上下文数据结构，如 clock-gpio 驱动程序（在 drivers/clk/clk-gpio.c 中）。该回调函数只是按原样返回作为上下文数据参数给出的数据，这意味着该参数应该是一个时钟。它在 drivers/clk/clk.c 中定义，具体如下所示：

```
struct clk_hw *of_clk_hw_simple_get(struct of_phandle_args *clkspec,
                                    void *data)
{
    return data;
}
EXPORT_SYMBOL_GPL(of_clk_hw_simple_get);
```

另一方面，of_clk_hw_onecell_get()有点复杂，因为它需要一个称为 struct clk_hw_onecell_data 的特殊数据结构体。其定义如下：

```
struct clk_hw_onecell_data {
    unsigned int num;
    struct clk_hw *hws[];
};
```

在上面的结构体中，hws 是指向 struct clk_hw 的指针数组；num 则是该数组中的条目数。

🛈 注意：

在尚未实现基于 clk_hw 的 API 的旧时钟提供者驱动程序中，你可能会看到 struct clk_onecell_data、of_clk_add_provider()、of_clk_src_onecell_get()和 of_clk_add_provider()，而不是本书中介绍的数据结构和接口。

要掌握存储在此数据结构中的时钟，建议将它们包装到上下文数据结构中，以下来

自 drivers/clk/sunxi/clk-sun9i-mmc.c 的代码片段就是一例:

```
struct sun9i_mmc_clk_data {
    spinlock_t    lock;
    void iomem        *membase;
    struct clk        *clk;
    struct reset_control    *reset;
    struct clk_hw_onecell_data    clk_hw_data;
    struct reset_controller_dev        rcdev;
};
```

然后,可以根据应存储的时钟数量为这些时钟动态分配空间:

```
int sun9i_a80_mmc_config_clk_probe(struct platform_device *pdev)
{
    struct device_node *np = pdev->dev.of_node;
    struct sun9i_mmc_clk_data *data;
    struct clk_hw_onecell_data *clk_hw_data;
    const char *clk_name = np->name;
    const char *clk_parent;
    struct resource *r;
    [...]
    data = devm_kzalloc(&pdev->dev, sizeof(*data), GFP_KERNEL);
    if (!data)
        return -ENOMEM;
    clk_hw_data = &data->clk_hw_data;
    clk_hw_data->num = count;
    /* 为 clk_hws 分配空间
     * count 是其条目数
     */
    clk_hw_data->hws =
    devm_kcalloc(&pdev->dev, count, sizeof(struct clk_hw *), GFP_KERNEL);
    if (!clk_hw_data->hws)
        return -ENOMEM;
    /* 时钟提供者也可能是另一个提供者的使用者 */
    data->clk = devm_clk_get(&pdev->dev, NULL);
    clk_parent = __clk_get_name(data->clk);
    for (i = 0; i < count; i++) {
            of_property_read_string_index(np, 'clock-output-names',
                                    i, &clk_name);
        /* 将每个时钟存储在其位置 */
        clk_hw_data->hws[i] =
        clk_hw_register_gate(&pdev->dev, clk_name, clk_parent, 0,
```

```
                    data->membase + SUN9I_MMC_WIDTH * i,
                    SUN9I_MMC_GATE_BIT, 0, &data->lock);
        if (IS_ERR(clk_hw_data->hws[i])) {
            ret = PTR_ERR(clk_hw_data->hws[i]);
            goto err_clk_register;
        }
    }

    ret =
        of_clk_add_hw_provider(np, of_clk_hw_onecell_get, clk_hw_data);
    if (ret)
        goto err_clk_provider;
    [...]
    return 0;
}
```

🛈 注意：

上述代码片段来自 sunxi A80 SoC MMC 配置时钟/复位驱动程序，在本文撰写时，它仍然使用基于 clk 的 API（以及 struct clk、clk_register_gate()和 of_clk_add_src_provider()接口）而不是基于 clk_hw 的 API。因此，出于学习目的，笔者修改了此代码片段，使用了推荐使用的 clk_hw API。

可以看到，时钟注册期间给出的上下文数据是 clk_hw_data，属于 clk_hw_onecell_data 类型。此外，of_clk_hw_onecell_get 作为时钟解码器回调函数给出。此辅助函数仅返回索引处的时钟——该索引是作为时钟说明符中的参数给出的（它是 of_phandle_args 类型的）。

想要更好地理解该函数，请看以下定义：

```
struct clk_hw * of_clk_hw_onecell_get(struct of_phandle_args *clkspec,
                                      void *data)
{
    struct clk_hw_onecell_data *hw_data = data;
    unsigned int idx = clkspec->args[0];

    if (idx >= hw_data->num) {
        pr_err('%s: invalid index %u\n', func , idx);
        return ERR_PTR(-EINVAL);
    }

    return hw_data->hws[idx];
}
EXPORT_SYMBOL_GPL(of_clk_hw_onecell_get);
```

当然，根据需要，你可以随意实现自己的解码器回调函数，就像 max9485 音频时钟
生成器中的函数一样，max9485 的驱动程序是 Kernel 源代码树中的 drivers/clk/clk-
max9485.c。

至此，我们已经详细阐释了时钟提供者的设备树相关知识，介绍了如何公开设备的
时钟源线，以及如何将这些时钟线分配给使用者。接下来，我们将介绍驱动程序端，这
也包括为其时钟提供者编写代码。

4.3　编写时钟提供者驱动程序

虽然设备树的目的是描述手头的硬件（在本章中指的就是时钟提供者），但值得注
意的是，我们还需要编写用于管理底层硬件的代码。

本节讨论为时钟提供者编写代码，以便一旦其时钟线被分配给使用者，它们就能按
照设计的方式行事。

4.3.1　有关时钟提供者驱动程序的基础知识

在编写时钟设备驱动程序时，将完整的 struct clk_hw（不是指针）嵌入到更大的私有
数据结构中是一个很好的做法，因为它将作为 clk_ops 中每个回调函数的第一个参数给
出。这使你可以在 container_of 宏上自定义 to_<my-data-structure> 辅助函数，并为你提
供指向私有数据结构的指针，具体如下所示：

```
/* 前向引用 */
struct max9485_driver_data;

struct max9485_clk_hw {
    struct clk_hw hw;
    struct clk_init_data init;
    u8 enable_bit;
    struct max9485_driver_data *drvdata;
};
struct max9485_driver_data {
    struct clk *xclk;
    struct i2c_client *client;
    u8 reg_value;
    struct regulator *supply;
    struct gpio_desc *reset_gpio;
    struct max9485_clk_hw hw[MAX9485_NUM_CLKS];
```

```
};

static inline struct max9485_clk_hw *to_max9485_clk(struct clk_hw *hw)
{
    return container_of(hw, struct max9485_clk_hw, hw);
}
```

在上面的示例中，max9485_clk_hw 抽象了 hw 时钟（因为它包含 struct clk_hw）。

现在，从驱动程序的角度来看，每个 struct max9485_clk_hw 都代表一个硬件时钟，允许我们定义另一个更大的结构体——max9485_driver_data 结构体，这次它将用作驱动程序数据。

可以看到，在前面的结构体中有一些交叉引用，特别是在 struct max9485_clk_hw 中，它包含一个指向 struct max9485_driver_data 的指针，以及 struct max9485_driver_data 结构体（其中包含一个 max9485_clk_hw 数组）。这允许开发人员从任何 clk_ops 回调函数中获取驱动程序数据，如下所示：

```
static unsigned long
max9485_clkout_recalc_rate(struct clk_hw *hw, unsigned long parent_rate)
{
    struct max9485_clk_hw *max_clk_hw = to_max9485_clk(hw);
    struct max9485_driver_data *drvdata = max_clk_hw->drvdata;

    [...]
    return 0;
}
```

此外，如以下代码片段所示，静态声明时钟线（在本例中由 max9485_clk_hw 抽象）以及相关的操作是一种很好的做法。这是因为，与私有数据（可能会从一个设备更改为另一个设备）不同，无论系统上存在多少相同类型的时钟芯片，此信息永远不会改变：

```
static const struct max9485_clk max9485_clks[MAX9485_NUM_CLKS] = {
    [MAX9485_MCLKOUT] = {
        .name = 'mclkout',
        .parent_index = -1,
        .enable_bit = MAX9485_MCLK_ENABLE,
        .ops = {
            .prepare = max9485_clk_prepare,
            .unprepare = max9485_clk_unprepare,
        },
    },
    [MAX9485_CLKOUT] = {
```

```
        .name = 'clkout',
        .parent_index = -1,
        .ops = {
            .set_rate = max9485_clkout_set_rate,
            .round_rate = max9485_clkout_round_rate,
            .recalc_rate = max9485_clkout_recalc_rate,
        },
    },
    [MAX9485_CLKOUT1] = {
        .name = 'clkout1',
        .parent_index = MAX9485_CLKOUT,
        .enable_bit = MAX9485_CLKOUT1_ENABLE,
        .ops = {
            .prepare = max9485_clk_prepare,
            .unprepare = max9485_clk_unprepare,
        },
    },
    [MAX9485_CLKOUT2] = {
        .name = 'clkout2',
        .parent_index = MAX9485_CLKOUT,
        .enable_bit = MAX9485_CLKOUT2_ENABLE,
        .ops = {
            .prepare = max9485_clk_prepare,
            .unprepare = max9485_clk_unprepare,
        },
    },
};
```

虽然操作嵌入在抽象数据结构中，但它们也可以单独声明，例如，Kernel 源代码中的 drivers/clk/clk-axm5516.c 文件就是如此。

另一方面，最好动态分配驱动程序数据结构，因为它更容易为驱动程序所私有，从而允许每个已声明的设备拥有私有数据，示例如下：

```
static int max9485_i2c_probe(struct i2c_client *client,
                             const struct i2c_device_id *id)
{
    struct max9485_driver_data *drvdata;
    struct device *dev = &client->dev;
    const char *xclk_name;
    int i, ret;

    drvdata = devm_kzalloc(dev, sizeof(*drvdata), GFP_KERNEL);
    if (!drvdata)
```

```
        return -ENOMEM;
    [...]

for (i = 0; i < MAX9485_NUM_CLKS; i++) {
    int parent_index = max9485_clks[i].parent_index;
    const char *name;
    if (of_property_read_string_index
        (dev->of_node, 'clock-output-names', i, &name) == 0)
    {
        drvdata->hw[i].init.name = name;
    } else {
        drvdata->hw[i].init.name = max9485_clks[i].name;
    }

    drvdata->hw[i].init.ops = &max9485_clks[i].ops;
    drvdata->hw[i].init.num_parents = 1;
    drvdata->hw[i].init.flags = 0;
    if (parent_index > 0) {
        drvdata->hw[i].init.parent_names =
                    &drvdata->hw[parent_index].init.name;
        drvdata->hw[i].init.flags |= CLK_SET_RATE_PARENT;
    } else {
        drvdata->hw[i].init.parent_names = &xclk_name;
    }

    drvdata->hw[i].enable_bit = max9485_clks[i].enable_bit;
    drvdata->hw[i].hw.init = &drvdata->hw[i].init;
    drvdata->hw[i].drvdata = drvdata;

    ret = devm_clk_hw_register(dev, &drvdata->hw[i].hw);
    if (ret < 0)
        return ret;
}

return
    devm_of_clk_add_hw_provider(dev, max9485_of_clk_get, drvdata);
}
```

在上面的代码片段中可以看到，驱动程序调用 clk_hw_register()（实际上就是 devm_clk_hw_register()，这是托管版本）以将每个时钟注册到 CCF。

现在我们已经了解了时钟提供者驱动程序的基础知识，接下来将学习如何通过在驱动程序中公开的一组操作来允许与时钟线交互。

4.3.2　提供时钟操作

struct clk_hw 是基础硬件时钟结构体，CCF 将基于它构建其他时钟的变体结构。通用时钟框架提供了以下基础时钟。

- ❑　固定频率（fixed-rate）：这种类型的时钟不能改变其频率并且一直在运行。
- ❑　固定倍频（fixed-factor）：这种时钟类型不能门控/取消门控（gate/ungate），但可以将父时钟频率与其常数相除和相乘。
- ❑　门控（gate）：这种类型的时钟作为时钟源的门控，就像它的父时钟源一样。显然，它不能改变频率，因为它只是一个门。
- ❑　多选一（mux）：这种类型的时钟不能门控。它有两个或更多时钟输入，包括它的父时钟。它允许我们从它所连接的时钟中选择一个父时钟。此外，它还允许从选定的父时钟获取频率。
- ❑　分频器（divider）：这种类型的时钟不能门控/取消门控。但是，它可以使用分频器对父时钟分频，并选择不同的分频比。
- ❑　复合（composite）时钟：这是多个基本时钟类型的组合。它允许开发人员重用基本时钟来构建单个时钟接口。

你可能想知道在将 clk_hw 作为参数提供给 clk_hw_register()函数时，内核（即 CCF）如何知道给定时钟的类型。

实际上，CCF 并不知道这一点，也不必知道任何事情。这是 struct clk_ops 类型clk_hw->init.ops 字段的目的。根据这个结构体中设置的回调函数，你可以猜出它面对的是什么类型的时钟。

下面详细介绍 struct clk_ops 中时钟的这组操作函数：

```
struct clk_ops {
    int     (*prepare)(struct clk_hw *hw);
    void    (*unprepare)(struct clk_hw *hw);
    int     (*is_prepared)(struct clk_hw *hw);
    void    (*unprepare_unused)(struct clk_hw *hw);
    int     (*enable)(struct clk_hw *hw);
    void    (*disable)(struct clk_hw *hw);
    int     (*is_enabled)(struct clk_hw *hw);
    void    (*disable_unused)(struct clk_hw *hw);
    unsigned long (*recalc_rate)(struct clk_hw *hw,
                                 unsigned long parent_rate);
    long    (*round_rate)(struct clk_hw *hw, unsigned long rate,
```

```
                            unsigned long *parent_rate);
    int     (*determine_rate)(struct clk_hw *hw,
                              struct clk_rate_request *req);
    int     (*set_parent)(struct clk_hw *hw, u8 index);
    u8      (*get_parent)(struct clk_hw *hw);
    int     (*set_rate)(struct clk_hw *hw, unsigned long rate,
                        unsigned long parent_rate);
[...]
    void (*init)(struct clk_hw *hw);
};
```

为方便阅读，上述代码片段中有些字段已被删除。

每个 prepare*/unprepare*/is_prepared 回调函数都允许休眠，因此不能从原子上下文中调用，而每个 enable*/disable*/is_enabled 回调函数可能不会休眠，同时也不能休眠。

上述代码片段的详细解释如下。

❑ prepare 和 unprepare：它们是可选的回调函数。在 prepare 函数中所完成的操作应该在 unprepare 中撤销。

❑ is_prepared：这是一个可选的回调函数，它通过查询硬件来判断时钟是否准备好。如果省略，则时钟框架核心将执行以下操作。

　➢ 维护一个 prepare 计数器（调用 clk_prepare()使用者 API 时加 1，调用 clk_unprepare()时减 1）。

　➢ 根据该计数器判断时钟是否准备好。

❑ unprepare_unused/disable_unused：这些回调函数是可选的，仅在 clk_disable_unused 接口中使用。该接口由时钟框架核心提供，并在系统启动的延迟调用中调用（在 drivers/clk/clk.c 中使用 late_initcall_sync(clk_disable_unused)函数），以取消准备/取消门控/关闭未使用的时钟。

该接口将调用系统上每个未使用时钟对应的.unprepare_unused 和.disable_unused 函数。

❑ enable/disable：以原子方式启用/禁用时钟。这些函数必须以原子方式运行并且不能休眠。例如，对于 enable，它应该仅在底层时钟生成可供使用者节点使用的有效时钟信号时返回。

❑ is_enabled：此函数与 is_prepared 具有相同的逻辑。

❑ recalc_rate：这是一个可选的回调函数，它查询硬件以重新计算底层时钟的频率，给定父频率作为输入参数。如果省略此操作，则初始频率为 0。

❑ round_rate：此回调函数接受目标频率（以 Hz 为单位）作为输入，并返回底层时钟实际支持的最接近的频率。父时钟频率是一个输入/输出参数。

❑ determine_rate：此回调函数被赋予一个目标时钟频率作为参数，并返回底层硬件支持的最接近的时钟频率。

❑ set_parent：这涉及具有多个输入（多个可能的父时钟）的时钟。当给定索引作为要选择的父时钟的参数（作为 u8）时，此回调函数接受更改输入源。此索引应对应于在时钟的 clk_init_data.parent_names 或 clk_init_data.parents 数组中有效的父时钟。此回调函数在成功路径上返回 0，否则返回-EERROR。

❑ get_parent：这是具有多个（至少两个）输入（多个 parents）的时钟的强制回调函数。它查询硬件以确定时钟的父级。

其返回值是一个对应父索引的 u8。该索引应该在 clk_init_data.parent_names 或 clk_init_data.parents 数组中有效。换句话说，此回调函数将从硬件中读取的父值转换为数组索引。

❑ set_rate：更改给定时钟的频率。请求的频率是.round_rate 调用的返回值时才能有效。此回调函数在成功路径上返回 0，否则返回-EERROR。

❑ init：这是特定于平台的时钟初始化挂钩，当时钟注册到内核时将调用它。目前，基本的时钟类型都没有实现这个回调函数。

 提示：

由于.enable 和.disable 不能休眠（它们被调用时持有自旋锁），连接到可休眠总线（如 SPI 或 I2C）的独立芯片中的时钟提供者不能通过持有自旋锁来控制，因此，应该在 prepare/unprepare 挂钩中实现它们的 enable/disable 逻辑。

通用 API 会直接调用对应的操作函数。这就是从使用者端（基于 clk 的 API）调用 clk_enable 之前必须调用 clk_prepare()，并且调用 clock_disable()之后应该调用 clock_unprepare()的原因之一。

最后，还应注意以下差异。

注意：

SoC 内部时钟可以看作是快速时钟（通过简单的 MMIO 寄存器写入控制），因此可以实现.enable 和.disable，而基于 SPI/I2C 的时钟可以看作是慢时钟，应该实现.prepare 和.unprepare。

并非所有时钟都必须具备这些函数。根据时钟类型，有些函数可能是强制性的，而另一些函数则可能不是。如图 4.1 所示，我们根据硬件功能总结了哪些 clk_ops 回调函数对于哪些时钟类型是必需的。

```
+-------------------+------+-------------+---------------+-------------+------+
|                   | gate | change rate | single parent | multiplexer | root |
+===================+======+=============+===============+=============+======+
|.prepare           |      |             |               |             |      |
+-------------------+------+-------------+---------------+-------------+------+
|.unprepare         |      |             |               |             |      |
+-------------------+------+-------------+---------------+-------------+------+
|.enable            | y    |             |               |             |      |
+-------------------+------+-------------+---------------+-------------+------+
|.disable           | y    |             |               |             |      |
+-------------------+------+-------------+---------------+-------------+------+
|.is_enabled        | y    |             |               |             |      |
+-------------------+------+-------------+---------------+-------------+------+
|.recalc_rate       |      | y           |               |             |      |
+-------------------+------+-------------+---------------+-------------+------+
|.round_rate        |      | y **        |               |             |      |
+-------------------+------+-------------+---------------+-------------+------+
|.determine_rate    |      | y **        |               |             |      |
+-------------------+------+-------------+---------------+-------------+------+
|.set_rate          |      | y           |               |             |      |
+-------------------+------+-------------+---------------+-------------+------+
|.set_parent        |      |             | n             | y           | n    |
+-------------------+------+-------------+---------------+-------------+------+
|.get_parent        |      |             | n             | y           | n    |
+-------------------+------+-------------+---------------+-------------+------+
|.recalc_accuracy   |      |             |               |             |      |
+-------------------+------+-------------+---------------+-------------+------+
|.init              |      |             |               |             |      |
+-------------------+------+-------------+---------------+-------------+------+
```

图 4.1　时钟类型的强制 clk_ops 回调函数

在图 4.1 中，**标记表示需要 round_rate 或 determine_rate。

在图 4.1 中，y 表示强制，而 n 表示相关回调函数无效或不必要。空单元格应被视为可选项，或者必须根据具体情况进行评估。

4.3.3　clk_hw.init.flags 中的时钟标志

前文已经介绍了时钟操作结构体，现在将介绍不同的标志并看看它们如何影响该结构体中某些回调函数的行为。这些标志在 include/linux/clk-provider.h 中定义：

```c
/* 必须在频率变化时进行门控 */
#define CLK_SET_RATE_GATE BIT(0)
/* 必须在重新选择父时钟时进行门控 */
#define CLK_SET_PARENT_GATE BIT(1)
/* 传播频率上升一级 */
```

```
#define CLK_SET_RATE_PARENT BIT(2)
/* 即使未使用也不进行门控 */
#define CLK_IGNORE_UNUSED BIT(3)
/* 基础时钟，不能执行 to_clk_foo() */
#define CLK_IS_BASIC BIT(5)
/* 不使用缓存的时钟频率 */
#define CLK_GET_RATE_NOCACHE BIT(6)
/* 在频率变化时不重新选择父时钟 */
#define CLK_SET_RATE_NO_REPARENT BIT(7)
/* 不使用缓存的时钟精度 */
#define CLK_GET_ACCURACY_NOCACHE BIT(8)
/* 通知后重新计算频率 */
#define CLK_RECALC_NEW_RATES BIT(9)
/* 时钟需要运行以设置频率 */
#define CLK_SET_RATE_UNGATE BIT(10)
/* 永远不进行门控 */
#define CLK_IS_CRITICAL BIT(11)
```

上面的代码显示了可以在 clk_hw->init.flags 字段中设置的不同框架级标志。可以通过对它们进行或（OR）运算来指定多个标志。

对这些标志的解释如下。

❑ CLK_SET_RATE_GATE：在更改时钟频率时必须进行门控（禁用）。该标志还确保了频率变化和频率故障保护；当时钟设置了 CLK_SET_RATE_GATE 标志并且它已经准备好时，clk_set_rate()请求将失败。

❑ CLK_SET_PARENT_GATE：当更改时钟的父时钟时，必须对其进行门控。

❑ CLK_SET_RATE_PARENT：一旦更改了时钟的频率，则必须将更改传递给上层父时钟。这个标志有两个作用，具体如下。

 ➢ 当时钟使用者调用 clk_round_rate()（CCF 内部映射到.round_rate）以获取近似频率时，如果时钟没有提供.round_rate 回调函数，则 CCF 将立即返回时钟的缓存频率（如果 CLK_SET_RATE_PARENT 未设置的话）。但是，如果在没有提供.round_rate 的情况下仍然设置此标志，则该请求将路由到父时钟。这意味着查询父时钟并调用 clk_round_rate()以获取父时钟可以提供的最接近目标频率的值。

 ➢ 此标志还修改了 clk_set_rate()接口（CCF 内部映射到.set_rate）的行为。如果设置它，则任何频率更改请求将被发送到上游（传递到父时钟）。也就是说，如果父时钟可以得到一个近似的频率值，那么通过改变父时钟的频率，就可以得到所需的频率。该标志通常设置在门控（gate）和多选一

　　（mux）时钟上。应谨慎使用该标志。
- ❏　CLK_IGNORE_UNUSED：忽略禁用的未使用的调用。其主要用于当驱动程序没有正确声明时钟但引导加载程序保留了它们时。它等效于 clk_ignore_unused 内核引导参数，但适用于单个时钟。在正常情况下它不会被使用，但对于启动和调试等情况是很有用的。
- ❏　CLK_IS_BASIC：该标志已不再使用。
- ❏　CLK_GET_RATE_NOCACHE：有些芯片可以通过内部硬件更改时钟频率，而 Linux 时钟框架根本不知道这种更改。该标志确保来自 Linux 时钟树的 clk 频率始终与硬件设置相匹配。换句话说，get/set 频率不是来自缓存，而是在当时计算出来的。

ℹ️ **注意：**

　　在处理门控时钟类型时，请注意，门控时钟是禁用时钟，而取消时钟门控则是启用时钟。有关详细信息，可访问以下链接：

https://elixir.bootlin.com/linux/v4.19/source/drivers/clk/clk.c#L931

https://elixir.bootlin.com/linux/v4.19/source/drivers/clk/clk.c#L862

　　时钟标志可以修改与时钟相关的回调函数的行为，在了解了这些标志之后，我们可以遍历每种时钟类型并学习如何给它们提供相关的操作。

4.3.4　固定频率时钟案例研究及其操作

　　固定频率时钟是最简单的时钟类型。因此，我们将使用它来构建一些在编写时钟驱动程序时必须遵守的强有力的指导方针。这种时钟的频率是固定的，因此不能调整。而且这种类型的时钟不能切换，不能选择其父时钟，也不需要提供 clk_ops 回调函数。

　　时钟框架使用 struct clk_fixed_rate 结构体（如下所述）来抽象这种类型的时钟硬件：

```
Struct clk_fixed_rate {
    struct clk_hw hw;
    unsigned long fixed_rate;
    u8 flags; [...]
};

#define to_clk_fixed_rate(_hw) \
            container_of(_hw, struct clk_fixed_rate, hw)
```

　　在上面的结构体中，hw 是基础结构体，可确保在公共接口和特定于硬件的接口之间存在链接。一旦给出 to_clk_fixed_rate 宏（它基于 container_of），你将得到一个指向 clk_fixed_rate 的指针，它包装了 hw 硬件。fixed_rate 是时钟设备的恒定（固定）频率。flags 表示特定于框架的标志。

现在可以来看看下面的代码片段，它仅注册了两条固定频率时钟线：

```c
#include <linux/clk.h>
#include <linux/clk-provider.h>
#include <linux/init.h>
#include <linux/of_address.h>
#include <linux/platform_device.h>
#include <linux/reset-controller.h>

static struct clk_fixed_rate clk_hw_xtal = {
    .fixed_rate = 24000000,
    .hw.init = &(struct clk_init_data){
        .name = 'xtal',
        .num_parents = 0,
        .ops = &clk_fixed_rate_ops,
    },
};

static struct clk_fixed_rate clk_hw_pll = {
    .fixed_rate = 45000000,
    .hw.init = &(struct clk_init_data){
        .name = 'fixed_pll',
        .num_parents = 0,
        .ops = &clk_fixed_rate_ops,
    },
};

static struct clk_hw_onecell_data fake_fixed_hw_onecell_data = {
    .hws = {
        [CLKID_XTAL] = &clk_hw_xtal.hw,
        [CLKID_PLL_FIXED] = &clk_hw_pll.hw,
        [CLK_NR_CLKS] = NULL,
    },
    .num = CLK_NR_CLKS,
};
```

上述代码定义了时钟，而以下代码则显示了如何在系统上注册这些时钟：

```c
static int fake_fixed_clkc_probe(struct platform_device *pdev)
{
```

```
    int ret, i;
    struct device *dev = &pdev->dev;
    for (i = CLKID_XTAL; i < CLK_NR_CLKS; i++) {
        ret = devm_clk_hw_register(dev,
                        fake_fixed_hw_onecell_data.hws[i]);
        if (ret)
            return ret;
    }
    return devm_of_clk_add_hw_provider(dev, of_clk_hw_onecell_get,
                                       &fake_fixed_hw_onecell_data);
}

static const struct of_device_id fake_fixed_clkc_match_table[] = {
    { .compatible = 'l.abcsmart,fake-fixed-clkc' },
    { }
};

static struct platform_driver meson8b_driver = {
    .probe = fake_fixed_clkc_probe,
    .driver = {
        .name = 'fake-fixed-clkc',
        .of_match_table = fake_fixed_clkc_match_table,
    },
};
```

4.3.5　通用简化注意事项

在上面的代码片段中，我们使用了 clk_hw_register() 来注册时钟。该接口是基本注册接口，可用于注册任何类型的时钟。它的主要参数是一个指针，指向嵌入在底层时钟类型结构中的 struct clk_hw 结构体。

通过调用 clk_hw_register() 进行时钟初始化和注册需要填充 struct clk_init_data 对象（从而实现 clk_ops），该对象与 clk_hw 捆绑在一起。

作为一项替代方案，你也可以使用特定于硬件（即依赖于时钟类型）的注册函数。对于替代方案来说，在内部调用 clk_hw_register(...) 之前，内核负责根据时钟类型从提供给函数的参数中构建适当的 init 数据。有了这个替代方案，CCF 即可根据时钟硬件类型提供适当的 clk_ops。

一般来说，时钟提供者不需要直接使用或分配基本时钟类型（在我们讨论的用例中，其类型是 struct clk_fixed_rate），这是因为内核时钟框架为此提供了专用接口。在实际场景中（有固定时钟），这个专用接口将是 clk_hw_register_fixed_rate()：

```
struct clk_hw *
    clk_hw_register_fixed_rate(struct device *dev,
                               const char *name,
                               const char *parent_name,
                               unsigned long flags,
                               unsigned long fixed_rate)
```

clk_register_fixed_rate()接口使用时钟的 name、parent_name 和 fixed_rate 作为参数来创建具有固定频率的时钟。

flags 代表特定于框架的标志，而 dev 则是注册时钟的设备。

时钟的 clk_ops 属性也是由时钟框架提供的，不需要提供者关心。这种时钟的内核时钟 ops 数据结构体是 clk_fixed_rate_ops。它在 drivers/clk/clk-fixed-rate.c 中定义如下：

```
static unsigned long
    clk_fixed_rate_recalc_rate(struct clk_hw *hw,
                               unsigned long parent_rate)
{
    return to_clk_fixed_rate(hw)->fixed_rate;
}

static unsigned long
    clk_fixed_rate_recalc_accuracy(struct clk_hw *hw,
                                   unsigned long parent_ accuracy)
{
    return to_clk_fixed_rate(hw)->fixed_accuracy;
}

const struct clk_ops clk_fixed_rate_ops = {
    .recalc_rate = clk_fixed_rate_recalc_rate,
    .recalc_accuracy = clk_fixed_rate_recalc_accuracy,
};
```

clk_register_fixed_rate()可返回一个指针，指向固定频率时钟的底层 clk_hw 结构体。在此之后，可以使用 to_clk_fixed_rate 宏获取指向原始时钟类型结构的指针。

当然，你仍然可以使用低级 clk_hw_register()注册接口并重用一些由 CCF 提供的操作回调函数。CCF 为时钟提供了适当的操作结构，但这并不意味着你必须按原样使用它。你可能不希望使用依赖于时钟类型的注册接口（使用 clock_hw_register()代替），而是使用 CCF 提供的一个或多个单独的操作。这不仅适用于以下示例中的可调时钟，也同样适用于本书讨论的所有其他时钟类型。

现在不妨看一下来自 drivers/clk/clk-stm32f4.c 的时钟分频器驱动程序示例：

```c
static unsigned long stm32f4_pll_div_recalc_rate(struct clk_hw *hw,
                                    unsigned long parent_rate)
{
    return clk_divider_ops.recalc_rate(hw, parent_rate);
}

static long stm32f4_pll_div_round_rate(struct clk_hw *hw,
                                    unsigned long rate,
                                    unsigned long *prate)
{
    return clk_divider_ops.round_rate(hw, rate, prate);
}

static int stm32f4_pll_div_set_rate(struct clk_hw *hw,
                                    unsigned long rate,
                                    unsigned long parent_rate)
{
    int pll_state, ret;
    struct clk_divider *div = to_clk_divider(hw);
    struct stm32f4_pll_div *pll_div = to_pll_div_clk(div);
    pll_state = stm32f4_pll_is_enabled(pll_div->hw_pll);

    if (pll_state)
        stm32f4_pll_disable(pll_div->hw_pll);
    ret = clk_divider_ops.set_rate(hw, rate, parent_rate);
    if (pll_state)
        stm32f4_pll_enable(pll_div->hw_pll);
    return ret;
}

static const struct clk_ops stm32f4_pll_div_ops = {
    .recalc_rate = stm32f4_pll_div_recalc_rate,
    .round_rate = stm32f4_pll_div_round_rate,
    .set_rate = stm32f4_pll_div_set_rate,
};
```

在上述代码片段中，驱动程序仅实现了.set_rate 操作并重用了 CCF 提供的时钟分频器操作（称为 clk_divider_ops）的.recalc_rate 和.round_rate 属性。

4.3.6　固定频率时钟设备绑定

这种类型的时钟也可以被 DTS 配置直接支持，无须编写任何代码。这种基于设备树的接口通常用于提供虚拟时钟。在某些情况下，设备树中的某些设备可能需要时钟节点来描述它们自己的时钟输入。例如，mcp2515 串行外围设备接口（serial peripheral interface，SPI）到控制器局域网（controller area network，CAN）转换器需要提供一个时钟，让它知道它所连接的石英钟的频率。

对于这样一个虚拟时钟节点，其 compatible 属性应该是 fixed-clock。示例如下：

```
/* 专用于 mpc251x 的固定频率石英钟 */
clocks {
    /* 专用于 mpc251x 的固定频率石英钟 */
    clk8m: clk@1 {
        compatible = 'fixed-clock';
        reg=<0>;
        #clock-cells = <0>;
        clock-frequency = <8000000>;
        clock-output-names = 'clk8m';
    };
};

/* 使用者 */
can1: can@1 {
    compatible = 'microchip,mcp2515';
    reg = <0>;
    spi-max-frequency = <10000000>;
    clocks = <&clk8m>;
};
```

时钟框架的核心会直接提取 DTS 提供的时钟信息，并自动注册到内核中，无须任何驱动程序支持。#clock-cells 在这里为 0，因为只提供了一条固定频率线，在这种情况下，说明符只需要是提供者的 phandle 即可。

4.3.7　PWM 时钟

由于缺少输出时钟源（时钟焊盘），一些电路板设计者会使用替代的脉冲宽度调制（pulse width modulation，PWM）输出焊盘作为外部组件的时钟源（这样做可能是正确的，也可能是错误的）。这种时钟仅从设备树中实例化。

此外，由于 PWM 绑定需要指定 PWM 信号的周期，因此，pwm-clock 也属于固定频率时钟类别。此类时钟的实例化示例如下（该代码片段来自 imx6qdl-sabrelite.dtsi）：

```
mipi_xclk: mipi_xclk {
    compatible = 'pwm-clock';
```

```
    #clock-cells = <0>;
    clock-frequency = <22000000>;
    clock-output-names = 'mipi_pwm3';
    pwms = <&pwm3 0 45>; /* 1/(45ns)= 22MHz */
    status = 'okay';
};

ov5640: camera@40 {
    compatible = 'ovti,ov5640';
    pinctrl-names = 'default';
    pinctrl-0 = <&pinctrl_ov5640>;
    reg = <0x40>;
    clocks = <&mipi_xclk>;
    clock-names = 'xclk';
    DOVDD-supply = <&reg_1p8v>;
    AVDD-supply = <&reg_2p8v>;
    DVDD-supply = <&reg_1p5v>;
    reset-gpios = <&gpio2 5 GPIO_ACTIVE_LOW>;
    powerdown-gpios = <&gpio6 9 GPIO_ACTIVE_HIGH>;
    [...]
};
```

由上述代码可知，其 compatible 属性应为 pwm-clock，而#clock-cells 应为<0>。

该时钟类型驱动程序位于 drivers/clk/clk-pwm.c 中，要想获取有关详细信息，还可以进一步查看 Documentation/devicetree/bindings/clock/pwm-clock.txt 文档。

4.3.8　固定倍频时钟驱动程序及其操作

固定倍频（fixed-factor）时钟可将父频率除以和乘以一个常数（因此它是一个固定倍频时钟驱动程序）。该时钟不能门控：

```
struct clk_fixed_factor {
    struct clk_hw       hw;
    unsigned int        mult;
    unsigned int        div;
};

#define to_clk_fixed_factor(_hw) \
                container_of(_hw, struct clk_fixed_factor, hw)
```

该类时钟的频率由父时钟的频率决定，先乘以 mult，然后再除以 div。它实际上是一个固定乘数和除数（fixed multiplier and divider）的时钟。固定倍频时钟改变其频率的唯一方法是改变其父频率。在这种情况下，你需要设置 CLK_SET_RATE_PARENT 标志。

由于父时钟的频率可以改变，因此，固定倍频时钟的频率也是可以改变的，为此它还提供了.recalc_rate/.set_rate/.round_rate 等回调函数。

如果设置了 CLK_SET_RATE_PARENT 标志，则设置频率请求将向上游传递，因此，此类时钟的.set_rate 回调函数需要返回 0 以确保其调用是有效的 nop（no-operation，无操作），示例如下：

```
static int clk_factor_set_rate(struct clk_hw *hw,
                                unsigned long rate,
                                unsigned long parent_rate)
{
    return 0;
}
```

对于此类时钟，最好使用被称为 clk_fixed_factor_ops 的时钟框架提供者辅助操作，它在 drivers/clk/clk-fixed-factor.c 中定义，其实现如下：

```
const struct clk_ops clk_fixed_factor_ops = {
    .round_rate = clk_factor_round_rate,
    .set_rate = clk_factor_set_rate,
    .recalc_rate = clk_factor_recalc_rate,
};
EXPORT_SYMBOL_GPL(clk_fixed_factor_ops);
```

使用它的好处是开发人员不再需要关心操作，因为内核已经设置好了一切。它的 round_rate 和 recalc_rate 回调函数甚至会处理 CLK_SET_RATE_PARENT 标志，这意味着我们可以坚持自己的简化路径。

此外，最好使用时钟框架辅助接口（即 clk_hw_register_fixed_factor()）来注册此类时钟，具体如下所示：

```
struct clk_hw *
    clk_hw_register_fixed_factor(struct device *dev,
                                  const char *name,
                                  const char *parent_name,
                                  unsigned long flags,
                                  unsigned int mult,
                                  unsigned int div)
```

该接口在内部设置了一个动态分配的 struct clk_fixed_factor，然后返回一个指向底层 struct clk_hw 的指针。可以将其与 to_clk_fixed_factor 宏一起使用，以获取指向原始固定倍频时钟结构的指针。如前文所述，分配给时钟的操作是 clk_fixed_factor_ops。

此外，这种类型的接口类似于固定频率时钟，开发人员不需要提供驱动程序，只需要配置设备树即可。

4.3.9　固定倍频时钟的设备树绑定

可以在 Kernel 源代码的 Documentation/devicetree/bindings/clock/fixed-factor-clock.txt 中找到有关此类简单固定倍频时钟绑定的说明文档。其所需的属性如下。

- ❑　#clock-cells：这将根据公共时钟绑定设置为 0。
- ❑　compatible：该属性的字符串是 'fixed-factor-clock'。
- ❑　clock-div：固定除数。
- ❑　clock-mult：固定乘数。
- ❑　clocks：父时钟的 phandle。

示例如下：

```
clock {
    compatible = 'fixed-factor-clock';
    clocks = <&parentclk>;
    #clock-cells = <0>;
    clock-div = <2>;
    clock-mult = <1>;
};
```

在掌握了固定倍频时钟的用法之后，接下来合乎逻辑的步骤就是讨论可门控时钟，这是另一种简单的时钟类型。

4.3.10　门控时钟及其操作

这种类型的时钟仅有开关功能，因此只有在提供.enable/.disable 回调函数时才有意义：

```
struct clk_gate {
    struct clk_hw hw;
    void    iomem   *reg;
    u8      bit_idx;
    u8      flags;
    spinlock_t      *lock;
};

#define to_clk_gate(_hw) container_of(_hw, struct clk_gate, hw)
```

上述结构体的详细解释如下。

❑ reg：这表示用于控制时钟开关的寄存器地址（虚拟地址，即 MMIO）。

❑ bit_idx：这是时钟开关的控制位（它可以是 1 或 0，并设置门的状态）。

❑ clk_gate_flags：这表示门控时钟与门相关的标志。详情如下。

　　➢ CLK_GATE_SET_TO_DISABLE：这是时钟开关的控制模式。如果设置该标志，写入 1 将关闭时钟，写入 0 则打开时钟。

　　➢ CLK_GATE_HIWORD_MASK：有些寄存器采用 reading-modifying-writing 的概念在位级别进行操作，而其他寄存器则仅支持 HiWord 掩码（HiWord mask）。对于 HiWord 掩码概念来说，在 32 位寄存器中更改给定索引（0～15）的位包括两项操作：一是更改低 16 位（0～15）中的相应位，二是屏蔽高 16 位（16～31）中相同的位索引，以指示/验证更改。HiWord 指的是 high word，该名称来源于其对高位的操作。

　　例如，如果需要将位 b1 设置为门，则还需要通过设置 HiWord 掩码（b1 << 16）来指示更改。这意味着门设置确实在寄存器的低 16 位中，而门位掩码在该寄存器的高 16 位中。设置此标志时，bit_idx 不应高于 15。

❑ lock：这是时钟开关需要互斥时应使用的自旋锁。

你可能已经猜到，该结构体假定时钟门寄存器是 MMIO。

对于上述时钟类型，最好使用已提供的内核接口（即 clk_hw_register_gate()）来处理这样的时钟，具体如下所示：

```
struct clk_hw *
    clk_hw_register_gate(struct device *dev, const char *name,
                         const char *parent_name,
                         unsigned long flags,
                         void iomem *reg, u8 bit_idx,
                         u8 clk_gate_flags, spinlock_t *lock);
```

可以看到，此接口的一些参数与我们刚才描述过的时钟类型的结构体相同。当然，其他参数的详细解释如下。

❑ dev：这是注册时钟的设备。

❑ name：这是时钟的名称。

❑ parent_name：这是父时钟的名称，如果没有父时钟，则应该是 NULL。

❑ flags：表示此时钟的特定于框架的标志。通常可以为具有父时钟的门控时钟设置 CLK_SET_RATE_PARENT 标志，以便将频率更改请求向上传递一层。

❑ clk_gate_flags：对应于时钟类型结构体中的.flags。

该接口返回一个指向时钟门控结构的底层 struct clh_hw 的指针。在这里，开发人员可以使用 to_clk_gate 辅助宏来获取原始时钟门控结构。

在设置此时钟并在其注册之前，时钟框架会将 clk_gate_ops 操作分配给它。这实际上是门控时钟的默认操作。它依赖于时钟通过 MMIO 寄存器控制的事实：

```
const struct clk_ops clk_gate_ops = {
    .enable = clk_gate_enable,
    .disable = clk_gate_disable,
    .is_enabled = clk_gate_is_enabled,
};
EXPORT_SYMBOL_GPL(clk_gate_ops);
```

整个门控时钟 API 在 drivers/clk/clk-gate.c 文件中定义，其时钟驱动程序可以在 drivers/clk/clk-asm9260.c 中找到，而它的设备树绑定则可以在 Kernel 源代码树的 Documentation/devicetree/bindings/clock/alphascale,acc.txt 中找到。

4.3.11　基于 I2C/SPI 的门控时钟

不仅仅是 MMIO 外设可以提供门控时钟。I2C/SPI 总线后面也有独立芯片可以提供这样的时钟。但是，很显然，你不能依赖我们之前介绍的结构体（struct clk_gate）或接口辅助函数（clk_hw_register_gate()）来为此类芯片开发驱动程序。主要原因如下所述。

❑ 上述接口和数据结构假设时钟门控寄存器控制是 MMIO，但是对于 I2C/SPI 总线来说，绝对不会是这种情况。

❑ 标准门控时钟操作是.enable 和.disable。但是，这些回调函数不需要休眠，因为它们是在持有自旋锁的情况下调用的，而前文已经多次强调：I2C/SPI 寄存器访问可能会休眠。

这两个限制都有解决方法，如下所述。

❑ 可以使用低级 clk_hw_register()接口来控制时钟的参数（包括标志和操作等），而不使用特定于门的时钟框架辅助函数。

❑ 可以在.prepare/.unprepare 回调函数中实现.enable/.disable 逻辑。

你应该还记得，.prepare/.unprepare 操作是可以休眠的，这可以保证它们有效工作，因为使用者端可要求在调用 clk_enable()之前调用 clk_prepare()，然后在调用 clk_unprepare()之后调用 clk_disable()。

在经过这样的设计之后，任何使用者对 clk_enable()的调用（映射到提供者的.enable 回调函数）将立即返回。但是，由于它总是在使用者调用 clk_prepare()（映射到.prepare 回调函数）之前，因此可以确定我们的时钟将是取消门控的。

clk_disable（映射到.disable 回调函数）也是如此，它可以保证时钟将被门控。

该时钟驱动程序的实现可以在 drivers/clk/clk-max9485.c 中找到，而它的设备树绑定可以在 Kernel 源代码树的 Documentation/devicetree/bindings/clock/maxim,max9485.txt 中找到。

4.3.12　GPIO 门控时钟

GPIO 门控时钟是一个基本时钟，可以通过 GPIO 输出启用和禁用。

gpio-gate-clock 实例只能从设备树中实例化。为此，其 compatible 属性应为 gpio-gate-clock，且#clock-cells 应为<0>。

以下示例代码片段来自 imx6qdl-sr-som-ti.dtsi：

```
clk_ti_wifi: ti-wifi-clock {
    compatible = 'gpio-gate-clock';
    #clock-cells = <0>;
    clock-frequency = <32768>;
    pinctrl-names = 'default';
    pinctrl-0 = <&pinctrl_microsom_ti_clk>;
    enable-gpios = <&gpio5 5 GPIO_ACTIVE_HIGH>;
};

pwrseq_ti_wifi: ti-wifi-pwrseq {
    compatible = 'mmc-pwrseq-simple';
    pinctrl-names = 'default';
    pinctrl-0 = <&pinctrl_microsom_ti_wifi_en>;
    reset-gpios = <&gpio5 26 GPIO_ACTIVE_LOW>;
    post-power-on-delay-ms = <200>;
    clocks = <&clk_ti_wifi>;
    clock-names = 'ext_clock';
};
```

该时钟类型的驱动程序位于drivers/clk/clk-gpio.c 中，有关详细信息可以在Documentation/devicetree/bindings/clock/gpio-gate-clock.txt 中找到。

4.3.13　多选一时钟及其操作

多选一（multiplexer，Mux）时钟有多个输入时钟信号或父时钟，其中只能选择一个作为输出。由于这种类型的时钟可以从多个父时钟中进行选择，因此应该实现.get_parent/.set_parent/.recalc_rate 回调函数。

多选一时钟在 CCF 中由 struct clk_mux 的一个实例表示，如下所示：

```
struct clk_mux {
    struct clk_hw hw;
    void __iomem *reg;
    u32     *table;
    u32     mask;
    u8      shift;
    u8      flags;
    spinlock_t *lock;
};

#define to_clk_mux(_hw) container_of(_hw, struct clk_mux, hw)
```

对上述结构体中各元素的详细解释如下。

❑ table：这是与父时钟索引对应的寄存器值数组。

❑ mask 和 shift：可用于修改 reg 位字段以获得适当的值。

❑ reg：这是用于父时钟选择的 MMIO 寄存器。默认情况下，当寄存器的值为 0 时，它对应于第一个父时钟，依次类推。如果有例外，则可以使用不同的 flags，以及其他接口。

❑ flags：表示 Mux 时钟的唯一标志，可用标志如下所述。

➤ CLK_MUX_INDEX_BIT：寄存器值是 2 的幂次方。下文将详细讨论其工作原理。

➤ CLK_MUX_HIWORD_MASK：这使用了我们之前解释过的 HiWord 掩码的概念（详见第 4.3.10 节"门控时钟及其操作"）。

➤ CLK_MUX_INDEX_ONE：寄存器值不是从 0 开始，而是从 1 开始。这意味着最终值应该加 1。

➤ CLK_MUX_READ_ONLY：某些平台具有只读的多选一时钟，这些时钟在复位时预配置，在运行时无法更改。

➤ CLK_MUX_ROUND_CLOSEST：此标志使用最接近所需频率的父时钟频率。

❑ lock：如果提供了锁，则用于保护对寄存器的访问。

用于注册此类时钟的 CCF 辅助函数是 clk_hw_register_mux()。代码如下所示：

```
struct clk_hw *
    clk_hw_register_mux(struct device *dev, const char *name,
                        const char *const *parent_names,
                        u8 num_parents, unsigned long flags,
                        void iomem *reg, u8 shift, u8 width,
                        u8 clk_mux_flags, spinlock_t *lock)
```

可以看到，上述注册接口中的一些参数在前面介绍多选一时钟结构体时已经解释过，而其余参数的解释如下。

- ❑　parent_names：这是一个字符串数组，描述所有可能的父时钟。
- ❑　num_parents：这指定了父时钟的数量。

在注册这样的时钟时，根据是否设置了 CLK_MUX_READ_ONLY 标志，CCF 将分配不同的时钟操作。如果已设置，则使用 clk_mux_ro_ops。

该时钟操作仅实现.get_parent 操作，因为无法更改父操作。如果未设置，则使用 clk_mux_ops。该操作实现了.get_parent、.set_parent 和.determine_rate，具体如下所示：

```
if (clk_mux_flags & CLK_MUX_READ_ONLY)
    init.ops = &clk_mux_ro_ops;
else
    init.ops = &clk_mux_ops;
```

这些时钟操作定义如下：

```
const struct clk_ops clk_mux_ops = {
    .get_parent = clk_mux_get_parent,
    .set_parent = clk_mux_set_parent,
    .determine_rate = clk_mux_determine_rate,
};
EXPORT_SYMBOL_GPL(clk_mux_ops);

const struct clk_ops clk_mux_ro_ops = {
    .get_parent = clk_mux_get_parent,
};
EXPORT_SYMBOL_GPL(clk_mux_ro_ops);
```

在上述代码中，有一个.table 字段，其用于根据父索引提供一组值。但是，前面的注册接口 clk_hw_register_mux()并没有采用任何方式来提供这个表。

因此，CCF 中还有另一个变体允许我们传递该表：

```
struct clk *
    clk_register_mux_table(struct device *dev,
                           const char *name,
                           const char **parent_names,
                           u8 num_parents,
                           unsigned long flags,
                           void iomem *reg, u8 shift, u32 mask,
u8 clk_mux_flags, u32 *table, spinlock_t *lock);
```

该接口注册一个多选一时钟，通过一个表来控制一个不规则的时钟。无论注册接口是什么，都使用相同的内部操作。

现在我们重点讨论其中最重要的两个操作，即.set_parent 和.get_parent，具体如下所述。

❑ clk_mux_set_parent：调用该操作时，如果 table 不为 NULL，则从 table 的索引获取寄存器值。如果 table 为 NULL 并且设置了 CLK_MUX_INDEX_BIT 标志（该标志意味着寄存器值是根据 index 获得的 2 的幂次方值），则通过 val = 1 << index; 获得该值。如果设置了 CLK_MUX_INDEX_ONE，则该值加 1。

如果 table 为 NULL 且未设置 CLK_MUX_INDEX_BIT 标志，则使用 index 作为默认值。

在上述任何一种情况下，最终值会在 shift 时间处左移，并在获得实际值之前与掩码进行或（OR）运算。这应该写入 reg 以供父时钟选择：

```
unsigned int
    clk_mux_index_to_val(u32 *table, unsigned int flags, u8 index)
{
    unsigned int val = index;
    if (table) {
        val = table[index];
    } else {
        if (flags & CLK_MUX_INDEX_BIT)
            val = 1 << index;
        if (flags & CLK_MUX_INDEX_ONE)
            val++;
    }
    return val;
}

static int clk_mux_set_parent(struct clk_hw *hw, u8 index)
{
    struct clk_mux *mux = to_clk_mux(hw);
    u32 val = clk_mux_index_to_val(mux->table, mux->flags, index);
    unsigned long flags = 0; u32 reg;

    if (mux->lock)
        spin_lock_irqsave(mux->lock, flags);
    else
        __acquire(mux->lock);

    if (mux->flags & CLK_MUX_HIWORD_MASK) {
        reg = mux->mask << (mux->shift + 16);
```

```
    } else {
        reg = clk_readl(mux->reg);
        reg &= ~(mux->mask << mux->shift);
    }
    val = val << mux->shift; reg |= val;
    clk_writel(reg, mux->reg);

    if (mux->lock)
        spin_unlock_irqrestore(mux->lock, flags);
    else
        __release(mux->lock);

    return 0;
}
```

❑ clk_mux_get_parent：该操作读取 reg 中的值，将其向右移动 shift 时间并在获取实际值之前对其应用（AND 运算）mask，然后将该值提供给 clk_mux_val_to_index() 辅助函数，它将根据 reg 值返回正确的索引。

clk_mux_val_to_index() 首先获取给定时钟的父时钟数。如果 table 不为 NULL，则此数字用作循环遍历 table 的上限。

每次迭代都会检查当前位置的 table 值是否与 val 匹配。如果匹配，则返回迭代中的当前位置；如果未找到匹配项，则返回错误。

ffs() 返回字中设置的第一个（最低有效）位的位置：

```
int clk_mux_val_to_index(struct clk_hw *hw, u32 *table,
                         unsigned int flags,
                         unsigned int val)
{
    int num_parents = clk_hw_get_num_parents(hw);
    if (table) {
        int i;
        for (i = 0; i < num_parents; i++)
            if (table[i] == val)
                return i;
        return -EINVAL;
    }

    if (val && (flags & CLK_MUX_INDEX_BIT))
        val = ffs(val) - 1;
    if (val && (flags & CLK_MUX_INDEX_ONE))
        val--;
```

```
    if (val >= num_parents)
        return -EINVAL;
    return val;
}
EXPORT_SYMBOL_GPL(clk_mux_val_to_index);

static u8 clk_mux_get_parent(struct clk_hw *hw)
{
    struct clk_mux *mux = to_clk_mux(hw);
    u32 val;
    val = clk_readl(mux->reg) >> mux->shift;
    val &= mux->mask;

    return clk_mux_val_to_index(hw, mux->table, mux->flags, val);
}
```

可以在 drivers/clk/microchip/clk-pic32mzda.c 中找到此类驱动程序的示例。

4.3.14　基于 I2C/SPI 的多选一时钟

上述用于处理多选一时钟的 CCF 接口假定控制是通过 MMIO 寄存器提供的。但是，在某些基于 I2C/SPI 的多选一时钟芯片中，必须依赖低级 clk_hw 接口（使用基于 clk_hw_register()注册的接口）并根据其属性注册每个时钟，然后再提供适当的操作。

每个 mux 输入时钟应该是 mux 输出的父级，它至少需要有.set_parent 和.get_parent 操作。其他操作也是允许的，但并不是强制性的。

对于基于 I2C/SPI 的多选一时钟来说，有一个具体的例子是来自 Silicon Labs 的 Si5351a/b/c 可编程 I2C 时钟发生器的 Linux 驱动程序，它可以在 Kernel 源代码的 drivers/clk/clk-si5351.c 中找到。其设备树绑定可在 Documentation/devicetree/bindings/clock/silabs, si5351.txt 中找到。

🛈 注意：
　　要编写这样的时钟驱动程序，必须了解 clk_hw_register_mux 是如何实现的，并以此为基础建立注册函数，而不使用 MMIO/Spinlock 部分，然后根据时钟的属性提供你自己的操作。

4.3.15　GPIO 多选一时钟

GPIO 多选一时钟如图 4.2 所示。

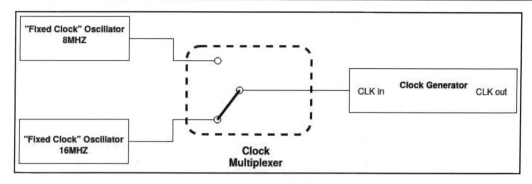

图 4.2 GPIO 多选一时钟

原　　文	译　　文
"Fixed Clock" Oscillator 8MHZ	"固定频率时钟" 振荡器 8MHz
"Fixed Clock" Oscillator 16MHZ	"固定频率时钟" 振荡器 16MHz
Clock Multiplexer	多选一时钟
Clock Generator	时钟生成器

　　图 4.2 是多选一时钟的有限替代方案，它只接收两个父时钟，这在以下驱动程序的代码片段中可以看到，这些驱动程序可在 drivers/clk/clk-gpio.c 中找到。在这种情况下，父时钟的选择取决于所使用的 GPIO 的值：

```
struct clk_hw *clk_hw_register_gpio_mux(struct device *dev,
                                        const char *name,
                                        const char * const *parent_names,
                                        u8 num_parents,
                                        struct gpio_desc *gpiod,
                                        unsigned long flags)
{
    if (num_parents != 2) {
        pr_err('mux-clock %s must have 2 parents\n', name);
        return ERR_PTR(-EINVAL);
    }
    return clk_register_gpio(dev, name, parent_names, num_parents,
                        gpiod, flags, &clk_gpio_mux_ops);
}
EXPORT_SYMBOL_GPL(clk_hw_register_gpio_mux);
```

根据其绑定，它只能在设备树中实例化。此绑定可以在 Kernel 源代码的 Documentation/

devicetree/bindings/clock/gpio-mux-clock.txt 中找到。

以下示例显示了如何使用它：

```
clocks {
    /* 固定频率时钟振荡器 */
    parent1: oscillator22 {
        compatible = 'fixed-clock';
        #clock-cells = <0>;
        clock-frequency = <22579200>;
    };

    parent2: oscillator24 {
        compatible = 'fixed-clock';
        #clock-cells = <0>;
        clock-frequency = <24576000>;
    };

    /* GPIO 控制的多选一时钟 */
    mux: multiplexer {
        compatible = 'gpio-mux-clock';
        clocks = <&parent1>, <&parent2>;
        /* 父时钟 */
        #clock-cells = <0>;
        select-gpios = <&gpio 42 GPIO_ACTIVE_HIGH>;
    };
};
```

多选一时钟允许我们从其 API 和设备树绑定中选择时钟源，因此，基于 GPIO 的多选一时钟替代方案也不需要我们编写任何代码。

如前文所述，还有一个基础时钟类型是分频器（divider）时钟，顾名思义，它可以将父频率除以给定的比率。

4.3.16　分频器时钟及其操作

这种类型的时钟可对父时钟频率进行分频，不能门控。由于可以设置分频比，因此必须提供.recalc_rate/.set_rate/.round_rate 回调函数。分频器时钟在 Kernel 中表示为 struct clk_divider 的一个实例。其定义如下：

```
struct clk_divider {
    struct clk_hw hw;
```

```
    void iomem *reg;
    u8      shift;
    u8      width;
    u8      flags;
    const struct clk_div_table      *table;
    spinlock_t      *lock;
};

#define to_clk_divider(_hw) container_of(_hw, struct clk_divider, hw)
```

该结构体中的元素解释如下。

❑　hw：定义提供者端的底层 clock_hw 结构体。

❑　reg：这是控制时钟分频比（clock division ratio）的寄存器。默认情况下，实际分频器值为寄存器值加 1。如有其他例外，可参考 flags 字段说明进行适配。

❑　shift：控制寄存器中分频比位的偏移量。

❑　width：这是分频位字段的宽度。它控制分频比的位数。例如，如果 width 为 4，则意味着分频比在 4 位上编码。

❑　flags：这是时钟的标志，它与分频器时钟相关。这里可以使用各种标志，举例如下。

　　➢　CLK_DIVIDER_ONE_BASED：在设置该标志之后，意味着分频器是从寄存器读取的原始值，因为默认除数是从寄存器读取的值加 1。这也意味着 0 是无效的，除非设置了 CLK_DIVIDER_ALLOW_ZERO 标志。

　　➢　CLK_DIVIDER_ROUND_CLOSEST：当我们希望能够将分频器四舍五入到最接近和最佳计算的分频器而不是仅向上取整时，应该使用它，这是默认操作。

　　➢　CLK_DIVIDER_POWER_OF_TWO：实际分频器值是寄存器值的 2 次幂。

　　➢　CLK_DIVIDER_ALLOW_ZERO：分频器值可以是 0（它不会改变，取决于硬件支持）。

　　➢　CLK_DIVIDER_HIWORD_MASK：有关此标志的详细信息，请参阅第 4.3.10 节 "门控时钟及其操作"。

　　➢　CLK_DIVIDER_READ_ONLY：此标志表明时钟已预先配置设置并指示框架不要更改任何内容。此标志还会影响已分配给时钟的操作。

　　➢　CLK_DIVIDER_MAX_AT_ZERO：这允许时钟分频器在设置为 0 时具有最大分频器。因此，如果该字段的值为 0，则除数值的宽度应为 2 位。例如，让我们考虑一个带有 2 位字段的除数时钟：

值	除数
0	4
1	1
2	2
3	3

❑ table: 这是一个值/除数（value/divisor）对的数组，其最后一个条目应具有 div=0。稍后将对此展开讨论。

❑ lock: 与其他时钟数据结构一样，如果提供了该字段，则用于保护对寄存器的访问。

❑ clk_hw_register_divider(): 这是此类时钟最常用的注册接口。它的定义如下：

```
struct clk_hw *
    clk_hw_register_divider(struct device *dev,
                            const char *name,
                            const char *parent_name,
                            unsigned long flags,
                            void iomem *reg,
                            u8 shift, u8 width,
                            u8 clk_divider_flags,
                            spinlock_t *lock)
```

该函数向系统注册一个分频器时钟并返回一个指向底层 clk_hw 字段的指针。这里，可以使用 to_clk_divider 宏来获取指向包装器的 clk_divider 结构体的指针。

除了 name 和 parent_name 分别代表时钟的名称和其父时钟的名称外，此函数中的其他参数与 struct clk_divider 结构体中描述的字段匹配。

你可能已经注意到，这里没有使用.table 字段。该字段有点特殊，因为它用于分频比不常见的时钟分频器。实际上，存在这样的时钟分频器，其中每个单独的时钟线具有多个与彼此的时钟线无关的分频比。有时，每个分频比和寄存器值之间甚至没有任何线性关系。对于这种情况，最好的解决方案是为每个时钟线提供一个表，其中每个分频比对应于其寄存器值。这需要引入一个新的注册接口来接收这样的表，即 clk_hw_register_divider_table。其定义如下：

```
struct clk_hw *
    clk_hw_register_divider_table(
                            struct device *dev,
                            const char *name,
                            const char *parent_name,
                            unsigned long flags,
                            void iomem *reg,
```

```
                             u8 shift, u8 width,
                             u8 clk_divider_flags,
                             const struct clk_div_table *table,
                             spinlock_t *lock)
```

与前面的接口相比，该接口用于注册分频比不规则的时钟。不同的是，分频器的值和寄存器的值的关系是由一个 struct clk_div_table 类型的表决定的。这个表结构体定义如下：

```
struct clk_div_table {
    unsigned int val;
    unsigned int div;
};
```

在上面的代码中，val 代表寄存器值，div 代表分频比。也可以使用 clk_divider_flags 更改它们的关系。不管使用什么注册接口，CLK_DIVIDER_READ_ONLY 标志决定了分配给时钟的操作，如下所示：

```
if (clk_divider_flags & CLK_DIVIDER_READ_ONLY)
    init.ops = &clk_divider_ro_ops;
else
    init.ops = &clk_divider_ops;
```

这两个时钟操作都在 drivers/clk/clk-divider.c 中定义，如下所示：

```
const struct clk_ops clk_divider_ops = {
    .recalc_rate = clk_divider_recalc_rate,
    .round_rate = clk_divider_round_rate,
    .set_rate = clk_divider_set_rate,
};
EXPORT_SYMBOL_GPL(clk_divider_ops);

const struct clk_ops clk_divider_ro_ops = {
    .recalc_rate = clk_divider_recalc_rate,
    .round_rate = clk_divider_round_rate,
};
EXPORT_SYMBOL_GPL(clk_divider_ro_ops);
```

前者可以设置时钟频率，而后者不能。

🛈 注意：

　　再次说明，到目前为止，使用 Kernel 提供的依赖时钟类型的注册接口，需要时钟是 MMIO。为非基于 MMIO（基于 SPI 或 I2C）的时钟实现这样的时钟驱动程序需要使用低级 hw_clk 注册接口并实现适当的操作。

可以在 drivers/clk/clk-max9485.c 中找到此类基于 I2C 时钟的驱动程序示例以及相应的操作实现，其绑定可以在 Documentation/devicetree/bindings/clock/maxim,max9485.txt 文件中找到。这是一个比分频器更具有可调节性的时钟驱动程序。

有关可调节时钟的讨论至此结束。我们介绍了它的 API 和操作，以及如何通过它处理不规则的分频比。

接下来，我们将讨论最后一个时钟类型，它是多种时钟类型的组合：复合时钟。

4.3.17　复合时钟及其操作

复合时钟（composite clock）可用于多种基本时钟类型的组合。大多数 Rockchip SoC 都是这种情况。时钟框架通过 struct clk_composite 抽象出这样的时钟，如下所示：

```
struct clk_composite {
    struct clk_hw        hw;
    struct clk_ops       ops;
    struct clk_hw        *mux_hw;
    struct clk_hw        *rate_hw;
    struct clk_hw        *gate_hw;
    const struct clk_ops        *mux_ops;
    const struct clk_ops        *rate_ops;
    const struct clk_ops        *gate_ops;
};
#define to_clk_composite(_hw) container_of(_hw, struct clk_composite, hw)
```

该数据结构体中的字段很容易理解，具体如下。

❑　hw：与其他时钟结构体一样，它是通用接口和特定硬件接口之间的句柄。

❑　mux_hw：表示多选一时钟。

❑　rate_hw：表示分频器时钟。

❑　gate_hw：表示门控时钟。

❑　mux_ops：多选一时钟操作。

❑　rate_ops：分频器时钟操作。

❑　gate_ops：门控时钟操作。

这样的复合时钟可通过以下接口注册：

```
struct clk_hw *clk_hw_register_composite(
            struct device *dev, const char *name,
            const char * const *parent_names, int num_parents,
            struct clk_hw *mux_hw,
```

```
          const struct clk_ops *mux_ops,
          struct clk_hw *rate_hw,
          const struct clk_ops *rate_ops,
          struct clk_hw *gate_hw,
          const struct clk_ops *gate_ops,
          unsigned long flags)
```

这看起来好像有点复杂，但是如果你掌握了前面介绍的基础时钟，那么这个时钟理解起来其实并不困难。在 Kernel 源代码的 drivers/clk/sunxi/clk-a10-hosc.c 中可以获得复合时钟驱动程序的示例。

4.3.18　综合概述

如果你对时钟驱动程序的理解仍然有些困难，不妨查看一下图 4.3 所示时钟树来帮助理解。

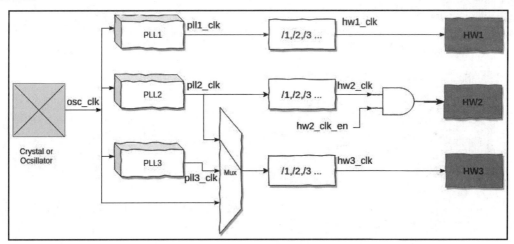

图 4.3　时钟树示例

原　　文	译　　文
Crystal or Ocsillator	晶体或振荡器

图 4.3 所示时钟树显示了 3 个锁相环（phase locked loop，PLL）——PLL1、PLL2 和 PLL3）振荡器时钟，另外还有一个多选一时钟。对于多选一时钟 hw3_clk 来说，它可以来自 pll2、pll3 或 osc 时钟。

以下设备树代码片段可用于对上述时钟树进行建模：

```
osc: oscillator {
    #clock-cells = <0>;
    compatible = 'fixed-clock';
    clock-frequency = <20000000>;
    clock-output-names = 'osc20M';
};

pll2: pll2 {
    #clock-cells = <0>;
    compatible = 'abc123,pll2-clock';
    clock-frequency = <23000000>; clocks = <&osc>;
    [...]
};

pll3: pll3 {
    #clock-cells = <0>;
    compatible = 'abc123,pll3-clock';

    clock-frequency = <23000000>; clocks = <&osc>;
    [...]
};

hw3_clk: hw3_clk {
    #clock-cells = <0>;
    compatible = 'abc123,hw3-clk';
    clocks = <&pll2>, <&pll3>, <&osc>;
    clock-output-names = 'hw3_clk';
};
```

以下代码片段显示了如何将 hw_clk3 注册为一个多选一时钟（mux），并指出了 pll2、pll3、osc 的父时钟关系：

```
of_property_read_string(node, 'clock-output-names', &clk_name);
parent_names[0] = of_clk_get_parent_name(node, 0);
parent_names[1] = of_clk_get_parent_name(node, 1);
parent_names[2] = of_clk_get_parent_name(node, 2); /* osc */

clk = clk_register_mux(NULL, clk_name, parent_names,
                       ARRAY_SIZE(parent_names), 0, regs_base,
                       offset_bit, one_bit, 0, NULL);
```

下游时钟提供者应使用 of_clk_get_parent_name()来获取其父时钟名称。对于具有多个输出的模块，of_clk_get_parent_name()可以返回有效的时钟名称，但这仅当存在 clock-output-names 属性时。

现在可以通过 CCF sysfs 接口/sys/kernel/debug/clk/clk_summary 来查看时钟树摘要。
这可以在以下代码片段中看到：

```
$ mount -t debugfs none /sys/kernel/debug
# cat /sys/kernel/debug/clk/clk_summary
[...]
```

至此，我们已经完成了时钟提供者端的工作，了解了它的 API 并讨论了它在设备树
中的声明。此外，还介绍了如何从 sysfs 中转储它们的拓扑。

接下来，让我们看看时钟使用者 API。

4.4　时钟使用者 API

时钟提供者和使用者的概念是相辅相成的。如果作为另一端的使用者没有利用已公
开的时钟线，那么时钟生产者的设备驱动程序将毫无用处。此类驱动程序的主要目的是
将其时钟线分配给使用者。这些时钟线随后可用于多种用途，Linux Kernel 可提供相应的
API 和辅助函数来实现所需的目标。

因此，使用者驱动程序需要在其代码中包含<linux/clk.h>才能使用 Linux Kernel 提供
的 API。此外，现在的时钟使用者接口完全依赖于设备树，这意味着使用者可以从设备
树中获得需要的时钟。使用者绑定应遵循提供者的绑定，因为使用者说明符由提供者的
#clock-cells 属性确定。

以如下所示通用异步收发传输器（universal asynchronous receiver/transmitter，UART）
总线节点说明为例，它需要两条时钟线：

```
uart1: serial@02020000 {
    compatible = 'fsl,imx6sx-uart', 'fsl,imx21-uart';
    reg = <0x02020000 0x4000>;
    interrupts = <GIC_SPI 26 IRQ_TYPE_LEVEL_HIGH>;
    clocks = <&clks IMX6SX_CLK_UART_IPG>,
             <&clks IMX6SX_CLK_UART_SERIAL>;
    clock-names = 'ipg', 'per';
    dmas = <&sdma 25 4 0>, <&sdma 26 4 0>;
    dma-names = 'rx', 'tx';
    status = 'disabled';
};
```

这表示具有两个时钟输入的设备。上述节点代码片段允许我们为时钟使用者引入设
备树绑定，它至少应该具有以下属性。

❑ 在 clocks 属性中，应该根据提供者的#clock-cells 属性为设备指定源时钟线（source clock line）。

❑ clock-names 是用于命名时钟的属性，其命名方式与 clocks 中列出的方式相同。换句话说，该属性应该根据使用节点列出时钟的输入名称。此名称应反映使用者输入信号名称，并且可以或必须在代码中使用（参见[devm_]clk_get()函数的说明文档），以便与相应的时钟匹配。

ℹ️ **注意：**

时钟使用者节点绝不能直接引用提供者的 clock-output-names 属性。

无论底层硬件时钟是什么，使用者都有一个简化的、可移植的 API。

接下来，我们将介绍使用者驱动程序执行的常见操作及其关联的 API。

4.4.1 获取和释放时钟

以下函数允许开发人员根据其 id 获取和释放时钟：

```
struct clk *clk_get(struct device *dev, const char *id);
void clk_put(struct clk *clk);
struct clk *C(struct device *dev, const char *id)
```

在上述代码中，dev 是使用此时钟的设备，而 id 则是设备树中时钟的名称。

操作运行成功时，clk_get 返回一个指向 struct clk 的指针。这可以提供给任何其他的 clk-consumer API。clk_put 可真正释放时钟线。

上述代码中的前两个 API 在 drivers/clk/clkdev.c 中定义。当然，在 drivers/clk/clk.c 中还定义了其他时钟使用者 API。

devm_clk_get 只是 clk_get 的托管版本。

4.4.2 准备/取消准备时钟

要准备可使用的时钟，可以使用 clk_prepare()，如下所示：

```
void clk_prepare(struct clk *clk);
void clk_unprepare(struct clk *clk);
```

这些函数可能会休眠，这意味着不能从原子上下文中调用它们。在 clock_enable()之前始终调用 clk_prepare()是有必要的。如果底层时钟位于慢速总线（如 SPI/I2C）之后，这可能很有用，因为此类时钟驱动程序必须从 prepare/unprepare（准备/取消准备）操作（允许休眠）中实现其 enable/disable（启用/禁用）（不允许休眠）代码。

4.4.3   启用/禁用

在门控/取消门控时钟方面，可使用以下 API：

```
int clk_enable(struct clk *clk);
void clk_disable(struct clk *clk);
```

clk_enable 不能休眠并且实际上不关闭时钟。运行成功时返回 0，否则返回错误。clk_disable 同样不允许休眠，但作用则相反。

为了强制在调用 enable 之前调用 prepare，时钟框架提供了 clk_prepare_enable API，它在内部可调用这两者。可使用 clk_disable_unprepare 完成相反的操作：

```
int clk_prepare_enable(struct clk *clk)
void clk_disable_unprepare(struct clk *clk)
```

4.4.4   频率函数

对于可以更改频率的时钟，可使用以下函数来获取/设置时钟的频率：

```
unsigned long clk_get_rate(struct clk *clk);
int clk_set_rate(struct clk *clk, unsigned long rate);
long clk_round_rate(struct clk *clk, unsigned long rate);
```

如果 clk 为 NULL，则 clk_get_rate()返回 0；否则，它将返回时钟的频率，即缓存频率。当然，如果设置了 CLK_GET_RATE_NOCACHE 标志，则会进行新的计算（通过 recalc_rate()）以返回实际时钟频率。

另一方面，clk_set_rate()将设置时钟的频率。但是，它的 rate 参数不能取任何值。要查看时钟是否支持或允许你的目标频率，可使用 clk_round_rate()以及时钟指针和以 Hz 为单位的目标频率，如下所示。

```
rounded_rate = clk_round_rate(clkp, target_rate);
```

这是必须提供给 clk_set_rate()的 clk_round_rate()的返回值，如下所示：

```
ret = clk_set_rate(clkp, rounded_rate);
```

在以下情况下，更改时钟频率可能会失败。

❑   时钟从固定频率时钟源（如 OSC0、OSC1、XREF 等）获取其源。

❑   时钟被多个模块/子模块使用，这意味着 usecount 大于 1。

❑   时钟源被不止一个子时钟使用。

请注意，如果.round_rate()未实现，则返回父时钟频率。

4.4.5　父函数

有些时钟是其他时钟的子时钟，从而产生了父子关系。要获取/设置给定时钟的父时钟，可使用以下函数：

```
int clk_set_parent(struct clk *clk, struct clk *parent);
struct clk *clk_get_parent(struct clk *clk);
```

clk_set_parent()可以设置给定时钟的父时钟，而 clk_get_parent()则返回当前父时钟。

4.4.6　综合概述

综合上述介绍，不妨来看看以下 i.MX 串行驱动程序的代码片段（drivers/tty/serial/imx.c），它可以处理前面示例中的 UART 设备节点：

```
sport->clk_per = devm_clk_get(&pdev->dev, 'per');
if (IS_ERR(sport->clk_per)) {
    ret = PTR_ERR(sport->clk_per);
    dev_err(&pdev->dev, 'failed to get per clk: %d\n', ret);
    return ret;
}
sport->port.uartclk = clk_get_rate(sport->clk_per);
/*
 * 对于寄存器访问，只需要启用 ipg 时钟即可
 */
ret = clk_prepare_enable(sport->clk_ipg);
if (ret)
    return ret;
```

在上述代码中，可以看到驱动程序获取时钟及其当前频率然后启用它的方式。

4.5　小　　结

本章详细阐释了 Linux 通用时钟框架（CCF）。我们分别介绍了提供者端和使用者端，以及用户空间接口，深入讨论了不同的时钟类型，并学习了如何为每种类型编写合适的 Linux 驱动程序。

第 5 章将讨论 ALSA SoC 和音频的 Linux Kernel 框架。该框架严重依赖时钟框架来执行音频采样等操作。

第 2 篇

嵌入式 Linux 系统中的多媒体和节能

本篇将介绍使用最为广泛的 Linux 内核多媒体子系统 V4L2 和 ALSA SoC，同时还将介绍 Linux 内核电源管理子系统及节能方式。

本篇包含以下章节。

第 5 章，ALSA SoC 框架——利用编解码器和平台类驱动程序。

第 6 章，ALSA SoC 框架——深入了解机器类驱动程序。

第 7 章，V4L2 和视频采集设备驱动程序揭秘。

第 8 章，集成 V4L2 异步和媒体控制器框架。

第 9 章，从用户空间利用 V4L2 API。

第 10 章，Linux 内核电源管理。

第 5 章　ALSA SoC 框架——利用编解码器和平台类驱动程序

音频是一种模拟现象，可以通过各种方式产生。自人类诞生以来，语言和声音一直是人们沟通的媒介，而在计算机世界中，音频则是一种通信媒体。几乎每个内核都为用户空间应用程序提供音频支持，以作为计算机与人类之间的交互机制。

为了实现音频支持，Linux Kernel 提供了一组称为 ALSA 的 API，它代表的是高级 Linux 声音架构（advanced linux sound architecture）。

ALSA 是为桌面计算机设计的，没有考虑嵌入式世界的限制。这在处理嵌入式设备时会产生很多问题，举例如下。

- ❑ 编解码器和 CPU 代码之间的强耦合，导致移植和代码复制困难。
- ❑ 没有处理用户音频相关行为通知的标准方法。在移动场景中，用户的音频相关行为很频繁，因此需要一种特殊的机制。
- ❑ 在最初的 ALSA 架构中，没有考虑电源效率。但是对于嵌入式设备（大多数情况下，嵌入式设备使用的是电池供电方式）来说，这是一个关键点，因此需要有一个机制。

这就是 ASoC 出现的原因。ALSA 片上系统（ALSA system on chip，ASoC）层的目的是为嵌入式处理器和各种编解码器提供更好的 ALSA 支持。

ASoC 是一种旨在解决上述问题的新架构，它具有以下优势。

- ❑ 独立的编解码器驱动程序，以减少与 CPU 的耦合。
- ❑ 更方便地配置 CPU 和编解码器动态音频电源管理（dynamic audio power management，DAPM）之间的音频数据接口，动态控制功耗。有关详细信息，可访问如下网址：

  https://www.kernel.org/doc/html/latest/sound/soc/dapm.html

- ❑ 减少弹出和点击操作并增加与平台相关的控件。

为了实现上述功能，ASoC 将嵌入式音频系统划分为 3 个可重用的组件驱动程序，即机器类（machine class）、平台类（platform class）和编解码器类（codec class）。其中，平台类和编解码器类是跨平台（cross-platform）的，而机器类是板级的（board-specific）。在本章和第 6 章中，我们将介绍这些组件的驱动程序，处理它们各自的数据结构，并阐释它们的实现方式。

本章将介绍 Linux ASoC 驱动程序架构及其不同部分的实现。

本章包括以下主题。

❑　ASoC 简介。

❑　编写编解码器类驱动程序。

❑　DAPM 概念。

❑　编解码器组件注册。

❑　编写平台类驱动程序。

5.1　技　术　要　求

要轻松阅读和理解本章，你需要具备以下条件。

❑　深入理解设备树的概念。

❑　熟悉通用时钟框架（CCF）（本书第 4 章详细阐释了通用时钟框架）。

❑　熟悉 regmap API。

❑　深入了解 Linux Kernel DMA 框架。

❑　Linux Kernel v4.19.X 源，其下载地址如下：

https://git.kernel.org/pub/scm/linux/kernel/git/stable/linux.git/refs/tags

5.2　ASoC 简介

从架构的角度来看，ASoC 子系统元素及其关系如图 5.1 所示。

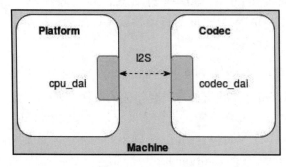

图 5.1　ASoC 架构

原　　文	译　　文	原　　文	译　　文
Platform	平台	Machine	机器
Codec	编解码器		

图 5.1 总结了新的 ASoC 架构，其中机器实体包装了平台和编解码器实体。

在 Kernel v4.18 之前的 ASoC 实现中，SoC 音频编解码器设备（目前由 struct snd_soc_codec 表示）和 SoC 平台接口（由 struct snd_soc_platform 表示）及其各自的数字音频接口之间存在严格分离。但是，编解码器、平台和其他组件之间的类似代码越来越多，这导致了一种新的通用方法，即组件（component）的概念。所有驱动程序都转移到这个新的通用组件，平台代码已删除，所有内容都已重构，因此现在我们仅讨论 struct snd_soc_component（指编解码器或平台）和 struct snd_soc_component_driver（指它们各自的音频接口驱动程序）。

现在我们已经初步理解了 ASoC 的概念，接下来可以更深入地了解其细节，首先要讨论的是数字音频接口。

5.2.1　ASoC 数字音频接口

数字音频接口（digital audio interface，DAI）是一种总线控制器，它可以将音频数据从一端（如 SoC）传送到另一端（编解码器）。

ASoC 当前支持 SoC 控制器和便携式音频编解码器上的大多数 DAI，如 AC97、I2S、PCM、S/PDIF 和 TDM。

注意：
I2S 模块支持 6 种不同的模式，其中最有用的是 I2S 和 TDM。

5.2.2　ASoC 子元素

如前文所述，一个 ASoC 系统分为 3 个元素（平台、编解码器、机器），其中每个元素都有一个专用的驱动程序，其描述如下。

❑ 　平台（platform）：这是指 SoC（也可以称为平台）的音频 DMA 引擎，如 i.MX、Rockchip 和 STM32。平台类驱动程序可以细分为两部分，如下所述。

➢ 　CPU DAI 驱动程序：在嵌入式系统中，它通常是指 CPU 的音频总线控制器，如 I2S、S/PDIF、AC97 和 PCM 总线控制器，有时可能会集成到一个更大的模块中，即串行音频接口（serial audio interface，SAI）。在回放时它负责将音频数据从总线 Tx FIFO 传输到编解码器（录制时则方向相反，即将音频数据从编解码器传递到总线 Rx FIFO）。平台驱动程序可定义 DAI 并将它们注册到 ASoC 内核。

➤ PCM DMA 驱动程序：PCM 驱动程序通过覆盖由 struct snd_soc_component_driver 结构体（参见 struct snd_pcm_ops 元素）公开的函数指针来帮助执行 DMA 操作。PCM 驱动程序与平台无关，仅与 SOC DMA 引擎上游 API 交互。然后 DMA 引擎与特定于平台的 DMA 驱动程序交互以获得正确的 DMA 设置。

它负责将 DMA 缓冲区中的音频数据传送到总线（或端口）Tx FIFO。这部分逻辑比较复杂。下文将详细介绍它。

❑ 编解码器（codec）：顾名思义，编解码器的功能就是编码和解码，但其实此类芯片中的功能还有很多，常见的包括 AIF、DAC、ADC、Mixer、PGA、Line-in 和 Line-out。一些高端编解码器芯片还具有回声消除器、噪声抑制和其他组件。编解码器负责将来自声源的模拟信号转换为处理器可以操作的数字信号（用于采集操作）或将来自声源（CPU）的数字信号转换为在回放时人类可以识别的模拟信号。如果需要，它会对音频信号进行相应的调整并控制音频信号之间的路径，因为芯片中每个音频信号可能有不同的流路。

❑ 机器（machine）：这是系统级表示（实际上是板级），链接两个音频接口（cpu_dai 和 codec_dai）。该链接在内核中通过 struct snd_soc_dai_link 的实例抽象出来。配置好链接后，机器驱动程序将（通过 devm_snd_soc_register_card()）注册一个 struct snd_soc_card 对象，它是 Linux Kernel 对声卡的抽象。

虽然平台和编解码器驱动程序通常是可重用的，但机器类具有几乎不可重用的特定硬件功能。所谓硬件特性（hardware characteristics），是指 DAI 之间的链接、通过 GPIO 的开路放大器、通过 GPIO 检测插件、使用 MCLK/eternal OSC 等时钟作为 I2S CODEC 模块的参考时钟源等。

根据上述描述，我们可以得出如图 5.2 所示 ASoC 方案及其关系。

图 5.2 是 Linux Kernel 音频组件之间交互的快照。

现在我们已经熟悉了 ASoC 概念，接下来可以讨论它的第一个设备驱动程序类，该类将使用和处理编解码器设备。

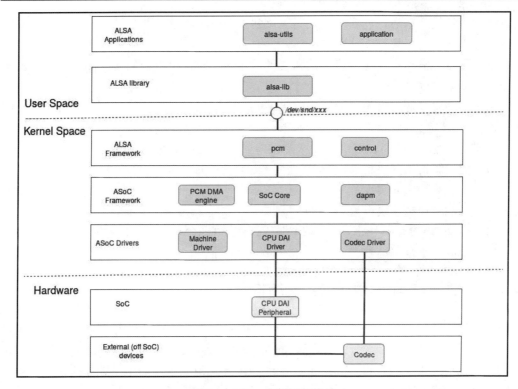

图 5.2　Linux 音频层和关系

原　文	译　文	原　文	译　文
ALSA Application	ALSA 应用程序	ASoC Framework	ASoC 框架
alsa-utils	ALSA 工具	PCM DMA engine	PCM DMA 引擎
application	应用程序	SoC Core	SoC 核心
ALSA library	ALSA 库	ASoC Drivers	ASoC 驱动程序
User Space	用户空间	Machine Driver	机器驱动程序
Kernel Space	Kernel 空间	CPU DAI Driver	CPU DAI 驱动程序
ALSA Framework	ALSA 框架	Codec Driver	编解码器驱动程序
Hardware	硬件	External (off SoC) devices	外部（关闭 SoC）设备
CPU DAI Peripheral	CPU DAI 外设		

5.3　编写编解码器类驱动程序

为了将机器、平台和编解码器实体耦合在一起，需要使用专用驱动程序。编解码器类驱动程序是最基本的,它实现的代码应该利用编解码器设备并公开其硬件属性,以便 amixer 等用户空间工具可以使用它。

编解码器类驱动程序是且应该是独立于平台的,即无论平台如何,都可以使用相同的编解码器驱动程序。

由于驱动程序针对特定的编解码器,因此它应该包含音频控制、音频接口功能、编解码器 DAPM 定义和 I/O 功能。每个编解码器驱动程序必须满足以下规范。

- 通过定义 DAI 和 PCM 配置来提供与其他模块的接口。
- 提供编解码器控制 IO 挂钩(使用 I2C 或 SPI 或这两种 API)。
- 根据用户空间实用程序的需要,公开其他内核控件(kernel control,kcontrol)以动态控制模块行为。
- 定义 DAPM widget,为动态电源切换建立 DAPM 路由,并提供 DAC 数字静音控制。这是可选项。

5.3.1 编解码器驱动程序的实例结构

编解码驱动程序包括编解码设备(实际上是组件)本身和 DAI 组件,它们在与平台绑定时使用。它是独立于平台的。通过 devm_snd_soc_register_component(),编解码器驱动程序将注册一个 struct snd_soc_component_driver 对象(它实际上是编解码器驱动程序的实例,包含指向编解码器的路由、widget、控件和一组编解码器相关函数回调的指针)以及一个或多个 struct snd_soc_dai_driver(它是编解码器 DAI 驱动程序的一个实例,可能包含一个音频流),示例如下:

```
struct snd_soc_component_driver {
    const char *name;
    /* 默认控制和设置,在运行 probe()后添加 */
    const struct snd_kcontrol_new *controls;
    unsigned int num_controls;
    const struct snd_soc_dapm_widget *dapm_widgets;
    unsigned int num_dapm_widgets;
    const struct snd_soc_dapm_route *dapm_routes;
    unsigned int num_dapm_routes;

    int (*probe)(struct snd_soc_component *);
    void (*remove)(struct snd_soc_component *);
    int (*suspend)(struct snd_soc_component *);
    int (*resume)(struct snd_soc_component *);
    unsigned int (*read)(  struct snd_soc_component *, unsigned int);
```

```
int (*write)(struct snd_soc_component *, unsigned int, unsigned int);

/* pcm 创建和销毁 */
int (*pcm_new)(struct snd_soc_pcm_runtime *);
void (*pcm_free)(struct snd_pcm *);
/* 组件范围的操作 */
int (*set_sysclk)(struct snd_soc_component *component,
                int clk_id,
                int source, unsigned int freq, int dir);
int (*set_pll)( struct snd_soc_component *component,
                int pll_id, int source,
                unsigned int freq_in,
                unsigned int freq_out);
int (*set_jack)(struct snd_soc_component *component,
                struct snd_soc_jack *jack, void *data);
[...]
const struct snd_pcm_ops *ops;
[...]
unsigned int non_legacy_dai_naming:1;
};
```

该结构体也必须由平台驱动程序提供。但是，在 ASoC 核心中，此结构体中唯一必需的元素是 name，因为它将用于匹配组件。该结构体中各元素的解释如下。

❑ name：此组件的名称对于编解码器和平台来说都是必需的。平台一方可能不需要结构体中的其他元素。

❑ probe：组件驱动探测函数，当这个组件驱动被机器驱动探测到时（实际上是当机器驱动向 ASoC 核心注册一个由该组件组成的卡时）执行，必要时可完成组件初始化。有关详细信息，可参考 snd_soc_instantiate_card()。

❑ remove：当组件驱动程序未注册时即删除（当与此组件驱动程序绑定的声卡未注册时会发生这种情况）。

❑ suspend 和 resume：电源管理回调函数，在系统挂起或恢复阶段调用。

❑ controls：控制接口指针，如控制音量调节、通道选择等，主要用于编解码器。

❑ set_pll：设置锁相环（Phase Locked Loop，PLL）的函数指针。

❑ read：读取编解码器寄存器的函数。

❑ write：写入编解码器寄存器的函数。

❑ num_controls：controls 中的控件数，即 snd_kcontrol_new 对象的个数。

❑ dapm_widgets：dapm 小部件（widget）指针。

❑ num_dapm_widgets：dapm 部件指针的数量。

❑ dapm_routes：dapm 路由指针。

❑ num_dapm_routes：dapm 路由指针的数量。

❑ set_sysclk：设置时钟函数指针。

❑ ops：平台 DMA 相关回调，仅在平台驱动程序中提供此结构体时才需要（仅适用于 ALSA）；当然，对于 ASoC，当使用通用 PCM DMA 引擎框架时，该字段由 ASoC 核心通过专用的 ASoC DMA 相关 API 设置。

到目前为止，我们已经在编解码器类驱动程序的上下文中详细阐释了 struct snd_soc_component_driver 数据结构。请记住，此结构体同时抽象了编解码器和平台设备，因此，我们还将在平台驱动程序上下文中讨论它。

此外，在编解码器类驱动程序的上下文中，我们还需要讨论 struct snd_soc_dai_driver 驱动程序数据结构，它与 struct snd_soc_component_driver 一起，抽象出了编解码器或平台设备及其 DAI 驱动程序。

5.3.2　编解码器 DAI 和 PCM 配置

本节内容相当通用，它其实可以命名为"DAI 和 PCM 配置"，而不必加上"编解码器"这个前缀。每个编解码器（或者说"组件"）驱动程序都必须公开编解码器（组件）的数字音频接口（DAI）以及它们的功能和操作。

要完成该操作，struct snd_soc_dai_driver 结构体的实例应该和编解码器上的 DAI 数量相同，它们需要填充和注册，并且必须使用 devm_snd_soc_register_component() API 导出。该函数还需要一个指针，以指向 struct snd_soc_component_driver，后者是一个组件驱动程序，已提供的 DAI 驱动程序将绑定并导出它（实际上就是插入到 ASoC 全局组件列表 component_list 中，该列表在 sound/soc/soc-core.c 中定义），以便它可以在注册声卡之前由机器驱动程序注册到核心。

struct snd_soc_dai_driver 结构体涵盖了每个接口的时钟、格式化和 ALSA 操作，它是在 include/sound/soc-dai.h 中定义的，具体如下所示：

```
struct snd_soc_dai_driver {
    /* DAI 描述 */
    const char *name;

    /* DAI 驱动程序回调函数 */
    int (*probe)(struct snd_soc_dai *dai);
    int (*remove)(struct snd_soc_dai *dai);
    int (*suspend)(struct snd_soc_dai *dai);
```

```
    int (*resume)(struct snd_soc_dai *dai);
    [...]

    /* ops */
    const struct snd_soc_dai_ops *ops;

    /* DAI 功能 */
    struct snd_soc_pcm_stream capture;
    struct snd_soc_pcm_stream playback;
    unsigned int symmetric_rates:1;
    unsigned int symmetric_channels:1;
    unsigned int symmetric_samplebits:1;
    [...]
};
```

在上面代码片段中，为了增加可读性，仅列举了结构体的主要元素。其解释如下。

❑　name：这是 DAI 接口的名称。

❑　probe：这是 DAI 驱动程序探测函数，当机器驱动程序探测到该 DAI 驱动程序所属的组件驱动程序时（实际上是机器驱动程序向 ASoC 核心注册卡时）执行。

❑　remove：当此 DAI 驱动程序所属的组件驱动程序未注册时调用。

❑　suspend 和 resume：电源管理回调函数。

❑　ops：指向 struct snd_soc_dai_ops 结构体，它提供用于配置和控制 DAI 的回调函数。

❑　capture：指向一个 struct snd_soc_pcm_stream 结构体，它表示音频采集的硬件参数。该成员描述了音频采集期间支持的通道数、比特率、数据格式等。如果不需要采集功能，则不需要对其进行初始化。

❑　playback：音频回放的硬件参数。该成员描述了回放过程中支持的通道数、比特率、数据格式等。如果不需要音频回放功能，则不需要对其进行初始化。

实际上，编解码器和平台驱动程序必须为它们拥有的每个 DAI 注册此结构体。这就是我们说本节内容非常通用的原因。机器驱动程序将使用它来构建编解码器和 SoC 之间的链接。

当然，为了理解整个配置是如何完成的，我们还需要研究其他数据结构，即 struct snd_soc_pcm_stream 和 struct snd_soc_dai_ops，这也是接下来要介绍的内容。

5.3.3　DAI 操作

数字音频接口（DAI）的操作由 struct snd_soc_dai_ops 结构体的实例抽象。此结构体包含一组回调函数，这些回调函数与脉冲编码调制（pulse code modulation，PCM）接口的不同事件相关（也就是说，你很可能希望在音频传输开始之前以某种方式准备设备，因此可以将执行此操作的代码放入 prepare 回调函数），或与 DAI 时钟和格式配置相关。

struct snd_soc_dai_ops 结构体的定义如下：

```c
struct snd_soc_dai_ops {
    int (*set_sysclk)(struct snd_soc_dai *dai, int clk_id,
                    unsigned int freq, int dir);
    int (*set_pll)( struct snd_soc_dai *dai, int pll_id,
                    int source,
                    unsigned int freq_in,
                    unsigned int freq_out);
    int (*set_clkdiv)(struct snd_soc_dai *dai, int div_id, int div);
    int (*set_bclk_ratio)(struct snd_soc_dai *dai, unsigned int ratio);

    int (*set_fmt)(struct snd_soc_dai *dai, unsigned int fmt);
    int (*xlate_tdm_slot_mask)(unsigned int slots,
                            unsigned int *tx_mask,
                            unsigned int *rx_mask);
    int (*set_tdm_slot)(struct snd_soc_dai *dai,
                    unsigned int tx_mask,
                    unsigned int rx_mask,
                    int slots, int slot_width);
    int (*set_channel_map)(struct snd_soc_dai *dai,
                        unsigned int tx_num,
                        unsigned int *tx_slot,
                        unsigned int rx_num,
                        unsigned int *rx_slot);
    int (*get_channel_map)(struct snd_soc_dai *dai,
                        unsigned int *tx_num,
                        unsigned int *tx_slot,
                        unsigned int *rx_num,
                        unsigned int *rx_slot);
    int (*set_tristate)(struct snd_soc_dai *dai, int tristate);
    int (*set_sdw_stream)(struct snd_soc_dai *dai,
                        void *stream,
                        int direction);

    int (*digital_mute)(struct snd_soc_dai *dai, int mute);
    int (*mute_stream)(struct snd_soc_dai *dai, int mute, int stream);

    int (*startup)(struct snd_pcm_substream *, struct snd_soc_dai *);
```

```
    void (*shutdown)(struct snd_pcm_substream *, struct snd_soc_dai *);
    int (*hw_params)(struct snd_pcm_substream *,
                     struct snd_pcm_hw_params *,
                     struct snd_soc_dai *);
    int (*hw_free)(struct snd_pcm_substream *, struct snd_soc_dai *);
    int (*prepare)(struct snd_pcm_substream *, struct snd_soc_dai *);

    int (*trigger)(struct snd_pcm_substream *, int, struct snd_soc_dai *);
};
```

可以看到，该结构体中的回调函数基本上可以分为 3 类，驱动程序可根据实际情况实现其中的一部分。

第 1 类涵盖的是时钟配置回调函数（clock configuration callback），通常由机器驱动程序调用。这些回调函数如下所示。

❑ set_sysclk：设置 DAI 的主时钟。如果已经实现，则此回调函数应从系统或主时钟中导出最佳 DAI 位和帧时钟。机器驱动程序可以在 cpu_dai 和/或 codec_dai 上使用 snd_soc_dai_set_sysclk() API 以调用这个回调函数。

❑ set_pll：设置 PLL 参数。如果已经实现，则此回调函数应配置并启用 PLL 以根据输入时钟生成输出时钟。机器驱动程序可以在 cpu_dai 和/或 codec_dai 上使用 snd_soc_dai_set_pll() API 以调用此回调函数。

❑ set_clkdiv：设置时钟分频比（clock division factor）。机器驱动程序调用此回调函数的 API 是 snd_soc_dai_set_clkdiv()。

第 2 类涵盖的是 DAI 的格式配置回调函数（format configuration callback），通常由机器驱动程序调用。这些回调函数如下所示。

❑ set_fmt：设置 DAI 的格式。机器驱动程序可以使用 snd_soc_dai_set_fmt() API 调用此回调函数（在 CPU 或编解码器 DAI 上，或同时在这两者之上），以配置 DAI 硬件音频格式。

❑ set_tdm_slot：如果该 DAI 支持时分复用（time-division multiplexing，TDM），则用于设置 TDM 时隙（slot）。调用此回调函数的机器驱动程序 API 是 snd_soc_dai_set_tdm_slot()，以便为 TDM 操作配置指定的 DAI。

❑ set_channel_map：通道 TDM 映射设置。机器驱动程序将使用 snd_soc_dai_set_channel_map() API 为指定的 DAI 调用此回调函数。

❑ set_tristate：设置 DAI 引脚的状态，在与其他 DAI 并行使用同一引脚时需要使用该状态。它是机器驱动程序通过 snd_soc_dai_set_tristate() API 调用的。

最后一个回调函数类是普通的标准前端，涵盖通常由 ASoC 核心调用的 PCM 校正操作。相关回调函数如下所示。

- ❑ startup：当有人打开采集/回放设备时，在打开 PCM 子流时由 ALSA 调用（例如，在设备文件打开时）。
- ❑ shutdown：这个回调函数应该实现代码来撤销在 startup 期间所执行的操作。
- ❑ hw_params：在设置音频流时调用。struct snd_ pcm_hw_params 包含音频特征。
- ❑ hw_free：应该撤销在 hw_params 中执行的操作。
- ❑ prepare：当 PCM 准备好时调用。请参阅下文介绍的 PCM 公共状态更改流程以了解何时调用此回调函数。DMA 传输参数将根据通道和 buffer_bytes 等设置，与具体的硬件平台有关。
- ❑ trigger：在 PCM 启动、停止和暂停时调用。

  此回调函数中的 int 参数是一个命令，根据不同的事件，它可能是 SNDRV_PCM_TRIGGER_START、SNDRV_PCM_TRIGGER_RESUME 或 SNDRV_PCM_TRIGGER_PAUSE_RELEASE 之一。驱动程序可以使用 switch...case 来迭代事件。

- ❑ digital_mute（可选）：由 ASoC 核心调用的反爆音（anti-pop sound）函数（爆音是指声音过大已过载，听起来很刺耳）。例如，它可以在系统挂起时由核心调用。

为了弄清楚核心如何调用前面的回调函数，让我们看一下脉冲编码调制（pulse code modulation，PCM）的公共状态更改流程，具体如下。

（1）首次启动：关闭→待机→准备→开启。

（2）停止：开启→准备→待机。

（3）恢复：待机→准备→开启。

上述流程中的每个状态都会调用一个回调函数。

接下来，我们将深入研究硬件配置数据结构，用于采集或回放操作。

5.3.4　采集和回放硬件配置

在采集（capture）或回放（playback）操作期间，应设置 DAI（如通道编号）和功能，以便允许配置底层 PCM 流（stream）。要实现该目标，可以在编解码器和平台驱动程序中为每个操作和每个 DAI 填充 struct snd_soc_pcm_stream 的一个实例：

```
struct snd_soc_pcm_stream {
    const char *stream_name;
    u64 formats;
```

```
    unsigned int rates;
    unsigned int rate_min;
    unsigned int rate_max;
    unsigned int channels_min;
    unsigned int channels_max;
    unsigned int sig_bits;
};
```

该结构体的主要成员解释如下。

❑　stream_name：流的名称，它可以是"Playback"或"Capture"。

❑　formats：支持的数据格式的集合。

格式有效值在 include/sound/pcm.h 中定义，前缀为 SNDRV_PCM_FMTBIT_，如 SNDRV_PCM_FMTBIT_S16_LE 或 SNDRV_PCM_FMTBIT_S24_LE。

如果支持多种格式，可以将每种格式进行组合，如 SNDRV_PCM_FMTBIT_S16_LE | SNDRV_PCM_FMTBIT_S20_3LE。

❑　rates：一组支持的采样率。

采样率有效值在 include/sound/pcm.h 中定义，以 SNDRV_PCM_RATE_ 为前缀，如 SNDRV_PCM_RATE_44100 或 SNDRV_PCM_RATE_48000。

如果支持多种采样率，则可以增加每个采样率，如 SNDRV_PCM_RATE_48000 | SNDRV_PCM_RATE_88200。

❑　rate_min：支持的最小采样率。

❑　rate_max：支持的最大采样率。

❑　channels_min：支持的最小通道数。

5.3.5　控件的概念

编解码器驱动程序通常会公开一些可以从用户空间更改的编解码器属性，这些是编解码器控件（control）。当编解码器初始化时，所有定义的音频控件都注册到 ALSA 核心。音频控件的结构体是 struct snd_kcontrol_new，定义为 include/sound/control.h。

除了 DAI 总线，编解码器设备大多配备控制总线、I2C 或 SPI 总线。为了不影响每个编解码器驱动程序来实现其控制访问例程，编解码器控制 I/O 已标准化。这就是 regmap API 诞生的缘起。开发人员可以使用 regmap 抽象控制接口，这样编解码驱动程序就不用担心当前的控制方式是什么。

音频编解码器前端在 sound/soc/soc-io.c 中实现，这是依靠 regmap API 完成的，在本书第 2 章 "regmap API 应用" 中已经详细讨论了 regmap API。

编解码器驱动程序需要提供读写接口以访问底层编解码器寄存器。这些回调函数需要在编解码器组件驱动程序 struct snd_soc_component_driver 的.read 和.write 字段中设置。以下是可用于访问组件寄存器的高级 API：

```
int snd_soc_component_write(struct snd_soc_component *component,
                            unsigned int reg, unsigned int val)
int snd_soc_component_read(struct snd_soc_component *component,
                           unsigned int reg,
                           unsigned int *val)
int snd_soc_component_update_bits(struct snd_soc_component *component,
                                  unsigned int reg,
                                  unsigned int mask,
                                  unsigned int val)
int snd_soc_component_test_bits(struct snd_soc_component *component,
                                unsigned int reg,
                                unsigned int mask,
                                unsigned int value)
```

上述各个辅助函数都非常简单明了。在深入研究控件实现之前，请注意，控件框架由以下若干种类型组成。

❑　简单开关控件，它是寄存器中的单个逻辑值。

❑　立体声（stereo）控件，它是上述简单开关控制的立体声版本，同时控制寄存器中的两个逻辑值。

❑　混音器（mixer）控件，它是多个简单控件的组合，其输出是其输入的混合。

❑　MUX 控件，与上面提到的混音器控件相同，但是将多选一。

在 ALSA 内部，可通过 struct snd_kcontrol_new 结构体抽象出一个控件，其定义如下：

```
struct snd_kcontrol_new {
    snd_ctl_elem_iface_t iface;
    unsigned int device;
    unsigned int subdevice;
    const unsigned char *name;
    unsigned int index;
    unsigned int access;
    unsigned int count;
    snd_kcontrol_info_t *info;
    snd_kcontrol_get_t *get;
    snd_kcontrol_put_t *put;
    union {
        snd_kcontrol_tlv_rw_t *c;
        const unsigned int *p;
```

```
    } tlv;
    [...]
};
```

上述数据结构体中字段的说明如下。

❑ iface 字段可指定控件类型。

  它是 snd_ctl_elem_iface_t 类型，后者是 SNDRV_CTL_ELEM_IFACE_XXX 的枚举，其中的 XXX 可以是 MIXER、PCM 等。可能值的列表参见如下网址：

  https://elixir.bootlin.com/linux/v4.19/source/include/uapi/sound/asound.h#L848

  如果控件与声卡上的特定设备密切相关，则可以使用 HWDEP、PCM、RAWMIDI、TIMER 或 SEQUENCER，并使用设备和子设备（即设备中的子流）字段指定设备的编号。

❑ name 是控件的名称。

  该字段具有重要作用，它允许按名称对控件进行分类。ALSA 以某种方式标准化了一些控件名称，详见第 5.3.6 节"控件命名约定"。

❑ index 字段用于保存卡上控件的数量。

  如果声卡上有多个编解码器，并且每个编解码器都有一个同名的控件，则可以通过索引来区分这些控件。当 index 为 0 时，可以忽略这种区分策略。

❑ access 包含的是控件的访问权限，其格式为 SNDRV_CTL_ELEM_ACCESS_XXX。每个位代表一种可以与多个 OR 运算组合的访问类型。此处的 XXX 可以是 READ、WRITE 或 VOLATILE 等。可能的位掩码参见如下网址：

  https://elixir.bootlin.com/linux/v4.19/source/include/uapi/sound/asound.h#L858

❑ get 是一个回调函数，用于读取控件的当前值并将其返回给用户空间中的应用程序。

❑ put 是一个回调函数，可以按应用程序的要求设置控件值。

❑ info 是一个回调函数，用于获取控件的详细信息。

❑ tlv 字段可为控件提供元数据。

5.3.6 控件命名约定

ALSA 期望控件以某种方式命名。为了实现这一点，ALSA 预定义了一些常用的源（如 Master、PCM、CD、Line 等）、方向（代表控件的数据流，如 Playback、Capture、Bypass、Bypass Capture 等）以及功能（根据控件的功能，如 Switch、Volume、Route 等）。请注意，如果没有定义方向则意味着该控件是双向的（回放和采集）。

有关 ALSA 控件命名的更多详细信息，可以参考以下链接：

https://www.kernel.org/doc/html/v4.19/sound/designs/control-names.html

5.3.7　控制元数据

有一些混音器控件需要以分贝（dB）为单位提供信息。可以使用 DECLARE_TLV_xxx 宏定义一些包含这些信息的变量，然后将控制 tlv.p 字段指向这些变量，最后在访问字段中添加 SNDRV_CTL_ELEM_ACCESS_TLV_READ 标志。

TLV 的字面意思是类型-长度-值（Type-Length-Value 或 Tag-Length-Value），是一种编码方案。ALSA 已采用此方法来定义 dB 范围/比例容器。

例如，DECLARE_TLV_DB_SCALE 将定义有关混频器控件的信息，其中，控件值中的每一个步长（step）都会将 dB 值更改为一个恒定的 dB 量。

来看一个示例：

```
static DECLARE_TLV_DB_SCALE(db_scale_my_control, -4050, 150, 0);
```

根据 include/sound/tlv.h 中该宏的定义，上述示例可以扩展为以下所述内容：

```
static struct snd_kcontrol_new my_control devinitdata = {
    [...]
    .access =
        SNDRV_CTL_ELEM_ACCESS_READWRITE | SNDRV_CTL_ELEM_ACCESS_TLV_READ,
    [...]
    .tlv.p = db_scale_my_control,
};
```

该宏的第一个参数代表要定义的变量名；第二个参数代表此控件可接受的最小值，单位为 0.01 dB；第三个参数是变化的步长，单位为 0.01 dB。如果在控件处于最小值时进行静音操作，则需要将第四个参数设置为 1。请参考 include/sound/tlv.h 以查看可用的宏。

在注册声卡之后，可以调用 snd_ctl_dev_register()函数保存控件设备的相关信息，并提供给用户使用。

5.3.8　定义 kcontrol

ASoC 核心使用内核控件（kernel control，kcontrol）将音频控件（如开关、音量、*MUX 等）导出到用户空间。这意味着，当诸如 PulseAudio 之类的用户空间应用程序在没有插入耳机的情况下关闭耳机或打开扬声器时，该操作在内核中由 kcontrol 处理。

普通 kcontrol 不参与动态音频电源管理（dynamic audio power management，DAPM）。它们专门用于控制非基于电源管理的元素，如音量级别、增益（gain）级别等。

使用适当的宏设置控件后，必须使用 snd_soc_add_component_controls()方法将它们注册到系统控件列表，该方法的原型如下：

```
int snd_soc_add_component_controls(
                    struct snd_soc_component *component,
                    const struct snd_kcontrol_new *controls,
                    unsigned int num_controls);
```

在上述原型中，component 是需要为其添加控件的组件；controls 是要添加的控件数组；而 num_controls 则是数组中需要添加的条目数。

该 API 非常简单，以下示例定义了一些控件：

```
static const DECLARE_TLV_DB_SCALE(dac_tlv, -12750, 50, 1);
static const DECLARE_TLV_DB_SCALE(out_tlv, -12100, 100, 1);
static const DECLARE_TLV_DB_SCALE(bypass_tlv, -2100, 300, 0);

static const struct snd_kcontrol_new wm8960_snd_controls[] = {
    [...]
    SOC_DOUBLE_R_TLV("Playback Volume", WM8960_LDAC,
                    WM8960_RDAC, 0,
                    255, 0, dac_tlv),
    SOC_DOUBLE_R_TLV("Headphone Playback Volume", WM8960_LOUT1,
                    WM8960_ROUT1, 0, 127, 0, out_tlv),
    SOC_DOUBLE_R("Headphone Playback ZC Switch", WM8960_LOUT1,
                WM8960_ROUT1, 7, 1, 0),
    SOC_DOUBLE_R_TLV("Speaker Playback Volume", WM8960_LOUT2,
                    WM8960_ROUT2, 0, 127, 0, out_tlv),
    SOC_DOUBLE_R("Speaker Playback ZC Switch", WM8960_LOUT2,
                WM8960_ROUT2, 7, 1, 0),
    SOC_SINGLE("Speaker DC Volume", WM8960_CLASSD3, 3, 5, 0),
    SOC_SINGLE("Speaker AC Volume", WM8960_CLASSD3, 0, 5, 0),
    SOC_ENUM("DAC Polarity", wm8960_enum[1]),
    SOC_SINGLE_BOOL_EXT("DAC Deemphasis Switch", 0,
                    wm8960_get_deemph,
                    wm8960_put_deemph),
    [...]
    SOC_SINGLE("Noise Gate Threshold", WM8960_NOISEG, 3, 31, 0),
    SOC_SINGLE("Noise Gate Switch", WM8960_NOISEG, 0, 1, 0),

    SOC_DOUBLE_R_TLV("ADC PCM Capture Volume", WM8960_LADC,
```

```
                    WM8960_RADC, 0, 255, 0, adc_tlv),

    SOC_SINGLE_TLV("Left Output Mixer Boost Bypass Volume",
                  WM8960_BYPASS1, 4, 7, 1, bypass_tlv),
};
```

注册上述控件的相应代码如下：

```
snd_soc_add_component_controls(component, wm8960_snd_controls,
                               ARRAY_SIZE(wm8960_snd_controls));
```

接下来，我们将介绍使用这些预设宏定义来定义常用控件的方法。

5.3.9　设置一个简单开关

要设置一个简单开关，可以使用 SOC_SINGLE：

```
SOC_SINGLE(xname, reg, shift, max, invert)
```

以下示例是一个最简单的控件：

```
#define SOC_SINGLE(xname, reg, shift, max, invert) \
{   .iface = SNDRV_CTL_ELEM_IFACE_MIXER, .name = xname, \
    .info = snd_soc_info_volsw, .get = snd_soc_get_volsw,\
    .put = snd_soc_put_volsw, \
    .private_value = SOC_SINGLE_VALUE(reg, shift, max, invert) }
```

这种类型的控件只有一个设置，一般用于组件开关。宏定义的参数说明如下。

❑　xname：控件的名称。

❑　reg：控件对应的寄存器地址。

❑　shift：寄存器 reg 中此控件位的位移（即从何处应用更改）。

❑　max：控件设置的值范围。一般来说，如果控件位只有 1 位，则 max =1，因为可能的值只有 0 和 1。

❑　invert：设置的值是否反转。

来看以下示例：

```
SOC_SINGLE( "PCM Playback -6dB Switch", WM8960_DACCTL1, 7, 1, 0),
```

在上述示例中，PCM Playback -6dB Switch 是控件的名称。WM8960_DACCTL1（在 wm8960.h 中定义）是编解码器（WM8960 芯片）中寄存器的地址，它可以控制该开关，分述如下。

❑　7 表示 DACCTL1 寄存器的第 7 位用于启用/禁用 DAC 6dB 衰减。

- ❑　1 表示只有一个启用或禁用选项。
- ❑　0 表示设置的值不反转。

5.3.10　设置带有音量级别的开关

要设置一个带有音量级别的开关，可以使用 SOC_SINGLE_TLV 宏：

```
SOC_SINGLE_TLV(xname, reg, shift, max, invert, tlv_array)
```

该宏是 SOC_SINGLE 的扩展，用于定义具有增益控制的控件，如音量控件、EQ 均衡器等。在以下示例中，左侧输入音量控制范围为 000000（-17.25 dB）到 111111（+30 dB）。每个步长为 0.75 dB，这意味着总共有 63 个步长：

```
SOC_SINGLE_TLV("Input Volume of LINPUT1", WM8960_LINVOL, 0, 63, 0, in_tlv),
```

in_tlv（代表控件元数据）的比例声明如下：

```
static const DECLARE_TLV_DB_SCALE(in_tlv, -1725, 75, 0);
```

在上述代码中，-1725 表示控件比例从-17.25 dB 开始。75 表示每个步长为 0.75 dB，0 表示从 0 开始。对于某些音量控件来说，第一步是静音（mute），步长从 1 开始，因此应将上述代码中的 0 替换为 1。

5.3.11　立体声控件

要设置立体声控件，可以使用 SOC_DOUBLE_R：

```
SOC_DOUBLE_R(xname, reg_left, reg_right, xshift, xmax, xinvert)
```

SOC_DOUBLE_R 是 SOC_SINGLE 的立体声版本。不同的是，SOC_SINGLE 只控制一个变量，而 SOC_DOUBLE 则可以在一个寄存器中同时控制两个相似的变量，因此可以用它来同时控制左右声道。

因为多了一个通道，参数就有了对应的 shift 值。示例如下：

```
SOC_DOUBLE_R("Headphone ZC Switch", WM8960_LOUT1, WM8960_ROUT1, 7, 1, 0),
```

5.3.12　带音量级别的立体声控件

SOC_DOUBLE_R_TLV 是 SOC_SINGLE_TLV 的立体声版本：

```
SOC_DOUBLE_R_TLV(xname, reg_left, reg_right, xshift, xmax, xinvert, tlv_array)
```

其用法示例如下：

```
SOC_DOUBLE_R_TLV("PCM DAC Playback Volume", WM8960_LDAC,
                WM8960_RDAC, 0, 255, 0, dac_tlv),
```

5.3.13　混音器控件

混音器控件可用于路由音频通道的控制。它由多个输入和一个输出组成。多个输入可以自由混合在一起形成混合输出：

```
static const struct snd_kcontrol_new left_speaker_mixer[] = {
    SOC_SINGLE("Input Switch", WM8993_SPEAKER_MIXER, 7, 1, 0),
    SOC_SINGLE("IN1LP Switch", WM8993_SPEAKER_MIXER, 5, 1, 0),
    SOC_SINGLE("Output Switch", WM8993_SPEAKER_MIXER, 3, 1, 0),
    SOC_SINGLE("DAC Switch", WM8993_SPEAKER_MIXER, 6, 1, 0),
};
```

上述混频器使用了 WM8993_SPEAKER_MIXER 寄存器的第 3、5、6、7 位来控制 4 个输入的开启和关闭。

5.3.14　定义有多个输入的控件

SOC_ENUM 可以用来定义 MUX、Mixer 等有多个输入的控件。SOC_ENUM_SINGLE 宏可以定义单个枚举控件：

```
SOC_ENUM_SINGLE(xreg, xshift, xmax, xtexts)
```

其中，xreg 是要修改以应用设置的寄存器；xshift 是寄存器中控件位的位移；xmax 是控件位的大小；而 xtexts 则是指向字符串数组的指针，该字符串描述了每个设置。当控件选项是一些文本时可使用它。

例如，我们可以为文本设置数组，如下所示：

```
static const char *aif_text[] = {
    "Left" , "Right"
};
```

然后定义枚举如下：

```
static const struct soc_enum aifinl_enum =
    SOC_ENUM_SINGLE(WM8993_AUDIO_INTERFACE_2, 15, 2, aif_text);
```

现在我们已经熟悉了用于更改音频设备属性的控件的概念，接下来将学习如何利用它并使用音频设备的电源属性。

5.4　DAPM 概念

现代声卡由许多独立的分立元件组成。每个组件都有可以独立供电的功能单元。但问题是，嵌入式系统大部分时间都是由电池供电的，并且需要最低功耗模式。同时手动管理电源域相关性既乏味又容易出错，因此，人们提出了动态音频电源管理（dynamic audio power management，DAPM）概念。

DAPM 的目的是将音频子系统中的功耗降至最低。DAPM 用于有电源控制的元件，如果不需要电源管理则可以跳过。只有当它们与电源有某种相关性时才会进入 DAPM，也就是说，如果你的设备是一个有电源控制的东西，或者如果你的设备控制了音频通过芯片的路由，并由核心决定芯片的哪一部分需要上电，则可以使用 DAPM。

DAPM 位于 ASoC 核心中（这意味着电源的开关切换是在内核内部完成的），并在音频流/路径/设置发生变化时变为活动状态，使其对所有用户空间应用程序完全透明。

5.4.1　关于 widget

在前面的章节中，我们介绍了控件的概念以及如何处理它们。但是，kcontrol 本身不参与音频电源管理。普通 kcontrol 有以下特点。

❑　自我描述，无法描述每个 kcontrol 之间的连接关系。

❑　缺乏电源管理机制。

❑　缺乏响应回放、停止、开机、关机等音频事件的时间处理机制。

❑　缺少爆音防止机制，因此只能由用户程序来关注每个 kcontrol 的上电和下电顺序。

❑　手动方式，无法自动关闭音频路径中涉及的所有控件。当音频路径不再有效时，它需要用户空间干预。

为了解决上述问题，DAPM 引入了小部件（widget）的概念。

widget 是基本的 DAPM 单元。因此，所谓的 widget 可以理解为 kcontrols 的进一步升级和封装。

widget 是 kcontrol 和动态电源管理的结合，并且也有音频路径的链接函数。它可以与它的邻居 widget 建立动态连接关系。

DAPM 框架通过 struct snd_soc_dapm_widget 结构体抽象出一个 widget，该结构体在 include/sound/soc-dapm.h 中定义，示例如下：

```
struct snd_soc_dapm_widget {
    enum snd_soc_dapm_type id;
    const char *name;
    const char *sname;
    [...]

    /* dapm 控件 */
    int reg; /* 负数 reg = 无方向 dapm */
    unsigned char shift;
    unsigned int mask;
    unsigned int on_val;
    unsigned int off_val;
    [...]
    int (*power_check)(struct snd_soc_dapm_widget *w);

    /* 外部事件 */
    unsigned short event_flags;
    int (*event)(struct snd_soc_dapm_widget*, struct snd_kcontrol *, int);

    /* 关联该 widget 的 kcontrol */
    int num_kcontrols;
    const struct snd_kcontrol_new *kcontrol_news;
    struct snd_kcontrol **kcontrols;
    struct snd_soc_dobj dobj;

    /* widget 输入和输出沿 */
    struct list_head edges[2];

    /* 在 DAPM 更新期间使用 */
    struct list_head dirty;
    [...]
}
```

为了便于阅读，上述代码片段仅列出了相关字段，对它们的解释如下。

❑ id：enum snd_soc_dapm_type 类型，表示 widget 的类型，如 snd_soc_dapm_output、
snd_soc_dapm_mixer 等。
完整列表在 include/sound/soc-dapm.h 中定义。

❑ name：这是 widget 的名称。

❑ shift 和 mask：用于控制 widget 的电源状态，对应寄存器地址 reg。

❑ on_val 和 off_val 值：表示用于更改 widget 当前电源状态的值。它们分别对应于
何时开启和何时关闭。

❑ event：表示 DAPM 事件处理回调函数指针。每个 widget 都与一个 kcontrol 对象相关联，这是 **kcontrols 指向的对象。

❑ *kcontrol_news：这是组成该 kcontrol 的控件数组，num_kcontrols 是其中的条目数。这 3 个字段用于描述 widget 中包含的 kcontrol 控件，如 Mixer 控件或 MUX 控件。

❑ dirty：当 widget 的状态改变时，dirty 用于将这个 widget 插入到 dirty 列表中。然后扫描该 dirty 列表以执行整个路径的更新。

5.4.2　定义 widget

和普通的 kcontrol 一样，DAPM 框架为开发人员提供了大量的辅助宏来定义各种 widget 控件。这些宏定义可以根据 widget 的类型和它们所在的域分布到多个字段中。具体如下。

❑ 编解码域（codec domain）：如 VREF 和 VMID。它们可以提供参考电压 widget。这些 widget 通常在编解码器探测/删除回调函数中控制。

❑ 平台/机器域（platform/machine domain）：这些 widget 通常是需要物理连接的平台或板卡（实际上是机器的）的输入/输出接口，如耳机、扬声器和麦克风。也就是说，因为这些接口在每个板卡上可能不同，所以它们通常由机器驱动程序配置并响应异步事件，例如，当插入耳机时。它们也可以由用户空间应用程序控制，以某种方式打开和关闭它们。

❑ 音频路径域（audio path domain）：通常是指在编解码器中控制音频路径的 MUX、混音器和其他 widget。这些 widget 可以根据用户空间的连接关系自动设置自己的电源状态，如 alsamixer 和 amixer。

❑ 音频流域（audio stream domain）：这些域中的 widget 需要处理音频数据流，如 ADC、DAC 等。它们可以分别在开始和停止流回放/采集时启用和禁用，如 aplay 和 arecord。

所有 DAPM 电源开关切换决策都是根据特定于机器的音频路由映射自动做出的，该映射由每个音频组件（包括内部编解码器组件）之间的互连组成。

5.4.3　编解码域定义

DAPM 框架仅为此域提供了一个宏，如下所示：

```
/* 编解码域 */
#define SND_SOC_DAPM_VMID(wname) \
```

```
    .id = snd_soc_dapm_vmid, .name = wname, .kcontrol_news = NULL, \
    .num_kcontrols = 0}
```

5.4.4 定义平台域 widget

平台域的 widget 分别对应信号发生器、输入引脚、输出引脚、麦克风、耳机、扬声器和线路输入接口。DAPM 框架为开发人员提供了许多用于平台域 widget 的辅助定义宏。这些宏定义如下：

```
#define SND_SOC_DAPM_SIGGEN(wname) \
{   .id = snd_soc_dapm_siggen, .name = wname, .kcontrol_news = NULL, \
    .num_kcontrols = 0, .reg = SND_SOC_NOPM }

#define SND_SOC_DAPM_SINK(wname) \
{   .id = snd_soc_dapm_sink, .name = wname, .kcontrol_news = NULL, \
    .num_kcontrols = 0, .reg = SND_SOC_NOPM }

#define SND_SOC_DAPM_INPUT(wname) \
{   .id = snd_soc_dapm_input, .name = wname, .kcontrol_news = NULL, \
    .num_kcontrols = 0, .reg = SND_SOC_NOPM }

#define SND_SOC_DAPM_OUTPUT(wname) \
{   .id = snd_soc_dapm_output, .name = wname, .kcontrol_news = NULL, \
    .num_kcontrols = 0, .reg = SND_SOC_NOPM }

#define SND_SOC_DAPM_MIC(wname, wevent) \
{   .id = snd_soc_dapm_mic, .name = wname, .kcontrol_news = NULL, \
    .num_kcontrols = 0, .reg = SND_SOC_NOPM, .event = wevent, \
    .event_flags = SND_SOC_DAPM_PRE_PMU | SND_SOC_DAPM_POST_PMD}

#define SND_SOC_DAPM_HP(wname, wevent) \
{   .id = snd_soc_dapm_hp, .name = wname, .kcontrol_news = NULL, \
    .num_kcontrols = 0, .reg = SND_SOC_NOPM, .event = wevent, \
    .event_flags = SND_SOC_DAPM_POST_PMU | SND_SOC_DAPM_PRE_PMD}

#define SND_SOC_DAPM_SPK(wname, wevent) \
{   .id = snd_soc_dapm_spk, .name = wname, .kcontrol_news = NULL, \
    .num_kcontrols = 0, .reg = SND_SOC_NOPM, .event = wevent, \
    .event_flags = SND_SOC_DAPM_POST_PMU | SND_SOC_DAPM_PRE_PMD}

#define SND_SOC_DAPM_LINE(wname, wevent) \
{   .id = snd_soc_dapm_line, .name = wname, .kcontrol_news = NULL, \
```

```
    .num_kcontrols = 0, .reg = SND_SOC_NOPM, .event = wevent, \
    .event_flags = SND_SOC_DAPM_POST_PMU | SND_SOC_DAPM_PRE_PMD}

#define SND_SOC_DAPM_INIT_REG_VAL(wreg, wshift, winvert) \
    .reg = wreg, .mask = 1, .shift = wshift, \
    .on_val = winvert ? 0 : 1, .off_val = winvert ? 1 : 0
```

在上述代码中,这些宏中的大多数字段都是通用的。reg 字段设置为 SND_SOC_NOPM(定义为-1)则意味着这些 widget 没有寄存器控制位来控制 widget 的电源状态。

SND_SOC_DAPM_INPUT 和 SND_SOC_DAPM_OUTPUT 用于从编解码器驱动程序中定义编解码器芯片的输出和输入引脚。从中可以看到,MIC、HP、SPK 和 LINE 这些 widget 响应 SND_SOC_DAPM_POST_PMU(widget 上电后)和 SND_SOC_DAPM_PMD(widget 掉电前)事件,同时,这些 widget 通常在机器驱动程序中定义。

5.4.5 定义音频路径域 widget

这种 widget 通常会重新封装普通的 kcontrol,并扩展音频路径和电源管理功能。该扩展以某种方式使这种 widget 能够感知 DAPM。该域中的 widget 将包含一个或多个不同于普通 kcontrol 的 kcontrol。

有一些 kcontrol 会启用 DAPM,这些 kcontrol 不能使用标准方法(即基于 SOC_*的宏控件)定义,它们需要使用 DAPM 框架提供的定义宏来定义,详见第 5.4.9 节"定义 DAPM kcontrol"。

以下是音频路径域 widget 的定义宏:

```
#define SND_SOC_DAPM_PGA(wname, wreg, wshift, winvert,\
                         wcontrols, wncontrols) \
{   .id = snd_soc_dapm_pga, .name = wname, \
    SND_SOC_DAPM_INIT_REG_VAL(wreg, wshift, winvert), \
    .kcontrol_news = wcontrols, .num_kcontrols = wncontrols}

#define SND_SOC_DAPM_OUT_DRV(wname, wreg, wshift, winvert,\
                             wcontrols, wncontrols) \
{   .id = snd_soc_dapm_out_drv, .name = wname, \
    SND_SOC_DAPM_INIT_REG_VAL(wreg, wshift, winvert), \
    .kcontrol_news = wcontrols, .num_kcontrols = wncontrols}

#define SND_SOC_DAPM_MIXER(wname, wreg, wshift, winvert, \
                           wcontrols, wncontrols)\
{   .id = snd_soc_dapm_mixer, .name = wname, \
```

```
             SND_SOC_DAPM_INIT_REG_VAL(wreg, wshift, winvert), \
         .kcontrol_news = wcontrols, .num_kcontrols = wncontrols}

#define SND_SOC_DAPM_MIXER_NAMED_CTL(wname, wreg, \
                                     wshift, winvert, \
                                     wcontrols, wncontrols)\
{   .id = snd_soc_dapm_mixer_named_ctl, .name = wname, \
    SND_SOC_DAPM_INIT_REG_VAL(wreg, wshift, winvert), \
    .kcontrol_news = wcontrols, .num_kcontrols = wncontrols}

#define SND_SOC_DAPM_SWITCH(wname, wreg, wshift, winvert, wcontrols) \
{   .id = snd_soc_dapm_switch, .name = wname, \
    SND_SOC_DAPM_INIT_REG_VAL(wreg, wshift, winvert), \
    .kcontrol_news = wcontrols, .num_kcontrols = 1}

#define SND_SOC_DAPM_MUX(wname, wreg, wshift, winvert, wcontrols) \
{   .id = snd_soc_dapm_mux, .name = wname, \
    SND_SOC_DAPM_INIT_REG_VAL(wreg, wshift, winvert), \
    .kcontrol_news = wcontrols, .num_kcontrols = 1}

#define SND_SOC_DAPM_DEMUX(wname, wreg, wshift, winvert, wcontrols) \
{   .id = snd_soc_dapm_demux, .name = wname, \
    SND_SOC_DAPM_INIT_REG_VAL(wreg, wshift, winvert), \
    .kcontrol_news = wcontrols, .num_kcontrols = 1}
```

与平台和编解码器域 widget 不同，音频路径域 widget 需要分配 reg 和 shift 字段，表明这些 widget 具有相应的功率控制寄存器。

DAPM 框架在扫描和更新音频路径时，使用这些寄存器来控制 widget 的电源状态。它们的电源状态是动态分配的，需要时（在有效音频路径上）通电，不需要时（在非活动音频路径上）断电。

这些 widget 需要执行与前面介绍的混音器、MUX 等相同的功能。事实上，这是由它们包含的 kcontrol 控件完成的。驱动程序代码必须在定义 widget 之前定义 kcontrol，然后将 wcontrols 和 num_kcontrols 参数传递给这些辅助定义宏。

这些宏还有另一种变体，它们具有指向事件处理程序的指针。此类宏具有_E 后缀。具体如下。

- ❑ SND_SOC_DAPM_PGA_E。
- ❑ SND_SOC_DAPM_OUT_DRV_E。
- ❑ SND_SOC_DAPM_MIXER_E。
- ❑ SND_SOC_DAPM_MIXER_NAMED_CTL_E。

❑　SND_SOC_DAPM_SWITCH_E。

❑　SND_SOC_DAPM_MUX_E。

❑　SND_SOC_DAPM_VIRT_MUX_E。

要查看 Kernel 源代码中它们的定义，可访问如下链接：

https://elixir.bootlin.com/linux/v4.19/source/include/sound/soc-dapm.h#L136

5.4.6　定义音频流域

音频流域 widget 主要包括音频输入/输出接口、ADC/DAC 和时钟线。

该类宏从音频接口 widget 开始，具体如下：

```
#define SND_SOC_DAPM_AIF_IN(wname, stname, wslot, wreg, wshift, winvert) \
{   .id = snd_soc_dapm_aif_in, .name = wname, .sname = stname, \
    SND_SOC_DAPM_INIT_REG_VAL(wreg, wshift, winvert), }

#define SND_SOC_DAPM_AIF_IN_E(wname, stname, wslot, wreg, \
                              wshift, winvert, wevent, wflags) \
{   .id = snd_soc_dapm_aif_in, .name = wname, .sname = stname, \
    SND_SOC_DAPM_INIT_REG_VAL(wreg, wshift, winvert), \
    .event = wevent, .event_flags = wflags }

#define SND_SOC_DAPM_AIF_OUT(wname, stname, wslot, wreg, wshift, winvert) \
{   .id = snd_soc_dapm_aif_out, .name = wname, .sname = stname, \
    SND_SOC_DAPM_INIT_REG_VAL(wreg, wshift, winvert), }

#define SND_SOC_DAPM_AIF_OUT_E(wname, stname, wslot, wreg, \
                               wshift, winvert, wevent, wflags) \
{   .id = snd_soc_dapm_aif_out, .name = wname, .sname = stname, \
    SND_SOC_DAPM_INIT_REG_VAL(wreg, wshift, winvert), \
    .event = wevent, .event_flags = wflags }
```

在上述宏定义列表中，SND_SOC_DAPM_AIF_IN 和 SND_SOC_DAPM_AIF_OUT 分别为音频接口输入和输出。前者定义了接收要传递到 DAC 的音频的主机的连接，后者定义了传输从 ADC 接收的音频的主机的连接。

SND_SOC_DAPM_AIF_IN_E 和 SND_SOC_DAPM_AIF_OUT_E 是它们各自的事件变体，允许在 wflags 中启用的事件之一发生时调用 wevent。

现在来看一下与 ADC/DAC 相关的 widget，以及与时钟相关的 widget，其定义如下：

```
#define SND_SOC_DAPM_DAC(wname, stname, wreg, wshift, winvert) \
{   .id = snd_soc_dapm_dac, .name = wname, .sname = stname, \
```

```
        SND_SOC_DAPM_INIT_REG_VAL(wreg, wshift, winvert) }

#define SND_SOC_DAPM_DAC_E(wname, stname, wreg, wshift, \
                           winvert, wevent, wflags) \
{   .id = snd_soc_dapm_dac, .name = wname, .sname = stname, \
    SND_SOC_DAPM_INIT_REG_VAL(wreg, wshift, winvert), \
    .event = wevent, .event_flags = wflags}

#define SND_SOC_DAPM_ADC(wname, stname, wreg, wshift, winvert) \
{   .id = snd_soc_dapm_adc, .name = wname, .sname = stname, \
    SND_SOC_DAPM_INIT_REG_VAL(wreg, wshift, winvert), }

#define SND_SOC_DAPM_ADC_E(wname, stname, wreg, wshift,\
                           winvert, wevent, wflags) \
{   .id = snd_soc_dapm_adc, .name = wname, .sname = stname, \
    SND_SOC_DAPM_INIT_REG_VAL(wreg, wshift, winvert), \
    .event = wevent, .event_flags = wflags}

#define SND_SOC_DAPM_CLOCK_SUPPLY(wname) \
{   .id = snd_soc_dapm_clock_supply, .name = wname, \
    .reg = SND_SOC_NOPM, .event = dapm_clock_event, \
    .event_flags = SND_SOC_DAPM_PRE_PMU | SND_SOC_DAPM_POST_PMD
}
```

在上述宏列表中，SND_SOC_DAPM_ADC 和 SND_SOC_DAPM_DAC 分别是 ADC 和 DAC widget。前者用于根据需要控制 ADC 的上电和关闭，而后者则针对 DAC。前者通常与设备上的采集流相关联，如左采集（left capture）或右采集（right capture），而后者通常与回放流相关联，如左回放（left playback）或右回放（right playback）。

寄存器设置定义了单个寄存器和位的位置，当翻转时，将打开或关闭 ADC/DAC。你还应该注意到它们的事件变体，分别如下所示。

- ❑　SND_SOC_DAPM_ADC_E。
- ❑　SND_SOC_DAPM_DAC_E。

SND_SOC_DAPM_CLOCK_SUPPLY 则是用于连接到时钟框架的电源 widget 变体。

还有一些没有提供定义宏的 widget 类型，并且不会以我们迄今为止介绍的任何域结尾。如下所示。

- ❑　snd_soc_dapm_dai_in。
- ❑　snd_soc_dapm_dai_out。
- ❑　snd_soc_dapm_dai_link。

这些 widget 是在 DAI 注册时从 CPU 或编解码器驱动程序中隐式创建的。换句话说，无论何时注册 DAI，DAPM 核心都会根据注册的 DAI 流创建 snd_soc_dapm_dai_in 类型或 snd_soc_dapm_dai_out 类型的 widget。一般来说，两个 widget 都将连接到编解码器中具有相同流名称的 widget。

此外，当机器驱动程序决定将编解码器和 CPU DAI 绑定在一起时，这将导致 DAPM 框架创建一个类型为 snd_soc_dapm_dai_link 的 widget 来描述连接的电源状态。

5.4.7　路径的概念——widget 之间的连接器

widget 旨在相互链接以构建功能性音频流路径。也就是说，需要跟踪两个 widget 之间的连接以保持音频状态。为了描述两个 widget 之间的路径，DAPM 核心使用了 struct snd_soc_dapm_path 数据结构，该结构体的定义如下：

```
/* 两个 widget 之间的 dapm 音频路径 */
struct snd_soc_dapm_path {
    const char *name;
    /*
     * 源（输入）和接收方（输出）widget
     * 使用该联合体是为了方便
     * 因为输入 p->source 要比输入 p->node[SND_SOC_DAPM_DIR_IN]好得多
     */
    union {
        struct {
            struct snd_soc_dapm_widget *source;
            struct snd_soc_dapm_widget *sink;
        };
        struct snd_soc_dapm_widget *node[2];
    };

    /* 状态 */
    u32 connect:1;        /* 源和接收方 widget 已连接 */
    u32 walking:1;        /* 正在使用路径 */
    u32 weak:1;           /* 电源管理忽略的路径 */
    u32 is_supply:1;      /* 连接的 widget 中至少有一个是供电电源 */

    int (*connected)(struct snd_soc_dapm_widget *source, struct
                     snd_soc_dapm_widget *sink);

    struct list_head list_node[2];
    struct list_head list_kcontrol;
    struct list_head list;
};
```

上述结构体抽象了两个 widget 之间的链接。它的 source 字段指向连接的开始 widget，而 sink 字段则指向连接到达的 widget。

widget 的输入和输出（即端点）可以连接到多个路径。所有输入的 snd_soc_dapm_path 结构体通过 list_node[SND_SOC_DAPM_DIR_IN]字段挂在 widget 的源（source）列表中，而所有输出的 snd_soc_dapm_path 结构体则存储在 widget 的接收方（sink）列表中，即 list_node [SND_SOC_DAPM_DIR_OUT]。

该连接从源到接收方，原理非常简单。只需记住连接路径即可：开始 widget 的输出→路径数据结构的输入*和*路径数据结构的输出→到达侧 widget 输入。

声卡注册后，list 字段将在声卡的路径列表标题字段中结束。此列表允许声卡跟踪它可以使用的所有可用路径。

最后，connected 字段允许开发人员实现自定义方法来检查路径的当前连接状态。

ℹ️ 注意：

SND_SOC_DAPM_DIR_IN 和 SND_SOC_DAPM_DIR_OUT 是枚举值，其值分别为 0 和 1。

你可能永远不想直接处理路径。当然，这里介绍这个概念只是为了教学目的，因为它有助于理解 5.4.8 节的内容。

5.4.8　路由的概念——widget 互连

前面介绍的路径（path）概念是为了引出本小节将要介绍的路由（route）概念。路由连接至少由起始 widget、跳线路径（jumper path）和接收方 widget 组成。在 DAPM 中，使用了 struct snd_soc_dapm_route 结构体描述此类连接：

```
struct snd_soc_dapm_route {
    const char *sink;
    const char *control;
    const char *source;

    /* 注意：目前仅支持源为供电电源的链接 */
    int (*connected)(struct snd_soc_dapm_widget *source,
                     struct snd_soc_dapm_widget *sink);
};
```

在上述数据结构体中，各参数功能如下。

❑ sink 指向到达 widget 的名称串。
❑ source 指向起始 widget 的名称串。

❑ control 指向负责控制连接的 kcontrol 名称串。

❑ connected 定义了自定义的连接检查回调函数。

该结构体的意义很明显：source 通过 kcontrol 连接到 sink，可以调用 connected 回调函数来检查连接状态。

路由可使用以下方案定义：

```
{Destination Widget, Switch, Source Widget},
```

这意味着 Source Widget 通过 Swtich 连接到 Destination Widget。这样，每当需要激活连接时，DAPM 核心都会负责关闭开关，并且源和目标 widget 也将上电。有时，连接可能是直接的。在这种情况下，Switch 应为 NULL，如下所示：

```
{end point, NULL, starting point},
```

开发人员应该直接使用名称字符串来描述连接关系以及所有定义的路由，最后，还必须注册到 DAPM 核心。

DAPM 核心会根据这些名称找到对应的 widget，并动态生成需要的 snd_soc_dapm_path 来描述两个 widget 之间的联系。

接下来，将讨论如何创建路由，但是在此之前还需要了解一下 DAPM kcontrol 定义。

5.4.9　定义 DAPM kcontrol

如前文所述，音频路径域中的混音器或 MUX 类型 widget 由多个 kcontrol 组成，必须使用基于 DAPM 的宏来定义它们。

DAPM 使用这些 kcontrol 来完成音频路径。但是，对于 widget 来说，这项任务还不止于此。DAPM 还动态管理这些音频路径的连接关系，以便可以根据这些连接关系控制这些 widget 的电源状态。如果这些 kcontrol 以常见方式定义，那么要达到上述目标是不可能的，因此，DAPM 为我们提供了另一组定义宏，用于定义 widget 中包含的 kcontrol：

```
#define SOC_DAPM_SINGLE(xname, reg, shift, max, invert) \
{    .iface = SNDRV_CTL_ELEM_IFACE_MIXER, .name = xname, \
    .info = snd_soc_info_volsw, \
    .get = snd_soc_dapm_get_volsw, .put = snd_soc_dapm_put_volsw, \
    .private_value = SOC_SINGLE_VALUE(reg, shift, max, invert) }

#define SOC_DAPM_SINGLE_TLV(xname, reg, shift, max, invert, tlv_array) \
{    .iface = SNDRV_CTL_ELEM_IFACE_MIXER, .name = xname, \
    .info = snd_soc_info_volsw, \
    .access = SNDRV_CTL_ELEM_ACCESS_TLV_READ | \
            SNDRV_CTL_ELEM_ACCESS_READWRITE, \
```

```
      .tlv.p = (tlv_array), \
      .get = snd_soc_dapm_get_volsw,
      .put = snd_soc_dapm_put_volsw, \
      .private_value = SOC_SINGLE_VALUE(reg, shift, max, invert) }

#define SOC_DAPM_ENUM(xname, xenum) \
{   .iface = SNDRV_CTL_ELEM_IFACE_MIXER, .name = xname, \
    .info = snd_soc_info_enum_double, \
    .get = snd_soc_dapm_get_enum_double, \
    .put = snd_soc_dapm_put_enum_double, \
    .private_value = (unsigned long)&xenum}

#define SOC_DAPM_ENUM_VIRT(xname, xenum) \
{   .iface = SNDRV_CTL_ELEM_IFACE_MIXER, .name = xname, \
    .info = snd_soc_info_enum_double, \
    .get = snd_soc_dapm_get_enum_virt, \
    .put = snd_soc_dapm_put_enum_virt, \
    .private_value = (unsigned long)&xenum}

#define SOC_DAPM_ENUM_EXT(xname, xenum, xget, xput) \
{   .iface = SNDRV_CTL_ELEM_IFACE_MIXER, .name = xname, \
    .info = snd_soc_info_enum_double, \
    .get = xget, \
    .put = xput, \
    .private_value = (unsigned long)&xenum }

#define SOC_DAPM_VALUE_ENUM(xname, xenum) \
{   .iface = SNDRV_CTL_ELEM_IFACE_MIXER, .name = xname, \
    .info = snd_soc_info_enum_double, \
    .get = snd_soc_dapm_get_value_enum_double, \
    .put = snd_soc_dapm_put_value_enum_double, \
    .private_value = (unsigned long)&xenum }

#define SOC_DAPM_PIN_SWITCH(xname) \
{   .iface = SNDRV_CTL_ELEM_IFACE_MIXER, .name = xname " Switch", \
    .info = snd_soc_dapm_info_pin_switch, \
    .get = snd_soc_dapm_get_pin_switch, \
    .put = snd_soc_dapm_put_pin_switch, \
    .private_value = (unsigned long)xname }
```

　　在上述代码中可以看到，SOC_DAPM_SINGLE 相当于标准控件 SOC_SINGLE 的 DAPM 版本，而 SOC_DAPM_SINGLE_TLV 则对应于 SOC_SINGLE_TLV，以此类推。

　　DAPM 的 kcontrol 相对于普通的 kcontrol 来说，只是替换了 info、get、put 回调函数。

DAPM kcontrol 提供的 put 回调函数不仅会更新控件本身的状态，还会将此更改传递给相邻的 DAPM kcontrol，而相邻的 DAPM kcontrol 又会将此更改传递给它自己相邻的 DAPM kcontrol，通过更改 widget 之一的连接状态，可以知道音频路径的末端，并可以扫描并测试与其关联的所有 widget 以查看它们是否仍然存在于活动的音频路径中，从而动态改变它们的电源状态。这就是 DAPM 的本质。

5.4.10　创建 widget 和路由

虽然第 5.4.9 节 "定义 DAPM kcontrol" 介绍了很多辅助宏，但它只是理论上的，并没有解释如何定义真实系统所需的 widget，也没有解释如何定义 widget 的连接关系。在此我们以欧胜微电子（Wolfson）公司的编解码芯片 WM8960 为例来理解这个过程（见图 5.3）。

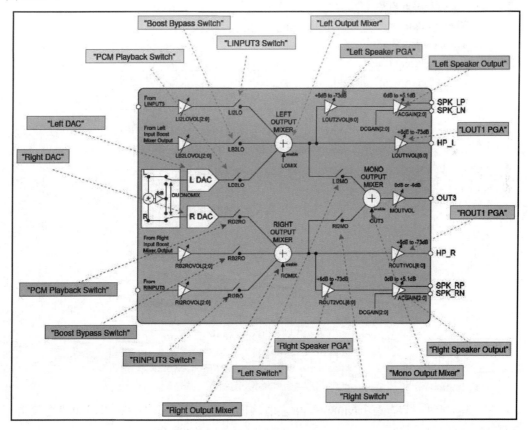

图 5.3　WM8960 内部音频路径和控件

原　　文	译　　文
Boost Bypass Switch	升压旁路开关
Left Output Mixer	左输出混音器
LINPUT3 Switch	LINPUT3（左输入）开关
PCM Playback Switch	PCM 回放开关
Left Speaker PGA	左扬声器 PGA
Left Speaker Output	左扬声器输出
Left DAC	左 DAC
Right DAC	右 DAC
RINPUT3 Switch	RINPUT3（右输入）开关
Right Output Mixer	右输出混音器
Left Switch	左开关
Right Speaker PGA	右扬声器 PGA
Right Switch	右开关
Mono Output Mixer	单声道输出混音器
Right Speaker Output	右扬声器输出
ROUT1 PGA	ROUT1（右输出）PGA
LOUT1 PGA	LOUT1（左输出）PGA

图 5.3 显示的是 Wolfson WM8960 编解码芯片内部音频路径和控件。要创建 widget 和路由，第一步是使用辅助宏来定义 widget 所需的 DAPM kcontrol：

```
static const struct snd_kcontrol_new wm8960_loutput_mixer[] = {
    SOC_DAPM_SINGLE("PCM Playback Switch", WM8960_LOUTMIX, 8, 1, 0),
    SOC_DAPM_SINGLE("LINPUT3 Switch", WM8960_LOUTMIX, 7, 1, 0),
    SOC_DAPM_SINGLE("Boost Bypass Switch", WM8960_BYPASS1, 7, 1, 0),
};
static const struct snd_kcontrol_new wm8960_routput_mixer[] = {
    SOC_DAPM_SINGLE("PCM Playback Switch", WM8960_ROUTMIX, 8, 1, 0),
    SOC_DAPM_SINGLE("RINPUT3 Switch", WM8960_ROUTMIX, 7, 1, 0),
    SOC_DAPM_SINGLE("Boost Bypass Switch", WM8960_BYPASS2, 7, 1, 0),
};
static const struct snd_kcontrol_new wm8960_mono_out[] = {
    SOC_DAPM_SINGLE("Left Switch", WM8960_MONOMIX1, 7, 1, 0),
    SOC_DAPM_SINGLE("Right Switch", WM8960_MONOMIX2, 7, 1, 0),
};
```

在上述代码中，定义了 wm8960 中左右输出通道的混音器控件，以及单声道输出混音器：wm8960_loutput_mixer、wm8960_routput_mixer 和 wm8960_mono_out。

第二步是定义真实 widget，包括第一步定义的 DAPM 控件：

```c
static const struct snd_soc_dapm_widget wm8960_dapm_widgets[] =
{
    [...]
    SND_SOC_DAPM_INPUT("LINPUT3"),
    SND_SOC_DAPM_INPUT("RINPUT3"),

    SND_SOC_DAPM_SUPPLY("MICB", WM8960_POWER1, 1, 0, NULL, 0),
    [...]
    SND_SOC_DAPM_DAC("Left DAC", "Playback", WM8960_POWER2, 8, 0),
    SND_SOC_DAPM_DAC("Right DAC", "Playback", WM8960_POWER2, 7, 0),

    SND_SOC_DAPM_MIXER("Left Output Mixer", WM8960_POWER3, 3, 0,
                    &wm8960_loutput_mixer[0],
                    ARRAY_SIZE(wm8960_loutput_mixer)),
    SND_SOC_DAPM_MIXER("Right Output Mixer", WM8960_POWER3, 2, 0,
                    &wm8960_routput_mixer[0],
                    ARRAY_SIZE(wm8960_routput_mixer)),

    SND_SOC_DAPM_PGA("LOUT1 PGA", WM8960_POWER2, 6, 0, NULL, 0),
    SND_SOC_DAPM_PGA("ROUT1 PGA", WM8960_POWER2, 5, 0, NULL, 0),

    SND_SOC_DAPM_PGA("Left Speaker PGA", WM8960_POWER2, 4, 0, NULL, 0),
    SND_SOC_DAPM_PGA("Right Speaker PGA", WM8960_POWER2, 3, 0, NULL, 0),
    SND_SOC_DAPM_PGA("Right Speaker Output", WM8960_CLASSD1, 7, 0, NULL, 0);
    SND_SOC_DAPM_PGA("Left Speaker Output", WM8960_CLASSD1, 6, 0, NULL, 0),
    SND_SOC_DAPM_OUTPUT("SPK_LP"),
    SND_SOC_DAPM_OUTPUT("SPK_LN"),
    SND_SOC_DAPM_OUTPUT("HP_L"),
    SND_SOC_DAPM_OUTPUT("HP_R"),
    SND_SOC_DAPM_OUTPUT("SPK_RP"),
    SND_SOC_DAPM_OUTPUT("SPK_RN"),
    SND_SOC_DAPM_OUTPUT("OUT3"),
};

static const struct snd_soc_dapm_widget wm8960_dapm_widgets_out3[] = {
    SND_SOC_DAPM_MIXER("Mono Output Mixer", WM8960_POWER2, 1, 0,
                    &wm8960_mono_out[0],
                    ARRAY_SIZE(wm8960_mono_out)),
};
```

在这一步中，为左右声道以及声道选择器定义了一个 MUX widget，它们是 Left Output

Mixer（左输出混音器）、Right Output Mixer（右输出混音器）和 Mono Output Mixer（单声道输出混音器）。

我们还为每个左右扬声器定义了一个混音器 widget：SPK_LP、SPK_LN、HP_L、HP_R、SPK_RP、SPK_RN 和 OUT3。

具体的混音器控制由上一步定义的 wm8960_loutput_mixer、wm8960_routput_mixer、wm8960_mono_out 来完成。这 3 个 widget 都具有 power（电源）属性，因此，当这些 widget 中的一个（或多个）位于一个有效的音频路径中时，DAPM 框架可以通过其各自寄存器的第 7 位和/或第 8 位来控制其电源状态。

第三步是定义这些 widget 的连接路径：

```c
static const struct snd_soc_dapm_route audio_paths[] = {
    [...]
    {"Left Output Mixer", "LINPUT3 Switch", "LINPUT3"},
    {"Left Output Mixer", "Boost Bypass Switch", "Left Boost Mixer"},
    {"Left Output Mixer", "PCM Playback Switch", "Left DAC"},

    {"Right Output Mixer", "RINPUT3 Switch", "RINPUT3"},
    {"Right Output Mixer", "Boost Bypass Switch", "Right Boost Mixer"},
    {"Right Output Mixer", "PCM Playback Switch", "Right DAC"},

    {"LOUT1 PGA", NULL, "Left Output Mixer"},
    {"ROUT1 PGA", NULL, "Right Output Mixer"},

    {"HP_L", NULL, "LOUT1 PGA"},
    {"HP_R", NULL, "ROUT1 PGA"},

    {"Left Speaker PGA", NULL, "Left Output Mixer"},
    {"Right Speaker PGA", NULL, "Right Output Mixer"},

    {"Left Speaker Output", NULL, "Left Speaker PGA"},
    {"Right Speaker Output", NULL, "Right Speaker PGA"},

    {"SPK_LN", NULL, "Left Speaker Output"},
    {"SPK_LP", NULL, "Left Speaker Output"},
    {"SPK_RN", NULL, "Right Speaker Output"},
    {"SPK_RP", NULL, "Right Speaker Output"},
};

static const struct snd_soc_dapm_route audio_paths_out3[] = {
    {"Mono Output Mixer", "Left Switch", "Left Output Mixer"},
```

```
    {"Mono Output Mixer", "Right Switch", "Right Output Mixer"},
    {"OUT3", NULL, "Mono Output Mixer"}
};
```

通过第一步的定义，我们知道"Left output Mux"和"Right output Mux"有 3 个输入引脚，分别是"Boost Bypass Switch"、"LINPUT3 Switch"（或"RINPUT3 Switch"）和"PCM Playback Switch"。

"Mono Output Mixer"只有两个输入选择引脚，即"Left Switch"和"Right Switch"。所以，很明显，上述路径定义的含义如下。

❑　"Left Boost Mixer"通过"Boost Bypass Switch"连接到"Left Output Mixer"。

❑　"Left DAC"通过"PCM Playback Switch"连接到"Left Output Mixer"。

❑　"RINPUT3"通过"RINPUT3 Switch"连接到"Right Output Mixer"。

❑　"Right Boost Mixer"通过"Boost Bypass Switch"连接到"Right Output Mixer"。

❑　"Right DAC"通过"PCM Playback Switch"连接到"Right Output Mixer"。

❑　"Left Output Mixer"连接到"LOUT1 PGA"。但是，此连接没有开关控制。

❑　"Right Output Mixer"连接到"ROUT1 PGA"，同样，此连接没有开关控制。

这里我们并没有介绍所有的连接，但其连接思路是一样的。

第四步是在编解码器驱动程序的 probe 回调函数中注册这些 widget 和路径：

```
static int wm8960_add_widgets(struct snd_soc_component *component)
{
    [...]
    struct snd_soc_dapm_context *dapm =
                        snd_soc_component_get_dapm(component);
    struct snd_soc_dapm_widget *w;

    snd_soc_dapm_new_controls(dapm, wm8960_dapm_widgets,
                            ARRAY_SIZE(wm8960_dapm_widgets));
    snd_soc_dapm_add_routes(dapm, audio_paths,
                            ARRAY_SIZE(audio_paths));
    [...]
    return 0;
}

static int wm8960_probe(struct snd_soc_component *component)
{
    [...]
    snd_soc_add_component_controls(component,
                                wm8960_snd_controls,
```

```
                                        ARRAY_SIZE(wm8960_snd_controls));
    wm8960_add_widgets(component);
    return 0;
}

static const struct snd_soc_component_driver soc_component_dev_wm8960 = {
    .probe = wm8960_probe,
    .set_bias_level = wm8960_set_bias_level,
    .suspend_bias_off = 1,
    .idle_bias_on = 1,
    .use_pmdown_time = 1,
    .endianness = 1,
    .non_legacy_dai_naming = 1,
};

static int wm8960_i2c_probe(struct i2c_client *i2c,
                            const struct i2c_device_id *id)
{
    [...]
    ret = devm_snd_soc_register_component(&i2c->dev,
                                          &soc_component_dev_wm8960,
                                          &wm8960_dai, 1);

    return ret;
}
```

在上述示例中，控件、widget 和路由注册被推迟到组件驱动程序的 probe 回调函数中，这有助于确保仅在机器驱动程序探测到组件时才创建这些元素。在机器驱动程序中，可以使用同样的方式定义和注册特定于板卡的 widget 和路径信息。

5.5　编解码器组件注册

编解码器组件设置好后，必须在系统中注册，以便实现其设计用途。为完成此操作，可以使用 devm_snd_soc_register_component()。该函数将在需要时自动进行注销/清理。

devm_snd_soc_register_component() 的原型如下：

```
int devm_snd_soc_register_component(struct device *dev,
                const struct snd_soc_component_driver *cmpnt_drv,
                struct snd_soc_dai_driver *dai_drv, int num_dai)
```

接下来让我们看看编解码器注册的例子（该示例来自 wm8960 编解码器驱动程序）。

首先，该组件驱动程序定义如下：

```
static const struct snd_soc_component_driver soc_component_dev_wm8900 = {
    .probe = wm8900_probe,
    .suspend = wm8900_suspend,
    .resume = wm8900_resume,
    [...]
    /* 控件、widget 和路由设置 */
    .controls = wm8900_snd_controls,
    .num_controls = ARRAY_SIZE(wm8900_snd_controls),
    .dapm_widgets = wm8900_dapm_widgets,
    .num_dapm_widgets = ARRAY_SIZE(wm8900_dapm_widgets),
    .dapm_routes = wm8900_dapm_routes,
    .num_dapm_routes = ARRAY_SIZE(wm8900_dapm_routes),
};
```

该组件驱动程序包含 dapm 路由和 widget，以及一组控件。

然后，通过 struct snd_soc_dai_ops 提供编解码器 dai 回调函数，如下所示：

```
static const struct snd_soc_dai_ops wm8900_dai_ops = {
    .hw_params = wm8900_hw_params,
    .set_clkdiv = wm8900_set_dai_clkdiv,
    .set_pll = wm8900_set_dai_pll,
    .set_fmt = wm8900_set_dai_fmt,
    .digital_mute = wm8900_digital_mute,
};
```

这些编解码器 dai 回调函数可分配给编解码器 dai 驱动程序（通过 ops 字段）以注册到 ASoC 核心，如下所示：

```
#define WM8900_RATES(SNDRV_PCM_RATE_8000 |\
                     SNDRV_PCM_RATE_11025 |\
                     SNDRV_PCM_RATE_16000 |\
                     SNDRV_PCM_RATE_22050 |\
                     SNDRV_PCM_RATE_44100 |\
                     SNDRV_PCM_RATE_48000)

#define WM8900_PCM_FORMATS \
    (SNDRV_PCM_FMTBIT_S16_LE | SNDRV_PCM_FMTBIT_S20_3LE | \
    SNDRV_PCM_FMTBIT_S24_LE)

static struct snd_soc_dai_driver wm8900_dai = {
    .name = "wm8900-hifi",
```

```
    .playback = {
        .stream_name = "HiFi Playback",
        .channels_min = 1,
        .channels_max = 2,
        .rates = WM8900_RATES,
        .formats = WM8900_PCM_FORMATS,
    },
    .capture = {
        .stream_name = "HiFi Capture",
        .channels_min = 1,
        .channels_max = 2,
        .rates = WM8900_RATES,
        .formats = WM8900_PCM_FORMATS,
    },
    .ops = &wm8900_dai_ops,
};
static int wm8900_spi_probe(struct spi_device *spi)
{
    [...]
    ret = devm_snd_soc_register_component(&spi->dev,
                        &soc_component_dev_wm8900, &wm8900_dai, 1);

    return ret;
}
```

　　当机器驱动程序探测到这个编解码时，就会调用编解码器组件驱动程序的探测回调函数（wm8900_probe），以完成编解码器驱动程序的初始化。此编解码器设备驱动程序的完整版本在 Linux Kernel 源代码的 sound/soc/codecs/wm8900.c 中定义。

　　现在我们已经熟悉了编解码器类驱动程序及其架构，了解了如何导出编解码器属性、如何构建音频路由以及如何实现 DAPM 功能。虽然编解码器驱动程序可以管理编解码器设备，但如果只有它本身的话并没有什么用处，需要绑定到平台驱动程序才能发挥其作用，而这正是接下来我们要讨论的内容。

5.6　编写平台类驱动程序

　　平台驱动程序可以注册 PCM 驱动程序、CPU DAI 驱动程序及其操作函数，为 PCM 组件预分配缓冲区，并根据需要设置回放和采集操作。换言之，平台驱动程序包含该平台的音频 DMA 引擎和音频接口驱动程序（如 I2S、AC97 和 PCM）。

平台驱动程序以构成平台的 SoC 为目标。它涉及平台的 DMA（即音频数据在 SoC 中的每个块之间如何传输）和 CPU DAI（即 CPU 向编解码器发送音频数据的路径或 CPU 从编解码器获得音频数据的路径）。

平台驱动程序有两个重要的数据结构体：struct snd_soc_component_driver 和 struct snd_soc_dai_driver。前者负责 DMA 数据管理，后者负责 DAI 的参数配置。当然，前文在讨论编解码器类驱动程序时已经描述过这两种数据结构体，因此，本节将仅介绍与平台代码相关的附加概念。

5.6.1　CPU DAI 驱动程序

由于平台代码与编解码器驱动程序一样也已重构，因此，CPU DAI 驱动程序必须导出组件驱动程序的实例以及 DAI 驱动程序的实例，它们分别为 struct snd_soc_component_driver 和 struct snd_soc_dai_driver。

在平台侧，大部分工作都可以由核心完成，尤其是与 DMA 相关的工作。因此，CPU DAI 驱动程序通常只提供组件驱动程序结构中的接口名称，而让核心完成其余的工作。以下是 Rockchip SPDIF 驱动程序的示例，它在 sound/soc/rockchip/rockchip_spdif.c 中实现：

```
static const struct snd_soc_dai_ops rk_spdif_dai_ops = {
    [...]
};

/* SPDIF 没有采集通道 */
static struct snd_soc_dai_driver rk_spdif_dai = {
    .probe = rk_spdif_dai_probe,
    .playback = {
        .stream_name = "Playback",
    [...]
    },
    .ops = &rk_spdif_dai_ops,
};

/* 仅填充名称 */
static const struct snd_soc_component_driver rk_spdif_component = {
    .name = "rockchip-spdif",
};

static int rk_spdif_probe(struct platform_device *pdev)
{
    struct device_node *np = pdev->dev.of_node;
```

```
struct rk_spdif_dev *spdif;
int ret;
[...]
spdif->playback_dma_data.addr = res->start + SPDIF_SMPDR;
spdif->playback_dma_data.addr_width = DMA_SLAVE_BUSWIDTH_4_BYTES;
spdif->playback_dma_data.maxburst = 4;

ret = devm_snd_soc_register_component( &pdev->dev,
                                       &rk_spdif_component,
                                       &rk_spdif_dai, 1);
if (ret) {
    dev_err(&pdev->dev, "Could not register DAI\n");
    goto err_pm_runtime;
}

ret = devm_snd_dmaengine_pcm_register(&pdev->dev, NULL, 0);
if (ret) {
    dev_err(&pdev->dev, "Could not register PCM\n");
    goto err_pm_runtime;
}

return 0;
}
```

在上面的代码片段中，spdif 是驱动程序状态数据结构。可以看到，在组件驱动程序中只填写了名称，组件驱动程序和 DAI 驱动程序都和往常一样通过 devm_snd_soc_register_component()注册。

struct snd_soc_dai_driver 必须根据实际的 DAI 属性设置，如果需要，应该设置 dai_ops。当然，该设置的很大一部分是由 devm_snd_dmaengine_pcm_register()完成的，它将根据提供的 dma_data 设置组件驱动程序的 PCM 操作。5.6.2 节将对此展开详细解释。

5.6.2　平台 DMA 驱动程序

在声音生态系统中，我们有多种类型的设备：PCM、MIDI、混音器、音序器、计时器等。这里的 PCM 指的是脉冲编码调制（pulse code modulation），即对连续变化的模拟信号进行采样、量化和编码以产生数字信号。但要注意，这里它是指处理基于采样的数字音频的设备，而不是 MIDI 等。PCM 层（ALSA 核心的一部分）负责完成所有数字音频工作，例如，准备板卡以进行采集或回放、启动与设备之间的传输等。简而言之，如果你想回放或采集声音，那么你就需要一个 PCM。

PCM 驱动程序通过覆盖由 struct snd_pcm_ops 结构体公开的函数指针来帮助执行 DMA 操作。它与平台无关，仅与 SOC DMA 引擎上游 API 交互。然后，DMA 引擎与特定于平台的 DMA 驱动程序交互以获得正确的 DMA 设置。

struct snd_pcm_ops 是一个包含一组回调函数的结构体，这些回调函数与有关 PCM 接口的不同事件相关。

在处理 ASoC（不是纯粹的 ALSA）时，只要你使用通用 PCM DMA 引擎框架，就永远不需要按原样实例化此结构体。ASoC 核心会为你完成这项工作。你也可以通过查看以下调用堆栈以获得更多信息：

```
snd_soc_register_card -> snd_soc_instantiate_card -> soc_probe_link_dais
-> soc_new_pcm
```

5.6.3　音频 DMA 接口

SoC 的每个音频总线驱动程序负责通过音频 DMA API 提供一个 DMA 接口。例如，对于基于 i.MX 的 SoC 上的音频总线（如 ESAI、SAI、SPDIF 和 SSI，它们的驱动程序位于 sound/soc/fsl/中），它们的接口分别是 sound/soc/fsl/fsl_esai.c、sound/soc/fsl/fsl_sai.c、sound/soc/fsl/fsl_spdif.c 和 sound/soc/fsl/fsl_ssi.c。

音频 DMA 驱动程序通过 devm_snd_dmaengine_pcm_register()注册。此函数可以为设备注册一个 struct snd_dmaengine_pcm_config。下面是它的原型：

```
int devm_snd_dmaengine_pcm_register(
                struct device *dev,
                const struct snd_dmaengine_pcm_config *config,
                unsigned int flags);
```

在上面的原型中，dev 是 PCM 设备的父设备，通常是&pdev->dev。

config 是特定于平台的 PCM 配置，其类型为 struct snd_dmaengine_pcm_config。下文将详细介绍这个结构体。

flags 表示描述如何处理 DMA 通道的附加标志。大多数情况下，它取值为 0。但是，其可能的值已在 include/sound/dmaengine_pcm.h 中定义并且均以 SND_DMAENGINE_PCM_FLAG_为前缀。经常使用的标志包括以下 3 个。

❑ SND_DMAENGINE_PCM_FLAG_HALF_DUPLEX。

❑ SND_DMAENGINE_PCM_FLAG_NO_DT。

❑ SND_DMAENGINE_PCM_FLAG_COMPAT。

第一个标志表示 PCM 是半双工（half-duplex）的，DMA 通道在采集和回放之间共享；

第二个标志要求核心不要尝试通过设备树（DT）请求 DMA 通道；第三个标志表示将使用自定义回调函数来请求 DMA 通道。

在注册之后，通用 PCM DMA 引擎框架将构建合适的 snd_pcm_ops 并使用它设置组件驱动程序的.ops 字段。

Linux 中经典的 DMA 操作流程如下。

（1）dma_request_channel：用于分配从通道（slave channel）。

（2）dmaengine_slave_config：设置与从通道和控制器相关的参数。

（3）dma_prep_xxxx：获取事务的描述符。

（4）dma_cookie = dmaengine_submit(tx)：提交事务并抓取 DMA cookie。

（5）dma_async_issue_pending(chan)：开始传输并等待回调函数通知。

在 ASoC 中，设备树用于将 DMA 通道映射到 PCM 设备。

devm_snd_dmaengine_pcm_register()可以通过 dmaengine_pcm_request_chan_of()请求 DMA 通道，而 dmaengine_pcm_request_chan_of()则是一个基于设备树的接口。为了执行上述步骤（1）到步骤（3），需要为 PCM DMA 引擎核心提供附加信息，这可以通过填充 struct snd_dmaengine_pcm_config 来完成（该配置将提供给注册函数），或者让 PCM DMA 引擎框架从系统的 DMA 引擎核心检索信息。

步骤（4）和步骤（5）由 PCM DMA 引擎核心透明处理。

struct snd_dma_engine_pcm_config 结构体如下所示：

```
struct snd_dmaengine_pcm_config {
    int (*prepare_slave_config)(
                            struct snd_pcm_substream *substream,
                            struct snd_pcm_hw_params *params,
                            struct dma_slave_config *slave_config);
    struct dma_chan *(*compat_request_channel)(
                        struct snd_soc_pcm_runtime *rtd,
                        struct snd_pcm_substream *substream);
    [...]

    dma_filter_fn compat_filter_fn;
    struct device *dma_dev;
    const char *chan_names[SNDRV_PCM_STREAM_LAST + 1];
    const struct snd_pcm_hardware *pcm_hardware;
    unsigned int prealloc_buffer_size;
};
```

上述数据结构主要处理 DMA 通道管理、缓冲区管理和通道配置，具体参数解释如下。

❑ prepare_slave_config：该回调函数可用于为 PCM 子流填充 DMA slave_config（其类型是 struct dma_slave_config，是 DMA 从通道的运行时配置）。它将从 PCM 驱动程序的 hwparams 回调函数中调用。

这里，你可以使用 snd_dmaengine_pcm_prepare_slave_config，它是一个通用的 prepare_slave_config 回调函数，适用于将 snd_dmaengine_dai_dma_data 结构体用于其 DAI DMA 数据的平台。

这个通用回调函数将在内部调用 snd_hwparams_to_dma_slave_config 以根据 hw_params 填充从通道配置，然后调用 snd_dmaengine_set_config_from_dai_data 以根据 DAI DMA 数据填充剩余字段。

使用通用回调函数方法时，应该从 CPU DAI 驱动程序的.probe 回调函数中调用 snd_soc_dai_init_dma_data()（给定 DAI 特定的采集和回放 DMA 数据配置，其类型为 struct snd_dmaengine_dai_dma_data），这将设置 cpu_dai->playback_dma_data 和 cpu_dai->capture_dma_data 字段。

给定 DAI 参数，snd_soc_dai_init_dma_data()将进行 DMA 设置（包括用于采集、回放或同时用于两者的设置）。

❑ compat_request_channel：用于为不使用设备树的平台请求 DMA 通道。如果设置了它，则.compat_filter_fn 将被忽略。

❑ compat_filter_fn：当为不使用设备树的平台请求 DMA 通道时，它发挥过滤功能。过滤的参数将是 DAI 的 DMA 数据。

❑ dma_dev：允许为注册 PCM 驱动程序的设备以外的设备请求 DMA 通道。如果设置了它，则将在此设备而不是 DAI 设备上请求 DMA 通道。

❑ chan_names：这是请求采集/回放 DMA 通道时使用的名称数组。当默认的"tx"和"rx"通道名称不适用时，它将很有用，例如，如果硬件模块支持多个通道，则每个通道具有不同的 DMA 通道名称。

❑ pcm_hardware：这描述了 PCM 硬件功能。如果未设置，则依靠核心填写从 DMA 引擎信息派生的正确标志。该字段的类型为 struct snd_pcm_hardware，5.6.4 节将详细介绍该结构体。

❑ prealloc_buffer_size：这表示预分配音频缓冲区的大小。

PCM DMA 配置可能不会提供给注册 API（它可能是 NULL），并且注册语句如下：

```
ret = devm_snd_dmaengine_pcm_ register(&pdev->dev, NULL, 0)
```

在这种情况下，你应该如前文所述通过 snd_soc_dai_init_dma_data()提供采集和回放 DAI DMA 通道配置。通过使用这种方法，其他元素将从系统核心派生。例如，当请求一个 DMA 通道时，PCM DMA 引擎核心将依赖设备树，假设采集和回放 DMA 通道名称分别为"rx"和"tx"。

当然，如果在 flags 中设置了标志 SND_DMAENGINE_PCM_FLAG_HALF_DUPLEX，那么在这种情况下，它会认为采集和回放应使用相同的 DMA 通道，因此在设备树节点中命名该通道为 rx-tx。

DMA 通道设置也可以由系统 DMA 引擎派生。snd_soc_dai_init_dma_data()函数的定义如下所示：

```
static inline void snd_soc_dai_init_dma_data(
                                    struct snd_soc_dai *dai,
                                    void *playback,
                                    void *capture)

{
    dai->playback_dma_data = playback;
    dai->capture_dma_data = capture;
}
```

尽管 snd_soc_dai_init_dma_data()接收 capture 和 playback 作为 void 类型，但传递的值实际上应该是 struct snd_dmaengine_dai_dma_data 类型，它在 include/sound/dmaengine_pcm.h 中定义，具体如下：

```
struct snd_dmaengine_dai_dma_data {
    dma_addr_t addr;
    enum dma_slave_buswidth addr_width;
    u32 maxburst;
    unsigned int slave_id;
    void *filter_data;
    const char *chan_name;
    unsigned int fifo_size;
    unsigned int flags;
};
```

此结构体表示 DAI 通道的 DMA 通道数据（也可以是配置参数或其他内容）。你可以参考定义其字段含义的标题。

要了解有关如何设置此数据结构的详细信息，也可以查看其他驱动程序。

5.6.4　PCM 硬件配置

当系统 PCM DMA 引擎核心没有自动提供 DMA 设置时，平台 PCM 驱动程序可能需要提供 PCM 硬件设置，它描述了硬件如何布置 PCM 数据。这些设置是通过 snd_dmaengine_pcm_config.pcm_hardware 字段提供的，该字段的类型为 struct snd_pcm_hardware，该结构体的定义如下：

```
struct snd_pcm_hardware {
    unsigned int info;
    u64 formats;
    unsigned int rates;
    unsigned int rate_min;
    unsigned int rate_max;
    unsigned int channels_min;
    unsigned int channels_max;
    size_t buffer_bytes_max;
    size_t period_bytes_min;
    size_t period_bytes_max;
    unsigned int periods_min;
    unsigned int periods_max;
    size_t fifo_size;
};
```

该结构体描述了平台本身的硬件限制（或者应该说，它设置了允许的参数），例如，可以支持的通道数/采样率/数据格式、DMA 支持的周期大小范围、周期计数的范围等。在上述数据结构中，范围值、最小周期和最大周期取决于 DMA 控制器、DAI 硬件和编解码器的能力。各个字段的详细解释如下。

- ❑ info：包含此 PCM 的类型和功能。其可能值是所有在 include/uapi/sound/asound.h 中定义的位标志（这意味着用户代码应包含<sound/asound.h>）。

  位标志的形式是 SNDRV_PCM_INFO_XXX。例如，SNDRV_PCM_INFO_MMAP 意味着硬件支持 mmap()系统调用。

  在这里，至少要指定是否支持 mmap()系统调用以及支持哪一种交错格式。

  当支持 mmap()系统调用时，可添加 SNDRV_PCM_INFO_MMAP 标志。

  当硬件支持交错格式时，必须设置 SNDRV_PCM_INFO_INTERLEAVED 标志。当硬件支持非交错格式时，必须设置 SNDRV_PCM_INFO_NONINTERLEAVED 标志。如果两者都支持，则可以同时设置。

- ❑ formats：该字段包含支持格式的位标志（SNDRV_PCM_FMTBIT_XXX）。如果硬件支持多种格式，则可以使用 OR 运算位。

- ❑ rates：该字段包含支持频率的位标志（SNDRV_PCM_RATE_XXX）。

- ❑ rate_min 和 rate_max：分别定义最小和最大采样率。这应该以某种方式对应于前面设置的频率位。

❑ channel_min 和 channel_max：分别定义最小和最大通道数。

❑ buffer_bytes_max：以字节为单位定义最大缓冲区大小。没有 buffer_bytes_min 字段，因为它可以通过最小周期大小和最小周期数计算出来。同时，period_bytes_min 和 period_bytes_max 以字节为单位定义了周期的最小和最大值。

❑ period_max 和 periods_min：定义缓冲区中的最大和最小周期数。

要想理解其他字段，需要介绍一下周期（period）的概念。周期定义了产生 PCM 中断的大小。周期的概念非常重要，一个周期基本上描述了一个中断。它汇总了硬件提供的数据块（chunk）大小。

❑ period_bytes_min：这是作为中断之间处理的字节数写入的 DMA 的最小传输大小。例如，如果 DMA 最少可以传输 2048 个字节，则应写为 2048。

❑ period_bytes_max：这是 DMA 的最大传输大小，也就是中断之间处理的最大字节数。例如，如果 DMA 最多可以传输 4096 个字节，则应写为 4096。

以下是 STM32 I2S DMA 驱动程序中此类 PCM 约束的示例，它在 sound/soc/stm/stm32_i2s.c 中定义：

```
static const struct snd_pcm_hardware stm32_i2s_pcm_hw = {
    .info = SNDRV_PCM_INFO_INTERLEAVED | SNDRV_PCM_INFO_MMAP,
    .buffer_bytes_max = 8 * PAGE_SIZE,
    .period_bytes_max = 2048,
    .periods_min = 2,
    .periods_max = 8,
};
```

在设置之后，此结构体应包含 snd_dmaengine_pcm_config.pcm_hardware 字段，这样 struct snd_dmaengine_pcm_config 对象就可以提供给 devm_snd_dmaengine_pcm_register() 函数。

图 5.4 所示是 ASoC 音频回放流，包括涉及的组件和 PCM 数据流。

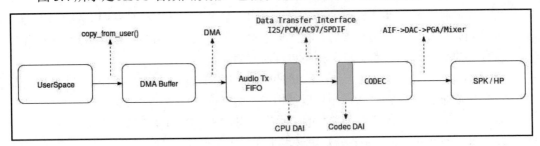

图 5.4　ASoC 音频回放流

原　　文	译　　文
UserSpace	用户空间应用程序
DMA Buffer	DMA 缓冲区
Audio Tx FIFO	音频 Tx FIFO（先进先出）
Data Transfer Interface	数据传输接口

图 5.4 展示了音频回放流和每一步涉及的块。可以看到，音频数据从用户复制到 DMA 缓冲区，然后，DMA 事务将数据移动到平台音频 Tx FIFO，由于它与编解码器的链接（通过它们各自的 DAI），这些数据将被发送到编解码器，以通过扬声器回放音频。采集操作流则相反，只是扬声器被麦克风取代。

有关平台类驱动程序的讨论至此结束。我们详细阐释了它与编解码器类驱动程序共享的数据结构和概念。请注意，编解码器和平台驱动程序需要链接在一起，以便从系统的角度构建真实的音频路径。根据 ASoC 架构，我们还需要掌握另一类驱动程序，即所谓的机器驱动程序，这正是第 6 章的主题。

5.7　小　　结

本章分析了 ASoC 架构，并在此基础上阐述了编解码器驱动程序和平台驱动程序。通过学习这些主题，我们掌握了若干个重要概念，如控件和 widget。

本章讨论了 ASoC 框架与经典 PC ALSA 系统的不同之处，主要针对的是代码可重用性和电源管理实现。

最后要强调的是，平台和编解码器驱动程序不能独立工作。它们需要由负责注册最终音频设备的机器驱动程序绑定在一起，这是第 6 章的重点主题。

第6章 ALSA SoC 框架——深入了解机器类驱动程序

在开始讨论 ALSA SoC（ASoC）框架系列时，我们强调过，平台和编解码器类驱动程序不能单独工作。ASoC 架构的设计方式是平台和编解码器类驱动程序必须绑定在一起才能构建音频设备。这种绑定可以在所谓的机器驱动程序或设备树中完成，每一个机器驱动程序和设备树都是与特定机器相关的。也就是说，机器驱动程序针对特定系统，并且不同的板卡需要不同的机器驱动程序。

本章将重点介绍 ASoC 机器类驱动程序不为人知的内容，并讨论开发人员在需要编写机器类驱动程序时可能遇到的具体情况。

此外，本章还将介绍 Linux ASoC 驱动程序的架构和实现。

本章包含以下主题。

❑ 机器类驱动程序介绍。
❑ 机器路由。
❑ 时钟和格式注意事项。
❑ 声卡注册。
❑ 利用 simple-card 机器驱动程序。

6.1 技 术 要 求

要轻松阅读和理解本章，你需要具备以下条件。

❑ 对设备树概念的深入了解。
❑ 熟悉平台和编解码器类驱动程序（详见第 5 章 "ALSA SoC 框架——利用编解码器和平台类驱动程序"）。
❑ Linux Kernel v4.19.X 源，其下载地址如下：

https://git.kernel.org/pub/scm/linux/kernel/git/stable/linux.git/refs/tags

6.2　机器类驱动程序介绍

编解码器和平台驱动程序不能单独工作。机器驱动程序负责将它们绑定在一起以完成音频信息处理。机器驱动程序类充当描述其他组件驱动程序并将其绑定在一起以形成 ALSA 声卡设备的黏合剂。它管理任何特定于机器的控件和机器级音频事件（例如，在播放开始时打开功放）。

机器驱动程序可描述并将 CPU 数字音频接口（digital audio interface，DAI）和编解码器驱动程序绑定在一起以创建 DAI 链接和 ALSA 声卡。在第 5 章 "ALSA SoC 框架——利用编解码器和平台类驱动程序" 中已经详细介绍了编解码器和平台类驱动程序的每个模块（CPU 和编解码器）公开的 DAI，机器驱动程序可以通过链接 DAI 来连接编解码器驱动程序。它定义了 struct snd_soc_dai_link 结构体并可实例化声卡 struct snd_soc_card。

6.2.1　机器类驱动程序的开发流程

平台和编解码器驱动程序通常是可重用的，但机器驱动程序不行，这是因为它们具有大多数时间都不可重用的特定硬件特性。

这里所谓的硬件特性是指 DAI 之间的链接、通过 GPIO 打开功放、通过 GPIO 检测插件、使用诸如 MCLK/外部 OSC 之类的时钟作为 I2 的时钟参考源、编解码器模块等。一般来说，机器驱动程序的职责包括以下内容。

❑　使用适当的 CPU 和编解码器 DAI 填充 struct snd_soc_dai_link 结构体。

❑　物理编解码器时钟设置（如果有的话）和编解码器初始化主/从配置（如果有的话）。

❑　定义 DAPM widget 以路由物理编解码器内部并根据需要完成 DAPM 路径。

❑　根据需要将运行时采样频率传播到各个编解码器驱动程序。

鉴于此，机器类驱动程序的开发可执行以下流程。

（1）编解码器驱动程序注册组件驱动程序、DAI 驱动程序以及它们的操作函数。

（2）平台驱动程序注册组件驱动程序、PCM 驱动程序、CPU DAI 驱动程序和它们的操作函数，并根据需要设置回放和采集操作。

（3）机器层在编解码器和 CPU 之间创建 DAI 链接并注册声卡和 PCM 设备。

现在我们已经了解了机器类驱动程序的开发流程，接下来从步骤（1）开始展开叙述，这包括填充 DAI 链接。

6.2.2　DAI 链接

DAI 链接是 CPU 和编解码器 DAI 之间链接的逻辑表示。它在 Kernel 中使用 struct snd_soc_dai_link 表示，其定义如下：

```
struct snd_soc_dai_link {
    const char *name;
    const char *stream_name;
    const char *cpu_name;
    struct device_node *cpu_of_node;
    const char *cpu_dai_name;
    const char *codec_name;
    struct device_node *codec_of_node;
    const char *codec_dai_name;

    struct snd_soc_dai_link_component *codecs;
    unsigned int num_codecs;

    const char *platform_name;
    struct device_node *platform_of_node;
    int id;

    const struct snd_soc_pcm_stream *params;
    unsigned int num_params;
    unsigned int dai_fmt;
    enum snd_soc_dpcm_trigger trigger[2];

    /* 编解码器/机器相关初始化
     * 例如，添加机器控件
     */
    int (*init)(struct snd_soc_pcm_runtime *rtd);
    /* 机器流操作 */
    const struct snd_soc_ops *ops;

    /* 无方向 DAI 链接 */
    unsigned int playback_only:1;
    unsigned int capture_only:1;

    /* 在挂起期间保持 DAI 活跃 */
    unsigned int ignore_suspend:1;
    [...]
    /* DPCM 采集和回放支持 */
```

```
    unsigned int dpcm_capture:1;
    unsigned int dpcm_playback:1;

    /* SoC 卡的 DAI 链接列表 */
    struct list_head list;
};
```

ℹ️ **注意:**

完整的 snd_soc_dai_link 数据结构体定义可访问如下链接:

https://elixir.bootlin.com/linux/v4.19/source/include/sound/soc.h#L880

此链接是在机器驱动程序中设置的。它应该指定 cpu_dai、codec_dai 和使用的平台。在设置完成之后, DAI 链接将被输送到表示声卡的 struct snd_soc_card。

struct snd_soc_dai_link 结构体中的元素解释如下。

❑ name: 这是任意选择的。它可以是任何内容。

❑ codec_dai_name: 这必须与编解码器芯片驱动程序中的 snd_soc_dai_driver.name 字段相匹配。编解码器可能有一个或多个 DAI。开发人员可参考编解码器驱动程序来识别 DAI 名称。

❑ cpu_dai_name: 该名称必须与 CPU DAI 驱动程序中的 snd_soc_dai_driver.name 字段相匹配。

❑ stream_name: 这是该链接的流名称。

❑ init: 这是 DAI 链接初始化回调函数。它通常用于添加与 DAI 链接相关的 widget 或其他类型的一次性设置。

❑ dai_fmt: 这应该使用支持的格式和时钟配置进行设置,同时对于 CPU 和 CODEC DAI 驱动程序来说应该是一致的。稍后将介绍该字段的可能位标志。

❑ ops: 该字段属于 struct snd_soc_ops 类型。它应该与 DAI 链接的机器级 PCM 操作一起设置, 包括 startup、hw_params、prepare、trigger、hw_free、shutdown 等。稍后将详细介绍该字段。

❑ codec_name: 如果已经设置, 则这应该是编解码器驱动程序的名称, 如 platform_driver.driver.name 或 i2c_driver.driver.name。

❑ codec_of_node: 这是与编解码器关联的设备树节点。

❑ cpu_name: 如果已经设置, 则这应该是 CPU DAI 驱动程序 CPU 的名称。

❑ cpu_of_node: 这是与 CPU DAI 关联的设备树节点。

❑ platform_name 或 platform_of_node: 这是对提供 DMA 功能的平台节点的名称或 DT 节点引用。

❑ playback_only 和 capture_only：仅在单向链接的情况下使用，如 SPDIF。如果这是一个仅输出链接（仅回放），则 playback_only 和 capture_only 必须分别设置为 true 和 false。而对于仅输入链接，则应使用相反的值。

在大多数情况下，.cpu_of_node 和.platform_of_node 是相同的，因为 CPU DAI 驱动程序和 DMA PCM 驱动程序是由同一设备实现的。也就是说，你必须通过名称或 of_node 指定链接的编解码器，但不能同时使用两者。你必须对 CPU 和平台执行相同操作。但是，必须至少指定 CPU DAI 名称或 CPU 设备名称/节点之一。这可以概括如下：

```
if (link->platform_name && link->platform_of_node)
    ==> Error
if (link->cpu_name && link->cpu_of_node)
    ==> Eror
if (!link->cpu_dai_name && !(link->cpu_name || link->cpu_of_node))
    ==> Error
```

6.2.3　获取 CPU 和编解码器节点

现在有一个关键点值得注意，即如何在 DAI 链接中引用平台或 CPU 节点。稍后我们会回答这个问题，现在首先要考虑的是以下两个设备节点。第一个（ssi1）是 i.mx6 SoC 的 SSI cpu-dai 节点。第二个节点（sgtl5000）代表的是 sgtl5000 编解码芯片：

```
ssi1: ssi@2028000 {
    #sound-dai-cells = <0>;
    compatible = "fsl,imx6q-ssi", "fsl,imx51-ssi";
    reg = <0x02028000 0x4000>;
    interrupts = <0 46 IRQ_TYPE_LEVEL_HIGH>;
    clocks = <&clks IMX6QDL_CLK_SSI1_IPG>,
            <&clks IMX6QDL_CLK_SSI1>;
    clock-names = "ipg", "baud";
    dmas = <&sdma 37 1 0>, <&sdma 38 1 0>;
    dma-names = "rx", "tx";
    fsl,fifo-depth = <15>;
    status = "disabled";
};

&i2c0{
    sgtl5000: codec@0a {
        compatible = "fsl,sgtl5000";
        #sound-dai-cells = <0>;
        reg = <0x0a>;
```

```
        clocks = <&audio_clock>;
        VDDA-supply = <&reg_3p3v>;
        VDDIO-supply = <&reg_3p3v>;
        VDDD-supply = <&reg_1p5v>;
    };
};
```

ℹ️ 注意：

在上面的 SSI 节点中，可以看到 dma-names = "rx", "tx"; 属性，这是 pcmdmaengine 框架请求的预期 DMA 通道名称。这也可能表明 CPU DAI 和平台 PCM 由同一节点表示。

现在假设有一个将 i.MX6 SoC 连接到 sgtl5000 音频编解码器的系统，常见的做法如下：机器驱动程序通过引用这些节点（实际上是它们的 phandle）作为其属性来获取 CPU 或编解码器设备树节点。这样，开发人员就可以只使用 OF 辅助函数之一（如 of_parse_phandle()）来获取这些节点的引用。

以下是一个机器节点的示例，它通过一个 OF 节点来引用编解码器和平台：

```
sound {
    compatible = "fsl,imx51-babbage-sgtl5000",
                "fsl,imx-audio-sgtl5000";
    model = "imx51-babbage-sgtl5000";
    ssi-controller = <&ssi1>;
    audio-codec = <&sgtl5000>;
    [...]
};
```

在上述机器节点中可以看到，编解码器和 CPU 分别通过 audio-codec 和 ssi-controller 属性传递，传递的方法是引用它们的 phandle。

只要机器驱动程序是由开发人员自己编写的，那么这些属性名称就不会是标准化的（当然，如果你使用的是 simple-card 机器驱动程序，则又另当别论，因为它需要一些预定义的名称）。在机器驱动程序中，你将看到以下类似内容：

```
static int imx_sgtl5000_probe(struct platform_device *pdev)
{
    struct device_node *np = pdev->dev.of_node;
    struct device_node *ssi_np, *codec_np;
    struct imx_sgtl5000_data *data = NULL;
    int int_port, ext_port; int ret;
    [...]
    ssi_np = of_parse_phandle(pdev->dev.of_node, "ssi-controller", 0);
    codec_np = of_parse_phandle(pdev->dev.of_node, "audio-codec", 0);
```

```
    if (!ssi_np || !codec_np) {
        dev_err(&pdev->dev, "phandle missing or invalid\n");
        ret = -EINVAL;
        goto fail;
    }

    data = devm_kzalloc(&pdev->dev, sizeof(*data), GFP_KERNEL);
    if (!data) {
        ret = -ENOMEM;
        goto fail;
    }

    data->dai.name = "HiFi";
    data->dai.stream_name = "HiFi";
    data->dai.codec_dai_name = "sgtl5000";
    data->dai.codec_of_node = codec_np;
    data->dai.cpu_of_node = ssi_np;
    data->dai.platform_of_node = ssi_np;
    data->dai.init = &imx_sgtl5000_dai_init;

    data->card.dev = &pdev->dev;
    [...]
};
```

可以看到，上述代码片段使用了 of_parse_phandle() 来获取节点引用。

这是 imx_sgtl5000 机器驱动程序的代码片段，它来自于 Kernel 源代码的 sound/soc/fsl/imx-sgtl5000.c。

现在我们已经熟悉了 DAI 链接的处理方式，接下来可以从机器驱动程序内部进行音频路由，以定义音频数据应该遵循的路径。

6.3　机　器　路　由

机器驱动程序可以更改（或者追加）在编解码器中定义的路由。例如，它可以最终决定必须使用哪些编解码器引脚。

6.3.1　编解码器引脚

编解码器引脚（codec pin）可以连接到板卡接口（board connector）。可用的编解码

器引脚在编解码器驱动程序中使用 SND_SOC_DAPM_INPUT 和 SND_SOC_DAPM_
OUTPUT 宏定义。可以在编解码器驱动程序中使用 grep 命令搜索这些宏，以找到可用的
引脚。

例如，sgtl5000 编解码器驱动程序定义了以下输出和输入：

```
static const struct snd_soc_dapm_widget sgtl5000_dapm_widgets[] = {
    SND_SOC_DAPM_INPUT("LINE_IN"),
    SND_SOC_DAPM_INPUT("MIC_IN"),

    SND_SOC_DAPM_OUTPUT("HP_OUT"),
    SND_SOC_DAPM_OUTPUT("LINE_OUT"),
    SND_SOC_DAPM_SUPPLY("Mic Bias", SGTL5000_CHIP_MIC_CTRL, 8, 0,
                        mic_bias_event,
                        SND_SOC_DAPM_POST_PMU |
                        SND_SOC_DAPM_PRE_PMD),
    [...]
};
```

接下来，我们来看看这些引脚如何连接到板卡。

6.3.2　板卡接口

板卡接口（board connector）在机器驱动程序中定义，其位于 struct snd_soc_card 的
struct snd_soc_dapm_widget 部分中。

大多数时候，这些板卡接口是虚拟的。它们只是与编解码器引脚（这是真实的）连
接的逻辑表示。

例如，imx-sgtl5000 机器驱动程序定义的接口如下所示：

```
static const struct snd_soc_dapm_widget imx_sgtl5000_dapm_widgets[] = {
    SND_SOC_DAPM_MIC("Mic Jack", NULL),
    SND_SOC_DAPM_LINE("Line In Jack", NULL),
    SND_SOC_DAPM_HP("Headphone Jack", NULL),
    SND_SOC_DAPM_SPK("Line Out Jack", NULL),
    SND_SOC_DAPM_SPK("Ext Spk", NULL),
};
```

该驱动程序详见 sound/soc/fsl/imx-sgtl5000.c，其文档详见 Documentation/devicetree/
bindings/sound/imx-audio-sgtl5000.txt。

接下来，让我们看看如何将这个接口连接到编解码器引脚。

6.3.3　机器路由

最终的机器路由可以是静态的（即从机器驱动程序本身内部填充）或从设备树内部填充。

此外，机器驱动程序可以选择扩展编解码器功率映射，使之成为音频子系统的音频功率映射，方法是连接到已经在编解码器驱动程序中定义的供电 widget，后者是使用 SND_SOC_DAPM_SUPPLY 或 SND_SOC_DAPM_REGULATOR_SUPPLY 定义的。

6.3.4　设备树路由

现在来看一个机器节点的示例，它将 i.MX6 SoC 连接到一个 sgtl5000 编解码器（该代码片段可以在机器驱动程序的文档中找到）：

```
sound {
    compatible = "fsl,imx51-babbage-sgtl5000",
                 "fsl,imx-audio-sgtl5000";
    model = "imx51-babbage-sgtl5000";
    ssi-controller = <&ssi1>;
    audio-codec = <&sgtl5000>;
    audio-routing = "MIC_IN", "Mic Jack",
                    "Mic Jack", "Mic Bias",
                    "Headphone Jack", "HP_OUT";
    [...]
};
```

来自设备树的路由期望以某种格式给出音频映射。也就是说，条目被解析为字符串对，第一个是连接的接收方，第二个是连接的源。大多数情况下，这些连接被具体化为编解码器引脚和板卡接口的映射。源和接收方的有效名称取决于硬件绑定，如下所示。

❑　编解码器：使用名称定义引脚。

❑　机器：使用名称定义接口或插孔（jack）。

在上面代码片段中，可以看到 MIC_IN、HP_OUT 和 Mic Bias 等，它们是编解码器引脚（来自编解码器驱动程序），另外还可以看到 Mic Jack 和 Headphone Jack 等，它们已在机器驱动程序中定义为板卡接口。

为了使用设备树（DT）中定义的路由，机器驱动程序必须调用 snd_soc_of_parse_audio_routing()，它具有以下原型：

```
int snd_soc_of_parse_card_name(struct snd_soc_card *card,
                               const char *prop);
```

在上面的原型中，card 表示解析路由的声卡；prop 是设备树节点中包含路由的属性
名称。该函数在成功时返回 0，在错误时返回负值错误代码。

6.3.5　静态路由

静态路由包括从机器驱动程序定义一个 DAPM 路由映射并将其直接分配给声卡，具
体示例如下：

```
static const struct snd_soc_dapm_widget rk_dapm_widgets[] = {
    SND_SOC_DAPM_HP("Headphone", NULL),
    SND_SOC_DAPM_MIC("Headset Mic", NULL),
    SND_SOC_DAPM_MIC("Int Mic", NULL),
    SND_SOC_DAPM_SPK("Speaker", NULL),
};

/* 连接到编解码器引脚 */
static const struct snd_soc_dapm_route rk_audio_map[] = {
    {"IN34", NULL, "Headset Mic"},
    {"Headset Mic", NULL, "MICBIAS"},
    {"DMICL", NULL, "Int Mic"},
    {"Headphone", NULL, "HPL"},
    {"Headphone", NULL, "HPR"},
    {"Speaker", NULL, "SPKL"},
    {"Speaker", NULL, "SPKR"},
};

static struct snd_soc_card snd_soc_card_rk = {
    .name = "ROCKCHIP-I2S",
    .owner = THIS_MODULE,
[...]
    .dapm_widgets = rk_dapm_widgets,
    .num_dapm_widgets = ARRAY_SIZE(rk_dapm_widgets),
    .dapm_routes = rk_audio_map,
    .num_dapm_routes = ARRAY_SIZE(rk_audio_map),
    .controls = rk_mc_controls,
    .num_controls = ARRAY_SIZE(rk_mc_controls),
};
```

上面的代码片段摘自 sound/soc/rockchip/rockchip_rt5645.c。通过这种方式使用它时，

就没有必要使用 snd_soc_of_parse_audio_routing()。当然，使用这种方法也有一个缺点，那就是如果不重新编译内核，就无法更改路由。

接下来，我们将研究时钟和格式注意事项。

6.4　时钟和格式注意事项

在深入研究时钟和格式设置的注意事项之前，不妨先来看看 snd_soc_dai_link->ops 字段。该字段的类型为 struct snd_soc_ops，其定义如下：

```
struct snd_soc_ops {
    int (*startup)(struct snd_pcm_substream *);
    void (*shutdown)(struct snd_pcm_substream *);
    int (*hw_params)(struct snd_pcm_substream *, struct snd_pcm_hw_params *);
    int (*hw_free)(struct snd_pcm_substream *);
    int (*prepare)(struct snd_pcm_substream *);
    int (*trigger)(struct snd_pcm_substream *, int);
};
```

该结构体中的回调函数字段应该会让你想起在 snd_soc_dai_driver->ops 字段中定义的那些函数，它的类型是 struct snd_soc_dai_ops。

在 DAI 链接中，这些回调函数表示 DAI 链接的机器级 PCM 操作，而在 struct snd_soc_dai_driver 中，它们要么是与特定编解码器 DAI 相关的，要么是与特定 CPU DAI 相关的。

在打开 PCM 子流时（即当打开采集/回放设备时），ALSA 将调用 startup()，而在设置音频流时则调用 hw_params()。机器驱动程序可以从这两个回调函数中配置 DAI 链接数据格式。hw_params()提供了接收流参数（通道数、格式、采样率等）的优势。

CPU DAI 和编解码器的数据格式配置要一致。

6.4.1　时钟和格式设置辅助函数

ASoC 核心提供了辅助函数来更改这些配置。具体如下所示：

```
int snd_soc_dai_set_fmt(struct snd_soc_dai *dai, unsigned int fmt)
int snd_soc_dai_set_pll(struct snd_soc_dai *dai, int pll_id,
                        int source, unsigned int freq_in,
                        unsigned int freq_out)
int snd_soc_dai_set_sysclk(struct snd_soc_dai *dai, int clk_id,
```

```
                          unsigned int freq, int dir)
int snd_soc_dai_set_clkdiv(struct snd_soc_dai *dai, int div_id, int div)
```

在上面的辅助函数列表中，各字段解释如下。

- ❑ snd_soc_dai_set_fmt 可为时钟主从关系、音频格式和信号反转等设置 DAI 格式。
- ❑ snd_soc_dai_set_pll 可配置时钟 PLL。
- ❑ snd_soc_dai_set_sysclk 可配置时钟源。
- ❑ snd_soc_dai_set_clkdiv 可配置时钟分频器。

这些辅助函数中的每一个都将在底层 DAI 的驱动程序操作中调用适当的回调函数。例如，使用 CPU DAI 调用 snd_soc_dai_set_fmt()辅助函数时，将会调用此 CPU DAI 的 dai->driver->ops->set_fmt 回调函数。

接下来，我们将分别介绍可以分配给 DAI 或 dai_link.format 字段的格式/标志的实际列表。它可以分为格式、时钟源和时钟分频器 3 类。

6.4.2 格式

格式可通过 snd_soc_dai_set_fmt()辅助函数配置，具体包括时钟主从关系、音频格式和信号反转等设置。

1．时钟主从关系

与时钟主从关系相关的标志包括以下 3 部分。

（1）SND_SOC_DAIFMT_CBM_CFM：CPU 是位时钟（bit clock）和帧同步（frame sync）的从属（slave）。这也意味着编解码器是两者的主控（master）。

（2）SND_SOC_DAIFMT_CBS_CFS：CPU 是位时钟和帧同步的主控。这也意味着编解码器是两者的从属。

（3）SND_SOC_DAIFMT_CBM_CFS：CPU 是位时钟的从属和帧同步的主控。这也意味着编解码器是前者的主控和后者的从属。

2．音频格式

与音频格式相关的标志包括以下 9 部分。

（1）SND_SOC_DAIFMT_DSP_A：帧同步为 1 位时钟宽度，1 位延迟。

（2）SND_SOC_DAIFMT_DSP_B：帧同步为 1 位时钟宽度，0 位延迟。此格式可用于 TDM 协议。

（3）SND_SOC_DAIFMT_I2S：帧同步为 1 个音频字宽，1 位延迟，I2S 模式。

（4）SND_SOC_DAIFMT_RIGHT_J：右对齐模式。

（5）SND_SOC_DAIFMT_LEFT_J：左对齐模式。

（6）SND_SOC_DAIFMT_DSP_A：帧同步为 1 位时钟宽度，1 位延迟。

（7）SND_SOC_DAIFMT_AC97：AC97 模式。

（8）SND_SOC_DAIFMT_PDM：脉冲密度调制（pulse density modulation，PDM）。

（9）SND_SOC_DAIFMT_DSP_B：帧同步为 1 位时钟宽度，1 位延迟。

3．信号反转

与信号反转（signal inversion）相关的标志包括以下 4 部分。

（1）SND_SOC_DAIFMT_NB_NF：正常位时钟（normal bit clock），正常帧同步（normal frame sync）。CPU 发送器在位时钟的下降沿移出数据，接收方在上升沿采样数据。CPU 帧同步发生器在帧同步的上升沿启动帧。CPU 侧的 I2S 推荐使用该参数。

（2）SND_SOC_DAIFMT_NB_IF：正常位时钟，反转帧同步。CPU 发送器在位时钟的下降沿移出数据，接收方在上升沿采样数据。CPU 帧同步发生器在帧同步的下降沿启动帧。

（3）SND_SOC_DAIFMT_IB_NF：反转位时钟，正常帧同步。CPU 发送器在位时钟的上升沿移出数据，接收方在下降沿采样数据。CPU 帧同步发生器在帧同步的上升沿启动帧。

（4）SND_SOC_DAIFMT_IB_IF：反转位时钟，反转帧同步。CPU 发送器在位时钟的上升沿移出数据，接收方在下降沿采样数据。CPU 帧同步发生器在帧同步的下降沿启动帧。此配置可用于 PCM 模式（如蓝牙或基于调制解调器的音频芯片）。

6.4.3　时钟源

时钟源可通过 snd_soc_dai_set_sysclk()辅助函数配置。以下是让 ALSA 知道使用哪个时钟的方向参数。

（1）SND_SOC_CLOCK_IN：这意味着将内部时钟用于系统时钟。

（2）SND_SOC_CLOCK_OUT：这意味着将外部时钟用于系统时钟。

6.4.4　时钟分频器

时钟分频器（clock divider）可以通过 snd_soc_dai_set_clkdiv()辅助函数配置。

6.4.5　时钟和格式设置的典型实现

前面介绍的诸多标志可以在 dai_link->dai_fmt 字段中设置，也可以是从机器驱动程序中分配给编解码器或 CPU DAI 的可能值。下面是一个典型的 hw_param()实现：

```
static int foo_hw_params(struct snd_pcm_substream *substream,
                         struct snd_pcm_hw_params *params)
{
    struct snd_soc_pcm_runtime *rtd = substream->private_data;
    struct snd_soc_dai *codec_dai = rtd->codec_dai;
    struct snd_soc_dai *cpu_dai = rtd->cpu_dai;
    unsigned int pll_out = 24000000;
    int ret = 0;

    /* 设置 CPU DAI 配置 */
    ret = snd_soc_dai_set_fmt(cpu_dai, SND_SOC_DAIFMT_I2S |
                                SND_SOC_DAIFMT_NB_NF |
                                SND_SOC_DAIFMT_CBM_CFM);
    if (ret < 0)
        return ret;

    /* 设置编解码器 DAI 配置 */
    ret = snd_soc_dai_set_fmt(codec_dai, SND_SOC_DAIFMT_I2S |
                                SND_SOC_DAIFMT_NB_NF |
                                SND_SOC_DAIFMT_CBM_CFM);
    if (ret < 0)
        return ret;

    /* 设置编解码器 PLL */
    ret = snd_soc_dai_set_pll(codec_dai, WM8994_FLL1, 0,
                                pll_out, params_rate(params) * 256);
    if (ret < 0)
        return ret;

    /* 设置编解码器系统时钟 */
    ret = snd_soc_dai_set_sysclk(codec_dai, WM8994_SYSCLK_FLL1,
                    params_rate(params) * 256, SND_SOC_CLOCK_IN);
    if (ret < 0)
        return ret;

    return 0;
}
```

在上述 foo_hw_params()函数的实现中，可以看到如何配置编解码器和平台 DAI，以及格式和时钟设置。

接下来我们将讨论机器驱动程序实现的最后一步，即注册声卡。声卡是在系统上执行音频操作的设备。

6.5　声　卡　注　册

声卡在 Kernel 中表示为 struct snd_soc_card 的一个实例，其定义如下：

```
struct snd_soc_card {
    const char *name;
    struct module *owner;
    [...]
    /* 回调函数 */
    int (*set_bias_level)(struct snd_soc_card *,
                        struct snd_soc_dapm_context *dapm,
                        enum snd_soc_bias_level level);
    int (*set_bias_level_post)(struct snd_soc_card *,
                            struct snd_soc_dapm_context *dapm,
                            enum snd_soc_bias_level level);
    [...]
    /* CPU <--> Codec DAI 链接 */
    struct snd_soc_dai_link *dai_link;
    int num_links;
    const struct snd_kcontrol_new *controls;
    int num_controls;

    const struct snd_soc_dapm_widget *dapm_widgets;
    int num_dapm_widgets;
    const struct snd_soc_dapm_route *dapm_routes;
    int num_dapm_routes;
    const struct snd_soc_dapm_widget *of_dapm_widgets;
    int num_of_dapm_widgets;
    const struct snd_soc_dapm_route *of_dapm_routes;
    int num_of_dapm_routes;
    [...]
};
```

为方便阅读，这里只列出了相关字段，有关完整定义可访问以下网址：

https://elixir.bootlin.com/linux/v4.19/source/include/sound/soc.h#L1010

该结构体的字段解释如下。

❑　name：声卡的名称。

- ❑ owner：此声卡的模块所有者。
- ❑ dai_link：组成此声卡的 DAI 链接的数组，num_links 可指定该数组中的条目数。
- ❑ controls：这是一个数组，其中包含由机器驱动程序静态定义和设置的控件，num_controls 可指定该数组中的条目数。
- ❑ dapm_widgets：这是一个数组，其中包含由机器驱动程序静态定义和设置的 DAPM widget，num_dapm_widgets 可指定该数组中的条目数。
- ❑ damp_routes：这是一个数组，其中包含由机器驱动程序静态定义和设置的 DAPM 路由，num_dapm_routes 可指定该数组中的条目数。
- ❑ of_dapm_widgets：表示从设备树（DT）馈送的 DAPM widget（通过 snd_soc_of_parse_audio_simple_widgets()），而 num_of_dapm_widgets 则是指 widget 条目的实际数量。
- ❑ of_dapm_routes：表示从设备树（DT）馈送的 DAPM 路由（通过 snd_soc_of_parse_audio_routing()），num_of_dapm_routes 是指路由条目的实际数量。

在设置好声卡结构体之后，机器可以使用 devm_snd_soc_register_card() 函数对它进行注册，该函数的原型如下：

```
int devm_snd_soc_register_card(struct device *dev,
                               struct snd_soc_card *card);
```

在上面的原型中，dev 代表用于管理声卡的底层设备；card 是之前设置的实际声卡数据结构。此函数在成功时返回 0。但是，在调用此函数时，将探测每个组件驱动程序和 DAI 驱动程序。因此，它将为 CPU 和编解码器调用 component_driver->probe() 和 dai_driver->probe() 方法。

此外，它还将为每个成功探测到的 DAI 链接创建一个新的 PCM 设备。

以下代码片段来自使用 MAX90809 编解码器的板卡的 Rockchip 机器 ASoC 驱动程序，MAX90809 编解码器在 Kernel 源的 sound/soc/rockchip/rockchip_max98090.c 中实现。该代码演示了整个声卡创建过程，从 widget 到路由，还包括 DAI 链接配置等。它首先为机器定义了一个 widget 和控件，以及用于配置 CPU 和编解码器 DAI 的回调函数：

```
static const struct snd_soc_dapm_widget rk_dapm_widgets[] = {
    [...]
};
static const struct snd_soc_dapm_route rk_audio_map[] = {
    [...]
};

static const struct snd_kcontrol_new rk_mc_controls[] = {
```

```
    SOC_DAPM_PIN_SWITCH("Headphone"),
    SOC_DAPM_PIN_SWITCH("Headset Mic"),
    SOC_DAPM_PIN_SWITCH("Int Mic"),
    SOC_DAPM_PIN_SWITCH("Speaker"),
};

static const struct snd_soc_ops rk_aif1_ops = {
    .hw_params = rk_aif1_hw_params,
};

static struct snd_soc_dai_link rk_dailink = {
    .name = "max98090",
    .stream_name = "Audio",
    .codec_dai_name = "HiFi",
    .ops = &rk_aif1_ops,
    /* 将 max98090 设置为从设备 */
    .dai_fmt = SND_SOC_DAIFMT_I2S | SND_SOC_DAIFMT_NB_NF |
            SND_SOC_DAIFMT_CBS_CFS,
};
```

在原始代码实现文件中，还可以看到 rk_aif1_hw_params。

现在来看看用于构建声卡的数据结构体，其定义如下：

```
static struct snd_soc_card snd_soc_card_rk = {
    .name = "ROCKCHIP-I2S",
    .owner = THIS_MODULE,
    .dai_link = &rk_dailink,
    .num_links = 1,
    .dapm_widgets = rk_dapm_widgets,
    .num_dapm_widgets = ARRAY_SIZE(rk_dapm_widgets),
    .dapm_routes = rk_audio_map,
    .num_dapm_routes = ARRAY_SIZE(rk_audio_map),
    .controls = rk_mc_controls,
    .num_controls = ARRAY_SIZE(rk_mc_controls),
};
```

该声卡最终在驱动程序 probe 方法中创建如下：

```
static int snd_rk_mc_probe(struct platform_device *pdev)
{
    int ret = 0;
    struct snd_soc_card *card = &snd_soc_card_rk;
    struct device_node *np = pdev->dev.of_node;
    [...]
```

```
card->dev = &pdev->dev;
/* 分配编解码器、CPU 和平台节点 */
rk_dailink.codec_of_node = of_parse_phandle(np,
                            "rockchip,audio-codec", 0);
rk_dailink.cpu_of_node = of_parse_phandle(np,
                        "rockchip,i2s-controller", 0);
rk_dailink.platform_of_node = rk_dailink.cpu_of_node;
[...]
ret = snd_soc_of_parse_card_name(card, "rockchip,model");
ret = devm_snd_soc_register_card(&pdev->dev, card);
[...]
}
```

同样，前面 3 个代码块摘自 sound/soc/rockchip/rockchip_max98090.c。

至此，我们已经了解了机器驱动程序的主要用途，就是将编解码器和 CPU 驱动程序绑定在一起，以定义音频路径。

在某些情况下，我们并不需要这么多的代码，例如，当 CPU 和编解码器绑定在一起之前不需要特殊处理时，就不需要开发自定义的机器驱动程序。在这种情况下，ASoC 框架提供了简单板卡机器驱动程序（simple-card machine driver），这也是在 6.6 节中将要介绍的内容。

6.6　利用 simple-card 机器驱动程序

在 Linux Kernel 中支持以两种方式创建声卡，一种是传统的编写自定义机器驱动程序方式，另一种则是 simple-card 框架。

6.6.1　simple-audio 机器驱动程序

在某些情况下，你的板卡并不需要来自编解码器或 CPU DAI 的特殊处理。ASoC 核心对于这种情况提供了 simple-audio 机器驱动程序，可用于从设备树描述整个声卡。以下是这样一个节点的代码片段：

```
sound {
    compatible ="simple-audio-card";
    simple-audio-card,name ="VF610-Tower-Sound-Card";
    simple-audio-card,format ="left_j";
    simple-audio-card,bitclock-master = <&dailink0_master>;
    simple-audio-card,frame-master = <&dailink0_master>;
```

```
simple-audio-card,widgets ="Microphone","Microphone Jack",
                            "Headphone","Headphone Jack",
                            "Speaker","External Speaker";
simple-audio-card,routing ="MIC_IN","Microphone Jack",
                            "Headphone Jack","HP_OUT",
                            "External Speaker","LINE_OUT";

simple-audio-card,cpu {
    sound-dai = <&sh_fsi20>;
};
dailink0_master: simple-audio-card,codec {
    sound-dai = <&ak4648>;
    clocks = <&osc>;
};
};
```

上述代码在 Documentation/devicetree/bindings/sound/simple-card.txt 中有完整的说明文档。在上面的代码片段中，可以看到指定的机器 widget 和路由映射，以及引用的编解码器和 CPU 节点。

现在我们已经熟悉了 simple-card 机器驱动程序，如果能够对它善加利用，则可以尽量少地编写我们自己的机器驱动程序。话虽如此，有些情况下编解码器设备是无法分离的，这也会改变机器驱动程序的编写方式。此类音频设备称为无编解码器声卡（codec-less sound Card），这也是 6.6.2 节我们将要讨论的内容。

6.6.2　无编解码器声卡

在实际操作中可能存在从外部系统采样数字音频数据的情况（如使用 SPDIF 接口时），数据因此会被预先格式化。在这种情况下，声卡注册是相同的，但 ASoC 核心需要注意这种特殊情况。

对于输出来说，DAI 链接对象的.capture_only 字段应为 false，而.playback_only 应为 true。对于输入来说，则完全反过来。

此外，机器驱动程序必须将 DAI 链接的 codec_dai_name 和 codec_name 分别设置为 snd-soc-dummy-dai 和 snd-soc-dummy。

例如，imx-spdif 机器驱动程序（sound/soc/fsl/imx-spdif.c）就是这种情况，其中包含以下代码片段：

```
data->dai.name = "S/PDIF PCM";
data->dai.stream_name = "S/PDIF PCM";
```

```
data->dai.codecs->dai_name = "snd-soc-dummy-dai";
data->dai.codecs->name = "snd-soc-dummy";
data->dai.cpus->of_node = spdif_np;
data->dai.platforms->of_node = spdif_np;
data->dai.playback_only = true;
data->dai.capture_only = true;

if (of_property_read_bool(np, "spdif-out"))
    data->dai.capture_only = false;
if (of_property_read_bool(np, "spdif-in"))
    data->dai.playback_only = false;
if (data->dai.playback_only && data->dai.capture_only) {
    dev_err(&pdev->dev, "no enabled S/PDIF DAI link\n");
    goto end;
}
```

你可以在 Documentation/devicetree/bindings/sound/imx-audio-spdif.txt 中找到此驱动程序的绑定文档。

有关机器类驱动程序的内容至此结束。现在我们已经完成了整个 ASoC 类驱动程序的开发。在对机器类驱动程序的介绍中，除了 CPU 和编解码器绑定、回调函数设置，我们还讨论了如何使用 simple-card 机器驱动程序并在设备树中实现其余部分。

6.7　小　　结

本章详细介绍了 ASoC 机器类驱动程序的架构，它代表了这个 ASoC 系列的最后一个元素。我们已经学习了如何绑定平台和子设备驱动程序，以及如何定义音频数据的路由。

第 7 章将介绍另一个 Linux 媒体子系统，即 V4L2，它可用于处理视频设备。

第 7 章 V4L2 和视频采集设备驱动程序揭秘

视频长期以来一直是嵌入式系统中固有的。鉴于 Linux 是此类系统中最受欢迎的内核，因此它也原生嵌入了对视频的支持，这就是所谓的 V4L2，它代表的是 Video 4 (for) Linux 2。请注意，这里的 2 不是指 Linux 的版本，而是指 V4L 的版本，因为此前还有第一版本 V4L。V4L2 通过内存管理功能和其他元素来增强 V4L，使该框架尽可能通用。通过 V4L2 框架，Linux Kernel 能够处理相机设备和它们所连接的桥接设备，以及相关的 DMA 引擎等。

本章将从框架的架构介绍开始，了解它的组织方式，并逐步了解它所包含的主要数据结构。然后，我们将学习如何设计和编写负责 DMA 操作的桥接设备驱动程序，最后，还将深入研究子设备驱动程序。

本章包含以下主题。

❑ 框架架构和主要数据结构。

❑ 桥接视频设备驱动程序。

❑ 关于子设备。

❑ V4L2 控件基础结构。

7.1 技 术 要 求

要轻松阅读和理解本章，你需要具备以下条件。

❑ 高级计算机架构知识和 C 语言编程技巧。

❑ Linux Kernel v4.19.X 源，其下载地址如下：

https://git.kernel.org/pub/scm/linux/kernel/git/stable/linux.git/refs/tags

7.2 框架架构和主要数据结构

视频设备正变得越来越复杂。在此类设备中，硬件通常包含多个需要以受控方式相互协作的集成 IP，这会导致复杂的 V4L2 驱动程序。因此，在深入研究代码之前，我们需要先清晰理解其架构，而这正是本节要解决的问题。

7.2.1　V4L2 架构简介

众所周知，驱动程序在编程中通常反映其硬件模型。在 V4L2 上下文中，不同的 IP 组件被建模为称为子设备（sub-devices）的软件块。V4L2 子设备通常仅指内核对象。此外，如果 V4L2 驱动程序实现了媒体设备 API（详见第 8 章"集成 V4L2 异步和媒体控制器框架"），则这些子设备将自动从媒体实体继承，允许应用程序枚举子设备和发现硬件拓扑（使用媒体框架的实体、接口和与链接相关的枚举 API）。

尽管使子设备可被发现，驱动程序同样可以决定让应用程序以一种直接的方式配置它们。当子设备驱动程序和 V4L2 设备驱动程序都支持这一点时，子设备将具有一个字符设备（character device）节点，在该节点上可以调用 ioctls（这代表的是 input/output controls，输入/输出控件）以查询、读取和写入子设备功能（包括控件），甚至还可以在各个子设备接口上协商图像格式。

在驱动程序层面，V4L2 为驱动程序的开发者做了很多工作，他们只需要实现与硬件相关的代码、注册相关的设备即可。

在进一步讨论之前，我们必须先介绍几个构成 V4L2 核心的重要结构体。

❏　struct v4l2_device：硬件设备可能包含多个子设备，例如，除采集设备之外的电视卡，它还可能包含 VBI 设备或 FM 调谐器。v4l2_device 是所有这些设备的根节点，负责管理所有子设备。

❏　struct video_device：该结构体的主要目的是提供众所周知的/dev/videoX 或 /dev/v4l-subdevX 设备节点。

该结构体主要抽象了采集接口，也称为桥接接口（bridge interface）——桥接是因为它将数据线中的数据传送到内核内存。这将始终是 SoC 的一部分或连接到高速总线（如 PCI）。

尽管子设备也继承自这种结构体（它们的使用方式与桥接不同），但仅限于公开其/dev/v4l-subdevX 节点及其文件操作。在子设备驱动程序中，只有核心才能访问底层子设备中的这个结构体。

❏　struct vb2_queue：这是视频驱动程序中的主要数据结构体，因为它与 struct vb2_v4l2_buffer 一起用于数据流的实际逻辑和 DMA 操作的中心部分。

❏　struct v4l2_subdev：这是负责在 SoC 的视频系统中实现特定功能和抽象特定功能的子设备。

struct video_device 可以看作是所有设备和子设备的基类。当我们编写自己的驱动程序时，对这个数据结构的访问可能是直接的——如果正在处理桥接驱动程序的话，那么就需要直接访问该数据结构；另一方面，如果正在处理子设备的话，因为子设备 API 抽象并隐藏了底层的 struct video_device 结构体（该结构体已嵌入到每个子设备的数据结构中），那么对它的访问就是间接的。

现在我们已经知道了 V4L2 框架是由哪些数据结构组成的，并且还了解了这些数据结构之间的关系和它们各自的目的，接下来需要深入研究一些细节，例如，如何在系统中初始化和注册 V4L2 设备。

7.2.2　初始化和注册 V4L2 设备

在被使用或成为系统的一部分之前，V4L2 设备必须被初始化和注册，这也是本小节要讨论的主题。

一旦理解了框架的架构，我们就可以开始深入研究一些代码实例。在 Kernel 中，V4L2 设备是 struct v4l2_device 结构体的一个实例。这是媒体框架中最高的数据结构，维护媒体管道所包含的子设备列表，并充当桥接设备的父设备。

V4L2 驱动程序应该包括<media/v4l2-device.h>，这将引入 struct v4l2_device 的定义，具体如下所示：

```
struct v4l2_device {
    struct device *dev;
    struct media_device *mdev;
    struct list_head subdevs;
    spinlock_t lock;
    char name[V4L2_DEVICE_NAME_SIZE];
    void (*notify)(struct v4l2_subdev *sd,
                   unsigned int notification, void *arg);
    struct v4l2_ctrl_handler *ctrl_handler;
    struct v4l2_prio_state prio;
    struct kref ref;
    void (*release)(struct v4l2_device *v4l2_dev);
};
```

与其他和视频相关的数据结构不同，该结构体中只有几个字段。它们的解释如下。

❑ dev：这是一个指针，指向此 V4L2 设备的父 struct device。这将在注册时自动设置，并且 dev->driver_data 将指向这个 v4l2 结构体。

❑ mdev：这也是一个指针，指向此 V4L2 设备所属的 struct media_device 对象。该字段可处理媒体控制器框架，下文将详细介绍。如果不需要与媒体控制器框架集成，则它可以是 NULL。

❑ subdevs：此 V4L2 设备的子设备列表。

❑ lock：保护对该结构体进行访问的锁。

❑ name：这是此 V4L2 设备的唯一名称。默认情况下，它将通过驱动程序名称加上总线 ID 生成。

❑ notify：这是一个指针，指向通知（notification）回调函数，由子设备调用以向此 V4L2 设备通知某些事件。

❑ ctrl_handler：这是与此设备关联的控件处理程序。它将跟踪此 V4L2 设备具有的所有控件。如果没有控件，则它可以是 NULL。

❑ prio：设备的优先级（priority）状态。

❑ ref：在核心内部用于引用（reference）计数。

❑ release：该结构体的最后一个用户关闭时要调用的回调函数。

这个顶层结构体由相同的函数 v4l2_device_register()初始化并注册到核心，其原型如下：

```
int v4l2_device_register(struct device *dev, struct v4l2_device *v4l2_dev);
```

在上述原型中，第一个 dev 参数通常是桥接总线相关设备数据结构的结构体设备指针，如 pci_dev、usb_device 或 platform_device。

如果 dev->driver_data 字段为 NULL，则此函数将使其指向正在注册的实际 v4l2_dev 对象。此外，如果 v4l2_dev->name 为空，那么它将被设置为由 dev driver name + dev device name 连接产生的值。

但是，如果 dev 参数为 NULL，则必须在调用 v4l2_device_register()之前设置 v4l2_dev->name。

另一方面，你也可以使用 v4l2_device_unregister()注销先前注册的 V4L2 设备，具体如下所示：

```
v4l2_device_unregister(struct v4l2_device *v4l2_dev);
```

调用此函数时，所有子设备也将被注销。这都是关于 V4L2 设备的。当然，你应该记住，它是顶级结构体，维护媒体设备的子设备列表并充当桥接设备的父级。

现在我们已经掌握了主 V4L2 设备（即包含其他设备相关数据结构的设备）的初始化和注册，接下来可以讨论特定的设备驱动程序，先从与平台相关的桥接驱动程序开始。

7.3　桥接视频设备驱动程序

桥接驱动程序控件负责 DMA 传输的平台 USB、PCI 等硬件，这是处理来自设备的数据流的驱动程序。桥接驱动程序直接处理的主要数据结构体之一是 struct video_device。
该结构体嵌入了执行视频流所需的整个元素，它与用户空间的首要交互之一就是在 /dev/
目录中创建设备文件。

7.3.1　struct video_device 结构体

struct video_device 结构体在 include/media/v4l2-dev.h 中定义，这意味着驱动程序代
码必须包含#include <media/v4l2-dev.h>。

在定义它的头文件中，struct video_device 结构体如下所示：

```
struct video_device
{
#if defined(CONFIG_MEDIA_CONTROLLER)
    struct media_entity entity;
    struct media_intf_devnode *intf_devnode;
    struct media_pipeline pipe;
#endif
    const struct v4l2_file_operations *fops;
    u32 device_caps;
    struct device dev; struct cdev *cdev;
    struct v4l2_device *v4l2_dev;
    struct device *dev_parent;
    struct v4l2_ctrl_handler *ctrl_handler;
    struct vb2_queue *queue;
    struct v4l2_prio_state *prio;
    char name[32];
    enum vfl_devnode_type vfl_type;
    enum vfl_devnode_direction vfl_dir;
    int minor;
    u16 num;
    unsigned long flags; int index;

    spinlock_t fh_lock;
    struct list_head fh_list;

    void (*release)(struct video_device *vdev);
    const struct v4l2_ioctl_ops *ioctl_ops;
    DECLARE_BITMAP(valid_ioctls, BASE_VIDIOC_PRIVATE);

    struct mutex *lock;
};
```

　　桥接驱动程序不仅使用这个结构体——当涉及表示 V4L2 兼容设备（包括子设备）时，该结构体是主 v4l2 结构体。

　　当然，根据驱动程序的性质（桥接驱动程序或子设备驱动程序），某些元素可能会有所不同或可能为 NULL。

　　对该结构体中每个元素的解释如下。

- ❑ entity、intf_node 和 pipe：它们是与媒体框架集成的一部分。entity 可从媒体框架内部抽象出视频设备（成为一个实体），intf_node 代表媒体接口设备节点，而 pipe 则代表实体所属的流管道。

- ❑ fops：代表视频设备文件节点的文件操作。V4L2 核心可使用子系统所需的一些额外逻辑来覆盖虚拟设备文件操作。

- ❑ cdev：是字符设备结构体，它抽象了底层的/dev/videoX 文件节点。vdev->cdev->ops 由 V4L2 核心设置为 v4l2_fops，后者在 drivers/media/v4l2-core/v4l2-dev.c 中定义。

  v4l2_fops 实际上是一个通用的（就操作实现而言）和面向 V4L2 的（就这些操作的作用而言）文件操作，它分配给每个/dev/videoX 字符设备并可包装 vdev->fops 中定义的视频设备特定操作。在它们的返回路径中，v4l2_fops 中的每个回调函数都会调用它在 vdev->fops 中的对应操作。

  v4l2_fops 回调函数在调用 vdev->fops 中的实际操作之前将执行完整性检查。例如，在用户空间对/dev/videoX 文件发出的 mmap()系统调用中，将首先调用 v4l2_fops->mmap，这将确保在调用它之前设置 vdev->fops->mmap 并在需要时打印调试消息。

- ❑ ctrl_handler：默认值为 vdev->v4l2_dev->ctrl_handler。

- ❑ queue：与此设备节点关联的缓冲区管理队列。这是只有桥接驱动程序可以使用的数据结构之一。它可能是 NULL，尤其是在涉及非桥接视频驱动程序（例如，子设备驱动程序）时。

- ❑ prio：指向具有设备优先级状态的&struct v4l2_prio_state 的指针。如果此状态为 NULL，则将使用 v4l2_dev->prio。

- ❑ name：视频设备的名称。

- ❑ vfl_type：V4L 设备的类型。其可能的值由 enum vfl_devnode_type 定义，它包含以下枚举值。

  - ➤ VFL_TYPE_GRABBER：用于视频输入/输出设备。

  - ➤ VFL_TYPE_VBI：用于垂直空白间隙（vertical blank interval，VBI）数据（未解码）。

> ➢ VFL_TYPE_RADIO：用于无线电卡（radio card）。
> ➢ VFL_TYPE_SUBDEV：针对 V4L2 子设备。
> ➢ VFL_TYPE_SDR：软件定义无线电（software-defined radio）。
> ➢ VFL_TYPE_TOUCH：用于触摸传感器（touch sensor）。

❑ vfl_dir：这是 V4L 接收器、发送器或内存到内存（表示为 m2m 或 mem2mem）设备。其可能的值由 enum vfl_devnode_direction 定义，它包含以下枚举值。

> ➢ VFL_DIR_RX：用于采集设备。
> ➢ VFL_DIR_TX：用于输出设备。
> ➢ VFL_DIR_M2M：这是内存到内存（mem2mem）设备（读作 mem-to-mem，也称为 memory-to-memory 设备）。
>
>　　mem2mem 设备是一种以用户空间应用程序为源和目标传递的内存缓冲区的设备。这与一次只为其中一个使用内存缓冲区的驱动程序不同。就 V4L2 而言，这样的设备将同时具有 OUTPUT 和 CAPTURE 类型。
>　　V4L2 框架中不存在此类设备，但存在对此类模型的需求，例如，调整大小设备或 V4L2 环回驱动程序。

❑ v4l2_dev：是此视频设备的 v4l2_device 父设备。

❑ dev_parent：是此视频设备的父设备。如果未设置，则核心将使用 vdev-> v4l2_dev ->dev 进行设置。

❑ ioctl_ops：这是一个指针，指向&struct v4l2_ioctl_ops，它定义了一组输入输出控件（ioctl）回调函数。

❑ release：这是当视频设备的最后一个用户退出时核心调用的回调函数。它不能是 NULL。

❑ lock：这是一个互斥锁，它可以序列化对该设备的访问。它是主要的序列化锁，所有 ioctl 都通过它进行序列化。桥接驱动程序通常使用与 queue->lock 相同的互斥锁来设置此字段，这是用于序列化对队列的访问（序列化流）的锁。当然，如果设置了 queue->lock，则流式 ioctl 将通过该单独的锁进行序列化。

❑ num：这是核心分配的实际设备节点索引。它对应于/dev/videoX 中的 X。

❑ flags：这是视频设备标志。你应该使用位操作来设置/清除/测试标志。它们包含一组&enum v4l2_video_device_flags 标志。

❑ fh_list：这是 struct v4l2_fh 的列表，它描述了一个 V4L2 文件处理程序，能够跟踪此视频设备打开的文件处理程序的数量。fh_lock 是与此列表关联的锁。

❑ class：对应于 sysfs 类。它由核心分配。该类条目对应于/sys/video4linux/中的

sysfs 目录。

7.3.2　初始化和注册视频设备

在注册之前，视频设备可以使用 video_device_alloc()函数动态分配（它将简单地调用
kzalloc()），或者以静态方式嵌入到动态分配的结构体中（大多数情况下是设备状态结构体）。

视频设备可使用 video_device_alloc()动态分配，示例如下：

```
struct video_device *vdev;

vdev = video_device_alloc();
if (!vdev)
    return ERR_PTR(-ENOMEM);
vdev->release = video_device_release;
```

在上面的代码片段中，最后一行提供了视频设备的 release 方法，这是因为.release 字
段不能为 NULL。video_device_release()回调函数由 Kernel 提供。它只是调用 kfree()来释
放已分配的内存。

当它被嵌入到设备状态结构体中时，代码修改如下：

```
struct my_struct {
    [...]
    struct video_device vdev;
};

[...]
struct my_struct *my_dev;
struct video_device *vdev;

my_dev = kzalloc(sizeof(struct my_struct), GFP_KERNEL);
if (!my_dev)
    return ERR_PTR(-ENOMEM);
vdev = &my_vdev->vdev;

/* 现在使用 vdev 作为 video_device 结构体 */
vdev->release = video_device_release_empty;
[...]
```

在本示例中，视频设备不能单独释放，因为它是更大应用场景的一部分。当视频设
备嵌入到另一个结构体中时（上面的示例就是这样），它不需要释放任何内容。但是，
由于 release 回调函数不能是 NULL，因此可以指定一个空函数，如 video_device_release_

empty()，它也是由 Kernel 提供的。

在完成了分配之后，可以使用 video_register_device()函数来注册视频设备。下面是这个函数的原型：

```
int video_register_device(struct video_device *vdev,
                          enum vfl_devnode_type type, int nr)
```

在上面的原型中，type 指定了正在注册的桥接设备的类型。它将分配给 vdev->vfl_type 字段。在本章的其余部分，我们会考虑将其设置为 VFL_TYPE_GRABBER，因为我们将要处理视频采集接口。

nr 是所需的设备节点编号（0 == /dev/video0，1 == /dev/video1，...以此类推）。当然，将其值设置为-1 将指示内核选择第一个空闲索引并使用它。指定固定索引可能有助于构建奇特的 udev 规则，因为设备节点名称是预先知道的。

为了使注册成功，必须满足以下要求。

（1）必须设置 vdev->release 函数，因为它不能为空。如果不需要，则可以传递 V4L2 核心的 video_device_release_empty()函数。

（2）必须设置 vdev->v4l2_dev 指针，它应该指向视频设备的 V4L2 父级。

（3）应该设置 vdev->fops 和 vdev->ioctl_ops。注意，这不是强制性的操作。

video_register_device()成功时返回 0。当然，它也可能会失败，例如，如果没有空闲的子设备，如果找不到设备节点编号，或者如果设备节点注册失败，都可能会失败。在任何一种错误情况下，它都会返回一个负的错误号。

每个已注册的视频设备都会在 /sys/class/video4linux 中创建一个目录条目，其中包含一些属性。

ⓘ 注意：

除非使用内核选项 CONFIG_VIDEO_FIXED_MINOR_RANGES 编译内核，否则会动态分配次级编号。在这种情况下，会根据设备节点类型（视频、广播等）按范围分配次级编号，VIDEO_NUM_DEVICES 的总限制设置为 256。

如果注册失败，则永远不会调用 vdev->release()回调函数。在这种情况下，你需要调用 video_device_release()来释放已分配的 video_device 结构体（如果它是动态分配的），或者如果 video_device 嵌入其中，则释放你自己的结构体。

在驱动程序的卸载路径上，或者当不再需要视频节点时，你应该在视频设备上调用 video_unregister_device()函数来注销它，以便可以删除它的节点：

```
void video_unregister_device(struct video_device *vdev)
```

在调用上述函数之后，设备的 sysfs 条目将被删除，导致 udev 删除/dev/中的节点。

到目前为止，我们仅讨论了注册过程中最简单的部分，但是在视频设备中还有一些复杂的字段需要在注册之前进行初始化。这些字段可通过提供视频设备文件操作、一组连贯的 ioctl 回调函数以及最重要的媒体队列和内存管理接口来扩展驱动程序的功能。接下来我们将讨论这些内容。

7.3.3 视频设备文件操作

视频设备（通过其驱动程序）将作为/dev/目录中的特殊文件向用户空间公开，用户空间可以使用该文件与底层设备交互，以流式（streaming）传输数据。

为了使视频设备能够处理用户空间查询（通过系统调用），必须从驱动程序内部实现一组标准回调函数。这些回调函数形成了今天所谓的文件操作（file operation）。

视频设备的文件操作结构体为 struct v4l2_file_operations 类型，在 include/media/v4l2-dev.h 中定义，具体如下：

```
struct v4l2_file_operations {
    struct module *owner;
    ssize_t (*read) (struct file *file, char user *buf,
                     size_t, loff_t *ppos);
    ssize_t (*write) (struct file *file, const char user *buf,
                      size_t, loff_t *ppos);
    poll_t (*poll)(struct file *file, struct poll_table_struct *);
    long (*unlocked_ioctl)(struct file *file,
                            unsigned int cmd, unsigned long arg);
#ifdef CONFIG_COMPAT
    long (*compat_ioctl32)(struct file *file,
                            unsigned int cmd, unsigned long arg);
#endif
    unsigned long (*get_unmapped_area) (struct file *file,
                            unsigned long, unsigned long,
                            unsigned long, unsigned long);
    int (*mmap) (struct file *file, struct vm_area_struct *vma);
    int (*open) (struct file *file);
    int (*release) (struct file *file);
};
```

这些可以被视为顶级回调函数，因为它们实际上被另一个与 vdev->cdev 字段关联的低级设备文件操作调用（当然，是在进行了许多完整性检查之后），并且在文件节点创建时使用了 vdev ->cdev->ops = &v4l2_fops;进行设置，这允许内核实现额外的逻辑并强制执行完整性检查。

该结构体中的字段解释如下。

❑ owner：指向模块的指针。大多数时候，它是 THIS_MODULE。

❑ open：应该包含实现 open()系统调用所需的操作。大多数情况下，这可以设置为 v4l2_fh_open，后者是一个 V4L2 辅助函数，可以简单地分配和初始化 v4l2_fh 结构体并将其添加到 vdev->fh_list 列表中。当然，如果你的设备需要一些额外的初始化，则可以在内部执行初始化，然后调用 v4l2_fh_open(struct file * filp)。在任何情况下，都必须使用 v4l2_fh_open。

❑ release：应该包含实现 close()系统调用所需的操作。这个回调函数必须使用 v4l2_fh_release。它可以按以下两种方式之一进行处理。

    ➢ vb2_fop_release：这是一个 videobuf2-V4L2 释放辅助函数，它将清理任何正在进行的流传输。这个辅助函数会调用 v4l2_fh_release。

    ➢ 创建自定义回调函数，撤销在.open 中已完成的操作，并且必须直接或间接调用 v4l2_fh_release（例如，使用_vb2_fop_release()辅助函数，以便 V4L2 核心清理任何正在进行的流传输）。

❑ read：应该包含实现 read()系统调用所需的操作。大多数时候，videobuf2-V4L2 辅助函数 vb2_fop_read 就已经足够了。

❑ write：在本示例中不需要 write，因为它是用于 OUTPUT 类型的设备。当然，在这里使用 vb2_fop_write 即可完成这项工作。

❑ unlocked_ioctl：如果使用 v4l2_ioctl_ops，则必须将 unlocked_ioctl 设置为 video_ioctl2。下文将会详细解释这一点。这个 V4L2 核心辅助函数是__video_do_ioctl() 的包装器，它将处理真实逻辑，并将每个 ioctl 路由到 vdev->ioctl_ops 中的适当回调函数，这是定义各个 ioctl 处理程序的地方。

❑ mmap：应该包含实现 mmap()系统调用所需的操作。大多数时候，videobuf2-V4L2 辅助函数 vb2_fop_mmap 就足够了，除非在执行映射之前需要额外的元素。内核中的视频缓冲区（根据 VIDIOC_REQBUFS ioctl 分配）在用户空间访问之前必须单独映射。这就是.mmap 回调函数的目的，它只需要将一个（且只有一个）视频缓冲区映射到用户空间。使用 VIDIOC_QUERYBUF ioctl 可向内核查询将 缓冲区映射到用户空间所需的信息。给定 vma 参数，你可以获取指向相应视频缓冲区的指针，示例如下：

```
struct vb2_queue *q = container_of_myqueue_wrapper();
unsigned long off = vma->vm_pgoff << PAGE_SHIFT;
struct vb2_buffer *vb;
```

```
unsigned int buffer = 0, plane = 0;

for (i = 0; i < q->num_buffers; i++) {
    struct vb2_buffer *buf = q->bufs[i];

    /* 假设我们在一个单平面系统上
     * 否则将在每个平面上循环
     */
    if (buf->planes[0].m.offset == off)
       break;
    return i;
}
videobuf_queue_unlock(myqueue);
```

❑　poll：应该包含实现 poll()系统调用所需的操作。大多数时候，videobuf2-V4L2
辅助函数 vb2_fop_call 就已经足够了。但是，如果这个辅助函数不知道如何加锁
（queue->lock 和 vdev->lock 都没有设置），那么就不应该使用它，而是应该
自己写，并且可以使用 vb2_poll()辅助函数。

在上述任意一个回调函数中，都可以使用 v4l2_fh_is_singular_file()辅助函数来检查给
定文件是否是为关联的 video_device 打开的唯一文件句柄。它的替代方案是 v4l2_fh_is_
singular()，此时后者依赖于 v4l2_fh：

```
int v4l2_fh_is_singular_file(struct file *filp)
int v4l2_fh_is_singular(struct v4l2_fh *fh)
```

总而言之，采集视频设备驱动程序的文件操作可能如下所示：

```
static int foo_vdev_open(struct file *file)
{
    struct mydev_state_struct *foo_dev = video_drvdata(file);
    int ret;
    [...]
    if (!v4l2_fh_is_singular_file(file))
        goto fh_rel;
    [...]
fh_rel:
    if (ret)
        v4l2_fh_release(file);

    return ret;
}
```

```
static int foo_vdev_release(struct file *file)
{
    struct mydev_state_struct *foo_dev = video_drvdata(file);
    bool fh_singular;
    int ret;
    [...]
    fh_singular = v4l2_fh_is_singular_file(file);
    ret = _vb2_fop_release(file, NULL);

    if (fh_singular)
        /* 执行某些操作 */
        [...]
    return ret;
}

static const struct v4l2_file_operations foo_fops = {
    .owner = THIS_MODULE,
    .open = foo_vdev_open,
    .release = foo_vdev_release,
    .unlocked_ioctl = video_ioctl2,
    .poll = vb2_fop_poll,
    .mmap = vb2_fop_mmap,
    .read = vb2_fop_read,
};
```

从上述代码中可以看到，在文件操作中仅使用了标准的核心辅助函数。

🛈 注意：

　　mem2mem 设备可以使用其相关的基于 v4l2-mem2mem 的辅助函数。有关详细信息，可以查看 drivers/media/v4l2-core/v4l2-mem2mem.c。

7.3.4　V4L2 ioctl 处理

　　现在来仔细研究一下 v4l2_file_operations.unlocked_ioctl 回调函数。

　　在 7.3.3 节中已经介绍过，它应该设置为 video_ioctl2。video_ioctl2 可负责内核和用户空间之间的参数复制，并在将每个单独的 ioctl()调用分派给驱动程序之前执行一些完整性检查（例如，ioctl 命令是否有效），ioctl()调用最终获得的是 video_device->ioctl_ops 字段中的回调函数项，它的类型是 struct v4l2_ioctl_ops。

　　struct v4l2_ioctl_ops 结构体包含 V4L2 框架中每个可能的 ioctl 的回调函数。当然，你应该仅根据设备类型和驱动程序的功能来进行设置。该结构体中的每个回调函数映射一个 ioctl，struct v4l2_ioctl_ops 结构体定义如下：

```
struct v4l2_ioctl_ops {
    /* VIDIOC_QUERYCAP 处理程序 */
    int (*vidioc_querycap)(struct file *file, void *fh,
                            struct v4l2_capability *cap);
    /* 缓冲区处理程序 */
    int (*vidioc_reqbufs)(struct file *file, void *fh,
                            struct v4l2_requestbuffers *b);
    int (*vidioc_querybuf)(struct file *file, void *fh,
                            struct v4l2_buffer *b);
    int (*vidioc_qbuf)(struct file *file, void *fh,
                        struct v4l2_buffer *b);
    int (*vidioc_expbuf)(struct file *file, void *fh,
                            struct v4l2_exportbuffer *e);
    int (*vidioc_dqbuf)(struct file *file, void *fh,
                        struct v4l2_buffer *b);

    int (*vidioc_create_bufs)(struct file *file, void *fh,
                                struct v4l2_create_buffers *b);
    int (*vidioc_prepare_buf)(struct file *file, void *fh,
                                struct v4l2_buffer *b);

    int (*vidioc_overlay)(struct file *file, void *fh, unsigned int i);
    [...]
};
```

该结构体包含 120 多个条目，描述了每个可能的 V4L2 ioctl 的操作，无论设备类型
是什么。在上述代码片段中，仅列出了我们可能感兴趣的内容。我们无意介绍这个结构
体中的回调函数。但是，当你阅读到第 9 章"从用户空间利用 V4L2 API"时，我们鼓励
你回到这个结构体，那时的理解会更清晰。

　　只要提供了回调函数，它就是可以访问的。但是，在某些情况下，你可能希望忽略
在 v4l2_ioctl_ops 中指定的回调函数。如果基于外部因素（例如，正在使用的卡的情况），
你想关闭 v4l2_ioctl_ops 中的某些功能而不必创建新结构体，则往往需要此功能。为了让
核心意识到这一点并忽略回调函数，你应该在调用 video_register_device() 之前对相关
ioctl 命令调用 v4l2_disable_ioctl()：

```
v4l2_disable_ioctl (vdev, cmd)
```

下面是一个例子：

```
v4l2_disable_ioctl(&tea->vd, VIDIOC_S_HW_FREQ_SEEK);
```

上述调用操作会将 VIDIOC_S_HW_FREQ_SEEK ioctl 标记为在 tea->vd 视频设备上被忽略。

7.3.5　videobuf2 接口和 API

videobuf2 框架用于将 V4L2 驱动程序层连接到用户空间层，提供数据交换的通道，以分配和管理视频帧数据。

videobuf2 内存管理后端是完全模块化的，这允许插入具有非标准内存管理要求的设备和平台的自定义内存管理例程，而无须更改高级缓冲区管理函数和 API。

videobuf2 框架可提供以下功能。

- ❑　流式输入输出 V4L2 ioctl 和文件操作的实现。
- ❑　高级视频缓冲区、视频队列和状态管理函数。
- ❑　视频缓冲内存分配和管理。

videobuf2（可以简写为 vb2）有助于驱动程序开发，减少驱动程序的代码大小，并有助于在驱动程序中正确且一致地实现 V4L2 API。

V4L2 驱动程序负责从传感器获取视频数据（一般是通过某种 DMA 控制器）并将其馈送到由 vb2 框架管理的缓冲区的任务。

该框架实现了很多 ioctl 函数，包括缓冲区分配、入队、出队和数据流控件，然后它弃用了任何特定于供应商的解决方案，显著减少了媒体框架代码大小并简化了编写 V4L2 设备驱动程序所需的工作。

ⓘ 注意：

每个 videobuf2 辅助函数、API 和数据结构都以 vb2_ 为前缀，而版本 1（即 videobuf，它在 drivers/media/v4l2-core/videobuf-core.c 中定义）的对应物则使用了 videobuf_前缀。

接下来，我们将详细讨论该框架中的某些概念，如缓冲区、平面、队列等概念。

7.3.6　缓冲区的概念

缓冲区是 vb2 和用户空间之间单次交换的数据单元。从用户空间代码的角度来看，V4L2 缓冲区表示对应于视频帧的数据（例如，在采集设备的情况下）。流传输需要在内核和用户空间之间交换缓冲区。

vb2 使用 struct vb2_buffer 数据结构体来描述视频缓冲区。该结构体在 include/media/videobuf2-core.h 中定义，具体如下：

```
struct vb2_buffer {
    struct vb2_queue *vb2_queue;
    unsigned int index;
    unsigned int type;
    unsigned int memory;
    unsigned int num_planes;
    u64 timestamp;
    /* private: 仅限内部使用
     * state: 当前缓冲区状态，不改变
     * queued_entry: 排队缓冲区列表中的条目
     * 该列表包含从用户空间排队的所有缓冲区
     * done_entry: 列表中的条目
     * 存储所有准备出列到用户空间的缓冲区
     * vb2_plane: 每个平面的信息，不改变
     */
    enum vb2_buffer_state state;

    struct vb2_plane planes[VB2_MAX_PLANES];
    struct list_head queued_entry;
    struct list_head done_entry;
    [...]
};
```

在上述数据结构体中，那些我们不感兴趣的字段已被删除。其余字段定义如下。

❑ vb2_queue：该缓冲区所属的 vb2 队列。下文将基于 videobuf2 介绍队列的概念。

❑ index：此缓冲区的 ID。

❑ type：缓冲区的类型。它在分配时由 vb2 设置。它可以匹配它所属的队列类型：vb->type = q->type。

❑ memory：这是用于使缓冲区在用户空间可见的内存模型的类型。该字段的值是 enum vb2_memory 类型，它将匹配 V4L2 用户空间的对应字段 enum v4l2_memory。该字段由 vb2 在缓冲区分配时设置，并且可以报告用户空间值的 vb2 对应字段。给定 vIDIOC_REQBUFS，用户空间值被分配给 v412_requestbuffers 的.memory 字段。

memory 可能的值包括以下 3 类。

➢ VB2_MEMORY_MMAP：相当于在用户空间中分配的 V4L2_MEMORY_MMAP，表示缓冲区用于内存映射 I/O。

➢ VB2_MEMORY_USERPTR：相当于在用户空间中分配的 V4L2_MEMORY_USERPTR，表示用户在用户空间中分配缓冲区，通过 v4l2_buffer 的 buf.m.

userptr 成员传递一个指针。V4L2 中 USERPTR 的目的是允许用户通过 malloc()直接或静态传递在用户空间分配的缓冲区。

> VB2_MEMORY_DMABUF：相当于在用户空间中分配的 V4L2_MEMORY_ DMABUF，表示该内存是由驱动程序分配的，并作为 DMABUF 文件处理 程序导出。此 DMABUF 文件处理程序可以导入到另一个驱动程序中。

❑ state：这是 enum vb2_buffer_state 类型，表示该视频缓冲区的当前状态。驱动程 序可以使用 void vb2_buffer_done(struct vb2_buffer *vb, enum vb2_buffer_state state) API 来更改此状态。

state 可能的值包括以下 6 类。

> VB2_BUF_STATE_DEQUEUED：表示缓冲区受用户空间控制。它由 videobuf2 核心在 VIDIOC_REQBUFS ioctl 的执行路径中设置。

> VB2_BUF_STATE_PREPARING：表示正在 videobuf2 中准备缓冲区。该标 志由 videobuf2 核心在 VIDIOC_PREPARE_BUF ioctl 的执行路径中为支持 它的驱动程序设置。

> VB2_BUF_STATE_QUEUED：表示缓冲区已在 videobuf 中排队，但尚未在 驱动程序中排队。这是由 videobuf2 核心在 VIDIOC_QBUF ioctl 的执行路径 中设置的。但是，如果无法开始流式传输，则驱动程序必须将所有缓冲区 的状态设置为 VB2_BUF_STATE_QUEUED。这相当于将缓冲区返回给 videobuf2。

> VB2_BUF_STATE_ACTIVE：表示缓冲区实际上已在驱动程序中排队，并 且可能用于硬件操作（如 DMA）。驱动程序无须设置此标志，因为它是在 调用缓冲区.buf_queue 回调函数之前由核心设置的。

> VB2_BUF_STATE_DONE：表示驱动程序应在此缓冲区的 DMA 操作成功 路径上设置此标志，以便将缓冲区传递给 vb2。这对于 videobuf2 核心来说 意味着缓冲区从驱动程序返回到 videobuf，但尚未移出用户空间。

> VB2_BUF_STATE_ERROR：同上，但对缓冲区的操作以错误结束，出队时 会向用户空间报告。

如果你觉得缓冲区的概念比较复杂，那么建议你先阅读第 9 章"从用户空间利用 V4L2 API"，然后再回过头来理解缓冲区的概念，应该能加深理解。

7.3.7　平面的概念

有些设备需要将每个输入或输出视频帧的数据放置在不连续的内存缓冲区中。在这种情况下，必须使用一个以上的内存地址来寻找一个视频帧的地址，换言之，每个平面都需要一个指针。平面（plane）是指当前帧（或帧的块）的子缓冲区。

因此，在单平面系统中，平面就代表整个视频帧，而在多平面系统中，它仅代表视频帧的一部分。因为内存是不连续的，所以多平面设备使用离散/聚合直接存储器访问（scatter/gather DMA）。

7.3.8　队列的概念

队列（queue）是流式传输的核心元素，是桥接驱动程序中与 DMA 引擎相关的部分。事实上，它是驱动程序将自己介绍给 videobuf2 的元素，可以帮助开发人员在驱动程序中实现数据流管理模块。队列通过以下结构体表示：

```
struct vb2_queue {
    unsigned int type;
    unsigned int io_modes;
    struct device *dev;
    struct mutex *lock;
    const struct vb2_ops *ops;
    const struct vb2_mem_ops *mem_ops;
    const struct vb2_buf_ops *buf_ops;
    u32 min_buffers_needed;
    gfp_t gfp_flags;
    void *drv_priv;
    struct vb2_buffer *bufs[VB2_MAX_FRAME];
    unsigned int num_buffers;

    /* 省略了许多与私有和调试相关的字段 */
    [...]
};
```

该结构体应清零，并填写上述字段。该结构体中每个元素的解释如下。

❑　type：这是缓冲区类型。这应该使用 enum v4l2_buf_type 中存在的值之一进行设置，enum v4l2_buf_type 在 include/uapi/linux/videodev2.h 中定义。在本示例中，它必须是 V4L2_BUF_TYPE_VIDEO_CAPTURE。

❑　io_modes：这是描述可以处理的缓冲区类型的位掩码。其可能的值包括以下几类。

　　➤　VB2_MMAP：在内核中分配并通过 mmap()访问的缓冲区；vmalloc 分配和连续的 DMA 缓冲区通常是这种类型。

　　➤　VB2_USERPTR：这是用于在用户空间中分配的缓冲区。一般来说，只有可以执行离散/聚合输入/输出（scatter/gather I/O）的设备才能处理用户空间缓冲区。但是，不支持对大页面的连续输入/输出。有趣的是，videobuf2 支持由用户空间分配的连续缓冲区。但是，获得这些的唯一方法是使用某种特殊机制，如树外 Android pmem 驱动程序。

➢ VB2_READ、VB2_WRITE：这些是通过 read()和 write()系统调用提供的用户空间缓冲区。

❑ lock：这是流式 ioctl 序列化锁的互斥锁。通常将此锁设置为与 video_device->lock 相同的互斥锁，这是主序列化锁。当然，如果某些非流式 ioctl 需要很长时间才能执行，那么你可能希望在此处使用不同的锁，以防止 VIDIOC_DQBUF 在等待另一个操作完成时被阻塞。

❑ ops：表示用于设置此队列和控制流操作的特定于驱动程序的回调函数。它属于 struct vb2_ops 类型。下文将详细研究这种结构体。

❑ mem_ops：驱动程序将通过该字段告诉 videobuf2 它实际使用的缓冲区类型。它应该被设置为 vb2_vmalloc_memops、vb2_dma_contig_memops 或 vb2_dma_sg_memops 之一。这些是 videobuf2 实现的 3 种基本缓冲区分配类型。

➢ vb2_vmalloc_memops 是 vmalloc 缓冲区（vmalloc buffer）分配器，通过它可使用 vmalloc()分配缓冲区的内存，因此在内核空间中实际上是连续的，并且不能保证在物理上是连续的。

➢ vb2_dma_contig_memops 是连续 DMA 缓冲区（contiguous DMA buffer）分配器，通过它分配缓冲区时，内存在物理上是连续的，通常是因为硬件无法对任何其他类型的缓冲区执行 DMA。该分配器由一致性 DMA 分配（coherent DMA allocation）支持。

➢ vb2_dma_sg_memops 是离散/聚合 DMA 缓冲区（scatter/gather DMA buffer）分配器，其中缓冲区分散在内存中。如果硬件可以执行 scatter/gather DMA，则可以使用该方式。显然，这涉及流式 DMA。

根据使用的内存分配器的类型，驱动程序应包含以下 3 个标头之一：

```
/* => vb_queue->mem_ops = &vb2_vmalloc_memops;*/
#include <media/videobuf2-vmalloc.h>

/* => vb_queue->mem_ops = &vb2_dma_contig_memops; */
#include <media/videobuf2-dma-contig.h>

/* => vb_queue->mem_ops = &vb2_dma_sg_memops; */
#include <media/videobuf2-dma-sg.h>
```

到目前为止，还没有任何现有分配器可以为设备完成这项工作。当然，如果出现这种情况，则驱动程序开发人员可能是通过 vb2_mem_ops 创建了一组自定义操作以满足该需求。对于自定义开发来说，这是没有限制的。

- ❑ buf_ops：如果未设置，那么可以不关心 buf_ops，因为它由 vb2 核心提供。但是，它包含用于在用户空间和内核空间之间传递缓冲区信息的回调函数。
- ❑ min_buffers_needed：这是开始流式传输之前所需的最小缓冲区数。如果它不为零，那么 vb2_queue->ops->start_streaming 将不会被调用，直到至少有 min_buffers_needed 指定的最小缓冲区数被用户空间排队。换句话说，它表示 DMA 引擎在启动之前需要拥有的可用缓冲区数。
- ❑ bufs：这是指向队列中缓冲区的指针的数组。它的最大值是 VB2_MAX_FRAME，它对应于 vb2 核心允许的每个队列的最大缓冲区数。一般来说，设置为 32 已经是相当可观的值了。
- ❑ num_buffers：这是队列中已分配/使用的缓冲区数。

7.3.9　与特定驱动程序相关的流传输回调函数

桥接驱动程序需要公开一组用于管理缓冲区队列的函数，包括队列和缓冲区初始化。这些函数将处理来自用户空间的缓冲区分配、排队和与流传输相关的请求。可以通过设置 struct vb2_ops 的实例来完成，其定义如下：

```
struct vb2_ops {
    int (*queue_setup)(struct vb2_queue *q,
                       unsigned int *num_buffers,
                       unsigned int *num_planes,
                       unsigned int sizes[],
                       struct device *alloc_devs[]);

    void (*wait_prepare)(struct vb2_queue *q);
    void (*wait_finish)(struct vb2_queue *q);
    int (*buf_init)(struct vb2_buffer *vb);
    int (*buf_prepare)(struct vb2_buffer *vb);
    void (*buf_finish)(struct vb2_buffer *vb);
    void (*buf_cleanup)(struct vb2_buffer *vb);
    int (*start_streaming)(struct vb2_queue *q, unsigned int count);
    void (*stop_streaming)(struct vb2_queue *q);
    void (*buf_queue)(struct vb2_buffer *vb);
};
```

以下是此结构体中每个回调函数的用途。

❑　queue_setup：该回调函数由驱动程序的 v4l2_ioctl_ops.vidioc_reqbufs()方法调用
（以响应 VIDIOC_REQBUFS 和 VIDIOC_CREATE_BUFS ioctl），以调整缓冲
区的计数和大小。

　　此回调函数的目的是通知 videobuf2-core 每个缓冲区需要多少个缓冲区和平面，
以及每个平面的大小和分配器上下文。

　　换句话说，已选择的 vb2 内存分配器可调用此方法，以便与驱动程序协商关于
流传输期间要使用的缓冲区数量和每个缓冲区的平面数量。

　　对于最小缓冲区数量设置来说，3 是一个不错的选择，因为大多数 DMA 引擎在
队列中至少需要两个缓冲区。

　　该回调函数的参数定义如下。

➢　q：这是 vb2_queue 指针。

➢　num_buffers：这是指向应用程序请求的缓冲区数量的指针。驱动程序应在
此*num_buffers 字段中设置分配的缓冲区数量。由于此回调函数在协商过
程中可以调用两次，因此还应该检查 queue->num_buffers 以了解在设置之
前已分配的缓冲区数量。

➢　num_planes：该参数包含保存一帧所需的不同视频平面的数量。这应该由驱
动程序设置。

➢　sizes：包含每个平面的大小（以字节为单位）。对于单平面系统来说，只
能设置为 size[0]。

➢　alloc_devs：这是一个可选的每平面分配器特定的设备数组。可将其视为指
向分配上下文的指针。

　　以下是 queue_setup 回调函数的示例：

```
/* 设置 vb_queue 最小缓冲区需求 */
static int rcar_drif_queue_setup(struct vb2_queue *vq,
                                 unsigned int *num_buffers,
                                 unsigned int *num_planes,
                                 unsigned int sizes[],
                                 struct device *alloc_devs[])
{
    struct rcar_drif_sdr *sdr = vb2_get_drv_priv(vq);

    /* 至少需要 16 个缓冲区 */
    if (vq->num_buffers + *num_buffers < 16)
        *num_buffers = 16 - vq->num_buffers;
```

```
*num_planes = 1;
sizes[0] = PAGE_ALIGN(sdr->fmt->buffersize);
rdrif_dbg(sdr, "num_bufs %d sizes[0] %d\n", *num_buffers, sizes[0]);

return 0;
}
```

❑ buf_init：在为缓冲区分配内存后，或在新的 USERPTR 缓冲区排队后，可在缓冲区上调用 buf_init 一次。这可用于固定页面、验证连续性和设置 IOMMU 映射等。

❑ buf_prepare：在 VIDIOC_QBUF ioctl 的执行路径上可调用 buf_prepare。它应该准备用于排队到 DMA 引擎的缓冲区。缓冲区准备时，可将用户空间虚拟地址或用户地址转换为物理地址。

❑ buf_finish：在每个 DQBUF ioctl 上调用。例如，它可以用于缓存同步和从回弹缓冲区（bounce buffer）复制回来。

❑ buf_cleanup：在释放内存之前调用 buf_cleanup。它可用于取消映射内存等。

❑ buf_queue：在调用此回调函数之前，videobuf2 核心需要在缓冲区中设置 VB2_BUF_STATE_ACTIVE 标志。当然，调用 buf_queue 代表的是 VIDIOC_QBUF ioctl，表示用户空间缓冲区一个接一个排队。

此外，缓冲区排队的速度可能比桥接设备从采集设备抓取数据到缓冲区的速度要快。同时，在发出 VIDIOC_DQBUF 之前，可能会多次调用 VIDIOC_QBUF。建议驱动程序维护一个排队等待 DMA 的缓冲区列表，以便在任何 DMA 完成的情况下，将已填充的缓冲区从列表中移出。对于 vb2 核心来说，还将填充其时间戳并将缓冲区添加到 videobuf2 的已完成缓冲区列表中。如有必要，还可以更新 DMA 指针。

一般来说，这个回调函数应该向驱动程序 DMA 队列添加一个缓冲区，并在该缓冲区上启动 DMA。

另一方面，驱动程序通常会基于通用 vb2_v4l2_buffer 结构体重新实现自己的缓冲区数据结构，但这也需要添加一个列表以解决我们刚刚描述的排队问题。以下是此类自定义缓冲区数据结构的示例：

```
struct dcmi_buf {
    struct vb2_v4l2_buffer vb;
    dma_addr_t paddr; /* 该缓冲区的总线地址 */
    size_t size;
```

```
    struct list_head list; /* 用于跟踪缓冲区的列表条目 */
};
```

❑ start_streaming：启动 DMA 引擎以进行流式传输。在开始流式传输之前，你必
须首先检查是否已排队最小数量的缓冲区。如果没有，则应该返回-ENOBUFS
并且 vb2 框架将在下次缓冲区排队时再次调用此函数，直到有足够的缓冲区可
用于真正启动 DMA 引擎。

　　如果支持以下操作，你还应该在子设备上启用流：

```
v4l2_subdev_call(subdev, video, s_stream, 1)
```

　　你应该从缓冲区队列中获取下一帧并在其上启动 DMA。

　　一般来说，在采集新帧后会发生中断。处理程序的工作是从内部缓冲区列表中
删除新帧（使用 list_del()），并将其返回给 vb2 框架（通过 vb2_buffer_done()），
同时更新序列计数器字段和时间戳。

❑ stop_streaming：停止所有挂起的 DMA 操作，停止 DMA 引擎，并释放 DMA 通
道资源。

　　如果支持以下操作，你还应该禁用子设备上的流：

```
v4l2_subdev_call(subdev, video, s_stream, 0)
```

　　必要时可禁用中断。由于驱动程序维护了一个排队等待 DMA 的缓冲区列表，所
有在该列表中排队的缓冲区都必须返回到处于 ERROR 状态的 vb2。

7.3.10　初始化和释放 vb2 队列

　　对于驱动程序来说，为了完成队列初始化，需要调用 vb2_queue_init()函数，并给出
队列作为参数。当然，vb2_queue 结构体应该首先由驱动程序分配。此外，在调用此函数
之前，驱动程序必须已清除其内容并为某些必需条目设置初始值。

　　这些必需的值包括 q->ops、q->mem_ops、q->type 和 q->io_modes。

　　如果未设置上述值，则队列初始化将失败，如下面的 vb2_core_queue_init()函数所示
（该函数被调用并从 vb2_queue_init()中检查其返回值）：

```
int vb2_core_queue_init(struct vb2_queue *q)
{
    /*
     * 完整性检查
     */
    if (WARN_ON(!q) || WARN_ON(!q->ops) ||
```

```
        WARN_ON(!q->mem_ops) ||
        WARN_ON(!q->type) || WARN_ON(!q->io_modes) ||
        WARN_ON(!q->ops->queue_setup) ||
        WARN_ON(!q->ops->buf_queue))
        return -EINVAL;

    INIT_LIST_HEAD(&q->queued_list);
    INIT_LIST_HEAD(&q->done_list);
    spin_lock_init(&q->done_lock);
    mutex_init(&q->mmap_lock);
    init_waitqueue_head(&q->done_wq);

    q->memory = VB2_MEMORY_UNKNOWN;

    if (q->buf_struct_size == 0)
        q->buf_struct_size = sizeof(struct vb2_buffer);
    if (q->bidirectional)
        q->dma_dir = DMA_BIDIRECTIONAL;
    else
        q->dma_dir = q->is_output ? DMA_TO_DEVICE :
        DMA_FROM_DEVICE;

    return 0;
}
```

上述代码片段显示了 Kernel 中 vb2_core_queue_init()的主体。这个内部 API 是一个纯粹的基本初始化方法，它只是做一些完整性检查，并可以初始化基本数据结构（如列表、互斥锁和自旋锁等）。

7.4　关于子设备

在早期 V4L2 子系统中，有以下两种主要的数据结构体。

❑　struct video_device：这是显示/dev/<type>X 的结构体。

❑　struct vb2_queue：负责缓冲区管理。

在视频桥接器嵌入的 IP 块不多的时代，这已经足够了。但是，现在 SoC 中的图像块嵌入了太多的 IP 块，每个 IP 块通过分担特定的任务（如图像调整大小、图像转换和视频去隔行功能等）来发挥特定作用。为了使用模块化方法来解决这种多样性，引入了子设备（sub-device）概念——请注意，这和第 3 章"深入研究 MFD 子系统和 syscon API"中子设备（subdevice）的概念有所不同。

子设备为硬件的软件建模带来了模块化方法，允许将每个硬件组件抽象为一个软件块。

通过这种方法，参与处理管道的每个 IP 块（桥接设备除外）都被视为一个子设备，甚至相机传感器本身也可以视为子设备。

虽然桥接视频设备节点具有/dev/videoX 模式，但其一侧的子设备则使用的是/dev/v4l-subdevX 模式（假设它们在创建节点之前设置了适当的标志）。

ⓘ 注意:

为了更好地理解桥接设备和子设备之间的区别，可以将桥接设备视为处理管道中的最后一个元素，有时负责 DMA 事务。其中一个示例是 Atmel-ISC（image sensor controller，图像传感器控制器），这可以从其 drivers/media/platform/atmel/atmel-isc.c 驱动程序中提取：

```
Sensor-->PFE-->WB-->CFA-->CC-->GAM-->CSC-->CBC-->SUB-->RLP-->DMA
```

你可以查看此驱动程序以了解每个元素的含义。

7.4.1　子设备数据结构体

从编码的角度来看，驱动程序应该包含<media/v4l-subdev.h>，因为它定义了 struct v4l2_subdev 结构体，这是 Kernel 中用来实例化一个子设备的抽象数据结构。

struct v4l2_subdev 结构体的定义如下：

```
struct v4l2_subdev {
#if defined(CONFIG_MEDIA_CONTROLLER)
    struct media_entity entity;
#endif
    struct list_head list;
    struct module *owner;
    bool owner_v4l2_dev;
    u32 flags;
    struct v4l2_device *v4l2_dev;
    const struct v4l2_subdev_ops *ops;
    [...]
    struct v4l2_ctrl_handler *ctrl_handler;
    char name[V4L2_SUBDEV_NAME_SIZE];
    u32 grp_id; void *dev_priv;
    void *host_priv;
    struct video_device *devnode;
    struct device *dev;
    struct fwnode_handle *fwnode;
```

```
    struct device_node *of_node;
    struct list_head async_list;
    struct v4l2_async_subdev *asd;
    struct v4l2_async_notifier *notifier;
    struct v4l2_async_notifier *subdev_notifier;
    struct v4l2_subdev_platform_data *pdata;
};
```

此结构体的 entity 字段将在第 8 章"集成 V4L2 异步和媒体控制器框架"中展开详细的讨论。这里已经删除了一些我们不感兴趣的字段。

该结构体中其他字段的说明如下。

❏ list：这是 list_head 类型，由核心使用，可以将当前子设备插入到它所属的 v4l2_device 维护的子设备列表中。

❏ owner：由核心设置，代表拥有此结构体的模块。

❏ flags：表示驱动程序可以设置的子设备标志，它可以具有以下值。

    ➢ V4L2_SUBDEV_FL_IS_I2C：如果子设备实际上是一个 I2C 设备，则应该设置该标志。

    ➢ V4L2_SUBDEV_FL_IS_SPI：如果子设备是一个 SPI 设备，则应设置该标志。

    ➢ V4L2_SUBDEV_FL_HAS_DEVNODE：如果子设备需要设备节点（著名的 /dev/v4l-subdevX 条目），则应设置该标志。

       使用该标志的 API 是 v4l2_device_register_subdev_nodes()，它可以由桥接设备调用以创建子设备节点条目。下文将详细介绍它。

    ➢ V4L2_SUBDEV_FL_HAS_EVENTS：表示该子设备将生成事件。

❏ v4l2_dev：由核心在子设备注册时设置，这是一个指针，指向该子设备所属的 struct 4l2_device。

❏ ops：可选项。这是一个指向 struct v4l2_subdev_ops 的指针，它表示一组操作，应该由驱动程序设置，以提供回调函数，使得核心可通过这些函数操作子设备。

❏ ctrl_handler：这是一个指向 struct v4l2_ctrl_handler 的指针。它表示此子设备提供的控件列表，在第 7.5 节"V4L2 控件基础结构"中将详细讨论它。

❏ name：子设备的唯一名称。它应该在子设备初始化后由驱动程序设置。对于 I2C 变体的初始化，核心分配的默认名称如下：

```
("%s %d-%04x", driver->name, i2c_adapter_id(client->adapter),
client->addr)
```

当包括媒体控制器（media controller）的支持时，该名称用作媒体实体名称。

❑ grp_id：它与特定驱动程序相关，在异步模式下由核心提供，用于对相似的子设备进行分组。

❑ dev_priv：这是指向设备私有数据的指针（如果有的话）。

❑ host_priv：这是指向子设备连接的设备所使用的私有数据的指针。

❑ devnode：这是子设备的设备节点，由核心在调用 v4l2_device_register_subdev_nodes()时设置。不要将它与构建在相同结构体之上的桥接设备混淆。开发人员应该记住，每个 v4l2 元素（无论是子设备还是桥接设备）都是一个视频设备。

❑ dev：这是指向物理设备的指针（如果有的话）。
驱动程序可以使用以下语句设置此值：

```
void v4l2_set_subdevdata(struct v4l2_subdev *sd, void *p)
```

也可以使用以下语句获取它：

```
void *v4l2_get_subdevdata(const struct v4l2_subdev *sd)
```

❑ fwnode：这是子设备的固件节点（firmware node）对象句柄。在较旧的 Kernel 版本中，该成员曾经是 struct device_node *of_node 并指向子设备的设备树（DT）节点。当然，内核开发人员发现最好使用通用的 struct fwnode_handle，因为它允许根据平台使用情况切换设备树节点/acpi 设备。
换句话说，它可以是 dev->of_node->fwnode，也可以是 dev->fwnode，但无论如何都不能是 NULL。

async_list、asd、subdev_notifier 和 notifier 等元素是 v4l2-async 框架的一部分，下文将详细介绍，在此仅提供一些简要说明。

❑ async_list：当注册到异步核心时，核心使用该成员将子设备链接到一个全局的 subdev_list（这是一个不属于任何通知者的孤立子设备的列表，意味着该子设备已在其父设备——即桥接设备之前注册），或者链接到其父（桥接）设备的 notifier-> done 列表。在第 8 章 "集成 V4L2 异步和媒体控制器框架" 中将详细讨论它。

❑ asd：该字段属于 struct v4l2_async_subdev 类型，并可在异步核心中抽象子设备。

❑ subdev_notifier：这是子设备隐式注册的通知程序，以防需要通知其他一些子设备的探测。它通常用于流传输管道涉及多个子设备的系统，其中，子设备 N 需要通知子设备 N-1 的探测。

❑ notifier：这是由异步核心设置的，对应于与其底层.asd 异步子设备匹配的通知程序（notifier）。

❑　pdata：这是子设备平台数据（platform data）的公共部分。

7.4.2　子设备初始化

每个子设备驱动程序都必须有一个 struct v4l2_subdev 结构体，它可以是独立的，也可以嵌入到更大的与特定设备相关的结构体中。推荐使用第二种方式，因为它允许跟踪设备状态。以下是典型的与特定设备相关的结构体的示例：

```
struct mychip_struct {
    struct v4l2_subdev sd;
    [...]
    /* 设备的特殊字段 */
    [...]
};
```

在访问之前，需要使用 v4l2_subdev_init() API 初始化 V4L2 子设备。但是，当涉及具有基于 I2C 或 SPI 的控制接口的子设备（通常是相机传感器）时，Kernel 提供了 v4l2_spi_subdev_init()和 v4l2_i2c_subdev_init()变体：

```
void v4l2_subdev_init(struct v4l2_subdev *sd,
                      const struct v4l2_subdev_ops *ops)

void v4l2_i2c_subdev_init(struct v4l2_subdev *sd,
                          struct i2c_client *client,
                          const struct v4l2_subdev_ops *ops)

void v4l2_spi_subdev_init(struct v4l2_subdev *sd,
                          struct spi_device *spi,
                          const struct v4l2_subdev_ops *ops)
```

所有这些 API 都将指向 struct v4l2_subdev 结构体的指针作为第一个参数。使用与特定设备相关的数据结构注册子设备时，其代码如下所示：

```
v4l2_i2c_subdev_init(&mychip_struct->sd, client, subdev_ops);
/* 或者 */
v4l2_subdev_init(&mychip_struct->sd, subdev_ops);
```

spi/i2c 变体包装了 v4l2_subdev_init()函数。此外，它们还需要底层的、与特定总线相关的结构体作为第二个参数。

这些与特定总线相关的变体将子设备对象（作为第一个参数给出）存储为低级的、与特定总线相关的设备数据。反过来，也可以通过低级的、与特定总线相关的结构体存储子设备的私人数据。这样一来，i2c_client（或 spi_device）和 v4l2_subdev 就可以相互指向了，也就是说，可以有一个指向 I2C 客户端的指针，例如，你可以调用 i2c_get_clientdata()：

```
struct v4l2_subdev *sd = i2c_get_clientdata(client);
```

这样可以获取指向内部子设备对象的指针。

也可以使用 container_of 宏。例如：

```
struct mychip_struct *foo = container_of(sd, struct mychip_struct, sd);
```

这样可以获取指向与特定芯片相关的结构体的指针。

另一方面，你也可以拥有一个指向子设备对象的指针，可以使用 v4l2_get_subdevdata() 来获取与特定底层总线相关的结构体。

值得一提的是，这些与特定总线相关的变体也可能会影响到子设备名称，来看一个 v4l2_i2c_subdev_init() 的代码示例，以更好地理解这一点：

```
void v4l2_i2c_subdev_init(struct v4l2_subdev *sd,
                          struct i2c_client *client,
                          const struct v4l2_subdev_ops *ops)
{
    v4l2_subdev_init(sd, ops);
    sd->flags |= V4L2_SUBDEV_FL_IS_I2C;

    /* 该拥有者和 i2c_client 的驱动程序拥有者相同 */
    sd->owner = client->dev.driver->owner;
    sd->dev = &client->dev;

    /* i2c_client 和 v4l2_subdev 指向彼此 */
    v4l2_set_subdevdata(sd, client);
    i2c_set_clientdata(client, sd);

    /* 初始化名称 */
    snprintf(sd->name, sizeof(sd->name),
             "%s %d-%04x", client->dev.driver->name,
             i2c_adapter_id(client->adapter), client->addr);
}
```

在上述 3 个初始化 API 中，ops 是最后一个参数，它是一个指向 struct v4l2_subdev_ops 的指针，表示子设备支持的操作，下面我们就来讨论一下它。

7.4.3　子设备操作

　　子设备是以某种方式连接到主桥接设备的设备。在整个媒体设备中，每个 IP（子设备）都有属于自己的一套功能。这些功能必须向核心公开，内核开发人员需要为此定义一些回调函数，以实现常用功能。这就是 struct v4l2_subdev_ops 的目的。

　　但是，一些子设备可以执行许多不同和不相关的事情，甚至 struct v4l2_subdev_ops 也被拆分成一些很小的、分类一致的子结构体 ops，每个子结构体都聚合相关的功能，使得 struct v4l2_subdev_ops 成为顶级 ops 结构体，示例如下：

```
struct v4l2_subdev_ops {
    const struct v4l2_subdev_core_ops          *core;
    const struct v4l2_subdev_tuner_ops         *tuner;
    const struct v4l2_subdev_audio_ops         *audio;
    const struct v4l2_subdev_video_ops         *video;
    const struct v4l2_subdev_vbi_ops           *vbi;
    const struct v4l2_subdev_ir_ops            *ir;
    const struct v4l2_subdev_sensor_ops        *sensor;
    const struct v4l2_subdev_pad_ops           *pad;
};
```

🛈 注意：

　　应该仅为底层字符设备文件节点公开给用户空间的子设备提供操作。在注册之后，该设备文件节点会具有和前文所述相同的文件操作，即 v4l2_fops。

　　但是，如前文所述，这些低级操作只包装（处理）video_device->fops。因此，为了触及 v4l2_subdev_ops，核心将使用 subdev->video_device->fops 作为中间体，并在初始化时为其分配另一个文件 ops，其语句如下：

```
subdev->vdev->fops = &v4l2_subdev_fops;
```

这将包装并调用真正的 subdev 操作。这里的调用链如下：

```
v4l2_fops ==> v4l2_subdev_fops ==> our_custom_subdev_ops
```

可以看到，上面的顶层 ops 结构体由指向分类 ops 结构体的指针组成，如下所示。

❑ core：这是 v4l2_subdev_core_ops 类型的，它是核心操作类别，可提供通用回调函数，如日志记录和调试。它还允许提供额外的和自定义的 ioctl（如果 ioctl 不适合任何类别，则它特别有用）。

❑ video：这是 v4l2_subdev_video_ops 类型的，流传输开始时调用.s_stream。它可

以根据所选的帧大小和格式将不同的配置值写入相机的寄存器。

❑　pad：这是 v4l2_subdev_pad_ops 类型的，对于支持多种帧尺寸和图像采样格式的相机，这些操作允许用户从可用选项中进行选择。

❑　tuner、audio、vbi 和 ir：超出了本书的讨论范围。

❑　sensor：这是 v4l2_subdev_sensor_ops 类型的，它涵盖了相机传感器操作，通常用于已知有缺陷的传感器，这些传感器由于已损坏而需要跳过某些帧或行。

每个类别结构体中的每个回调函数对应一个 ioctl。路由实际上是由 subdev_do_ioctl() 在底层完成的，它在 drivers/media/v4l2-core/v4l2-subdev.c 中定义，可以由 subdev_ioctl() 间接调用，对应于 v4l2_subdev_fops.unlocked_ioctl。真正的调用链如下：

```
v4l2_fops ==> v4l2_subdev_fops.unlocked_ioctl ==> our_custom_subdev_ops
```

这个顶级 struct v4l2_subdev_ops 结构体的性质只是确认了 V4L2 可能支持的设备范围有多大。子设备驱动程序不感兴趣的操作类别可以保留为 NULL。

还要注意的是，.core 操作对所有子设备都是通用的，但这并不意味着它是强制性的，它仅仅意味着任何类别的任何子设备驱动程序都可以自由实现.core 操作，因为它的回调函数是独立于类别的。

7.4.4　核心操作结构

struct v4l2_subdev_core_ops 结构体可实现通用回调函数并具有以下定义：

```
struct v4l2_subdev_core_ops {
    int (*log_status)(struct v4l2_subdev *sd);
    int (*load_fw)(struct v4l2_subdev *sd);
    long (*ioctl)(struct v4l2_subdev *sd, unsigned int cmd, void *arg);
[...]
#ifdef CONFIG_COMPAT
    long (*compat_ioctl32)(struct v4l2_subdev *sd,
                           unsigned int cmd,
                           unsigned long arg);
#endif
#ifdef CONFIG_VIDEO_ADV_DEBUG
    int (*g_register)(struct v4l2_subdev *sd,
                      struct v4l2_dbg_register *reg);
    int (*s_register)(struct v4l2_subdev *sd,
                      const struct v4l2_dbg_register *reg);
#endif
    int (*s_power)(struct v4l2_subdev *sd, int on);
```

```
    int (*interrupt_service_routine)(struct v4l2_subdev *sd,
                                     u32 status,
                                     bool *handled);
    int (*subscribe_event)(struct v4l2_subdev *sd,
                           struct v4l2_fh *fh,
                           struct v4l2_event_subscription *sub);
    int (*unsubscribe_event)(struct v4l2_subdev *sd,
                             struct v4l2_fh *fh,
                             struct v4l2_event_subscription *sub);
};
```

在上面的结构体中，我们已将不感兴趣的字段删除。其余字段的说明如下。

❑ .log_status：用于日志记录。对此，你应该使用 v4l2_info()宏。

❑ .s_power：将子设备（如相机）置于省电模式（on==0）或正常操作模式（on==1）。

❑ .load_fw：调用该操作可以加载子设备的固件。

❑ .ioctl：如果子设备提供额外的 ioctl 命令，则应定义.ioctl。

❑ .g_register 和.s_register：仅用于高级调试，并且需要设置内核配置选项 CONFIG_
VIDEO_ADV_DEBUG。

　　这些操作允许读取和写入硬件寄存器以响应 VIDIOC_DBG_G_REGISTER 和
VIDIOC_DBG_S_REGISTER ioctl。

　　reg 参数（类型为 v4l2_dbg_register，在 include/uapi/linux/videodev2.h 中定义）
由应用程序填充和提供。

❑ .interrupt_service_routine：当由于此子设备而引发中断状态时，由桥接设备在其
IRQ 处理程序中调用（此时应该使用 v4l2_subdev_call），以便子设备处理细节。
handled 是由桥接设备驱动程序提供的输出参数，但必须由子设备驱动程序填充
以通知其处理结果（true 或 false）。

　　由于在 IRQ 上下文中，所以不能休眠。I2C/SPI 总线后面的子设备应该在线程上
下文中安排它们的工作。

❑ .subscribe_event 和.unsubscribe_event：用于订阅（subscribe）或取消订阅（unsubscribe）
以控制更改事件。你可以研究一下实现此功能的其他 V4L2 驱动程序，以了解如
何在你自己的驱动程序中实现此功能。

7.4.5　视频操作结构

　　开发人员经常需要决定是实现 struct v4l2_subdev_video_ops 还是 struct v4l2_subdev_
pad_ops，因为这两个结构体中的一些回调函数都是多余的。问题是，当 V4L2 设备在视

频模式下打开时，会使用 struct v4l2_subdev_video_ops 结构体的回调函数，其中包括电视、相机传感器和帧缓冲区。到目前为止一切都挺好。

接口（pad）的概念与媒体控制器框架紧密相关。这意味着只要不与媒体控制器框架集成，就不需要 struct v4l2_subdev_pad_ops。但是，媒体控制器框架通过实体对象（稍后会讨论）抽象子设备，而实体对象又通过接口连接到其他元素。在这种情况下，使用与接口相关的功能而不是与子设备相关的功能是有意义的，因此，我们可以使用 struct v4l2_subdev_pad_ops 而不是 struct v4l2_subdev_video_ops。

💡 提示：

有关实体、接口和链接等概念的更多解释详见第 8.3.1 节"媒体控制器抽象模型"。

由于我们还没有介绍媒体框架，所以目前仅对 struct v4l2_subdev_video_ops 结构体感兴趣，它的定义如下：

```
struct v4l2_subdev_video_ops {
    int (*querystd)(struct v4l2_subdev *sd, v4l2_std_id *std);
    [...]
    int (*s_stream)(struct v4l2_subdev *sd, int enable);
    int (*g_frame_interval)(struct v4l2_subdev *sd,
        struct v4l2_subdev_frame_interval *interval);
    int (*s_frame_interval)(struct v4l2_subdev *sd,
        struct v4l2_subdev_frame_interval *interval);
    [...]
};
```

在上面的代码片段中，为了增加可读性，我们删除了与电视和视频输出相关的回调函数以及与相机设备无关的回调函数，这些回调函数对我们来说也是无用的。剩下的都是常用的回调函数，对它们的说明如下。

❑ querystd：这是 VIDIOC_QUERYSTD() ioctl 处理程序代码的回调函数。

❑ s_stream：用于通知驱动程序视频流将开始或已停止，具体取决于 enable 参数的值。

❑ g_frame_interval：这是 VIDIOC_SUBDEV_G_FRAME_INTERVAL() ioctl 处理程序代码的回调函数。

❑ s_frame_interval：这是 VIDIOC_SUBDEV_S_FRAME_INTERVAL() ioctl 处理程序代码的回调函数。

7.4.6　传感器操作结构

有些传感器在开始流式传输时会产生初始垃圾帧。此类传感器可能需要一些时间以确保其某些特性的稳定性。struct v4l2_subdev_sensor_ops 结构体可以将跳过的帧数通知核心以避开垃圾帧。

此外，某些传感器可能总是在顶部生成具有一定数量损坏行的图像，或者将其元数据嵌入这些行中。在这两种情况下，它们产生的结果帧总是被破坏。因此，struct v4l2_subdev_sensor_ops 结构体还允许我们在获取之前指定每帧跳过的行数。

以下是 v4l2_subdev_sensor_ops 结构体的定义：

```
struct v4l2_subdev_sensor_ops {
    int (*g_skip_top_lines)(struct v4l2_subdev *sd,
                               u32 *lines);
    int (*g_skip_frames)(struct v4l2_subdev *sd, u32 *frames);
};
```

g_skip_top_lines 用于指定在每幅传感器图像中要跳过的行数，而 g_skip_frames 则允许指定要跳过的初始帧数以避开垃圾帧，示例如下：

```
#define OV5670_NUM_OF_SKIP_FRAMES 2
static int ov5670_get_skip_frames(struct v4l2_subdev *sd, u32 *frames)
{
    *frames = OV5670_NUM_OF_SKIP_FRAMES;
    return 0;
}
```

lines 和 frames 参数是输出参数。每个回调函数都应该返回 0。

7.4.7　调用子设备操作

如果提供了 subdev 回调函数，那么它们将被调用。也就是说，调用操作的回调函数就像直接调用它一样简单，示例如下：

```
err = subdev->ops->video->s_stream(subdev, 1);
```

当然，还有一种更方便、更安全的方法来实现该操作，那就是使用 v4l2_subdev_call() 宏，示例如下：

```
err = v4l2_subdev_call(subdev, video, s_stream, 1);
```

在 include/media/v4l2-subdev.h 中定义的宏将执行以下操作。

（1）首先检查子设备是否为 NULL，如果是其他情况则返回-ENODEV。

（2）如果类别（在本示例中为 subdev->video）或回调函数本身（在本示例中为 subdev->video->s_stream）为 NULL，那么它将返回-ENOIOCTLCMD，否则它将返回

subdev->ops->video->s_stream 操作的实际结果。

还可以调用全部或部分子设备:

```
v4l2_device_call_all(dev, 0, core, g_chip_ident, &chip);
```

任何不支持此回调函数的子设备都将被跳过,错误结果将被忽略。如果要检查错误,则可以使用以下命令:

```
err = v4l2_device_call_until_err(dev, 0, core, g_chip_ident, &chip);
```

除-ENOIOCTLCMD 之外的任何错误都将退出循环并显示该错误。如果没有发生错误(除了- ENOIOCTLCMD),则返回 0。

7.4.8　子设备的注册和注销方式

子设备注册到桥接设备有两种方式,取决于媒体设备的性质。

(1) 同步模式 (synchronous mode):这是传统方式。在这种模式下,桥接设备驱动程序负责注册子设备。

子设备驱动程序要么在桥接设备驱动程序内部实现,要么必须找到一种方法让桥接设备驱动程序获取它负责的子设备的句柄。这通常是通过平台数据来实现的,或者通过桥接设备驱动程序公开一组将由子设备驱动程序使用的 API 来实现,这将允许桥接设备驱动程序了解这些子设备(例如,通过在私有内部列表中跟踪它们)。

使用这种方法,桥接设备驱动程序必须知道连接到它的子设备,并确切知道何时注册它们。这通常适用于内部子设备,例如,SoC 内的视频数据处理单元或复杂的 PCI(e) 板、USB 摄像头中的摄像头传感器或连接到 SoC 的摄像头传感器。

(2) 异步模式 (asynchronous mode):这是独立于桥接设备向系统提供有关子设备的信息的方式,这通常是基于设备树的系统所使用的方式。第 8 章 "集成 V4L2 异步和媒体控制器框架" 将对此展开详细讨论。

当然,为了让桥接设备驱动程序注册一个子设备,必须调用 v4l2_device_register_subdev(),同时还必须调用 v4l2_device_unregister_subdev()来注销这个子设备。同时,在向核心注册子设备后,可能还需要创建各自的字符文件节点/dev/v4l-subdevX(这仅用于设置了 V4L2_SUBDEV_FL_HAS_DEVNODE 标志的子设备)。

可以使用 v4l2_device_register_subdev_nodes()执行该操作,示例如下:

```
int v4l2_device_register_subdev(struct v4l2_device *v4l2_dev,
                                struct v4l2_subdev *sd)
void v4l2_device_unregister_subdev(struct v4l2_subdev *sd)
int v4l2_device_register_subdev_nodes(struct v4l2_device *v4l2_dev)
```

v4l2_device_register_subdev()会将 sd 插入到 v4l2_dev->subdevs 中，即这个 V4L2 设备维护的子设备列表。如果 subdev 模块在注册之前消失，则可能会调用失败。成功调用此函数后，subdev->v4l2_dev 字段将指向 v4l2_device。

如果成功，此函数返回 0，否则 v4l2_device_unregister_subdev()将从该列表中删除 sd，然后，v4l2_device_register_subdev_nodes()将遍历 v4l2_dev->subdevs 并为每个设置了 V4L2_SUBDEV_FL_HAS_DEVNODE 标志的子设备创建一个特殊的字符文件节点（/dev/v4l-subdevX）。

ℹ️ **注意：**

/dev/v4l-subdevX 设备节点允许直接控制子设备的高级功能和与特定硬件相关的特性。

现在我们已经了解了子设备的初始化、操作和注册，接下来将讨论 V4L2 控件。

7.5　V4L2 控件基础结构

某些设备具有可由用户设置的控件，以便修改某些已经定义的属性。其中一些控件可能支持预定义值列表、默认值和调整等。问题是，不同的设备可能会提供具有不同值的不同控件。此外，虽然其中一些控件是标准的，但其他控件可能是某些供应商特有的。控件框架的主要目的是向用户显示控件，而无须对其目的进行假设。本节将仅讨论标准控件。

7.5.1　标准控件对象

控件框架依赖于两个主对象，它们都是在 include/media/v4l2-ctrls.h 中定义的，就像该框架提供的其余数据结构和 API 一样。第一个主对象是 struct v4l2_ctrl，此结构体可描述控件属性并跟踪控件的值。第二个主对象是 struct v4l2_ctrl_handler，它将跟踪所有控件，其详细定义如下：

```
struct v4l2_ctrl_handler {
    [...]
    struct mutex *lock;
    struct list_head ctrls;
    v4l2_ctrl_notify_fnc notify;
    void *notify_priv;
    [...]
};
```

在上述 struct v4l2_ctrl_handler 定义中，ctrls 表示此处理程序拥有的控件列表。notify 是一个通知回调函数，每当控件更改值时调用。这个回调函数是在处理程序持有锁的情况下调用的。最后，notify_priv 是作为通知参数给出的上下文数据。

struct v4l2_ctrl 的定义如下：

```
struct v4l2_ctrl {
    struct list_head node;
    struct v4l2_ctrl_handler *handler;
    unsigned int is_private:1;
    [...]
    const struct v4l2_ctrl_ops *ops;
    u32 id;
    const char *name;
    enum v4l2_ctrl_type type;
    s64 minimum, maximum, default_value;
    u64 step;
    unsigned long flags;
    [...]
}
```

这个结构体表示了它自己的控件，并且提供了重要的成员。其解释如下。

- node：用于在处理程序的控件列表中插入控件。
- handler：控件所属的处理程序。
- ops：属于 struct v4l2_ctrl_ops 类型，表示控件的 get/set 操作。
- id：控件的 ID。
- name：控件的名称。
- minimum 和 maximum：分别是控件接受的最小值和最大值。
- default_value：控件的默认值。
- step：用于非菜单控件的递增/递减步长。
- flags：包含控件的标志。在 include/uapi/linux/videodev2.h 中定义了完整的标志列表，一些常用的标志如下。
  - V4L2_CTRL_FLAG_DISABLED：表示控件被禁用。
  - V4L2_CTRL_FLAG_READ_ONLY：用于只读控件。
  - V4L2_CTRL_FLAG_WRITE_ONLY：用于只写控件。
  - V4L2_CTRL_FLAG_VOLATILE：用于易失性控件。
- is_private：如果设置了该值，则将阻止此控件被添加到任何其他处理程序。它使该控件对于添加它的初始处理程序来说是私有的。这可用于防止在 V4L2 驱动程序控件中使用 subdev 控件。

ℹ️ **注意：**

菜单控件（menu control）不需要 minimum、maximum 和 step 值，允许在特定元素（通常是 enum 枚举值）之间进行选择，就像点菜的菜谱一样，因此命名为菜单控件。

V4L2 控件由唯一 ID 标识。它们以 V4L2_CID_ 为前缀，并且都可以在 include/uapi/linux/v4l2-controls.h 中找到。视频采集设备中支持的常用标准控件如下（请注意，以下列表并不详尽）：

```
#define V4L2_CID_BRIGHTNESS                 (V4L2_CID_BASE+0)
#define V4L2_CID_CONTRAST                   (V4L2_CID_BASE+1)
#define V4L2_CID_SATURATION                 (V4L2_CID_BASE+2)
#define V4L2_CID_HUE                        (V4L2_CID_BASE+3)
#define V4L2_CID_AUTO_WHITE_BALANCE         (V4L2_CID_BASE+12)
#define V4L2_CID_DO_WHITE_BALANCE           (V4L2_CID_BASE+13)
#define V4L2_CID_RED_BALANCE                (V4L2_CID_BASE+14)
#define V4L2_CID_BLUE_BALANCE               (V4L2_CID_BASE+15)
#define V4L2_CID_GAMMA                      (V4L2_CID_BASE+16)
#define V4L2_CID_EXPOSURE                   (V4L2_CID_BASE+17)
#define V4L2_CID_AUTOGAIN                   (V4L2_CID_BASE+18)
#define V4L2_CID_GAIN                       (V4L2_CID_BASE+19)
#define V4L2_CID_HFLIP                      (V4L2_CID_BASE+20)
#define V4L2_CID_VFLIP                      (V4L2_CID_BASE+21)
[...]
#define V4L2_CID_VBLANK (V4L2_CID_IMAGE_SOURCE_CLASS_BASE + 1)
#define V4L2_CID_HBLANK (V4L2_CID_IMAGE_SOURCE_CLASS_BASE + 2)
#define V4L2_CID_LINK_FREQ (V4L2_CID_IMAGE_PROC_CLASS_BASE + 1)
```

上述列表仅包括标准控件。要支持自定义控件，开发人员应该根据控件的基类描述符添加其 ID，并确保此 ID 不是重复的。

7.5.2　控件处理程序

要向驱动程序添加控件支持，应首先使用 v4l2_ctrl_handler_init()宏初始化控件处理程序。该宏接收要初始化的处理程序以及此处理程序可以引用的控件数，其原型如下：

```
v4l2_ctrl_handler_init(hdl, nr_of_controls_hint)
```

在完成控件处理程序后，即可在此控件处理程序上调用 v4l2_ctrl_handler_free()以释放其资源。

一旦初始化控件处理程序，就可以创建控件并将其添加到其中。当涉及标准的 V4L2 控件时，可以使用 v4l2_ctrl_new_std() 来分配和初始化新控件：

```
struct v4l2_ctrl *v4l2_ctrl_new_std(
                         struct v4l2_ctrl_handler *hdl,
                         const struct v4l2_ctrl_ops *ops,
                         u32 id, s64 min, s64 max,
                         u64 step, s64 def);
```

该函数的大多数字段均基于控件 ID。当然，对于自定义控件（此处未讨论）来说，应该改用 v4l2_ctrl_new_custom() 辅助函数。

在上述原型中，各字段的解释如下。

❑　hdl：表示先前初始化的控件处理程序。

❑　ops：这是 struct v4l2_ctrl_ops 类型的，代表控件操作。

❑　id：这是控件 ID，定义为 V4L2_CID_*。

❑　min：这是控件可接受的最小值。根据控件 ID，该值可以被核心修改。

❑　max：这是控件可以接受的最大值。根据控件 ID，该值可以被核心修改。

❑　step：控件的步长值。

❑　def：控件的默认值。

控件需要 set/get 操作，这是上面 ops 参数的目的。这意味着在初始化控件之前，开发人员应该首先定义在设置/获取此控件的值时将调用的操作。也就是说，整个控件列表可以由相同的操作处理。在这种情况下，ops 回调函数可使用 switch ... case 来处理不同的控件。

如前文所述，控件操作属于 struct v4l2_ctrl_ops 类型，其定义如下：

```
struct v4l2_ctrl_ops {
    int (*g_volatile_ctrl)(struct v4l2_ctrl *ctrl);
    int (*try_ctrl)(struct v4l2_ctrl *ctrl);
    int (*s_ctrl)(struct v4l2_ctrl *ctrl);
};
```

可以看到，上面的结构体由 3 个回调函数组成，每个回调函数都有特定的目的。

❑　g_volatile_ctrl：获取给定控件的新值。提供此回调函数仅对易失性控件有意义。所谓易失性控件（volatile control），是指通过硬件本身更改值的控件，它们大多数时间是只读状态，如信号强度或自动增益等。

❑　try_ctrl：如果设置的话，将被调用以测试要应用的控件的值是否有效。仅当通常的 minimum、maximum 和 step 检查不足时，提供此回调函数才有意义。

❑　s_ctrl：调用它可以设置控件的值。

开发人员也可以选择在控件处理程序上调用 v4l2_ctrl_handler_setup() 函数，以将此处理程序的控件设置为其默认值，这有助于确保硬件和驱动程序的内部数据结构同步：

```
int v4l2_ctrl_handler_setup(struct v4l2_ctrl_handler *hdl);
```

此函数将遍历给定处理程序中的所有控件，并调用 s_ctrl 回调函数，为每个控件设置默认值。

7.5.3　摄像头传感器驱动程序示例

为了总结我们在整个 V4L2 控件接口部分中讨论的内容，现在让我们来详细研究一下 OV7740 摄像头传感器驱动程序的代码片段（位于 drivers/media/i2c/ov7740.c 中），尤其是处理 V4L2 控件的部分。

首先，来看一下控件 ops->sg_ctrl 回调函数的实现：

```
static int ov7740_get_volatile_ctrl(struct v4l2_ctrl *ctrl)
{
    struct ov7740 *ov7740 = container_of(ctrl->handler,
    struct ov7740, ctrl_handler);
    int ret;

    switch (ctrl->id) {
    case V4L2_CID_AUTOGAIN:
        ret = ov7740_get_gain(ov7740, ctrl);
        break;
    default:
        ret = -EINVAL;
        break;
    }
    return ret;
}
```

上述回调函数只针对 V4L2_CID_AUTOGAIN 的控件 ID。这是有道理的，因为增益值可能在自动模式下由硬件更改。

该驱动程序实现的 ops->s_ctrl 控件如下所示：

```
static int ov7740_set_ctrl(struct v4l2_ctrl *ctrl)
{
    struct ov7740 *ov7740 =
            container_of(ctrl->handler, struct ov7740, ctrl_handler);
    struct i2c_client *client = v4l2_get_subdevdata(&ov7740->subdev);
```

```
    struct regmap *regmap = ov7740->regmap;
    int ret;
    u8 val = 0;
    [...]
    switch (ctrl->id) {
    case V4L2_CID_AUTO_WHITE_BALANCE:
        ret = ov7740_set_white_balance(ov7740, ctrl->val); break;
    case V4L2_CID_SATURATION:
        ret = ov7740_set_saturation(regmap, ctrl->val); break;
    case V4L2_CID_BRIGHTNESS:
        ret = ov7740_set_brightness(regmap, ctrl->val); break;
    case V4L2_CID_CONTRAST:
        ret = ov7740_set_contrast(regmap, ctrl->val); break;
    case V4L2_CID_VFLIP:
        ret = regmap_update_bits(regmap, REG_REG0C,
                                 REG0C_IMG_FLIP, val); break;
    case V4L2_CID_HFLIP:
        val = ctrl->val ? REG0C_IMG_MIRROR : 0x00;
        ret = regmap_update_bits(regmap, REG_REG0C,
                                 REG0C_IMG_MIRROR, val); break;
    case V4L2_CID_AUTOGAIN:
        if (!ctrl->val)
            return ov7740_set_gain(regmap, ov7740->gain->val);
        ret = ov7740_set_autogain(regmap, ctrl->val); break;
    case V4L2_CID_EXPOSURE_AUTO:
        if (ctrl->val == V4L2_EXPOSURE_MANUAL)
        return ov7740_set_exp(regmap, ov7740->exposure->val);
        ret = ov7740_set_autoexp(regmap, ctrl->val); break;
    default:
        ret = -EINVAL; break;
    }
    [...]
    return ret;
}
```

上述代码块表明，使用 V4L2_CID_EXPOSURE_AUTO 控件作为示例实现菜单控件是很容易的，其可能的值可在 enum v4l2_exposure_auto_type 中枚举。

最后，为创建控件而提供的控件操作结构体定义如下：

```
static const struct v4l2_ctrl_ops ov7740_ctrl_ops = {
    .g_volatile_ctrl = ov7740_get_volatile_ctrl,
    .s_ctrl = ov7740_set_ctrl,
};
```

在定义之后，此控件操作可用于初始化控件。

以下是 ov7740_init_controls()方法（在 probe()函数中调用）的代码片段。为增加可读性，对其进行了部分修改和精简：

```
static int ov7740_init_controls(struct ov7740 *ov7740)
{
    [...]
    struct v4l2_ctrl *auto_wb;
    struct v4l2_ctrl *gain;
    struct v4l2_ctrl *vflip;
    struct v4l2_ctrl *auto_exposure;
    struct v4l2_ctrl_handler *ctrl_hdlr

    v4l2_ctrl_handler_init(ctrl_hdlr, 12);
    auto_wb = v4l2_ctrl_new_std(ctrl_hdlr, &ov7740_ctrl_ops,
                             V4L2_CID_AUTO_WHITE_BALANCE,
                             0, 1, 1, 1);
    vflip = v4l2_ctrl_new_std(ctrl_hdlr, &ov7740_ctrl_ops,
                           V4L2_CID_VFLIP, 0, 1, 1, 0);

    gain = v4l2_ctrl_new_std(ctrl_hdlr, &ov7740_ctrl_ops,
                          V4L2_CID_GAIN, 0, 1023, 1, 500);

    /* 将此控件标记为易失性的 */
    gain->flags |= V4L2_CTRL_FLAG_VOLATILE;

    contrast = v4l2_ctrl_new_std(ctrl_hdlr, &ov7740_ctrl_ops,
                              V4L2_CID_CONTRAST, 0, 127, 1, 0x20);

    ov7740->auto_exposure =
                 v4l2_ctrl_new_std_menu(ctrl_hdlr,
                                        &ov7740_ctrl_ops,
                                        V4L2_CID_EXPOSURE_AUTO,
                                        V4L2_EXPOSURE_MANUAL,
                                        0, V4L2_EXPOSURE_AUTO);
    [...]
    ov7740->subdev.ctrl_handler = ctrl_hdlr;
    return 0;
}
```

在上述函数的返回路径中可以看到分配给子设备的控件处理程序。

最后，在代码的某个地方，还应该将所有控件设置为其默认值。对于 ov7740 的驱动程序来说，它在子设备的 v4l2_subdev_video_ops.s_stream 回调函数中执行了此操作：

```
ret = v4l2_ctrl_handler_setup(ctrl_hdlr);
if (ret) {
    dev_err(&client->dev, "%s control init failed (%d)\n",
            __func__, ret);
    goto error;
}
```

有关 V4L2 控件的更多信息，请访问以下网址：

https://www.kernel.org/doc/html/v4.19/media/kapi/v4l2-controls.html

7.5.4　关于控件继承

子设备驱动程序实现已经由桥接设备的 V4L2 驱动程序实现的控件是很常见的。

当在 v4l2_subdev 和 v4l2_device 上调用 v4l2_device_register_subdev()并且设置两者的 ctrl_handler 字段时，子设备的控件将被添加到 v4l2_device 控件中。这是通过 v4l2_ctrl_add_handler()辅助函数执行的，它可以将给定处理程序的控件添加到其他处理程序中。

v4l2_device 已经实现的子设备控件将被跳过。这意味着 V4L2 驱动程序始终可以覆盖 subdev 控件。

也就是说，控件可以在给定的子设备上执行低级的、与特定硬件相关的操作，并且子设备驱动程序可能不希望此控件可用于 V4L2 驱动程序（因此不会添加到其控件处理程序中）。在这种情况下，子设备驱动程序必须将控件的 is_private 成员设置为 1（或 true），这将使该控件对于子设备来说是私有的。

🛈 注意：
即使将子设备控件添加到 V4L2 设备，它们仍然可以通过控制设备节点进行访问。

7.6　小　　结

本章详细阐释了 V4L2 桥接设备驱动程序的开发以及子设备的概念，介绍了 V4L2 架构及其数据结构，研究了 videobuf2 API，并且学习编写了平台桥接设备驱动程序。

此外，我们还深入讨论了子设备操作和 V4L2 控件基础结构。

本章是 V4L2 研究的第一部分，因为第 8 章仍将讨论它，只不过讨论的是异步核心处理和媒体控制器框架的集成。

第 8 章　集成 V4L2 异步和媒体控制器框架

随着时间的推移，媒体支持已成为系统级芯片（system on chip，SoC）的必需品和销售卖点，它变得越来越复杂。这些媒体 IP 核心的复杂性使得获取传感器数据需要由软件设置整个管道（由多个子设备组成）。基于设备树的系统的异步特性意味着这些子设备的设置和探测并不简单，异步框架（async framework）由此应运而生。

异步框架解决了子设备的无序探测，以便在所有媒体子设备准备就绪时及时弹出媒体设备。同样重要的是，由于媒体管道的复杂性，有必要找到一种方法来简化构成它的子设备的配置，因此出现了媒体控制器框架（media controller framework），它将整个媒体管道包装在一个元素中，即媒体设备（media device）。它带有一些抽象，其中之一是将每个子设备视为一个实体，该实体具有接收接口（sink pad）、源接口（source pad）或两者都有。

本章将重点介绍异步和媒体控制器框架的工作原理以及它们的设计方式，我们将通过其 API 了解如何在 Video4Linux2（V4L2）设备驱动程序开发中利用它们。

本章包含以下主题。

❏　V4L2 异步接口和图绑定的概念。

❏　Linux 媒体控制器框架。

8.1　技　术　要　求

要轻松阅读和理解本章，你需要具备以下条件。

❏　高级计算机架构知识和 C 语言编程技巧。

❏　Linux Kernel v4.19.X 源，其下载地址如下：

https://git.kernel.org/pub/scm/linux/kernel/git/stable/linux.git/refs/tags

8.2　V4L2 异步接口和图绑定的概念

到目前为止，在 V4L2 驱动程序开发中，我们还没有真正处理过探测顺序。话虽如此，我们曾经也考虑过同步方法，所谓同步，就是指桥接设备驱动程序在探测期间为所有子设备同步注册设备。但是，这种方法不能用于本质上异步和无序的设备注册系统，如扁平化设备树（flattened device tree，FDT）。为了解决这个问题，引入了异步接口。

使用这种新方法之后，其处理如下。

（1）桥接设备驱动程序注册子设备描述符和通知函数（notifier）的列表。

（2）子设备驱动程序注册它们将要探测或已经成功探测的子设备。

（3）异步核心负责将子设备与硬件描述符进行匹配，并在找到匹配项时调用桥接设备驱动程序回调函数。

（4）当子设备注销时将调用另一个回调函数。

异步子系统以一种特殊方式依赖于设备声明，这种特殊方式称为图绑定（graph binding），它是我们接下来要讨论的内容。

8.2.1　图绑定

嵌入式系统有一组精简设备，其中一些设备是不可发现的。但是，设备树可以通过图的形式向内核描述实际系统（从硬件的角度），因为这些设备往往是以某种方式相互连接的（虽然不是始终如此）。

在设备树中，虽然可以使用指向其他节点的 phandle 属性来描述简单和直接的连接，如父/子关系，但无法对由多个互连组成的复合设备进行建模。在某些情况下，关系建模会产生一个非常完整的图（graph）——例如，i.MX6 图像处理单元（image processing unit，IPU），它本身就是一个逻辑设备，但由若干个物理 IP 块组成，它们的互连可能会导致一个相当复杂的管道。

这就是所谓的开放固件（open firmware，OF）图发挥作用的地方，它有自己的 API，并带来了一些新概念，如端口和端点，如下所述。

❑　端口（port）：可被视为设备中的接口（如在 IP 块中）。

❑　端点（endpoint）：可被视为一个接口（pad），因为它描述了到远程端口的连接的一端。

当然，phandle 属性仍然用于引用树中的其他节点。更多相关文档可以在 Documentation/devicetree/bindings/graph.txt 中找到。

8.2.2　端口和端点表示

端口是设备的接口。一台设备可以有一个或多个端口。端口由它们所属设备的节点中包含的端口节点表示。每个端口节点都包含该端口连接到的每个远程设备端口的端点子节点。这意味着单个端口可以连接到远程设备上的多个端口，并且每条链接必须由端点子节点表示。

现在，如果一个设备节点包含多个端口，如果一个端口有多个端点，或者一个端口节点需要连接到选定的硬件接口，则可以使用#address-cells、#size-cells 和 reg 属性对节点进行编号，这已经成为一种流行方案。

以下代码片段显示了如何使用#address-cells、#size-cells 和 reg 属性来处理这些情况：

```
device {
    ...
    #address-cells = <1>;
    #size-cells = <0>;

    port@0 {
        #address-cells = <1>;
        #size-cells = <0>;
        reg = <0>;

        endpoint@0 {
            reg = <0>;
            ...
        };
        endpoint@1 {
            reg = <1>;
            ...
        };
    };

    port@1 {
        reg = <1>;
        endpoint { ... };
    };
};
```

完整的文档可以在 Documentation/devicetree/bindings/graph.txt 中找到。

现在我们已经完成了端口和端点的表示，接下来需要了解如何相互链接，这也是8.2.3 节将要讨论的内容。

8.2.3　端点链接

对于要链接在一起的两个端点，每个端点都应包含一个 remote-endpoint phandle 属性，该属性指向远程设备端口中的相应端点。

反过来，远程端点应包含 remote-endpoint 属性。两个端点及其 remote-endpoint phandles 相互指向，形成包含端口之间的链接，示例如下：

```
device-1 {
    port {
        device_1_output: endpoint {
            remote-endpoint = <&device_2_input>;
        };
    };
};
device-2 {
    port {
        device_2_input: endpoint {
            remote-endpoint = <&device_1_output>;
        };
    };
}
```

引入图绑定的概念而不讨论它的 API 是不合理的，因此，接下来我们将讨论图绑定方法带来的 API。

8.2.4　V4L2 异步和面向图的 API

希望本小节的标题不会误导你，因为图绑定不仅仅适用于 V4L2 子系统，Linux DRM 子系统也利用了它。

话虽如此，异步框架严重依赖设备树来描述媒体设备及其端点和连接，或者这些端点之间的链接及其总线配置属性。

8.2.5　从设备树 API 到通用 fwnode 图 API

fwnode 图 API 是将仅基于设备树的开放固件（OF）图 API 更改为通用 API 的成功尝试，将 ACPI（高级配置和电源接口）和设备树 OF API 合并在一起可获得统一和通用的 API，这通过使用相同的 API 扩展了包含 ACPI 的图的概念。

通过查看 struct device_node 和 struct acpi_device 结构体，可以看到它们的共同成员：struct fwnode_handle fwnode。代码如下：

```
struct device_node {
    [...]
```

```
    struct fwnode_handle fwnode;
    [...]
};
```

上述代码片段从设备树的角度表示了一个设备节点，而以下代码片段则是与 ACPI 相关的：

```
struct acpi_device {
    [...]
    struct fwnode_handle fwnode;
    [...]
};
```

fwnode 成员属于 struct fwnode_handle 类型，是一个较低级别的通用数据结构，它抽象了 device_node 或 acpi_device，因为它们都继承自该数据结构。

这使得 struct fwnode_handle 成为图 API 同质化的良好客户端，这样端点就可以引用 ACPI 设备或基于 OF 的设备（通过其 fwnode_handle 类型的字段）。

这个抽象模型现在用于图 API 中，它允许开发人员通过一个通用数据结构（如下文所述，这里指的是 struct fwnode_endpoint）来抽象端点，它将嵌入一个指向 struct fwnode_handle 的指针，该指针可以引用 ACPI 或 OF 节点。

除了通用性，这还允许此端点的底层子设备基于 ACPI 或 OF：

```
struct fwnode_endpoint {
    unsigned int port;
    unsigned int id;
    const struct fwnode_handle *local_fwnode;
};
```

该结构体弃用了旧的 struct of_endpoint 结构体，并且 device_node*类型的成员为 fwnode_handle*类型的成员留出了空间。

上述结构体中，local_fwnode 指向相关的固件节点，port 为端口号（它对应 port@0 中的 0 或 port@1 中的 1），id 是该端点在端口内的索引（它对应于 endpoint@0 中的 0 或 endpoint@1 中的 1）。

V4L2 框架使用了这个模型，通过 struct v4l2_fwnode_endpoint 来抽象与 V4L2 相关的端点。struct v4l2_fwnode_endpoint 是建立在 fwnode_endpoint 之上的，具体如下所示：

```
struct v4l2_fwnode_endpoint {
    struct fwnode_endpoint base;
    /*
     * 此行下方的字段将由 v4l2_fwnode_endpoint_parse()清零
     */
```

```
    enum v4l2_mbus_type bus_type;
    union {
        struct v4l2_fwnode_bus_parallel parallel;
        struct v4l2_fwnode_bus_mipi_csi1 mipi_csi1;
        struct v4l2_fwnode_bus_mipi_csi2 mipi_csi2;
    } bus;
    u64 *link_frequencies;
    unsigned int nr_of_link_frequencies;
};
```

此结构体自 Linux Kernel v4.13 起就弃用并替换了 struct v4l2_of_endpoint，以前 V4L2 使用它来表示 V4L2 OF API 时代的端点节点。

在上述数据结构定义中，base 表示底层 ACPI 或设备节点的 struct fwnode_endpoint 结构体。其他字段与 V4L2 相关，详细解释如下。

❑ bus_type：这是子设备流数据所通过的媒体总线的类型。这个成员的值决定了哪个底层总线结构体应该用从 fwnode 端点（设备树或 ACPI）解析的总线属性填充。enum v4l2_mbus_type 中列出了其可能的值，如下所示：

```
enum v4l2_mbus_type {
    V4L2_MBUS_PARALLEL,
    V4L2_MBUS_BT656,
    V4L2_MBUS_CSI1,
    V4L2_MBUS_CCP2,
    V4L2_MBUS_CSI2,
};
```

❑ bus：这是代表媒体总线本身的结构体。在联合体（union）中已经存在可能的值，并且 bus_type 可以确定要考虑的值。这些总线结构体都在 include/media/v4l2-fwnode.h 中定义。

❑ link_frequencies：这是此链接支持的频率列表。

❑ nr_of_link_frequencies：这是 link_frequencies 中的元素数。

ℹ️ 注意：

在 Linux Kernel v4.19 中，bus_type 成员是根据 fwnode 中的 bus-type 属性专门设置的。驱动程序可以检查读取值并调整其行为。这意味着 V4L2 fwnode API 将始终基于此 fwnode 属性的解析策略。

但是，从 Kernel v5.0 开始，驱动程序必须将此成员设置为预期的总线类型（在调用解析函数之前），这将与 fwnode 中读取的 bus-type 属性的值进行比较，如果它们不匹配，则会出现错误。

如果总线类型未知或驱动程序可以处理多种总线类型，则必须使用 V4L2_MBUS_UNKNOWN 值。从 Kernel v5.0 开始，该值也是 enum v4l2_mbus_type 的一部分。

在 Kernel 代码中，你可能会找到 enum v4l2_fwnode_bus_type 枚举类型。这是一个 V4L2 fwnode 本地枚举类型，也是全局 enum v4l2_mbus_type 枚举类型的对应物，并且它们的值可以相互映射。随着代码的演变，它们各自的值保持同步。

与 V4L2 相关的绑定需要其他属性。这些属性的一部分用于构建 v4l2_fwnode_endpoint，而另一部分则用于构建底层 bus（实际上是媒体总线）结构体。所有这些都在专门的与视频相关的绑定文档 Documentation/devicetree/bindings/media/video-interfaces.txt 中进行了说明，强烈建议你查看该文档。

以下是桥接设备（isc）和传感器子设备（mt9v032）之间的典型绑定：

```
&i2c1 {
    #address-cells = <1>;
    #size-cells = <0>;
    mt9v032@5c {
        compatible = "aptina,mt9v032";
        reg = <0x5c>;

        port {
            mt9v032_out: endpoint {
                remote-endpoint = <&isc_0>;
                link-frequencies = /bits/ 64 <13000000 26600000 27000000>;
                hsync-active = <1>;
                vsync-active = <0>;
                pclk-sample = <1>;
            };
        };
    };
};

&isc {
    port {
        isc_0: endpoint@0 {
            remote-endpoint = <&mt9v032_out>;
            hsync-active = <1>;
            vsync-active = <0>;
            pclk-sample = <1>;
        };
    };
};
```

在上述绑定中，hsync-active、vsync-active、link-frequencies 和 pclk-sample 都是 V4L2 特有的属性，描述了媒体总线。在这里，它们的值不一致，并没有真正的意义，但非常适合我们的学习目的。

上述代码片段很好地展示了端点和远程端点的概念，在第 8.3 节"Linux 媒体控制器框架"中将详细讨论 struct v4l2_fwnode_endpoint 的使用。

ℹ 注意：

V4L2 中处理 fwnode API 的部分称为 V4L2 fwnode API。它替代了仅支持设备树的 API，即 V4L2 OF API。前者有一组前缀为 v4l2_fwnode_ 的 API，而后者的前缀为 v4l2_of_。

请注意，在仅基于开放固件（OF）的 API 中，端点由 struct of_endpoint 表示，与 V4L2 相关的端点由 struct v4l2_of_endpoint 表示。

有一些 API 允许从基于 OF 的模型切换到基于 fwnode 的模型，或者反过来，即从基于 fwnode 的模型切换到基于 OF 的模型。

V4L2 fwnode 和 V4L2 OF 是完全可互操作的。例如，使用 V4L2 fwnode 的子设备驱动程序可以毫不费力地与使用 V4L2 OF 的媒体设备驱动程序一起工作，反之亦然。

但是，新驱动程序必须使用 fwnode API，并且包括#include <media/v4l2-fwnode.h>，而在切换到 fwnode API 时则需要替换旧驱动程序中的 #include <media/v4l2-of.h>。

当然，上面讨论 struct fwnode_endpoint 只是为了展示底层机制，如果你不感兴趣，则完全可以跳过它，因为只有核心才需要处理这个数据结构。

对于更通用的方法，开发人员最好使用新的 struct fwnode_handle 来引用设备的固件节点，而不是使用 struct device_node。这可以确保 DT 和 ACPI 绑定在驱动程序中使用相同的代码兼容并且可互操作。

新驱动程序中的代码变化如下所示：

```
- struct device_node *of_node;
+ struct fwnode_handle *fwnode;

- of_node = ddev->of_node;
+ fwnode = dev_fwnode(dev);
```

一些常见的与 fwnode 节点相关的 API 如下所示：

```
[...]
struct fwnode_handle *fwnode_get_parent(
                        const struct fwnode_handle *fwnode);

struct fwnode_handle *fwnode_get_next_child_node(
```

```
                              const struct fwnode_handle *fwnode,
                              struct fwnode_handle *child);

struct fwnode_handle *fwnode_get_next_available_child_node(
                              const struct fwnode_handle *fwnode,
                              struct fwnode_handle *child);

#define fwnode_for_each_child_node(fwnode, child) \
    for (child = fwnode_get_next_child_node(fwnode, NULL); \
         child; \
         child = fwnode_get_next_child_node(fwnode, child))

#define fwnode_for_each_available_child_node(fwnode, child) \
    for (child = fwnode_get_next_available_child_node(fwnode, NULL); \
         child; \
    child = fwnode_get_next_available_child_node(fwnode, child))

struct fwnode_handle *fwnode_get_named_child_node(
                              const struct fwnode_handle *fwnode,
                              const char *childname);

struct fwnode_handle *fwnode_handle_get(struct fwnode_handle *fwnode);
void fwnode_handle_put(struct fwnode_handle *fwnode);
```

上述 API 的描述如下。

❑ fwnode_get_parent()：返回在参数中给出了 fwnode 值的节点的父句柄，否则返回 NULL。

❑ fwnode_get_next_child_node()：将父节点作为其第一个参数，并返回此父节点中给定的子节点（作为第二个参数给出）之后的下一个子节点（否则为 NULL）。如果 child（第二个参数）为 NULL，则返回此父节点的第一个子节点。

❑ fwnode_get_next_available_child_node()：与 fwnode_get_next_child_node()类似，但在返回 fwnode 句柄之前确保设备实际存在（已成功探测）。

❑ fwnode_for_each_child_node()：迭代给定节点中的子节点（第一个参数），而第二个参数则用作迭代器。

❑ fwnode_get_named_child_node()：通过名称获取给定节点中的子节点。

❑ fwnode_for_each_available_child_node：与 fwnode_for_each_child_node()类似，但仅迭代其设备实际存在于系统上的节点。

❑ fwnode_handle_get()：获得对设备节点的引用，fwnode_handle_put()将删除该引用。

一些与 fwnode 相关的属性如下：

```
[...]
bool fwnode_device_is_available(const struct fwnode_handle *fwnode);
bool fwnode_property_present(const struct fwnode_handle *fwnode,
                            const char *propname);

int fwnode_property_read_string(const struct fwnode_handle *fwnode,
                                const char *propname,
                                const char **val);
int fwnode_property_match_string(const struct fwnode_handle *fwnode,
                                 const char *propname,
                                 const char *string);
```

与属性和节点相关的 fwnode API 可以在 include/linux/property.h 中找到。当然，有些辅助函数允许在 OF、ACPI 和 fwnode 之间来回切换。示例如下：

```
/* 从 fwnode 切换到 OF */
struct device_node *of_node = to_of_node(fwnode);

/* 从 OF 切换到 fwnode */
struct fwnode_handle *fwnode = of_fwnode_handle(node)

/* 要从 fwnode 切换到 ACPI 句柄
 * 需引入以下宏
 *
 * #define ACPI_HANDLE_FWNODE(fwnode) \
 *      acpi_device_handle(to_acpi_device_node(fwnode))
 *
 * 从 ACPI 设备切换到 fwnode：
 *
 * struct fwnode_handle *
 *      acpi_fwnode_handle(struct acpi_device *adev)
 *
 */
```

最后，对我们来说最重要的是 fwnode 图 API。在下面的代码片段中，列举了这个 API 最重要的函数：

```
struct fwnode_handle
   *fwnode_graph_get_next_endpoint(const struct fwnode_handle *fwnode,
                                   struct fwnode_handle *prev);
struct fwnode_handle
   *fwnode_graph_get_port_parent(const struct fwnode_handle *fwnode);

struct fwnode_handle
```

```
    *fwnode_graph_get_remote_port_parent(
                        const struct fwnode_handle *fwnode);

struct fwnode_handle
    *fwnode_graph_get_remote_port(const struct fwnode_handle *fwnode);

struct fwnode_handle
    *fwnode_graph_get_remote_endpoint(
                        const struct fwnode_handle *fwnode);

#define fwnode_graph_for_each_endpoint(fwnode, child) \
    for (child = NULL; \
    (child = fwnode_graph_get_next_endpoint(fwnode, child)); )

int fwnode_graph_parse_endpoint(const struct fwnode_handle *fwnode,
                        struct fwnode_endpoint *endpoint);
[...]
```

上述函数通过其名称就差不多已经知道它们要执行的操作了，其详细说明如下。

❑ fwnode_graph_get_next_endpoint()：返回给定节点（第一个参数）中前一个端点
（prev，第二个参数）之后的下一个端点（否则返回 NULL）。如果 prev 为 NULL，
则返回第一个端点。此函数可获取对使用后必须删除的返回端点的引用。参见
fwnode_handle_put()。

❑ fwnode_graph_get_port_parent()：返回参数中给出的端口节点的父节点。

❑ fwnode_graph_get_remote_port_parent()：返回包含端点的远程设备的固件节点，
该端点的固件节点通过 fwnode 参数给出。

❑ fwnode_graph_get_remote_endpoint()：返回对应于本地端点的远程端点的固件节
点，本地端点的固件节点通过 fwnode 参数给出。

❑ fwnode_graph_parse_endpoint()：解析表示图端点节点的 fwnode（第一个参数）
中的公共端点节点属性，并将信息存储在 endpoint（第二个参数和输出参数）中。
V4L2 固件节点 API 大量使用此函数。

8.2.6　V4L2 固件节点 API

V4L2 固件节点 API（V4L2 fwnode API）中的主数据结构是 struct v4l2_fwnode_
endpoint。该结构体只不过是 struct fwnode_handle 增加了一些与 V4L2 相关的属性。

但是，有一个与 V4L2 相关的 fwnode 图函数值得讨论一下，这个函数就是 v4l2_
fwnode_endpoint_parse()。

该函数的原型在 include/media/v4l2-fwnode.h 中声明，具体如下所示：

```
int v4l2_fwnode_endpoint_parse(struct fwnode_handle *fwnode,
                               struct v4l2_fwnode_endpoint *vep);
```

给定端点的 fwnode_handle（上述函数中的第一个参数），你可以使用 v4l2_fwnode_endpoint_parse()来解析所有 fwnode 节点属性。

该函数还可以识别并处理与 V4L2 相关的特定属性，你也许还记得，这些属性记录在 Documentation/devicetree/bindings/media/video-interfaces.txt 中。

v4l2_fwnode_endpoint_parse() 使用 fwnode_graph_parse_endpoint() 来解析常见的 fwnode 属性，并使用 V4L2 特定的解析器辅助函数来解析与 V4L2 相关的属性。成功时返回 0，失败时返回负错误代码。

以 dts 中的 mt9v032 CMOS 图像传感器节点为示例，在其 probe 方法中有以下代码：

```
int err;
struct fwnode_handle *ep;
struct v4l2_fwnode_endpoint bus_cfg;

/* 获取与设备对应的 fwnode */
struct fwnode_handle *fwnode = dev_fwnode(dev);

/* 获取其端点节点 */
ep = fwnode_graph_get_next_endpoint(fwnode, NULL);

/*
 * 解析端点公共属性以及与 V4L2 相关的属性
 */
err = v4l2_fwnode_endpoint_parse(ep, &bus_cfg);
if (err) { /* handle error */ }

/* 在此阶段可以访问诸如 bus_type、bus.flags 之类的参数
 * （它们对应 mipi csi2 或并行总线）
 * V4L2_MBUS_* 则是媒体总线标志
 */

/* 删除对端点的引用 */
fwnode_handle_put(ep);
```

上述代码显示了如何使用 fwnode API 及其 V4L2 版本来访问节点和端点属性。当然，在调用 v4l2_fwnode_endpoint_parse()时会解析 V4L2 特定的属性。这些属性描述了所谓的媒体总线（media bus），数据将通过该总线从一个接口传送到另一个接口。接下来

我们就将讨论这个媒体总线。

8.2.7　V4L2 fwnode 或媒体总线类型

大多数媒体设备支持特定的媒体总线类型。虽然端点链接在一起，但它们实际上是通过总线连接的，其属性需要向 V4L2 框架做说明。为了让 V4L2 能够找到此信息，它将在设备的 fwnode（DT 或 ACPI）中作为属性提供。由于这些是特定属性，因此 V4L2 fwnode API 能够识别和解析它们。每条总线都有其特殊性和属性。

首先，让我们看看当前支持的总线，以及它们的数据结构体。

❑ MIPI CSI-1：这是 MIPI 联盟的相机串行接口（camera serial interface，CSI）版本 1。此总线用 struct v4l2_fwnode_bus_mipi_csi1 的实例表示。

❑ CCP2：它代表的是密集型照相端口 2（compact camera port 2），由标准移动成像架构（standard mobile imaging architecture，SMIA）制定，它是一个处理用于移动应用的相机模块（如 SMIA CCP2）的公司的开放标准。该总线在此框架中也用 struct v4l2_fwnode_bus_mipi_csi1 的实例表示。

❑ 并行总线（parallel bus）：这是经典的并行接口，带有 HSYNC 和 VSYNC 信号。用于表示该总线的结构体是 struct v4l2_fwnode_bus_parallel。

❑ BT656：这是用于 BT.1120 或任何在数据中传输常规视频定时和同步信号（HSYNC、VSYNC 和 BLANK）的并行总线。与标准并行总线相比，这些总线的引脚数量较少。该框架使用 struct v4l2_fwnode_bus_parallel 来表示该总线。

❑ MIPI CSI-2：这是 MIPI 联盟的 CSI 接口的第 2 版。该总线由 struct v4l2_fwnode_bus_mipi_csi2 结构体抽象。但是，该数据结构体不区分 D-PHY 和 C-PHY。从 Kernel v5.0 开始解决了这种差异化问题。

在第 8.3.7 节 "媒体总线的概念" 中将会看到，"总线" 这个概念可用于检测本地端点与其远程对应端点之间的兼容性，两个子设备如果没有相同的总线属性，则它们不能链接在一起，这是完全有道理的。

在第 8.2.6 节 "V4L2 固件节点 API" 中看到，v4l2_fwnode_endpoint_parse() 负责解析端点的 fwnode 并填充适当的总线结构体。该函数首先调用 fwnode_graph_parse_endpoint() 来解析常见的 fwnode 与图相关的属性，然后检查 bus-type 属性的值，以确定合适的 v4l2_fwnode_endpoint.bus 数据类型，具体如下所示：

```
u32 bus_type = 0;
fwnode_property_read_u32(fwnode, "bus-type", &bus_type);
```

函数将根据该值选择总线数据结构体。以下是 fwnode 设备的预期可能值。

- ❑　0：这意味着自动检测。核心将尝试根据 fwnode 中存在的属性（MIPI CSI-2 D-PHY、并行或 BT656）猜测总线类型。
- ❑　1：这表示 MIPI CSI-2 C-PHY。
- ❑　2：这表示 MIPI CSI-1。
- ❑　3：这表示 CCP2。

例如，对于 CPP2 总线来说，设备的 fwnode 将包含以下行：

```
bus-type = <3>;
```

ℹ️ **注意：**

从 Kernel v5.0 开始，驱动程序可以在 v4l2_fwnode_endpoint 的 bus_type 成员中指定预期的总线类型，然后将其作为第二个参数提供给 v4l2_fwnode_endpoint_parse()。在这种情况下，如果上面 fwnode_property_read_u32 返回的值与预期的总线类型不匹配，则解析将失败，除非预期的总线类型设置为 V4L2_MBUS_UNKNOWN。

8.2.8　BT656 和并行总线

这些总线类型都用 struct v4l2_fwnode_bus_parallel 表示，如下所示：

```
struct v4l2_fwnode_bus_parallel {
    unsigned int flags;
    unsigned char bus_width;
    unsigned char data_shift;
};
```

在上述数据结构中，flags 代表总线的标志；这些标志将根据设备固件节点中存在的属性进行设置；bus_width 表示主动使用的数据线数，不一定是总线（bus）的总线数（total number of lines）；data_shift 可以通过指定在到达第一个活动数据线之前要跳过的行数来指定真正使用哪些数据线。

以下是这些媒体总线的绑定属性，可用于设置 struct v4l2_fwnode_bus_parallel。

- ❑　hsync-active：HSYNC 信号的活动状态；0/1 分别代表低/高。

　　如果此属性的值为 0，则在 flags 成员中设置 V4L2_MBUS_HSYNC_ACTIVE_LOW 标志。任何其他值都将设置 V4L2_MBUS_HSYNC_ACTIVE_HIGH 标志。
- ❑　vsync-active：VSYNC 信号的活动状态；0/1 分别代表 LOW/HIGH。

　　如果此属性的值为 0，则在 flags 成员中设置 V4L2_MBUS_VSYNC_ACTIVE_LOW 标志。任何其他值都将设置 V4L2_MBUS_VSYNC_ACTIVE_HIGH 标志。
- ❑　field-even-active：偶场数据（even field data）传输期间的场信号电平（field signal

level）。这与前面的相同，但它关注的标志是 V4L2_MBUS_FIELD_EVEN_HIGH 和 V4L2_MBUS_FIELD_EVEN_LOW。

❑ pclk-sample：在像素时钟信号、V4L2_MBUS_PCLK_SAMPLE_RISING 和 V4L2_ MBUS_PCLK_SAMPLE_FALLING 的上升（1）或下降（0）沿上采样数据。

❑ data-active：与 HSYNC 和 VSYNC 类似，指定数据线极性，关注的标志为 V4L2_MBUS_DATA_ACTIVE_HIGH 和 V4L2_MBUS_DATA_ACTIVE_LOW。

❑ slave-mode：这是一个布尔属性，它的存在表明链接以从属模式运行，并且设置了 V4L2_MBUS_SLAVE 标志。否则，将设置 V4L2_MBUS_MASTER 标志。

❑ data-enable-active：与 HSYNC 和 VSYNC 类似，指定数据使能信号极性（data-enable signal polarity）。

❑ bus-width：此属性仅涉及并行总线并表示有效使用的数据线数。它可以相应地设置 V4L2_MBUS_DATA_ENABLE_HIGH 或 V4L2_MBUS_DATA_ENABLE_LOW 标志。

❑ data-shift：在使用 bus-width 指定数据线数量的并行数据总线上，此属性可用于指定真正使用哪些数据线，例如，bus-width = <8>; data-shift = <2>;表示使用 9:2 数据线。

❑ sync-on-green-active：绿同步（sync-on-green，SoG）信号的激活状态；0/1 分别代表 LOW/HIGH。还可以相应地设置 V4L2_MBUS_VIDEO_SOG_ACTIVE_HIGH 或 V4L2_MBUS_VIDEO_SOG_ACTIVE_LOW 标志。

这些总线的类型是 V4L2_MBUS_PARALLEL 或 V4L2_MBUS_BT656。负责解析这些总线的底层函数是 v4l2_fwnode_endpoint_parse_parallel_bus()。

8.2.9　MIPI CSI-2 总线

这是 MIPI 联盟 CSI 总线的第 2 版。该总线涉及两个 PHY（物理层）：D-PHY 或 C-PHY。D-PHY 已经存在一段时间了，主要针对相机、显示器和低速应用。

C-PHY 是一种较新且更复杂的 PHY，其中时钟嵌入到数据中，因此不需要显示单独的时钟通道。与 D-PHY 相比，它具有更少的线路、更少的通道和更低的功耗，并且可以实现更高的数据速率。C-PHY 在带宽受限的信道上可提供高吞吐量性能。

启用 C-PHY 和 D-PHY 的总线都使用一种数据结构体 struct v4l2_fwnode_bus_ mipi_csi2 表示，如下所示：

```
struct v4l2_fwnode_bus_mipi_csi2 {
```

```
    unsigned int flags;
    unsigned char data_lanes[V4L2_FWNODE_CSI2_MAX_DATA_LANES];
    unsigned char clock_lane;
    unsigned short num_data_lanes;
    bool lane_polarities[1 + V4L2_FWNODE_CSI2_MAX_DATA_LANES];
};
```

在上面的块中，flags 表示总线的标志，并将根据固件节点中存在的属性进行设置。

❑ data-lanes：物理数据通道索引的数组。

❑ lane-polarities：此属性仅对串行总线有效。它是一个通道极性的数组，从时钟通道开始，然后是数据通道，其顺序与 data-lanes 属性中的顺序相同，有效值为 0（正常）和 1（反转）。这个数组的长度应该是 data-lanes 和 clock-lanes 属性的组合长度，其有效值为 0（正常）和 1（反转）。

如果省略 lane-polarities 属性，则该值必须解释为 0（正常）。

❑ clock-lanes：时钟通道的物理通道索引。这是时钟通道位置。

❑ clock-noncontinuous：如果存在，则设置 V4L2_MBUS_CSI2_ NONCONTINUOUS_ CLOCK 标志。否则，设置 V4L2_MBUS_CSI2_CONTINUOUS_CLOCK。

这些总线具有 V4L2_MBUS_CSI2 类型。

在 Linux Kernel v4.20 之前，启用 C-PHY 和 D-PHY 的 CSI 总线之间没有区别。但是，从 Linux Kernel v5.0 开始，已经引入了这种差异，并且 V4L2_MBUS_CSI2 已分别替换为 V4L2_MBUS_CSI2_DPHY 或 V4L2_MBUS_CSI2_CPHY，相应地用于启用 D-PHY 或 C-PHY 的总线。

负责解析这些总线的底层函数是 v4l2_fwnode_endpoint_parse_csi2_bus()。其示例如下：

```
[...]
    port {
        tc358743_out: endpoint {
            remote-endpoint = <&mipi_csi2_in>;
            clock-lanes = <0>;
            data-lanes = <1 2 3 4>;
            lane-polarities = <1 1 1 1 1>;
            clock-noncontinuous;
        };
    };
```

8.2.10　CPP2 和 MIPI CSI-1 总线

这些是较早的单数据通道串行总线。它们的类型对应于 V4L2_FWNODE_BUS_

TYPE_CCP2 或 V4L2_FWNODE_BUS_TYPE_CSI1。Kernel 使用 struct v4l2_fwnode_bus_mipi_csi1 来表示这些总线：

```
struct v4l2_fwnode_bus_mipi_csi1 {
    bool clock_inv;
    bool strobe;
    bool lane_polarity[2];
    unsigned char data_lane;
    unsigned char clock_lane;
};
```

该结构体中元素的含义如下。

❑ clock-inv：时钟/选通信号（strobe signal）的极性（false 表示不反转，true 表示反转）。0 表示 false，其他值表示 true。

❑ strobe：false 指数据/时钟，true 指数据/选通。

❑ data-lanes：数据通道的数量。

❑ clock-lanes：时钟通道的数量。

❑ lane-polarities：与前面相同，但由于 CPP2 和 MIPI CSI-1 是单数据串行总线，因此该数组只能有两个条目：时钟的极性（索引 0）和数据通道的极性（索引 1）。

解析给定节点后，上述数据结构使用 v4l2_fwnode_endpoint_parse_csi1_bus() 填充。

8.2.11　总线猜测

将总线类型指定为 0（或 V4L2_MBUS_UNKNOWN）将指示 V4L2 核心根据固件节点中找到的属性尝试猜测实际的媒体总线。它将首先考虑设备是否在 CSI-2 总线上，并尝试相应地解析端点节点，寻找与 CSI-2 相关的属性。

幸运的是，CSI-2 和并行总线没有共同属性。这样，当且仅当未找到 MIPI CSI-2 特定的属性时，核心才会解析并行视频总线属性。核心不会猜测 V4L2_MBUS_CCP2，也不会猜测 V4L2_MBUS_CSI1。对于这些总线，必须指定 bus-type 属性。

8.2.12　V4L2 异步模式

由于基于视频的硬件有时会集成位于不同总线上的非 V4L2 设备（实际上是子设备），这在不同程度上带来了复杂性，因此某些子设备可能需要推迟初始化，直到桥接设备驱动程序加载完毕；而另一方面，桥接设备驱动程序也可能需要推迟初始化子设备，直到所有需要的子设备都加载完毕。也就是说，V4L2 需要采用异步模式。

在异步模式下，可以独立于桥接设备驱动程序的可用性调用子设备探测。当然，子设备驱动程序也必须验证是否满足成功探测的所有要求。这包括检查主时钟可用性、GPIO 或其他任何内容。

如果不满足任何一个条件，则子设备驱动程序可能决定返回-EPROBE_DEFER 以请求进一步重新探测的尝试。

一旦满足所有条件，则子设备将使用 v4l2_async_register_subdev() 函数向 V4L2 异步核心注册。注销操作可通过 v4l2_async_unregister_subdev()调用执行。

前文已经讨论了同步注册适用的情形。在这种模式下，桥接设备驱动程序知道它负责的所有子设备的上下文。它有责任在探测期间使用 v4l2_device_register_subdev()函数注册所有子设备。例如，在 drivers/media/platform/exynos4-is/media-dev.c 驱动程序中就是这样做的。

而在 V4L2 异步框架中抽象了子设备这个概念。子设备在异步框架中被称为 struct v4l2_async_subdev 结构体的实例。除这个结构体之外，还有另一个 struct v4l2_async_notifier 结构体。两者都是在 include/media/v4l2-async.h 中定义的，并以某种方式形成了 V4L2 异步核心的中心部分。因此，在深入讨论之前，不妨先来认识一下 V4L2 异步框架的中心部分 struct v4l2_async_notifier，其定义如下：

```
struct v4l2_async_notifier {
    const struct v4l2_async_notifier_operations *ops;
    unsigned int num_subdevs;
    unsigned int max_subdevs;
    struct v4l2_async_subdev **subdevs;
    struct v4l2_device *v4l2_dev;
    struct v4l2_subdev *sd;
    struct v4l2_async_notifier *parent;
    struct list_head waiting;
    struct list_head done;
    struct list_head list;
};
```

上述结构体主要由桥接设备驱动程序和异步核心使用。当然，在某些情况下，子设备驱动程序也可能需要由一些其他子设备通知。

无论是由桥接设备驱动程序还是由子设备驱动程序进行通知，在这两种情况下，上述结构体成员的用途和含义都是相同的，其具体解释如下。

- ❑　ops：这是由此通知函数（notifier）的所有者提供的一组回调函数，当探测到在此通知函数中等待的子设备时，异步核心将调用这些回调函数。
- ❑　v4l2_dev：这是注册此通知函数的桥接设备驱动程序的 V4L2 父级。

- ❑ sd：如果该通知函数已被子设备注册，则将指向该子设备。本书无意讨论这种用例。
- ❑ subdevs：这是一个子设备数组。无论是桥接设备驱动程序还是其他的子设备驱动程序，它们要通知的就是该数组中的子设备。
- ❑ waiting：该通知函数中等待探测的子设备列表。
- ❑ done：实际绑定到此通知函数的子设备列表。
- ❑ num_subdevs：这是**subdevs 中子设备的数量。
- ❑ list：由异步核心在注册此通知函数期间使用，以便将此通知函数链接到全局通知函数列表 notifier_list。

回到 struct v4l2_async_subdev 结构体，它的定义如下：

```
struct v4l2_async_subdev {
    enum v4l2_async_match_type match_type;
    union {
        struct fwnode_handle *fwnode;
        const char *device_name;
        struct {
            int adapter_id;
            unsigned short address;
        } i2c;
        struct {
        bool (*match)( struct device *, struct v4l2_async_subdev *);
            void *priv;
        } custom;
    } match;
    /* V4L2 异步核心私有：不会用于驱动程序 */
    struct list_head list;
};
```

上述数据结构被 V4L2 异步框架视为一个子设备。只有桥接设备驱动程序（它将分配异步子设备）和异步核心可以使用这种结构体。子设备驱动程序则根本不知道这一点。

该结构体的成员含义如下。

- ❑ match_type：这是 enum v4l2_async_match_type 类型。所谓匹配（match），就是在 struct v4l2_subdev 类型的子设备和 struct v4l2_async_subdev 类型的异步子设备之间进行一些严格比较。由于每个 struct v4l2_async_subdev 结构体都必须与其 struct v4l2_subdev 结构体相关联，因此该字段指定了异步核心使用的算法来对两者进行匹配。该字段由驱动程序设置（它也负责分配异步子设备）。其可能的值如下。

> ➤ V4L2_ASYNC_MATCH_DEVNAME：指示异步核心使用设备名称进行匹配。在这种情况下，桥接设备驱动程序必须设置 v4l2_async_subdev.match.device_name 字段，以便它可以在探测子设备时匹配子设备的设备名称（即 dev_name(v4l2_subdev->dev)）。
> ➤ V4L2_ASYNC_MATCH_FWNODE：这意味着异步核心应该使用固件节点进行匹配。在这种情况下，桥接设备驱动程序必须设置 v4l2_async_subdev.match.fwnode，以及与子设备的设备节点对应的固件节点句柄，以便它们可以匹配。
> ➤ V4L2_ASYNC_MATCH_I2C：用于通过检查 I2C 适配器 ID 和地址来执行匹配。在这种情况下，桥接设备驱动程序必须同时设置 v4l2_async_subdev.match.i2c.adapter_id 和 v4l2_async_subdev.match.i2c.address。这些值将和与 v4l2_subdev.dev 关联的 i2c_client 对象的地址以及适配器编号进行比较。
> ➤ V4L2_ASYNC_MATCH_CUSTOM：这是最后一种可能的值，意味着异步核心应该使用桥接设备驱动在 v4l2_async_subdev.match.custom.match 中设置的匹配回调函数。如果设置了此标志并且没有提供自定义匹配回调函数，则任何匹配尝试都将立即返回 true。

❑ list：用于将等待被探测的异步子设备添加到通知函数的等待列表中。

8.2.13　异步模式工作原理

在异步模式下，子设备注册将不再依赖桥接设备的可用性，而只需要调用 v4l2_async_unregister_subdev()方法。当然，在注册自己之前，桥接设备驱动程序必须执行以下操作。

（1）分配一个通知函数（notifier）供以后使用。最好将此通知函数嵌入到更大的设备状态数据结构中。此通知函数对象属于 struct v4l2_async_notifier 类型。

（2）解析其端口节点并为指定的每个传感器（或 IP 块）创建一个异步子设备（struct v4l2_async_subdev），以方便后续操作。

① 这个解析是使用 fwnode 图 API 来完成的（早期驱动程序仍然用 of_graph API），常用 API 如下所示。

❑ fwnode_graph_get_next_endpoint()（早期驱动程序中使用的则是 of_graph_get_next_endpoint()）：从桥接设备的端口子节点中获取端点的 fw_handle（在早期驱动程序中则是 of_node）。

❑ fwnode_graph_get_remote_port_parent()（早期驱动程序中使用的则是 of_graph_get_remote_port_parent()）：获取当前端点远程端口的父级对应的 fw_handle（在

早期驱动程序中则是设备的 of_node）。

❑ of_fwnode_handle()（早期驱动程序中对应的则是 OF API）：可以将已获取的 of_node 转换为 fw_handle。这是可选操作。

② 根据应使用的匹配逻辑设置当前异步子设备。它应该设置 v4l2_async_subdev. match_type 和 v4l2_async_subdev.match 成员。

③ 将此异步子设备添加到通知函数的异步子设备列表中。从 Kernel v4.20 版开始，有一个辅助函数 v4l2_async_notifier_add_subdev()允许你执行此操作。

（3）使用以下语句注册 notifier 对象（该 notifier 将存储在全局 notifier_list 列表中，该列表是在 drivers/media/v4l2-core/v4l2-async.c 中定义的）。

```
v4l2_async_notifier_register(&big_struct->v4l2_dev,&big_struct->notifier)
```

要注销该 notifier 通知函数，驱动程序必须调用如下语句：

```
v4l2_async_notifier_unregister(&big_struct->notifier)
```

当桥接设备驱动程序调用 v4l2_async_notifier_register()时，异步核心将在 notifier-> subdevs 数组中迭代异步子设备。对于其中的每一个异步子设备（asd），核心都会检查 asd->match_type 的值是否是 V4L2_ASYNC_MATCH_FWNODE。

如果检查的结果为适用，则异步核心将通过比较 fwnode 来确保在 notifier->waiting 列表或 notifier->done 列表中不存在 asd。这可以保证尚未为 fwnode 设置 asd，并且它不存在于给定的 notifier 中。

如果 asd 未知，则将其添加到 notifier->waiting 中。

在此之后，异步核心将测试 notifier->waiting 列表中的所有异步子设备是否与 subdev_list 中存在的所有子设备匹配。subdev_list 是孤立子设备的列表，它们需要在桥接设备驱动程序之前注册（因此也在它们的 notifier 通知函数之前）。

异步核心将为此类子设备的当前 asd 使用 asd->match 值。如果发生匹配（asd->match 回调函数返回 true），则当前异步子设备（来自 notifier->waiting）和当前子设备（来自 subdev_list）将被绑定，异步子设备将从 notifier->waiting 列表中被移除，子设备将使用 v4l2_device_register_subdev()注册到 V4L2 核心，并且子设备将从全局 subdev_list 列表移动到 notifier->done 列表。

最后，正在注册的实际 notifier 通知函数将被添加到 notifier_list 全局列表中，以便以后每当新的子设备向异步核心注册时，都可以使用它来进行匹配尝试。

ℹ️ **注意：**

当子设备驱动程序调用 v4l2_async_register_subdev()时，异步核心做了什么，可以从上述匹配和绑定逻辑描述中猜测出来。

实际上，在调用 v4l2_async_register_subdev()时，异步核心会尝试将当前子设备与在 notifier_list 全局列表中存在的每个 notifier 通知函数中等待的所有异步子设备进行匹配。

如果不匹配，则说明该子设备的桥接设备还没有被探测到，该子设备将被加入到全局子设备列表 subdev_list 中。

如果发生匹配，则根本不会将子设备添加到此列表中。

还要记住的是，匹配测试是在 struct v4l2_subdev 类型的子设备和 struct v4l2_async_subdev 类型的异步子设备之间进行的严格比较。。

在上面的介绍中，我们说异步子设备和子设备是绑定在一起的。那么，绑定是什么意思？

这就是 notifier->ops 成员发挥作用的地方。它属于 struct v4l2_async_notifier_operations 类型，其定义如下：

```
struct v4l2_async_notifier_operations {
    int (*bound)(struct v4l2_async_notifier *notifier,
                struct v4l2_subdev *subdev,
                struct v4l2_async_subdev *asd);
    int (*complete)(struct v4l2_async_notifier *notifier);
    void (*unbind)( struct v4l2_async_notifier *notifier,
                    struct v4l2_subdev *subdev,
                    struct v4l2_async_subdev *asd);
};
```

所有 3 个回调函数都是可选的，该结构体中每个回调函数的含义如下。

❑ bound：如果设置了该回调函数，则异步核心将调用此回调函数以响应其（子设备）驱动程序成功的子设备探测。这也意味着异步子设备已成功匹配此子设备。此回调函数将发起匹配的 notifier 通知函数以及匹配的子设备（subdev）和异步子设备（asd）作为参数。大多数驱动程序只是在此处打印调试消息。当然，你也可以在此处对子设备执行其他设置，如 v4l2_subdev_call()。如果一切正常，它应该返回一个正数值；否则，子设备未注册。

❑ unbind：当需要从系统中删除子设备时即可调用 unbind。除打印调试消息之外，如果取消绑定（unbind）的子设备是视频设备正常工作的必要条件，则桥接设备驱动程序必须注销该视频设备，这可以使用 video_unregister_device()完成。

❑ complete：当 notifier 通知函数中没有更多异步子设备等待时即可调用 complete。异步核心可以检测何时 notifier->waiting 列表为空（这意味着子设备已被成功探测并全部移动到 notifier->done 列表中）。complete 回调函数仅针对根 notifier 执行。注册该 notifier 通知函数的子设备将不会调用其.complete 回调函数。根 notifier 通常是由桥接设备注册的。

毫无疑问，在注册 notifier 对象之前，桥接设备驱动程序必须设置该通知函数的 ops 成员。对开发人员来说最重要的回调函数是.complete。

虽然可以从桥接设备驱动程序的 probe 函数中调用 v4l2_device_register()，但通常的做法是从 notifier.complete 回调函数中注册实际的视频设备，因为所有子设备都将被注册，并且/dev/videoX 的存在意味着它真的可用。

.complete 回调函数也适用于注册实际视频设备的子节点和注册媒体设备，这分别可以通过 v4l2_device_register_subdev_nodes()和 media_device_register()来完成。

值得一提的是，v4l2_device_register_subdev_nodes()函数将为每个具有 V4L2_SUBDEV_FL_HAS_DEVNODE 标志的 subdev 对象创建一个设备节点（实际上是/dev/v4l2- subdevX）。

8.2.14　异步桥接和子设备探测示例

现在我们可以来看一个简单的示例，考虑以下配置。

❑　一个桥接设备（CSI 控制器）——假设是 omap ISP，其名称为 foo。

❑　一个芯片外子设备，相机传感器，其名称为 bar。

❑　两者都以这种方式连接：CSI<--相机传感器。

在 bar 驱动程序中，可以注册一个异步子设备，如下所示：

```
static int bar_probe(struct device *dev)
{
    int ret;
    ret = v4l2_async_register_subdev(subdev);
    if (ret) {
        dev_err(dev, "ouch\n");
        return -ENODEV;
    }
    return 0;
}
```

foo 驱动程序的 probe 函数可能如下所示：

```
/* struct foo_device */
struct foo_device {
    struct media_device mdev;
    struct v4l2_device v4l2_dev;
```

```
    struct video_device *vdev;
    struct v4l2_async_notifier notifier;
    struct *subdevs[FOO_MAX_SUBDEVS];
};

/* foo_probe() */
static int foo_probe(struct device *dev)
{
    struct foo_device *foo = kmalloc(sizeof(*foo));
    media_device_init(&bar->mdev);
    foo->dev = dev;
    foo->notifier.subdevs = kcalloc(FOO_MAX_SUBDEVS,
                                    sizeof(struct v4l2_async_subdev));
    foo_parse_nodes(foo);
    foo->notifier.bound = foo_bound;
    foo->notifier.complete = foo_complete;
    return
        v4l2_async_notifier_register(&foo->v4l2_dev, &foo->notifier);
}
```

以下代码实现了 foo fwnode（或 of_node）解析器辅助函数 foo_parse_nodes()：

```
struct foo_async {
    struct v4l2_async_subdev asd;
    struct v4l2_subdev *sd;
};

/* of_node 解析器辅助函数 */
static void foo_parse_nodes(struct device *dev,
                            struct v4l2_async_notifier *n)
{
    struct device_node *node = NULL;
    while ((node = of_graph_get_next_endpoint(dev->of_node, node))) {
        struct foo_async *fa = kmalloc(sizeof(*fa));
        n->subdevs[n->num_subdevs++] = &fa->asd;
        fa->asd.match.of.node = of_graph_get_remote_port_parent(node);
        fa->asd.match_type = V4L2_ASYNC_MATCH_OF;
    }
}
/* fwnode 解析器辅助函数 */
static void foo_parse_nodes(struct device *dev,
                            struct v4l2_async_notifier *n)
{
```

```
    struct fwnode_handle *fwnode = dev_fwnode(dev);
    struct fwnode_handle *ep = NULL;
    while ((ep = fwnode_graph_get_next_endpoint(ep, fwnode))) {
        struct foo_async *fa = kmalloc(sizeof(*fa));
        n->subdevs[n->num_subdevs++] = &fa->asd;
        fa->asd.match.fwnode = fwnode_graph_get_remote_port_parent(ep);
        fa->asd.match_type = V4L2_ASYNC_MATCH_FWNODE;
    }
}
```

在上面的代码中，of_graph_get_next_endpoint()和 fwnode_graph_get_next_endpoint()
已经显示了它们的用法。当然，最好使用 fwnode 版本，因为它更通用。

与此同时，还需要编写 foo 的 notifier 通知函数的操作，如下所示：

```
/* foo_bound()和 foo_complete() */
static int foo_bound(struct v4l2_async_notifier *n,
                     struct v4l2_subdev *sd,
                     struct v4l2_async_subdev *asd)
{
    struct foo_async *fa = container_of(asd, struct bar_async, asd);
    /* 可以使用 subdev_call */
    [...]
    fa->sd = sd;
}

static int foo_complete(struct v4l2_async_notifier *n)
{
    struct foo_device *foo = container_of(n, struct foo_async, notifier);
    struct v4l2_device *v4l2_dev = &isp->v4l2_dev;

    /* 适用时创建 /dev/sub-devX */
    v4l2_device_register_subdev_nodes(&foo->v4l2_dev);

    /* 设置视频设备: fops、 queue、ioctls 等 */
    [...]
    /* 注册视频设备 */
        ret = video_register_device(foo->vdev, VFL_TYPE_GRABBER, -1);

    /* 注册媒体控制器框架 */
    return media_device_register(&bar->mdev);
}
```

在设备树中，V4L2 桥接设备可以声明如下：

```
csi1: csi@1cb4000 {
    compatible = "allwinner,sun8i-v3s-csi";
    reg = <0x01cb4000 0x1000>;
    interrupts = <GIC_SPI 84 IRQ_TYPE_LEVEL_HIGH>;
    /* 省略时钟和其他 */
    [...]

    port {
        csi1_ep: endpoint {
            remote-endpoint = <&ov7740_ep>;
            /* 省略与 V4L2 相关的属性 */
            [...]
        };
    };
};
```

I2C 控制器节点中的相机节点可以声明如下：

```
&i2c1 {
    #address-cells = <1>;
    #size-cells = <0>;

    ov7740: camera@21 {
        compatible = "ovti,ov7740";
        reg = <0x21>;
        /* 省略了时钟、pincontrol 或其他一切 */

        [...]
        port {
            ov7740_ep: endpoint {
                remote-endpoint = <&csi1_ep>;
                /* 省略与 V4L2 相关的属性 */
                [...]
            };
        };
    };
};
```

现在我们已经熟悉了 V4L2 异步框架，看到了异步子设备注册的示例，它们有助于简化设备探测和代码编写。接下来，我们将讨论媒体控制器框架，这是可以集成到 V4L2 驱动程序的另一项改进。

8.3　Linux 媒体控制器框架

媒体设备非常复杂，涉及 SoC 的多个 IP 块，因此需要视频流（重新）路由。

现在让我们考虑这样一种情况，我们有一个更复杂的 SoC，它由两个以上的片上子设备组成——假设一个是图像大小调整器（resizer），一个是图像转换器（converter），分别称为 baz 和 biz。

在第 8.2.14 节"异步桥接和子设备探测示例"中，我们考虑的配置由一个桥接设备和一个子设备组成，这个子设备是相机传感器（该示例中它是片外设备，但这一点无关紧要）。该示例虽然很简单，但我们的方法是有效的。

但是，如果现在我们必须通过图像转换器或图像大小调整器，甚至通过两个 IP 来路由流，又或者，假设必须从一个子设备动态切换到另一个子设备，那该如何实现？

我们可以通过 sysfs 或 ioctls 来实现这一点，但这会产生以下问题。

❏　毫无疑问，它太丑陋并且可能有问题。

❏　太困难，有很多工作要做。

❏　它将高度依赖于 SoC 供应商，可能会有大量代码重复，没有统一的用户空间 API 和 ABI，并且驱动程序之间缺乏一致性。

❏　这不是一个非常可靠的解决方案。

许多 SoC 可以重新路由内部视频流。例如，从传感器捕获它们并进行内存到内存（mem2mem）的大小调整，或将传感器输出直接发送到调整器。由于 V4L2 API 不支持这些高级设备，因此 SoC 制造商制作了属于自己的自定义驱动程序。但是，V4L2 无疑是用于捕获图像的 Linux API，有时可用于特定的显示设备（这些是 mem2mem 设备）。

很明显，我们需要另一个能够跨越 V4L2 限制的子系统和框架。Linux 媒体控制器框架就是这样诞生的。

8.3.1　媒体控制器抽象模型

发现设备的内部拓扑并在运行时对其进行配置是媒体框架的目标之一。为了实现这一点，它带有一个抽象层。使用媒体控制器框架，硬件设备通过由实体（entity）组成的定向图（oriented graph）来表示，这些实体的接口（pad）通过链接（link）连接在一起。这组元素放在一起形成所谓的媒体设备（media device）。源接口（source pad）只能生成数据。

　　上面的简短描述值得我们认真探讨。这里有 3 个专业术语：实体、接口和链接，其详细解释如下。

❑　实体（entity）：由一个 struct media_entity 实例表示，在 include/media/media-entity.h 中定义。该结构体通常嵌入到更高级别的结构体中，如 v4l2_subdev 或 video_device 实例。当然，驱动程序也可以直接分配实体。

❑　接口（pad）：这是实体与外界的接口。这些是媒体实体在输入和输出时的可连接点。当然，接口要么输入（接收接口）要么输出（源接口），但不能同时是两者。数据可以从一个实体的源接口流式传输到另一个实体的接收接口。

　　通常情况下，诸如传感器或视频解码器之类的设备只有一个输出接口，因为它只将视频输入系统，而/dev/videoX 接口将被建模为输入接口，因为它是数据流的终点。

　　请注意，这里的 Pad 接口不应该与芯片边界处的物理接口混为一谈。

❑　链接（link）：可以通过媒体设备设置、获取和枚举这些链接。要使驱动程序正常工作，应用程序需负责正确设置链接，以便驱动程序了解视频数据的来源和目的地。

　　系统上的所有实体，连同它们的接口和它们之间的链接组成了媒体设备，如图 8.1 所示。

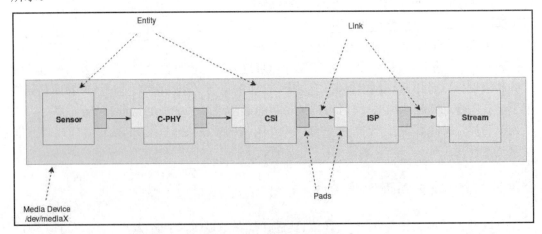

图 8.1　媒体控制器抽象模型

原　　文	译　　文	原　　文	译　　文
Entity	实体	Stream	数据流
Link	链接	Media Device	媒体设备
Sensor	传感器	Pads	接口

在图 8.1 中，Stream 相当于/dev/videoX 字符设备，因为它是数据流的终点。

8.3.2　V4L2 设备抽象

在更高级别上，媒体控制器使用 struct media_device 结构体来抽象 V4L2 框架中的 struct v4l2_device。话虽如此，struct media_device 之于媒体控制器，就像 struct v4l2_device 之于 V4L2 一样，还包括其他低级结构体。

回到 struct v4l2_device，媒体控制器框架使用 mdev 成员来抽象这个结构体。以下是其定义的代码片段：

```
struct v4l2_device {
    [...]
    struct media_device *mdev;
    [...]
};
```

当然，从媒体控制器的角度来看，V4L2 视频设备和子设备都被视为媒体实体，在此框架中表示为 struct media_entity 结构体的实例。很明显，视频设备和子设备数据结构嵌入了这种类型的成员，如以下代码片段所示：

```
struct video_device
{
#if defined(CONFIG_MEDIA_CONTROLLER)
    struct media_entity entity;
    struct media_intf_devnode *intf_devnode;
    struct media_pipeline pipe;
#endif
[...]
};

struct v4l2_subdev {
#if defined(CONFIG_MEDIA_CONTROLLER)
    struct media_entity entity;
#endif
[...]
};
```

可以看到，视频设备还有额外的成员，即 intf_devnode 和 pipe。

intf_devnode 属于 struct media_intf_devnode 类型，表示视频设备节点的媒体控制器接口。这种结构体使媒体控制器可以访问底层视频设备节点的信息，如其主要和次要编号。

另外一个成员 pipe 属于 struct media_pipeline 类型，它可以存储与此视频设备的流媒体管道相关的信息。

8.3.3　媒体控制器数据结构

媒体控制器框架基于一些数据结构，其中包括 struct media_device 结构体，它位于层次结构的顶部，其定义如下：

```
struct media_device {
    /* dev->driver_data 指向该结构体 */
    struct device *dev;
    struct media_devnode *devnode;

    char model[32];
    char driver_name[32];
    [...]
    char serial[40];
    u32 hw_revision;
    u64 topology_version;
    struct list_head entities;
    struct list_head pads;
    struct list_head links;

    struct list_head entity_notify;
    struct mutex graph_mutex;
    [...]
    const struct media_device_ops *ops;
};
```

该结构体代表一个高级媒体设备，它允许轻松访问实体并提供基本的媒体设备级支持。该结构体的成员含义解释如下。

❑ dev：这是该媒体设备的父设备（通常是&pci_dev、&usb_interface 或&platform_device 实例）。

❑ devnode：这是媒体设备节点，它抽象了底层的/dev/mediaX。

❑ driver_name：这是可选字段，但推荐使用。它表示媒体设备驱动程序的名称。如果未设置，则默认为 dev->driver->name。

❑ model：这是此媒体设备的型号名称。它不必是独一无二的。

❑ serial：这是一个可选成员，应使用设备序列号进行设置。hw_revision 是此媒体设备的硬件设备修订版。

❑ topology_version：用于存储图拓扑版本的单调计数器。每次拓扑更改时都应递增。

❑ entities：已注册实体的列表。

❑ pads：在此媒体设备上注册的接口列表。

❑ links：在此媒体设备上注册的链接列表。

❑ entity_notify：在向该媒体设备注册新实体时调用的通知回调函数列表。驱动程序可以通过 media_device_register_entity_notify() 注册此回调函数，并且可以使用 media_device_unregister_entity_notify() 注销。当注册新实体时，将调用所有已注册的 media_entity_notify 回调函数。

❑ graph_mutex：它可以保护对 struct media_device 数据的访问。例如，在使用 media_graph_* 系列函数时应该持有该锁。

❑ ops：该字段属于 struct media_device_ops 类型，表示此媒体设备的操作处理程序回调函数。

除了由媒体控制器框架操作外，struct media_device 实际上可用于桥接设备驱动程序，在该驱动程序中初始化和注册。当然，媒体设备本身由多个实体组成，因此，当涉及如今更加复杂的 V4L2 驱动程序时，这种实体概念允许媒体控制器成为设备的中心，这些驱动程序也可能同时支持帧缓冲区、ALSA、I2C、LIRC 和/或 DVB 设备，并且可用于给用户空间通知必要的信息。

媒体实体表示为 struct media_entity 结构体的一个实例，它在 include/media/media-entity.h 中定义如下：

```
struct media_entity {
    struct media_gobj graph_obj;
    const char *name;
    enum media_entity_type obj_type;
    u32 function;
    unsigned long flags;

    u16 num_pads;
    u16 num_links;
    u16 num_backlinks;
    int internal_idx;

    struct media_pad *pads;
    struct list_head links;
    const struct media_entity_operations *ops;
    int stream_count;
    int use_count;
```

```
struct media_pipeline *pipe;
[...]
};
```

就层次结构而言，这是媒体框架中的第二个数据结构。上述代码已经删减，仅留下我们感兴趣的项目。该结构体中成员的含义如下。

❑ name：这是该实体的名称。它应该足够有意义，因为它将在用户空间中与media-ctl 工具一起使用。

❑ type：多数情况下，这是由核心设置的，具体取决于该结构体嵌入的 V4L2 视频数据结构的类型。

它是实现 media_entit 对象的类型。例如，在子设备初始化时将由核心设置为MEDIA_ENTITY_TYPE_V4L2_SUBDEV。这允许媒体实体的运行时类型识别，并且可以使用 container_of 宏安全地转换为正确的对象类型。其可能的值如下。

➢ MEDIA_ENTITY_TYPE_BASE：这意味着实体没有嵌入到另一个实体中。

➢ MEDIA_ENTITY_TYPE_VIDEO_DEVICE：这表示实体嵌入在 struct video_device 实例中。

➢ MEDIA_ENTITY_TYPE_V4L2_SUBDEV：这意味着实体嵌入在 struct v4l2_subdev 实例中。

❑ function：代表实体的主函数，必须由驱动程序根据 include/uapi/linux/media.h 中定义的值进行设置。以下是处理视频设备时常用的值。

➢ MEDIA_ENT_F_IO_V4L：此标志表示实体是数据流输入和/或输出实体。

➢ MEDIA_ENT_F_CAM_SENSOR：此标志意味着这个实体是一个相机视频传感器实体。

➢ MEDIA_ENT_F_PROC_VIDEO_SCALER：表示该实体可以执行视频缩放。该实体至少有一个接收接口用于接收帧（在活动的接口上），另外还有一个源接口用于输出缩放的帧。

➢ MEDIA_ENT_F_PROC_VIDEO_ENCODER：表示该实体能够压缩视频。该实体必须有一个接收接口和至少一个源接口。

➢ MEDIA_ENT_F_VID_MUX：用于视频多路复用器。该实体至少有两个接收接口和一个源接口，并且必须将从活动接收接口接收到的视频帧传递给源接口。

➢ MEDIA_ENT_F_VID_IF_BRIDGE：视频接口桥接设备。一个视频接口桥接设备实体应该至少有一个接收接口和一个源接口。它从一种类型的输入视频总线（HDMI、eDP、MIPI CSI-2 等）接收其接收接口

上的视频帧，并在其源接口上将它们输出到另一种类型的输出视频总线
（eDP、MIPI CSI-2、并行等）。

❑ flags：由驱动程序设置。它代表该实体的标志。可能的值是在 include/uapi/
linux/media.h 中定义的 MEDIA_ENT_FL_*标志系列。

以下链接可能有助于你了解可能的值：

https://linuxtv.org/downloads/v4l-dvb-apis/userspace-api/mediactl/media-types.html

❑ function：表示该实体的函数。

默认情况下为 MEDIA_ENT_F_V4L2_SUBDEV_UNKNOWN。

可能的值是在 include/uapi/linux/media.h 中定义的 MEDIA_ENT_F_*系列函数。

例如，相机传感器子设备驱动程序必须包含：

```
sd->entity.function = MEDIA_ENT_F_CAM_SENSOR;
```

有关可能适合你的媒体实体的详细信息，可访问：

https://linuxtv.org/downloads/v4l-dvb-apis/uapi/mediactl/media-types.html

❑ num_pads：这是该实体（接收器和源）的接口总数。
❑ num_links：这是该实体的链接总数（前进、后退、启用和禁用）。
❑ num_backlinks：这是该实体的反向链接数。反向链接用于帮助图遍历，并且不
会报告给用户空间。
❑ internal_idx：这是实体注册时由媒体控制器核心分配的唯一实体编号。
❑ pads：这是该实体的接口数组。它的大小由 num_pads 定义。
❑ links：这是该实体的数据链接列表。参见 media_add_link()。
❑ ops：这是 media_entity_operations 类型，代表该实体的操作。下文将详细讨论这
种结构体。
❑ stream_count：实体的数据流计数。
❑ use_count：实体的使用计数。用于电源管理目的。
❑ pipe：这是该实体所属的媒体管道。

很显然，接下来要研究的数据结构是 struct media_pad 结构体，它代表了这个框架中
的一个接口。pad 是一个连接端点，实体可以通过它与其他实体进行交互。实体产生的数
据（不限于视频）从实体的输出流向一个或多个实体输入。

struct media_pad 的定义如下：

```
struct media_pad {
    [...]
```

```
    struct media_entity *entity;
    u16 index;
    unsigned long flags;
};
```

接口由它们的实体和它们在实体的 pad 数组中从 0 开始的索引来标识。

在 flags 字段中，既可以设置为 MEDIA_PAD_FL_SINK（表示该接口支持接收数据），也可以设置为 MEDIA_PAD_FL_SOURCE（表示该接口支持输出数据），但不能同时设置为二者，因为接口不能同时输出和接收数据。

pad 接口被设计为绑定在一起以允许数据流路径。来自同一实体或不同实体的两个接口通过称为链接的点对点定向连接绑定在一起。链接在媒体框架中表示为 struct media_link 的实例，其定义如下：

```
struct media_link {
    struct media_gobj graph_obj;
    struct list_head list;
    [...]
    struct media_pad *source;
    struct media_pad *sink;
    [...]
    struct media_link *reverse;
    unsigned long flags;
    bool is_backlink;
};
```

在上述代码块中，为了便于阅读，只列出了寥寥几个字段。以下是这些字段的含义。

❑ list：用于将此链接与拥有该链接的实体或接口相关联。

❑ source：此链接的来源。

❑ sink：链接目标。

❑ flags：表示链接标志，如 uapi/media.h 中所定义（使用 MEDIA_LNK_FL_*模式）。以下是其可能的值。

　　➢ MEDIA_LNK_FL_ENABLED：此标志表示链接已启用并准备好进行数据传输。

　　➢ MEDIA_LNK_FL_IMMUTABLE：此标志表示无法在运行时修改链接启用状态。

　　➢ MEDIA_LNK_FL_DYNAMIC：此标志表示可以在流传输过程中修改链接的状态。但是，此标志由驱动程序设置，但对于应用程序是只读的。

❑ reverse：指向链接（实际上是反向链接）的指针，用于 pad-to-pad 链接的反向。

❑ is_backlink：说明此链接是否为反向链接。

每个实体都有一个列表，指向 source 或 sink 接口的所有链接。因此，给定的链接存储两次，一次在源实体中，一次在目标实体中。

当你想要将 A 链接到 B 时，实际上创建了如下两个链接。

- 其中一个链接是符合预期的，即链接存储在源实体中，并且源实体的 num_links 字段将会递增。

- 另一个链接存储在接收器实体中。sink 和 source 保持不变，不同之处在于 is_backlink 成员设置为 true。这对应于你创建的链接的反向。sink 实体的 num_backlinks 和 num_links 字段将会递增，然后将此反向链接分配给原始链接的 reverse 成员。

最后，mdev->topology_version 成员递增了两次。这种链接和反向链接的原则允许媒体控制器计算实体以及实体之间的可能链接和当前链接，如图 8.2 所示。

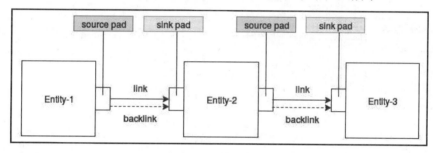

图 8.2　媒体控制器实体描述

原　　文	译　　文	原　　文	译　　文
source pad	源接口	Entity-3	实体-3
sink pad	接收接口	link	链接
Entity-1	实体-1	backlink	反向链接
Entity-2	实体-2		

在图 8.2 中，如果考虑 Entity-1 和 Entity-2，那么 link 和 backlink 本质上是一样的，只是 link 属于 Entity-1，backlink 属于 Entity-2。可以将反向链接视为备用链接。另外还可以看到，一个实体可以是一个接收器或一个源，或者两者兼而有之。

到目前为止，我们介绍的数据结构可能会让媒体控制器框架看起来很麻烦，但是，大多数此类数据结构将由框架通过其提供的 API 进行管理，所以你完全不必担心。完整的框架文档可以在 Kernel 源代码的 Documentation/media-framework.txt 中找到。

8.3.4　在驱动程序中集成媒体控制器支持

当需要媒体控制器的支持时，V4L2 驱动程序必须首先使用 media_device_init() 函数在 struct v4l2_device 中初始化 struct media_device。

　　每个实体驱动程序必须使用 media_entity_pads_init()函数初始化它的实体（实际上是 video_device->entity 或 v4l2_subdev->entity）和 pad 数组，如果需要，则使用 media_create_pad_link()创建 pad-to-pad 链接。在此之后，实体就可以注册了。当然，V4L2 框架将通过 v4l2_device_register_subdev()或 video_register_device()方法处理此注册。在这两种情况下，调用的底层注册函数是 media_device_register_entity()。

　　最后一步，必须使用 media_device_register()注册媒体设备。

　　值得一提的是，当我们确定每个子设备（或者说实体）都已注册并可以使用时，媒体设备注册应该推迟到以后。在根 notifier 通知函数的.complete 回调函数中注册媒体设备绝对是有意义的。

8.3.5　初始化并注册接口和实体

　　相同的函数用于初始化实体及其接口数组：

```
int media_entity_pads_init(struct media_entity *entity,
                           u16 num_pads, struct media_pad *pads);
```

　　在上面的原型中，*entity 是待注册的接口所属的实体；*pads 是待注册的接口的数组；num_pads 是数组中需要注册的实体个数。驱动程序必须在调用之前设置 pads 数组中每个接口的类型：

```
struct mydrv_state_struct {
    struct v4l2_subdev sd;
    struct media_pad pad;
    [...]
};
static int my_probe(struct i2c_client *client,
                    const struct i2c_device_id *id)
{
    struct v4l2_subdev *sd;
    struct mydrv_state_struct *my_struct;
    [...]
    sd = &my_struct->sd;
    my_struct->pad.flags = MEDIA_PAD_FL_SINK |
                           MEDIA_PAD_FL_MUST_CONNECT;
    ret = media_entity_pads_init(&sd->entity, 1, &my_struct->pad);
    [...]
    return 0;
}
```

需要注销实体时，驱动程序必须在要注销的实体上调用以下函数：

```
media_device_unregister_entity(struct media_entity *entity);
```

然后，为了让驱动程序释放与实体关联的资源，它应该调用以下函数：

```
media_entity_cleanup(struct media_entity *entity);
```

当媒体设备注销时，其所有实体都会自动注销，不需要手动注销实体。

8.3.6　媒体实体操作

可以为实体提供与链接相关的回调函数，以便媒体框架可以在链接创建和验证时调用这些回调函数：

```
struct media_entity_operations {
    int (*get_fwnode_pad)(struct fwnode_endpoint *endpoint);
    int (*link_setup)(struct media_entity *entity,
                      const struct media_pad *local,
                      const struct media_pad *remote,
                      u32 flags);
    int (*link_validate)(struct media_link *link);
};
```

提供上述结构体是可选的。当然，在某些情况下，可能需要在链接设置或链接验证时调用或检查其他内容。在这种情况下，请注意以下说明。

- ❑ get_fwnode_pad：根据 fwnode 端点或错误时的负值返回接口编号。此操作可用于将 fwnode 映射到媒体接口编号（可选）。
- ❑ link_setup：通知实体链接更改。此操作可能会返回错误，在这种情况下，链接设置将被取消（可选）。
- ❑ link_validate：从实体的角度返回链接是否有效。media_pipeline_start()函数通过调用此操作来验证该实体涉及的所有链接。该成员是可选的。但是，如果没有设置，那么 v4l2_subdev_link_validate_default 会作为默认的回调函数，保证源接口和接收接口的宽度、高度、媒体总线像素代码一致；否则，它将返回错误。

8.3.7　媒体总线的概念

媒体框架的主要目的是配置和控制管道及其实体。视频子设备（如相机和解码器）可通过专用总线连接到视频桥接设备或其他子设备。数据以各种格式通过这些总线传输。因此，为了让两个实体真正交换数据，它们的接口配置需要相同。

应用程序负责在整个管道上配置相关参数并确保连接的接口具有兼容的格式，同时检查管道的格式在 VIDIOC_STREAMON 时间是否匹配。

驱动程序负责根据管道输入和/或输出处请求的（来自用户）格式应用视频管道中每个块的配置。

这可以采用以下简单的数据流：

```
sensor ---> CPHY ---> csi ---> isp ---> stream
```

为了让媒体框架能够在流式传输数据之前配置总线，驱动程序需要为媒体总线属性提供一些接口级别的 setter 和 getter，它们存在于 struct v4l2_subdev_pad_ops 结构体中。如果子设备驱动程序打算处理视频并与媒体框架集成，则此结构体将实现必须定义的接口级操作。下面是它的定义：

```
struct v4l2_subdev_pad_ops {
    [...]
    int (*enum_mbus_code)(struct v4l2_subdev *sd,
                          struct v4l2_subdev_pad_config *cfg,
                          struct v4l2_subdev_mbus_code_enum *code);
    int (*enum_frame_size)(struct v4l2_subdev *sd,
                           struct v4l2_subdev_pad_config *cfg,
                           struct v4l2_subdev_frame_size_enum *fse);
    int (*enum_frame_interval)(struct v4l2_subdev *sd,
                         struct v4l2_subdev_pad_config *cfg,
                         struct v4l2_subdev_frame_interval_enum *fie);
    int (*get_fmt)(struct v4l2_subdev *sd,
                   struct v4l2_subdev_pad_config *cfg,
                   struct v4l2_subdev_format *format);
    int (*set_fmt)(struct v4l2_subdev *sd,
                   struct v4l2_subdev_pad_config *cfg,
                   struct v4l2_subdev_format *format);
#ifdef CONFIG_MEDIA_CONTROLLER
    int (*link_validate)(struct v4l2_subdev *sd,
                         struct media_link *link,
                         struct v4l2_subdev_format *source_fmt,
                         struct v4l2_subdev_format *sink_fmt);
#endif /* CONFIG_MEDIA_CONTROLLER */
[...]
};
```

以下是该结构体中成员的含义。

❑ init_cfg：将接口配置初始化为默认值。这是初始化 cfg->try_fmt 的正确位置，可以通过 v4l2_subdev_get_try_format() 来获取。

❑ enum_mbus_code：VIDIOC_SUBDEV_ENUM_MBUS_CODE ioctl 处理程序代码的回调函数。枚举当前支持的数据格式。此回调函数可处理像素格式枚举。

❑ enum_frame_size：VIDIOC_SUBDEV_ENUM_FRAME_SIZE ioctl 处理程序代码的回调函数。枚举子设备支持的帧（图像）大小，枚举当前支持的分辨率。

❑ enum_frame_interval：VIDIOC_SUBDEV_ENUM_FRAME_INTERVAL ioctl 处理程序代码的回调函数。

❑ get_fmt：VIDIOC_SUBDEV_G_FMT ioctl 处理程序代码的回调函数。

❑ set_fmt：VIDIOC_SUBDEV_S_FMT ioctl 处理程序代码的回调函数。设置输出数据格式和分辨率。

❑ get_selection：VIDIOC_SUBDEV_G_SELECTION ioctl 处理程序代码的回调函数。

❑ set_selection：VIDIOC_SUBDEV_S_SELECTION ioctl 处理程序代码的回调函数。

❑ link_validate：由媒体控制器代码用于检查属于管道的链接是否可用于流。

所有这些回调函数的共同参数是 cfg，它是 struct v4l2_subdev_pad_config 类型的，用于存储子设备接口信息。该结构体在 include/uapi/linux/v4l2-mediabus.h 中定义如下：

```
struct v4l2_subdev_pad_config {
    struct v4l2_mbus_framefmt try_fmt;
    struct v4l2_rect try_crop;
    [...]
};
```

在上面的代码块中，我们感兴趣的主要字段是 try_fmt，它是 struct v4l2_mbus_framefmt 类型的。该数据结构用于描述接口级媒体总线格式，其定义如下：

```
struct v4l2_subdev_format {
    __u32 which;
    __u32 pad;
    struct v4l2_mbus_framefmt format;
    [...]
};
```

在上面的结构体中，which 是格式类型（try 或 active）；pad 是媒体 API 报告的接口编号，该字段由用户空间设置；format 表示总线上的帧格式。这里的 format 术语是指媒体总线数据格式、帧宽度和帧高度的组合。它是 struct v4l2_mbus_framefmt 类型的，其定义如下：

```
struct v4l2_mbus_framefmt {
    __u32 width;
    __u32 height;
```

```
    __u32 code;
    __u32 field;
    __u32 colorspace;
    [...]
};
```

在上面的总线帧格式数据结构中，只列出了与我们相关的字段。

❑　width 和 height 分别代表图像的宽度和高度。

❑　code 来自 enum v4l2_mbus_pixelcode 并表示数据格式代码。

❑　field 表示使用的交错类型，这应该来自 enum v4l2_field。

❑　colorspace 表示来自 enum v4l2_colorspace 的数据的颜色空间。

现在，让我们重点关注 get_fmt 和 set_fmt 回调函数。它们分别可获取和设置子设备接口上的数据格式。这些 ioctl 处理程序用于协商图像管道中特定子设备接口的帧格式。

要设置当前格式的应用程序，可以将 struct v4l2_subdev_format 的 .pad 字段设置为媒体 API 报告的接口编号，而 which 字段（来自 enum v4l2_subdev_format_whence）则可以设置为 V4L2_SUBDEV_FORMAT_TRY 或 V4L2_SUBDEV_FORMAT_ACTIVE，并发出带有指向此结构体的指针的 VIDIOC_SUBDEV_S_FMT ioctl。这个 ioctl 最终会调用 v4l2_subdev_pad_ops->set_fmt 回调函数。

如果 which 设置为 V4L2_SUBDEV_FORMAT_TRY，则驱动程序应使用参数中给出的 try 格式的值设置请求的接口配置的 .try_fmt 字段。

但是，如果 which 设置为 V4L2_SUBDEV_FORMAT_ACTIVE，则驱动程序必须将配置应用于设备。在这种情况下，通常将请求的 active 格式存储在驱动程序状态结构体中，并在管道启动数据流时将其应用到底层设备。

这意味着，将格式配置实际应用到设备的正确位置是在流传输开始时调用的回调函数中，如 v4l2_subdev_video_ops.s_stream。以下是来自 RCAR CSI 驱动程序的示例：

```
static int rcsi2_set_pad_format(struct v4l2_subdev *sd,
                      struct v4l2_subdev_pad_config *cfg,
                      struct v4l2_subdev_format *format)
{
    struct v4l2_mbus_framefmt *framefmt;

    /* 检索私有数据结构 */
    struct rcar_csi2 *priv = sd_to_csi2(sd);
    [...]

    /* 存储请求的格式
     * 以便在管道启动时将其应用于设备
```

```
    */
    if (format->which == V4L2_SUBDEV_FORMAT_ACTIVE) {
        priv->mf = format->format;
    } else { /* V4L2_SUBDEV_FORMAT_TRY */

        /* 使用请求的 try 格式的值
         * 设置此接口配置的 .try_fmt
         */
        framefmt = v4l2_subdev_get_try_format(sd, cfg, 0);
        *framefmt = format->format;

        /* 驱动程序可以自由更新任何 format ->* field */
        [...]
    }
    return 0;
}
```

请注意，驱动程序可以自由地将请求格式的值更改为它实际支持的格式，然后由应用程序检查它并根据驱动程序授予的格式调整其逻辑。修改这些 try 格式不会改变设备状态。

另一方面，在检索当前格式时，应用程序应执行与前面相同的操作并发出 VIDIOC_SUBDEV_G_FMT ioctl。这个 ioctl 最终会调用 v4l2_subdev_pad_ops->get_fmt 回调函数。驱动程序使用当前活动的格式值或存储的最近一次 try 格式（大部分时间在驱动程序状态结构中）填充 format 字段的成员：

```
static int rcsi2_get_pad_format(struct v4l2_subdev *sd,
                                struct v4l2_subdev_pad_config *cfg,
                                struct v4l2_subdev_format *format)
{
    struct rcar_csi2 *priv = sd_to_csi2(sd);

    if (format->which == V4L2_SUBDEV_FORMAT_ACTIVE)
        format->format = priv->mf;
    else
        format->format = *v4l2_subdev_get_try_format(sd, cfg, 0);

    return 0;
}
```

很明显，接口配置的 .try_fmt 字段在第一次传递给 get 回调函数和 v4l2_subdev_pad_ops 之前应该已经初始化。

init_cfg 回调函数是此初始化的正确位置，示例如下：

```
/*
 * 将子设备所有接口上的try格式初始化为active格式
 * 可以用作.init_cfg接口操作
 */
int imx_media_init_cfg(struct v4l2_subdev *sd,
                       struct v4l2_subdev_pad_config *cfg)
{
    struct v4l2_mbus_framefmt *mf_try;
    struct v4l2_subdev_format format;
    unsigned int pad;
    int ret;

    for (pad = 0; pad < sd->entity.num_pads; pad++) {
        memset(&format, 0, sizeof(format));

        format.pad = pad;
        format.which = V4L2_SUBDEV_FORMAT_ACTIVE;
        ret = v4l2_subdev_call(sd, pad, get_fmt, NULL, &format);
        if (ret)
            continue;

        mf_try = v4l2_subdev_get_try_format(sd, cfg, pad);
        *mf_try = format.format;
    }

    return 0;
}
```

🛈 注意：

支持的格式列表可在 Kernel 源代码的 include/uapi/linux/videodev2.h 中找到，其部分文档可在以下链接中找到：

https://linuxtv.org/downloads/v4l-dvb-apis/userspace-api/v4l/subdev-formats.html

现在我们已经熟悉了媒体的概念，接下来可以学习如何通过使用适当的 API 来注册它，从而使媒体设备成为系统的一部分。

8.3.8　注册媒体设备

驱动程序可通过 media_device_register()宏调用__media_device_register()注册媒体设备实例，并可以通过调用 media_device_unregister()注销它们。

在注册成功之后，将创建一个名为 media[0-9] +的字符设备。该设备的主要和次要编号是动态的。media_device_register()接受指向要注册的媒体设备的指针，成功时返回 0，错误时返回负错误代码。

如前文所述，开发人员最好从根 notifier 通知函数的.complete 回调函数中注册媒体设备，以确保仅在其所有实体都被探测后才注册实际的媒体设备。

以下代码片段来自 TI OMAP3 ISP 媒体驱动程序（完整代码可在 Kernel 源代码的 drivers/media/platform/omap3isp/isp.c 中找到）：

```
static int isp_subdev_notifier_complete(
                             struct v4l2_async_notifier *async)
{
    struct isp_device *isp =
                container_of(async, struct isp_device, notifier);
    [...]
    return media_device_register(&isp->media_dev);
}

static const
struct v4l2_async_notifier_operations isp_subdev_notifier_ops = {
    .complete = isp_subdev_notifier_complete,
};
```

上面的代码显示了如何利用根 notifier 通知函数的.complete 回调函数通过 media_device_register()方法注册最终媒体设备。

现在媒体设备是系统的一部分，已经可以利用它进行一些操作（特别是从用户空间），接下来让我们看看如何从命令行控制媒体设备并与之交互。

8.3.9　来自用户空间的媒体控制器

虽然/dev/video0 仍然是流媒体接口，但它不再是默认的管道核心，因为它已经被/dev/mediaX 包装。管道可以通过媒体节点（/dev/media*）进行配置，流开/关等控件操作可以通过视频节点（/dev/video*）执行。

8.3.10　使用 media-ctl

v4l-utils 包中的 media-ctl 应用程序是一个用户空间应用程序，它可以使用 Linux 媒体控制器 API 来配置管道。以下是与它一起使用的标志。

- ❑ device \<dev>：指定媒体设备（默认为/dev/media0）。
- ❑ entity \<name>：打印与给定实体相关联的设备名称。
- ❑ set-v4l2 \<v4l2>：提供以逗号分隔的格式列表以进行设置。
- ❑ get-v4l2 \<pad>：在给定的接口上打印 active 格式。
- ❑ set-dv \<pad>：在给定的接口上配置 DV 计时。
- ❑ interactive：以交互方式修改链接。
- ❑ links \<linux>：提供以逗号分隔的链接描述符列表以进行设置。
- ❑ known-mbus-fmts：列出已知格式及其数值。
- ❑ print-topology：打印设备拓扑，或简短版本-p。
- ❑ reset：将所有链接重置为非活动状态。

硬件媒体管道的基本配置步骤如下。

（1）使用 media-ctl --reset 重置所有链接。

（2）使用 media-ctl --links 配置链接。

（3）使用 media-ctl --set-v4l2 配置接口格式。

（4）在/dev/video*设备上使用 v4l2-ctl 捕获帧配置子设备属性。

使用 media-ctl --links 将实体源接口链接到实体接收器接口应遵循以下模式：

```
media-ctl --links\
"<entitya>:<srcpadn> -> <entityb>:<sinkpadn>[<flags>]
```

在上述命令行中，flags 可以是 0（不活动）或 1（活动）。

要查看媒体总线的当前设置，可使用以下命令：

```
$ media-ctl --print-topology
```

在某些系统上，媒体设备 0 可能不是默认的，在这种情况下，应该使用以下命令：

```
$ media-ctl --device /dev/mediaN --print-topology
```

上述命令将打印与指定媒体设备关联的媒体拓扑。

请注意，--print-topology 只是以 ASCII 格式在控制台上转储媒体拓扑。但是，这种拓扑可以通过生成其 dot 表示来更好地表示，将这种表示更改为更适合人类阅读的图谱图像。以下是要使用的命令：

```
$ media-ctl --print-dot > graph.dot
$ dot -Tpng graph.dot > graph.png
```

例如，为了设置媒体管道，在 UDOO QUAD 板上运行了以下命令。该板附带一个 i.MX6 四核和一个插入 MIPI CSI-2 连接器的 OV5640 相机：

```
# media-ctl -l "'ov5640 2-003c':0 -> 'imx6-mipi-csi2':0[1]"
# media-ctl -l "'imx6-mipi-csi2':2 -> 'ipu1_csi1':0[1]"
# media-ctl -l "'ipu1_csi1':1 -> 'ipu1_ic_prp':0[1]"
# media-ctl -l "'ipu1_ic_prp':1 -> 'ipu1_ic_prpenc':0[1]"
# media-ctl -l "'ipu1_ic_prpenc':1 -> 'ipu1_ic_prpenc capture':0[1]"
```

图 8.3 是上述设置的图表示方式。

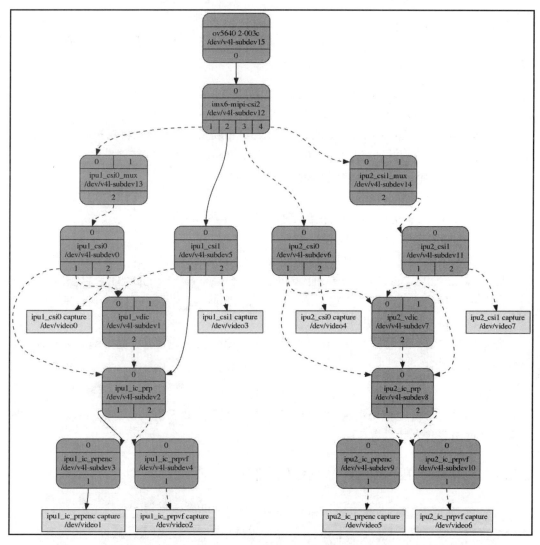

图 8.3　媒体设备的图表示方式

可以看到，图有助于可视化硬件组件。以下是对这些生成的图像的描述。

❑ 虚线表示可能的连接。可以使用这些来确定可能性。

❑ 实线表示活动连接。

❑ 绿色框显示的是媒体实体。

❑ 黄色框显示 Video4Linux（V4L）端点。

💡提示：

在黑白书稿中，绿色框显示的背景颜色较深（如图 8.3 中最上层的框），黄色框显示的背景颜色较淡（如图 8.3 中最底层的框）。

可以看到，实线与之前完成的设置完全对应。我们有 5 条实线，它们对应用于配置媒体设备的命令数量。以下是这些命令的含义。

❑ media-ctl -l "'ov5640 2-003c':0 -> 'imx6-mipi-csi2':0[1]"表示将相机传感器的输出接口编号 0（'ov5640 2-003c':0）链接到 MIPI CSI-2 输入接口编号 0（'imx6-mipi-csi2':0），并将此链接设置为活动的（[1]）。

❑ media-ctl -l "'imx6-mipi-csi2':2 -> 'ipu1_csi1':0[1]"表示将 MIPI CSI-2 实体（'imx6-mipi-csi2':2）链接到 IPU 采集传感器接口#1 的输入接口编号 0（'ipu1_csi1':0），并将此链接设置为活动的（[1]）。

相同的解码规则适用于其他命令行。

❑ media-ctl -l "'ipu1_ic_prpenc':1 -> 'ipu1_ic_prpenc capture':0[1]"表示将 ipu1 图像转换器预处理编码实体的输出接口编号 1（'ipu1_ic_prpenc':1）链接到采集接口的输入接口编号 0，并将此链接设置为活动的。

你可以多次返回查看图 8.3 并仔细阅读上述命令含义的说明，以更好地理解实体、链接和接口等的概念。

ℹ️注意：

如果你的目标上没有安装 dot 包，则可以在你的主机上下载.dot 文件（假设主机已经安装了该包）并将其转换为图像。

8.3.11 带有 OV2680 的 WaRP7 示例

WaRP7 是基于 i.MX7 的主板，与 i.MX5/6 系列不同，它不包含 IPU。因此，执行采集帧的操作或操纵的功能较少。i.MX7 图像采集链由 3 个单元组成：摄像头检测器接口、视频多路复用器和 MIPI CSI-2 接收器，它代表媒体实体，具体描述如下。

❑ imx7-mipi-csi2：这是 MIPI CSI-2 接收器实体。它有一个 Sink Pad 用来接收来自 MIPI CSI-2 相机传感器的像素数据。它有一个 Source Pad，对应于虚拟通道 0。

❑ csi_mux：这是视频多路复用器（video multiplexer）。它有两个接收器接口，可以从具有并行接口的相机传感器或 MIPI CSI-2 虚拟通道 0 中进行选择。它有一个路由到 CSI 的源接口。

❑ csi：CSI 允许芯片直接连接到外部 CMOS 图像传感器。CSI 可以直接与并行总线和 MIPI CSI-2 总线连接。它具有 256×64 FIFO 来存储接收到的图像像素数据，还有嵌入式 DMA 控制器以通过 AHB 总线从 FIFO 传输数据。该实体有一个接收接口，可以接收来自 csi_mux 实体的数据，还有一个源接口，可以将视频帧直接路由到内存缓冲区。这个接口被路由到一个采集设备节点：

```
                                   | \
MIPI Camera Input --> MIPI CSI-2 -- >  | \
                                   |   \
                                   | M |
                                   | U | --> CSI --> Capture
                                   | X |
                                   |   /
Parallel Camera Input --------------->  | /
                                   |/
```

在此平台上，OV2680 MIPI CSI-2 模块连接到内部 MIPI CSI-2 接收器。以下示例配置了一个视频采集管道，其输出为 800×600 BGGR 10 位 Bayer 格式：

```
# 设置链接
media-ctl --reset
media-ctl -l "'ov2680 1-0036':0 -> 'imx7-mipi-csis.0':0[1]"
media-ctl -l "'imx7-mipi-csis.0':1 -> 'csi_mux':1[1]"
media-ctl -l "'csi_mux':2 -> 'csi':0[1]"
media-ctl -l "'csi':1 -> 'csi capture':0[1]"
```

上述命令行可以合并为一个命令，如下所示：

```
media-ctl -r -l ' "ov2680 1-0036":0->"imx7-mipi-csis.0":0[1], \
                "imx7-mipi-csis.0":1 ->"csi_mux":1[1], \
                "csi_mux":2->"csi":0[1], \
                "csi":1->"csi capture":0[1]'
```

上述命令的解释如下。

❑ -r：表示将所有链接重置为非活动状态。

❑ -l：在以逗号分隔的链接描述符列表中设置链接。

❑ "ov2680 1-0036":0->"imx7-mipi-csis.0":0[1]表示将相机传感器的输出接口编号 0
链接到 MIPI CSI-2 输入接口编号 0，并将此链接设置为活动的。

❑ "csi_mux":2->"csi":0[1]表示将 csi_mux 的输出接口编号 2 链接到 csi 的输入接口
编号 0，并将此链接设置为活动的。

❑ "csi":1->"csi capture":0[1]表示将 csi 的输出接口编号 1 链接到采集接口的输入接
口编号 0，并将此链接设置为活动的。

要在每个接口上配置格式，可使用以下命令：

```
# 配置管道的 pad 接口
media-ctl -V "'ov2680 1-0036':0 [fmt:SBGGR10_1X10/800x600 field:none]"
media-ctl -V "'csi_mux':1 [fmt:SBGGR10_1X10/800x600 field:none]"
media-ctl -V "'csi_mux':2 [fmt:SBGGR10_1X10/800x600 field:none]"
media-ctl \
        -V "'imx7-mipi-csis.0':0 [fmt:SBGGR10_1X10/800x600 field:none]"
media-ctl -V "'csi':0 [fmt:SBGGR10_1X10/800x600 field:none]"
```

同样，上述命令行也可以合并为一个命令，如下所示：

```
media-ctl \
    -f '"ov2680 1-0036":0 [SGRBG10 800x600 (32,20)/800x600], \
        "csi_mux":1 [SGRBG10 800x600], \
        "csi_mux":2 [SGRBG10 800x600], \
        "mx7-mipi-csis.0":2 [SGRBG10 800x600], \
        "imx7-mipi-csi.0":0 [SGRBG10 800x600], \
        "csi":0 [UYVY 800x600]'
```

上述命令行的解释如下。

❑ -f：将接口格式设置为以逗号分隔的格式描述符列表。

❑ "ov2680 1-0036":0 [SGRBG10 800×600 (32,20)/800×600]表示将相机传感器接口
编号 0 格式设置为分辨率（采集尺寸）为 800×600 的 RAW Bayer 10 位图像。通
过指定裁剪矩形设置允许的最大传感器窗口宽度。

❑ "csi_mux":1 [SGRBG10 800x600]表示将 csi_mux 接口编号 1 格式设置为分辨率
800×600 的 RAW Bayer 10 位图像。

❑ "csi_mux":2 [SGRBG10 800x600]表示将 csi_mux 接口编号 2 格式设置为分辨率
800×600 的 RAW Bayer 10 位图像。

❑ "csi":0 [UYVY 800x600]表示将 csi 接口编号 0 格式设置为 YUV4:2:2 图像，分辨
率为 800×600。

video_mux、csi 和 mipi-csi-2 都是 SoC 的一部分，因此它们均已在供应商 dtsi 文件（即

Kernel 源代码的 arch/arm/boot/dts/imx7s.dtsi）中声明。

video_mux 声明如下：

```
gpr: iomuxc-gpr@30340000 {
    [...]
    video_mux: csi-mux {
        compatible = "video-mux";
        mux-controls = <&mux 0>;
        #address-cells = <1>;
        #size-cells = <0>;
        status = "disabled";

        port@0 {
            reg = <0>;
        };
        port@1 {
            reg = <1>;
            csi_mux_from_mipi_vc0: endpoint {
                remote-endpoint = <&mipi_vc0_to_csi_mux>;
            };
        };
        port@2 {
            reg = <2>;
            csi_mux_to_csi: endpoint {
                remote-endpoint = <&csi_from_csi_mux>;
            };
        };
    };
};
```

在上述代码块中有 3 个端口，其中，端口 1 是端口 2 连接的远程端点。

csi 和 mipi-csi-2 声明如下：

```
mipi_csi: mipi-csi@30750000 {
    compatible = "fsl,imx7-mipi-csi2";
    [...]
    status = "disabled";

    port@0 {
        reg = <0>;
    };

    port@1 {
```

```
        reg = <1>;

        mipi_vc0_to_csi_mux: endpoint {
            remote-endpoint = <&csi_mux_from_mipi_vc0>;
        };
    };
};

[...]
csi: csi@30710000 {
    compatible = "fsl,imx7-csi"; [...]
    status = "disabled";

    port {
        csi_from_csi_mux: endpoint {
            remote-endpoint = <&csi_mux_to_csi>;
        };
    };
};
```

从 csi 和 mipi-csi-2 节点中可以看到它们是如何链接到 video_mux 节点中的远程端口的。

🛈 注意：

有关 video_mux 绑定的更多信息，可参见 Kernel 源代码中的 Documentation/devicetree/bindings/media/video-mux.txt。

当然，大多数供应商声明的节点默认是禁用的，需要从板卡文件（实际上是 dts 文件）中启用。这是在以下代码块中完成的操作。此外，相机传感器是板卡的一部分，而不是 SoC。所以需要在板卡的 dts 文件中声明，也就是 Kernel 源代码中的 arch/arm/boot/dts/imx7s-warp.dts 文件。以下是其代码片段：

```
&video_mux {
    status = "okay";
};

&mipi_csi {
    clock-frequency = <166000000>;
    fsl,csis-hs-settle = <3>;
    status = "okay";

    port@0 {
        reg = <0>;
```

```
        mipi_from_sensor: endpoint {
            remote-endpoint = <&ov2680_to_mipi>;
            data-lanes = <1>;
        };

    };
};

&i2c2 {
    [...]
    status = "okay";

    ov2680: camera@36 {
        compatible = "ovti,ov2680";
        [...]

    port {
        ov2680_to_mipi: endpoint {
            remote-endpoint = <&mipi_from_sensor>;
            clock-lanes = <0>;
            data-lanes = <1>;
        };
    };
};
```

ⓘ 注意：

有关 i.MX7 实体绑定的更多信息，可参阅 Kernel 源代码中的 Documentation/ devicetree/
bindings/media/imx7-csi.txt 和 Documentation/devicetree/bindings/media/imx7- mipicsi2.txt。

在此之后，即可开始流传输。v4l2-ctl 工具可用于选择传感器支持的任何分辨率：

```
root@imx7s-warp:~# media-ctl -p
Media controller API version 4.17.0

Media device information
------------------------
driver          imx7-csi
model           imx-media
serial
bus info
hw revision     0x0
driver version  4.17.0
```

```
Device topology
- entity 1: csi (2 pads, 2 links)
        type V4L2 subdev subtype Unknown flags 0
        device node name /dev/v4l-subdev0
    pad0: Sink
        [fmt:SBGGR10_1X10/800x600 field:none]
        <- "csi-mux":2 [ENABLED]
    pad1: Source
        [fmt:SBGGR10_1X10/800x600 field:none]
        -> "csi capture":0 [ENABLED]

- entity 4: csi capture (1 pad, 1 link)
        type Node subtype V4L flags 0
        device node name /dev/video0
    pad0: Sink
        <- "csi":1 [ENABLED]

- entity 10:csi-mux (3 pads, 2 links)
        type V4L2 subdev subtype Unknown flags 0
        device node name /dev/v4l-subdev1
    pad0: Sink
        [fmt:unknown/0x0]
    pad1: Sink
        [fmt:unknown/800x600 field:none]
        <- "imx7-mipi-csis.0":1 [ENABLED]
    pad2: Source
        [fmt:unknown/800x600 field:none]
        -> "csi":0 [ENABLED]

- entity 14: imx7-mipi-csis.0 (2 pads, 2 links)
        type V4L2 subdev subtype Unknown flags 0
        device node name /dev/v4l-subdev2
    pad0: Sink
        [fmt:SBGGR10_1X10/800x600 field:none]
        <- "ov2680 1-0036":0 [ENABLED]
    pad1: Source
        [fmt:SBGGR10_1X10/800x600 field:none]
        -> "csi-mux":1 [ENABLED]

- entity 17: ov2680 1-0036 (1 pad, 1 link)
        type V4L2 subdev subtype Sensor flags 0
```

```
        device node name /dev/v4l-subdev3
    pad0: Source
            [fmt:SBGGR10_1X10/800x600 field:none]
            -> "imx7-mipi-csis.0":0 [ENABLED]
```

由于数据流传输是从左到右的，因此可以将上述控制台日志做如下解释。

❏ "imx7-mipi-csis.0":0 [ENABLED]表示源接口将数据馈送到其右侧的实体，即 "imx7-mipi-csis.0":0。

❏ <- "ov2680 1-0036":0 [ENABLED]表示接收接口由其左侧的实体馈送（从中查询数据），即 "ov2680 1-0036":0。

有关媒体控制器框架的介绍至此结束。我们从其架构开始，阐释了它的数据结构，详细讨论了它的 API，最后还演示了它在用户空间的使用。

8.4　小　　结

本章详细介绍了 V4L2 异步接口，它简化了视频桥接设备和子设备驱动程序的探测。这对于本质上异步和无序的设备注册系统很有用，如扁平设备树驱动程序探测。

此外，我们还介绍了媒体控制器框架，它允许利用 V4L2 视频管道。到目前为止，我们所着眼的都是内核空间。

第 9 章将探讨如何从用户空间处理 V4L2 设备，从而利用其设备驱动程序公开的功能。

第 9 章　从用户空间利用 V4L2 API

设备驱动程序的主要目的是控制和利用底层硬件，同时向用户公开其功能。这些用户可能是在用户空间中运行的应用程序或其他内核驱动程序。在第 7 章和第 8 章中，我们着重讨论了 V4L2 设备驱动程序，本章则将学习如何利用内核公开的 V4L2 设备功能。

我们将首先逐一枚举和介绍用户空间 V4L2 API，然后讨论如何利用这些 API 从传感器获取视频数据，包括修改传感器属性。

本章包含以下主题。

❑　从用户空间看 V4L2。

❑　视频设备打开和属性管理。

❑　缓冲区管理。

❑　V4L2 用户空间工具。

❑　在用户空间中调试 V4L2。

9.1　技 术 要 求

要轻松阅读和理解本章，你需要具备以下条件。

❑　高级计算机架构知识和 C 语言编程技巧。

❑　Linux Kernel v4.19.X 源，其下载地址如下：

https://git.kernel.org/pub/scm/linux/kernel/git/stable/linux.git/refs/tags

9.2　从用户空间看 V4L2

编写设备驱动程序的主要目的是简化应用程序对底层设备的控制和使用。用户空间有两种处理 V4L2 设备的方法：一是使用多合一实用程序，如 GStreamer 及其 gst-*工具；二是使用用户空间 V4L2 API 编写专用应用程序。本章将仅使用代码，因此接下来将介绍如何编写使用 V4L2 API 的应用程序。

9.2.1　V4L2 用户空间 API

V4L2 用户空间 API 精简了函数的数量和大量的数据结构体，所有这些都定义在

include/uapi/linux/videodev2.h 中。

下文将介绍其中一些最重要的——或者更准确地说，是最常用的 API。

你的代码首先应包含以下标头：

```
#include <linux/videodev2.h>
```

V4L2 用户空间 API 依赖于以下函数。

❑ open()：打开视频设备。

❑ close()：关闭视频设备。

❑ ioctl()：向显示驱动程序发送 ioctl 命令。

❑ mmap()：将驱动程序分配的缓冲区内存映射到用户空间。

❑ read()或 write()：取决于流传输方法。

9.2.2 常用 ioctl 命令

精简的 V4L2 用户空间 API 由大量 ioctl 命令扩展，其中最重要的 ioctl 命令如下。

❑ VIDIOC_QUERYCAP：用于查询驱动程序的功能。人们过去常说它用于查询设备的功能，但这样说其实是不准确的，因为设备可能具有驱动程序中未实现的功能。用户空间将传递一个 struct v4l2_capability 结构体，该结构体将由视频驱动程序填充相关的信息。

❑ VIDIOC_ENUM_FMT：用于枚举驱动程序支持的图像格式。驱动程序用户空间将传递一个 struct v4l2_fmtdesc 结构体，同样，该结构体将由视频驱动程序填充相关的信息。

❑ VIDIOC_G_FMT：对于采集设备来说，该命令可用于获取当前图像格式。但是，对于显示设备来说，则可以使用它来获取当前显示窗口。

无论哪种情况，用户空间都会传递一个 struct v4l2_format 结构体，该结构体将由驱动程序填充相关信息。

❑ VIDIOC_TRY_FMT：当开发人员不确定要提交给设备的格式时，应考虑使用 VIDIOC_TRY_FMT。这可用于根据输出（显示）设备验证采集设备或新显示窗口的新图像格式。

用户空间将传递一个带有它想要应用的属性的 struct v4l2_format 结构体，如果不支持，则驱动程序可能会更改给定的值。然后，应用程序应检查授予的内容。

❑ VIDIOC_S_FMT：用于设置采集设备的新图像格式或显示器（输出设备）的新显示窗口。如果不支持，驱动程序可能会更改用户空间传递的值。如果未首先使用 VIDIOC_TRY_FMT，则应用程序应检查授予的内容。

❑ VIDIOC_CROPCAP：用于根据当前图像大小和当前显示面板大小获取默认裁剪
矩形。驱动程序将填充 struct v4l2_cropcap 结构体。

❑ VIDIOC_G_CROP：用于获取当前裁剪矩形。驱动程序将填充 struct v4l2_crop
结构体。

❑ VIDIOC_S_CROP：用于设置新的裁剪矩形。驱动程序将填充 struct v4l2_crop 结
构体。应用程序应检查授予的内容。

❑ VIDIOC_REQBUFS：此 ioctl 用于请求稍后可进行内存映射的多个缓冲区。驱动
程序将填充 struct v4l2_requestbuffers 结构体。
由于驱动程序分配的缓冲区数量可能多于或少于请求的实际数量，因此应用程
序应检查实际授予的缓冲区数量。在此之后没有缓冲区排队。

❑ VIDIOC_QUERYBUF：该 ioctl 可用于获取缓冲区的信息，mmap()系统调用可以
使用这些信息将该缓冲区映射到用户空间。驱动程序将填充 struct v4l2_buffer
结构体。

❑ VIDIOC_QBUF：用于通过传递与缓冲区关联的 struct v4l2_buffer 结构体来对缓
冲区进行排队。在该 ioctl 的执行路径上，驱动程序会将此缓冲区添加到它的缓
冲区列表中，以便在它之前没有更多挂起的排队缓冲区时填充它。一旦缓冲区
被填充，它就会被传递到 V4L2 核心——该核心可维护自己的列表（即已经就绪
的缓冲区列表），而已填充的缓冲区将从驱动程序的 DMA 缓冲区列表中移出。

❑ VIDIOC_DQBUF：用于通过传递与该缓冲区关联的 struct v4l2_buffer 结构体来
使已填充缓冲区（来自 V4L2 的输入设备就绪缓冲区列表）或显示（输出设备）
缓冲区出列。如果没有缓冲区准备就绪，那么这将造成阻塞，除非
O_NONBLOCK 与 open()一起使用——在这种情况下，VIDIOC_DQBUF 将立即
返回 EAGAIN 错误代码。我们应仅在调用 STREAMON 之后才调用
VIDIOC_DQBUF。同时，在 STREAMOFF 之后调用此 ioctl 将返回-EINVAL。

❑ VIDIOC_STREAMON：用于打开流传输。在此之后，任何 VIDIOC_QBUF 都将
导致渲染图像。

❑ VIDIOC_STREAMOFF：用于关闭流传输。此 ioctl 将删除所有缓冲区。它实际
上刷新了缓冲区队列。

ioctl 命令比上面列举的要多得多。实际上，ioctl 的数量至少与 Kernel 的 v4l2_ioctl_ops
数据结构中的 ops 数量一样多。但是，上述 ioctl 足以让我们深入了解 V4L2 用户空间 API。
限于篇幅，本书不会详细介绍每个数据结构，但是你应该经常打开 include/uapi/linux/

videodev2.h 文件看看，也可以访问：

https://elixir.bootlin.com/linux/v4.19/source/include/uapi/linux/videodev2.h

因为该文件中包含了所有 V4L2 API 和数据结构。

9.2.3　在用户空间中使用 V4L2 API 的示例

以下伪代码显示了使用 V4L2 API 从用户空间获取视频的典型 ioctl 序列：

```
open()
int ioctl(int fd, VIDIOC_QUERYCAP, struct v4l2_capability *argp)
int ioctl(int fd, VIDIOC_S_FMT, struct v4l2_format *argp)
int ioctl(int fd, VIDIOC_S_FMT, struct v4l2_format *argp)
/* 请求 N 个缓冲区 */
int ioctl(int fd, VIDIOC_REQBUFS, struct v4l2_requestbuffers *argp)
/* 将 N 个缓冲区加入队列 */
int ioctl(int fd, VIDIOC_QBUF, struct v4l2_buffer *argp)
/* 开始流传输 */
int ioctl(int fd, VIDIOC_STREAMON, const int *argp)
read_loop: (for i=0; I < N; i++)
    /* 将缓冲区 i 移出队列 */
    int ioctl(int fd, VIDIOC_DQBUF, struct v4l2_buffer *argp)
    process_buffer(i)
    /* 将缓冲区 i 重新加入队列 */
    int ioctl(int fd, VIDIOC_QBUF, struct v4l2_buffer *argp)
end_loop
    releases_memories()
    close()
```

上述序列可以作为在用户空间中使用 V4L2 API 的指南。

请注意，当 errno = EINTR 时，ioctl 系统调用可能会返回-1 值。这种情况并不意味着错误，可能只是系统调用被中断，在这种情况下应该重试。为了解决这个（罕见但是有可能出现的）问题，可以考虑为 ioctl 编写自定义包装器，示例如下：

```
static int xioctl(int fh, int request, void *arg)
{
    int r;

    do {
        r = ioctl(fh, request, arg);
    } while (-1 == r && EINTR == errno);
```

```
    return r;
}
```

现在我们已经了解了获取视频的典型 ioctl 序列，可以继续探讨进行视频流传输需要执行的步骤，包括从设备打开到格式协商，再到设备关闭等全部流程。

接下来，我们将进入编写代码的环节，就从打开设备开始，因为一切操作都需要从这一步出发。

9.3　视频设备打开和属性管理

驱动程序将在/dev/目录中公开与其负责的视频接口对应的节点条目。这些文件节点对应于采集设备的/dev/videoX 特殊文件（在我们的例子中是如此）。

9.3.1　打开和关闭设备

在与视频设备进行任何交互之前，应用程序都必须打开适当的文件节点。为此，它将使用 open()系统调用，这将返回一个文件描述符，该描述符将作为发送到设备的任何命令的入口点，示例如下：

```
static const char *dev_name = "/dev/video0";
fd = open (dev_name, O_RDWR);
if (fd == -1) {
    perror("Failed to open capture device\n");
    return -1;
}
```

上述代码片段是阻塞模式下的开场白。如果在尝试移出队列时没有已经就绪的缓冲区，则将 O_NONBLOCK 传递给 open()，这将防止应用程序被阻塞。

在使用完视频设备后，应使用 close()系统调用将其关闭：

```
close(fd);
```

在打开视频设备后，即可开始与它进行交互。一般来说，视频设备打开后的第一个动作是查询其功能，这样我们才能让它以最佳方式运行。

9.3.2　查询设备功能

查询设备的功能以确保它支持我们需要使用的模式是很常见的。开发人员可以使用

VIDIOC_QUERYCAP ioctl 命令执行此操作。

要完成此操作，应用程序将传递一个 struct v4l2_capability 结构体（这是在 include/uapi/linux/videodev2.h 中定义的），该结构体将由驱动程序填充。

struct v4l2_capability 存在一个必须检查的.capabilities 字段。该字段包含整个设备的功能。Kernel 源代码的以下代码片段显示了其可能的值：

```
/* 'capabilities'字段可能的值 */
#define V4L2_CAP_VIDEO_CAPTURE 0x00000001 /* 视频采集设备 */
#define V4L2_CAP_VIDEO_OUTPUT 0x00000002 /* 视频输出设备 */
#define V4L2_CAP_VIDEO_OVERLAY 0x00000004 /* 可以做视频叠加 */
[...] /* 跳过 VBI 设备 */

/* 支持多平面格式的视频采集设备 */
#define V4L2_CAP_VIDEO_CAPTURE_MPLANE 0x00001000
/* 支持多平面格式的视频输出设备 */
#define V4L2_CAP_VIDEO_OUTPUT_MPLANE 0x00002000
/* 支持多平面格式的 mem-to-mem 设备 */
#define V4L2_CAP_VIDEO_M2M_MPLANE 0x00004000
/* 视频 mem-to-mem 设备 */
#define V4L2_CAP_VIDEO_M2M 0x00008000
[...] /* 跳过收音机、调谐器和 SDR 设备 */

#define V4L2_CAP_READWRITE 0x01000000 /* 读/写系统调用 */
#define V4L2_CAP_ASYNCIO 0x02000000 /* 异步输入/输出 */
#define V4L2_CAP_STREAMING 0x04000000 /* 流式输入/输出 ioctl */
#define V4L2_CAP_TOUCH 0x10000000 /* 触摸屏设备 */
```

以下代码块显示了一个常见用例，展示了如何使用 VIDIOC_QUERYCAP ioctl 从代码中查询设备功能：

```
#include <linux/videodev2.h>
[...]
struct v4l2_capability cap;
memset(&cap, 0, sizeof(cap));

if (-1 == xioctl(fd, VIDIOC_QUERYCAP, &cap)) {
    if (EINVAL == errno) {
        fprintf(stderr, "%s is no V4L2 device\n", dev_name);
        exit(EXIT_FAILURE);
    } else {
        errno_exit("VIDIOC_QUERYCAP"
    }
}
```

在上述代码中，struct v4l2_capability 将首先被清零，这是因为在应用 ioctl 命令之前使用了 memset()。如果这一步没有发生错误，则 cap 变量现在应该包含设备功能。可以使用以下方法检查设备类型和输入/输出方法：

```
if (!(cap.capabilities & V4L2_CAP_VIDEO_CAPTURE)) {
    fprintf(stderr, "%s is not a video capture device\n", dev_name);
    exit(EXIT_FAILURE);
}
if (!(cap.capabilities & V4L2_CAP_READWRITE))
    fprintf(stderr, "%s does not support read i/o\n", dev_name);

/* 检查是否支持 USERPTR 和/或 MMAP 方法 */
if (!(cap.capabilities & V4L2_CAP_STREAMING))
    fprintf(stderr, "%s does not support streaming i/o\n", dev_name);

/* 检查驱动程序是否支持读/写 I/O */
if (!(cap.capabilities & V4L2_CAP_READWRITE))
    fprintf(stderr, "%s does not support read i/o\n", dev_name);
```

可以看到，在使用 cap 变量之前首先将它清零了。始终清除将提供给 V4L2 API 的参数以避免出现过时内容，这是一种很好的做法。

现在可以定义一个宏——如 CLEAR——它可以将作为参数给出的任何变量归零，本章的余下部分都将使用它：

```
#define CLEAR(x) memset(&(x), 0, sizeof(x))
```

至此，我们已经完成了对视频设备功能的查询，这使得我们可以根据需要实现的目标来配置设备并调整图像格式。通过协商合适的图像格式，即可利用视频设备，这也是接下来将要讨论的内容。

9.4　缓冲区管理

在 V4L2 中，维护了两个缓冲区队列：一个用于驱动程序（称为 INPUT 队列），另一个用于用户（称为 OUTPUT 队列）。

缓冲区由用户空间应用程序加入驱动程序的队列，以便填充数据（为此，应用程序使用 VIDIOC_QBUF ioctl）。缓冲器由驱动程序按照它们排队的顺序填充。一旦填满，则每个缓冲区就会从 INPUT 队列中移出并放入 OUTPUT 队列（即用户队列）。

每当用户应用程序调用 VIDIOC_DQBUF 以使缓冲区移出队列时，就会在 OUTPUT

队列中查找该缓冲区。如果它就在其中，则缓冲区会将其移出队列并推送到用户应用程序；否则，应用程序将等待直到已填充的缓冲区出现。

用户使用完缓冲区后，必须在此缓冲区上调用 VIDIOC_QBUF 来将其重新加入 INPUT 队列，以便再次填充。

驱动程序初始化之后，应用程序将调用 VIDIOC_REQBUFS ioctl 来设置它需要使用的缓冲区的数量。授予此权限后，应用程序将使用 VIDIOC_QBUF 对所有缓冲区进行排队，然后调用 VIDIOC_STREAMON ioctl。

此后，驱动程序将自行执行并填充所有排队的缓冲区。如果没有更多排队的缓冲区，则驱动程序将等待应用程序加入排队的缓冲区。如果出现这种情况，则意味着某些帧在采集过程中丢失了。

9.4.1 图像（缓冲区）格式

在确保设备类型正确并支持它可以使用的模式后，应用程序必须正确选择它需要的视频格式。确保视频设备配置为以应用程序可以处理的格式发送视频帧。它必须在开始抓取和收集数据（或视频帧）之前执行此操作。

无论设备是什么类型，V4L2 API 都使用 struct v4l2_format 结构体来表示缓冲区格式。该结构体的定义如下：

```
struct v4l2_format {
u32 type;
    union {
        struct v4l2_pix_format pix; /* V4L2_BUF_TYPE_VIDEO_CAPTURE */
        struct v4l2_pix_format_mplane pix_mp; /* _CAPTURE_MPLANE */
        struct v4l2_window win; /* V4L2_BUF_TYPE_VIDEO_OVERLAY */
        struct v4l2_vbi_format vbi; /* V4L2_BUF_TYPE_VBI_CAPTURE */
        struct v4l2_sliced_vbi_format sliced;/*_SLICED_VBI_CAPTURE */
        struct v4l2_sdr_format sdr; /* V4L2_BUF_TYPE_SDR_CAPTURE */
        struct v4l2_meta_format meta;/* V4L2_BUF_TYPE_META_CAPTURE */
        [...]
    } fmt;
};
```

在上述结构体中，type 字段表示数据流的类型，由应用程序设置。根据其值，fmt 字段将采用适当的类型。在我们的例子中，类型必须是 V4L2_BUF_TYPE_VIDEO_CAPTURE，因为我们正在使用视频采集设备。fmt 将是 struct v4l2_pix_format 类型。

ⓘ 注意：

　　几乎所有直接或间接使用缓冲区的 ioctl（例如裁剪、缓冲区请求/排队/出队/查询）都需要指定缓冲区类型，这是有道理的。

　　我们将使用 V4L2_BUF_TYPE_VIDEO_CAPTURE，因为它是本示例中设备类型的唯一选择。

　　缓冲区类型的完整列表参见 include/uapi/linux/videodev2.h 中定义的 enum v4l2_buf_type 类型。

　　应用程序通常会查询视频设备的当前格式，然后仅更改其中感兴趣的属性，再将新的已修改的缓冲区格式发送回视频设备。当然，这不是强制性的。

　　本示例只是为了演示如何获取或设置当前格式。应用程序将使用 VIDIOC_G_FMT ioctl 命令查询当前缓冲区格式，它必须传递一个带有 type 字段集的新鲜 struct v4l2_format 结构体（"新鲜"的意思是指已经清零）。

　　驱动程序将在 ioctl 的返回路径中填充其余部分。示例如下：

```
struct v4l2_format fmt;
CLEAR(fmt);

/* 获取当前格式 */
fmt.type = V4L2_BUF_TYPE_VIDEO_CAPTURE;
if (ioctl(fd, VIDIOC_G_FMT, &fmt)) {
    printf("Getting format failed\n");
    exit(2);
}
```

　　获得当前格式后，我们可以更改相关属性并将新格式发送回设备。这些属性可以是像素格式、每个颜色分量的内存组织方式以及每个字段的隔行采集内存组织方式。还可以描述缓冲区的大小和间距。设备支持的常见像素格式如下。

　　❑　V4L2_PIX_FMT_YUYV：YUV422（隔行扫描）。

　　❑　V4L2_PIX_FMT_NV12：YUV420（半平面）。

　　❑　V4L2_PIX_FMT_NV16：YUV422（半平面）。

　　❑　V4L2_PIX_FMT_RGB24：RGB888（打包格式）。

　　现在我们将编写一段代码来更改需要的属性。当然，将新格式发送到视频设备需要使用新的 ioctl 命令，即 VIDIOC_S_FMT：

```
#define WIDTH 1920
#define HEIGHT 1080
```

```
#define PIXFMT V4L2_PIX_FMT_YUV420

/* 修改需要的属性并设置格式 */
fmt.fmt.pix.width = WIDTH;
fmt.fmt.pix.height = HEIGHT;
fmt.fmt.pix.bytesperline = fmt.fmt.pix.width * 2u;
fmt.fmt.pix.sizeimage = fmt.fmt.pix.bytesperline *
fmt.fmt.pix.height;
fmt.fmt.pix.colorspace = V4L2_COLORSPACE_REC709;
fmt.fmt.pix.field = V4L2_FIELD_ANY;
fmt.fmt.pix.pixelformat = PIXFMT;
fmt.type = V4L2_BUF_TYPE_VIDEO_CAPTURE;

if (xioctl(fd, VIDIOC_S_FMT, &fmt)) {
    printf("Setting format failed\n");
    exit(2);
}
```

🛈 **注意**：

在不需要当前格式的情况下可以使用上述代码。

上述 ioctl 可能会成功，但是，这并不意味着你的参数已按原样应用。默认情况下，设备可能不支持图像宽度和高度的所有组合，甚至不支持所需的像素格式。在这种情况下，驱动程序将根据你请求的值应用它支持的最接近的值。

然后，你必须检查参数是否已被接受或授予的参数是否足以让你继续：

```
if (fmt.fmt.pix.pixelformat != PIXFMT)
    printf("Driver didn't accept our format. Can't proceed.\n");

/* 因为 VIDIOC_S_FMT 可以修改宽度和高度 */
if ((fmt.fmt.pix.width != WIDTH) || (fmt.fmt.pix.height != HEIGHT))
fprintf(stderr, "Warning: driver is sending image at %dx%d\n",
        fmt.fmt.pix.width, fmt.fmt.pix.height);
```

我们甚至还可以更改流传输的参数（如每秒的帧数）。这需要执行以下操作。

❑ 使用 VIDIOC_G_PARM ioctl 查询视频设备的流传输参数。

❑ ioctl 接受一个新鲜的 struct v4l2_streamparm 结构体及其 type 成员集作为参数。此类型应该是 enum v4l2_buf_type 值之一。

❑ 检查 v4l2_streamparm.parm.capture.capability 并确认已经设置了 V4L2_CAP_TIMEPERFRAME 标志，该标志意味着驱动程序允许更改采集的帧速率。

现在可以选择使用 VIDIOC_ENUM_FRAMEINTERVALS ioctl 来获取可能的帧间隔列表（该 API 使用帧间隔，它是帧速率的倒数）。

❏　使用 VIDIOC_S_PARM ioctl 并填充 v4l2_streamparm.parm.capture.timeperframe 成员，使其具有适当的值。这应该允许设置采集端的帧速率。你的任务是确保读取速度足够快，不会出现丢帧现象。

示例如下：

```
#define FRAMERATE 30

struct v4l2_streamparm parm;
int error;

CLEAR(parm);
parm.type = V4L2_BUF_TYPE_VIDEO_CAPTURE;

/* 首先查询流传输参数 */
error = xioctl(fd, VIDIOC_G_PARM, &parm);
if (!error) {
    /* 现在确定是否支持 FPS 选择 */
    if (parm.parm.capture.capability & V4L2_CAP_TIMEPERFRAME) {
        /* 支持 */
        CLEAR(parm);
        parm.type = V4L2_BUF_TYPE_VIDEO_CAPTURE;
        parm.parm.capture.capturemode = 0;
        parm.parm.capture.timeperframe.numerator = 1;
        parm.parm.capture.timeperframe.denominator = FRAMERATE;
        error = xioctl(fd, VIDIOC_S_PARM, &parm);

        if (error)
            printf("Unable to set the FPS\n");
        else
            /*
             * 驱动程序可能已经改变了我们要求的帧率
             */
            if (FRAMERATE !=
                    parm.parm.capture.timeperframe.denominator)
                printf ("fps coerced ......: from %d to %d\n", FRAMERATE,
                    parm.parm.capture.timeperframe.denominator);
```

现在我们已经掌握了如何选择图像格式并设置流传输参数，接下来需要请求缓冲区并进行进一步的处理。

9.4.2　请求缓冲区

在完成格式准备之后，接下来就需要指示驱动程序分配用于存储视频帧的内存了。

要实现该目的，可使用 VIDIOC_REQBUFS ioctl。此 ioctl 会将一个新的 struct v4l2_requestbuffers 结构体作为参数。在提供给 ioctl 之前，struct v4l2_requestbuffers 还必须设置一些字段，如下所示。

❑ v4l2_requestbuffers.count：该成员应设置为要分配的内存缓冲区数。

该成员应设置一个恰当的值，以确保不会因为 INPUT 队列中缺少排队的缓冲区而丢弃帧。大多数情况下，3 或 4 是正确的值。因此，驱动程序可能对请求的缓冲区数不满意。在这种情况下，驱动程序将在 ioctl 的返回路径上使用授予的缓冲区数量设置 v4l2_requestbuffers.count，然后应用程序应该检查这个值，以确保这个授予的值符合其需要。

❑ v4l2_requestbuffers.type：必须使用 enum 4l2_buf_type 类型的视频缓冲区类型进行设置。在这里，再次使用了 V4L2_BUF_TYPE_VIDEO_CAPTURE。例如，对于输出设备，这将是 V4L2_BUF_TYPE_VIDEO_OUTPUT。

❑ v4l2_requestbuffers.memory：这必须是可能的 enum v4l2_memory 值之一。

我们感兴趣的可能值是 V4L2_MEMORY_MMAP、V4L2_MEMORY_USERPTR 和 V4L2_MEMORY_DMABUF。这些都是流式传输方法。当然，根据此成员的值，应用程序可能需要执行其他任务。

遗憾的是，VIDIOC_REQBUFS 命令是应用程序发现给定驱动程序支持哪些类型的流传输 I/O 缓冲区的唯一方法。在此之后，应用程序可以使用这些可能值中的每一个尝试 VIDIOC_REQBUFS，并根据失败或成功调整其逻辑。

9.4.3　请求用户指针缓冲区

请求用户指针缓冲区需要使用 VIDIOC_REQBUFS 和 malloc。这一步骤涉及支持流传输模式的驱动程序，尤其是用户指针 I/O 模式。在这里，应用程序会通知驱动程序，它即将分配给定数量的缓冲区：

```
#define BUF_COUNT 4

struct v4l2_requestbuffers req;
CLEAR (req);
```

```
req.count = BUF_COUNT;
req.type = V4L2_BUF_TYPE_VIDEO_CAPTURE;
req.memory = V4L2_MEMORY_USERPTR;

if (-1 == xioctl (fd, VIDIOC_REQBUFS, &req)) {
    if (EINVAL == errno)
        fprintf(stderr, "%s does not support user pointer i/o\n",
                dev_name);
    else
        fprintf("VIDIOC_REQBUFS failed \n");
}
```

然后，应用程序从用户空间分配缓冲内存：

```
struct buffer_addr {
    void *start;
    size_t length;
};

struct buffer_addr *buf_addr;
int i;

buf_addr = calloc(BUF_COUNT, sizeof (*buffer_addr));
if (!buf_addr) {
    fprintf(stderr, "Out of memory\n");
    exit (EXIT_FAILURE);
}

for (i = 0; i < BUF_COUNT; ++i) {
    buf_addr[i].length = buffer_size;
    buf_addr[i].start = malloc(buffer_size);

    if (!buf_addr[i].start) {
        fprintf(stderr, "Out of memory\n");
        exit(EXIT_FAILURE);
    }
}
```

　　这是第一种类型的流传输，其中，缓冲区在用户空间中分配，并提供给内核以填充视频数据，这就是所谓的用户指针 I/O 模式。

　　还有另一种奇特的流传输模式，几乎所有的操作都在内核中完成，这也是接下来我们要介绍的内容。

9.4.4　请求内存可映射缓冲区

请求内存可映射缓冲区需要使用 VIDIOC_REQBUFS、VIDIOC_QUERYBUF 和 mmap。

在驱动程序缓冲区模式下，VIDIOC_REQBUFS ioctl 还将返回 struct v4l2_requestbuffer 结构体的 count 成员中分配的实际缓冲区数。这种流传输方法还需要一个新的数据结构 struct v4l2_buffer。内核中的驱动程序分配缓冲区后，此结构体与 VIDIOC_QUERYBUFS ioctl 一起使用，以查询每个已分配缓冲区的物理地址，可与 mmap()系统调用一起使用。从驱动程序返回的物理地址将存储在 buffer.m.offset 中。

以下代码片段可以指示驱动程序分配内存缓冲区并检查授予的缓冲区数量：

```
#define BUF_COUNT_MIN 3

struct v4l2_requestbuffers req; CLEAR (req);

req.count = BUF_COUNT;
req.type = V4L2_BUF_TYPE_VIDEO_CAPTURE;
req.memory = V4L2_MEMORY_MMAP;

if (-1 == xioctl (fd, VIDIOC_REQBUFS, &req)) {
    if (EINVAL == errno)
        fprintf(stderr, "%s does not support memory mapping\n", dev_name);
    else
        fprintf("VIDIOC_REQBUFS failed \n");
}

/*
 * 驱动程序授予的缓冲区数量可能少于我们请求的缓冲区数量
 * 需要确保它不小于我们可以处理的最小值
 */
if (req.count < BUF_COUNT_MIN) {
    fprintf(stderr, "Insufficient buffer memory on %s\n", dev_name);
    exit (EXIT_FAILURE);
}
```

此后，应用程序应在每个分配的缓冲区上调用 VIDIOC_QUERYBUF ioctl 以获取其相应的物理地址，示例如下：

```
struct buffer_addr {
    void *start;
    size_t length;
```

```
};

struct buffer_addr *buf_addr;
buf_addr = calloc(BUF_COUNT, sizeof (*buffer_addr));

if (!buf_addr) {
    fprintf (stderr, "Out of memory\n");
    exit (EXIT_FAILURE);
}

for (i = 0; i < req.count; ++i) {
    struct v4l2_buffer buf;
    CLEAR (buf);

    buf.type = V4L2_BUF_TYPE_VIDEO_CAPTURE;
    buf.memory = V4L2_MEMORY_MMAP; buf.index = i;

    if (-1 == xioctl (fd, VIDIOC_QUERYBUF, &buf))
        errno_exit("VIDIOC_QUERYBUF");

    buf_addr[i].length = buf.length;
    buf_addr[i].start =
        mmap (NULL /* start anywhere */, buf.length,
            PROT_READ | PROT_WRITE /* required */,
            MAP_SHARED /* recommended */, fd, buf.m.offset);

    if (MAP_FAILED == buf_addr[i].start)
        errno_exit("mmap");
}
```

可以看到，为了让应用程序在内部跟踪每个缓冲区的内存映射（通过 mmap()获得），本示例使用了一个自定义数据结构 struct buffer_addr，分配给每个授予的缓冲区，它将保存与此缓冲区对应的映射。

9.4.5　请求 DMABUF 缓冲区

请求 DMABUF 缓冲区需要使用 VIDIOC_REQBUFS、VIDIOC_EXPBUF 和 mmap。

DMABUF 多用于 mem2mem 设备，引入了导出者（exporter）和导入者（importer）的概念。假设驱动程序 A 想要使用驱动程序 B 创建的缓冲区，则可以将 B 称为导出者，将 A 称为缓冲区用户/导入者。

export 方法指示驱动程序通过文件描述符将其 DMA 缓冲区导出到用户空间。应用程序将使用 VIDIOC_EXPBUF ioctl 实现这一点，并且需要一个新的数据结构 struct v4l2_exportbuffer。在此 ioctl 的返回路径上，驱动程序将使用与给定缓冲区对应的文件描述符设置 v4l2_requestbuffers.md 成员。以下是一个 DMABUF 文件描述符：

```
/* V4L2 DMABuf 导出 */
struct v4l2_requestbuffers req;
CLEAR (req);
req.count = BUF_COUNT;
req.type = V4L2_BUF_TYPE_VIDEO_CAPTURE;
req.memory = V4L2_MEMORY_DMABUF;

if (-1 == xioctl(fd, VIDIOC_REQBUFS, &req))
    errno_exit ("VIDIOC_QUERYBUFS");
```

应用程序可以将这些缓冲区导出为 DMABUF 文件描述符，这样它们就可以进行内存映射以访问采集的视频内容。为此，应用程序应该使用 VIDIOC_EXPBUF ioctl。此 ioctl 扩展了内存映射 I/O 方法，因此它仅适用于 V4L2_MEMORY_MMAP 缓冲区。当然，在使用 VIDIOC_EXPBUF 导出采集缓冲区然后映射它们时，它实际上是无用的。你应该改用 V4L2_MEMORY_MMAP。

当涉及 V4L2 输出设备时，VIDIOC_EXPBUF 变得非常有趣。在这种情况下，应用程序使用 VIDIOC_REQBUFS ioctl 在采集和输出设备上分配缓冲区，然后应用程序将输出设备的缓冲区导出为 DMABUF 文件描述符，并使用这些文件描述符设置 v4l2_buffer.m.fd 字段（在采集设备 ioctl 加入队列之前）。排队的缓冲区将填充其对应的缓冲区（对应于 v4l2_buffer.m.fd 的输出设备缓冲区）。

在以下示例中，我们将输出设备缓冲区导出为 DMABUF 文件描述符。假设该输出设备的缓冲区已使用 VIDIOC_REQBUFS ioctl 分配，req.type 设置为 V4L2_BUF_TYPE_VIDEO_OUTPUT 和 req。memory 设置为 V4L2_MEMORY_DMABUF：

```
int outdev_dmabuf_fd[BUF_COUNT] = {-1};
int i;
for (i = 0; i < req.count; i++) {
    struct v4l2_exportbuffer expbuf;
    CLEAR (expbuf);
    expbuf.type = V4L2_BUF_TYPE_VIDEO_OUTPUT;
    expbuf.index = i;

    if (-1 == xioctl(fd, VIDIOC_EXPBUF, &expbuf)
        errno_exit ("VIDIOC_EXPBUF");
```

```
    outdev_dmabuf_fd[i] = expbuf.fd;
}
```

现在我们已经了解了基于 DMABUF 的流传输媒体并学习了它附带的概念。接下来我们将介绍最后一个流传输方法，它要简单得多，需要的代码也更少。

9.4.6　请求读/写 I/O 内存

从编码的角度来看，这是更简单的流传输模式。在使用读/写 I/O 的情况下，除了分配内存位置（应用程序将在其中存储和读取数据）外，就不需要做什么了。示例如下：

```
struct buffer_addr {
    void *start;
    size_t length;
};
struct buffer_addr *buf_addr;
buf_addr = calloc(1, sizeof(*buf_addr));
if (!buf_addr) {
    fprintf(stderr, "Out of memory\n");
    exit(EXIT_FAILURE);
}
buf_addr[0].length = buffer_size;
buf_addr[0].start = malloc(buffer_size);

if (!buf_addr[0].start) {
    fprintf(stderr, "Out of memory\n");
    exit(EXIT_FAILURE);
}
```

在上面的代码片段中，使用了相同的自定义数据结构 struct buffer_addr。但是，这里没有真正的缓冲区请求（未使用 VIDIOC_REQBUFS），因为其内核没有任何内容，只是简单地分配了缓冲内存，仅此而已。

现在我们已经完成了缓冲区请求，下一步是将请求的缓冲区加入队列，以便内核可以用视频数据填充它们。让我们看看如何做到这一点。

9.4.7　将缓冲区加入队列并启用流传输

在访问缓冲区并读取其数据之前，必须将该缓冲区加入队列。这包括在使用流传输 I/O 方法（读/写 I/O 除外）时在缓冲区上使用 VIDIOC_QBUF ioctl。将缓冲区加入队列会将缓冲区的内存页锁定在物理内存中。这样，这些页面就无法交换到磁盘。

请注意，这些缓冲区将保持锁定状态，直到它们被移出队列，或者直到调用 VIDIOC_STREAMOFF 或 VIDIOC_REQBUFS ioctl，或者直到设备关闭。

在 V4L2 上下文中，锁定缓冲区意味着将此缓冲区传递给驱动程序以进行硬件访问（通常是 DMA）。如果应用程序访问（读取/写入）锁定的缓冲区，则结果未定义。

要将缓冲区加入队列，应用程序必须准备 struct v4l2_buffer，并且应根据缓冲区类型、流传输模式和缓冲区分配时的索引设置 v4l2_buffer.type、v4l2_buffer.memory 和 v4l2_buffer.index，其他字段取决于流传输模式。

ℹ️ **注意：**

读/写 I/O 方法不需要排队。

9.4.8　主缓冲区的概念

主缓冲区（prime buffer）在直接渲染管理器（directed rendering manager，DRM）驱动程序中执行的是一种缓冲区共享机制，它是基于 DMABUF 来实现的。具体而言就是在有双显卡的情况下（集成显卡+独立显卡），可以根据当前集成显卡的工作负载，自动将一部分图形任务交给独立显卡去处理，以此来达到功耗和性能的最佳平衡。

对于采集应用程序，习惯上在开始采集并进入读取循环之前将一定数量的空缓冲区加入队列（在大多数情况下，就是分配的缓冲区数量）。这有助于提高应用程序的流畅性并防止它因为缺少填充的缓冲区而被阻塞。这应该在分配缓冲区后立即完成。

9.4.9　将用户指针缓冲区加入队列

要将用户指针缓冲区加入队列，应用程序必须设置 V4L2_MEMORY_USERPTR 的 v4l2_buffer.memory 成员。这里比较特殊的是 v4l2_buffer.m.userptr 字段，它必须设置为先前分配的缓冲区的地址，并将 v4l2_buffer.length 设置为其大小。

当使用多平面 API 时，必须改用传递的 struct v4l2_plane 数组的 m.userptr 和 length 成员，示例如下：

```
/* 主缓冲区 */
for (i = 0; i < BUF_COUNT; ++i) {
    struct v4l2_buffer buf;
    CLEAR(buf);

    buf.type = V4L2_BUF_TYPE_VIDEO_CAPTURE;
```

```
    buf.memory = V4L2_MEMORY_USERPTR; buf.index = i;
    buf.m.userptr = (unsigned long)buf_addr[i].start;
    buf.length = buf_addr[i].length;

    if (-1 == xioctl(fd, VIDIOC_QBUF, &buf))
        errno_exit("VIDIOC_QBUF");
}
```

9.4.10　将内存可映射缓冲区加入队列

要使内存可映射缓冲区加入队列，应用程序必须通过设置 type、memory（必须是 V4L2_MEMORY_MMAP）和 index 成员来填充 struct v4l2_buffer，示例如下：

```
/* 主缓冲区 */
for (i = 0; i < BUF_COUNT; ++i) {
    struct v4l2_buffer buf; CLEAR (buf);
    buf.type = V4L2_BUF_TYPE_VIDEO_CAPTURE;
    buf.memory = V4L2_MEMORY_MMAP;
    buf.index = i;

    if (-1 == xioctl (fd, VIDIOC_QBUF, &buf))
        errno_exit ("VIDIOC_QBUF");
}
```

9.4.11　将 DMABUF 缓冲区加入队列

要将输出设备的 DMABUF 缓冲区加入采集设备的队列，应用程序应填充 struct v4l2_buffer，将 memory 字段设置为 V4L2_MEMORY_DMABUF，将 type 字段设置为 V4L2_BUF_TYPE_VIDEO_CAPTURE，将 m.fd 字段设置为与输出设备的 DMABUF 缓冲区关联的文件描述符，示例如下：

```
/* 主缓冲区 */
for (i = 0; i < BUF_COUNT; ++i) {
    struct v4l2_buffer buf; CLEAR (buf);
    buf.type = V4L2_BUF_TYPE_VIDEO_CAPTURE;
    buf.memory = V4L2_MEMORY_DMABUF; buf.index = i;
    buf.m.fd = outdev_dmabuf_fd[i];
    /* 将 DMABUF 缓冲区加入采集设备的队列 */
    if (-1 == xioctl (fd, VIDIOC_QBUF, &buf))
        errno_exit ("VIDIOC_QBUF");
}
```

上述代码片段展示了 V4L2 DMABUF 导入的工作原理。ioctl 中的 fd 参数是与采集设备关联的文件描述符，在 open()系统调用中获得。outdev_dmabuf_fd 是包含输出设备的 DMABUF 文件描述符的数组。

你可能想知道在非 V4L2 但兼容 DRM 的输出设备上应如何工作。以下是简要说明。

首先，DRM 子系统将提供 API（具体 API 取决于驱动程序），你可以使用它在 GPU（图形处理器）上分配一个傻瓜缓冲区，这将返回一个 GEM 句柄。

💡 提示：

傻瓜缓冲区（dumb buffer）是指所有的绘图操作都由 CPU 来完成的帧缓冲区。在 GPU 出现之前，显卡的功能很简单，仅负责将显存中的图像数据转换成 RGB 信号发送出去，所有的绘图操作均由 CPU 完成。因此这种显存被称为傻瓜帧缓冲区（dumb frame buffer）。

在 GPU 出现之后，就有了与之相对应的聪明缓冲区（smart buffer）的概念，这是因为 GPU 在硬件渲染图像时，需要多种不同类型的缓冲区，包括绘图指令缓冲区（command buffer）、顶点数据缓冲区（vertex buffer）、纹理数据缓冲区（texture buffer）和帧缓冲区（frame buffer）等。

DRM 还提供了 DRM_IOCTL_PRIME_HANDLE_TO_FD ioctl，它允许通过 PRIME 将缓冲区导出到 DMABUF 文件描述符中，然后使用 drmModeAddFB2() API 创建一个对应于此缓冲区的 framebuffer 对象（它将被读取并显示在屏幕上，或者更准确地说，是 CRT 控制器），以便最终可以使用 drmModeSetPlane()或 drmModeSetPlane() API 对其进行渲染。

然后，应用程序可以使用由 DRM_IOCTL_PRIME_HANDLE_TO_FD ioctl 返回的文件描述符设置 v4l2_requestbuffers.m.fd 字段。

最后，在读取循环中，在每个 VIDIOC_DQBUF ioctl 之后，应用程序可以使用 drmModeSetPlane() API 更改平面的帧缓冲区和位置。

💡 提示：

PRIME 是与 GEM 集成的 drm dma-buf 接口层的名称，是 DRM 子系统支持的内存管理器之一。

9.4.12　启用流传输

启用流传输类似于通知 V4L2：从现在开始将访问 OUTPUT 队列。应用程序应该使用 VIDIOC_STREAMON 来实现这一点。示例如下：

```
/* 开始流传输 */
int ret;
int a = V4L2_BUF_TYPE_VIDEO_CAPTURE;
ret = xioctl(capt.fd, VIDIOC_STREAMON, &a);
if (ret < 0) {
    perror("VIDIOC_STREAMON\n");
    return -1;
}
```

上述代码片段虽然很短，但对于启用流传输却是必需的，没有它，缓冲区以后不能被移出队列。

9.4.13　将缓冲区移出队列

这实际上是应用程序读取循环的一部分。应用程序使用 VIDIOC_DQBUF ioctl 将缓冲区移出队列。这仅在之前已启用流传输的情况下才有可能。

当应用程序调用 VIDIOC_DQBUF ioctl 时，它会指示驱动程序检查 OUTPUT 队列中是否有已填充的缓冲区，如果有，则输出一个已填充的缓冲区，ioctl 立即返回。但是，如果 OUTPUT 队列中没有缓冲区，则应用程序将阻塞（除非在 open() 系统调用期间设置了 O_NONBLOCK 标志），直到缓冲区排队并填充为止。

🛈 注意：

尝试将缓冲区移出队列而不先排队是一个错误，并且 VIDIOC_DQBUF ioctl 应返回 -EINVAL。当 O_NONBLOCK 标志被赋给 open() 函数时，VIDIOC_DQBUF 在没有可用缓冲区时将立即返回 EAGAIN 错误代码。

在将缓冲区移出队列并处理其数据后，应用程序必须立即再次将该缓冲区加入队列，以便为下一次读取重新填充，依次类推。

9.4.14　将内存映射缓冲区移出队列

以下是将已进行内存映射的缓冲区移出队列的示例：

```
struct v4l2_buffer buf;

CLEAR (buf);
buf.type = V4L2_BUF_TYPE_VIDEO_CAPTURE;
buf.memory = V4L2_MEMORY_MMAP;
```

```
if (-1 == xioctl (fd, VIDIOC_DQBUF, &buf)) {
    switch (errno) {
    case EAGAIN:
        return 0;
    case EIO:
    default:
        errno_exit ("VIDIOC_DQBUF");
    }
}
/*
 * 确保返回的索引与分配的缓冲区数量一致
 */
assert (buf.index < BUF_COUNT);

/*
 * 使用 buf.index 指向 buf_addr 中的正确条目
 */
process_image(buf_addr[buf.index].start);

/* 在处理完成之后，再次将此缓冲区加入队列 */
if (-1 == xioctl (fd, VIDIOC_QBUF, &buf))
    errno_exit ("VIDIOC_QBUF");
```

这可以在一个循环中完成。例如，你需要 200 幅图像，则读取循环可能如下所示：

```
#define MAXLOOPCOUNT 200

/* 开始采集循环 */
for (i = 0; i < MAXLOOPCOUNT; i++) {
    struct v4l2_buffer buf;
    CLEAR (buf);
    buf.type = V4L2_BUF_TYPE_VIDEO_CAPTURE;
    buf.memory = V4L2_MEMORY_MMAP;

    if (-1 == xioctl (fd, VIDIOC_DQBUF, &buf)) {
        [...]
    }

/* 在处理完成之后，再次将此缓冲区加入队列 */
    [...]
}
```

上述代码片段只是使用循环重新实现缓冲区出列，其中，计数器表示需要获取的图像数量。

9.4.15　将用户指针缓冲区移出队列

以下是将用户指针缓冲区移出队列的示例：

```
struct v4l2_buffer buf; int i;

CLEAR (buf);
buf.type = V4L2_BUF_TYPE_VIDEO_CAPTURE;
buf.memory = V4L2_MEMORY_USERPTR;

/* 将已采集的缓冲区移出队列 */
if (-1 == xioctl (fd, VIDIOC_DQBUF, &buf)) {
    switch (errno) {
    case EAGAIN:
        return 0;
    case EIO:
        [...]
    default:
        errno_exit ("VIDIOC_DQBUF");
    }
}

/*
 * 可能需要在 buf_addr 数组中与此缓冲区对应的索引
 * 这需要将出队 ioctl 返回的地址与存储在数组中的地址进行匹配
 */
for (i = 0; i < BUF_COUNT; ++i)
    if (buf.m.userptr == (unsigned long)buf_addr[i].start &&
                         buf.length == buf_addr[i].length)
        break;
/* 相应的索引仅用于完整性检查 */
assert (i < BUF_COUNT);
process_image ((void *)buf.m.userptr);

/* 将缓冲区重新加入队列 */
if (-1 == xioctl (fd, VIDIOC_QBUF, &buf))
    errno_exit ("VIDIOC_QBUF");
```

上述代码显示了如何将用户指针缓冲区移出队列。该代码中的注释已经足够清晰，因此无须过多解释。当然，如果需要许多缓冲区，也可以在循环中实现。

9.4.16　读/写 I/O

最后来看一下如何使用read()系统调用将缓冲区移出队列:

```
if (-1 == read (fd, buffers[0].start, buffers[0].length)) {
    switch (errno) {
    case EAGAIN:
        return 0;
    case EIO:
        [...]
    default:
        errno_exit ("read");
    }
}
process_image (buffers[0].start);
```

上述示例都没有展开讨论,因为每个例子都使用了前文已经介绍过的概念。

现在我们已经熟悉了编写 V4L2 用户空间代码,接下来不妨看看如何使用专用工具快速构建相机系统原型而不编写任何代码。

9.5　V4L2 用户空间工具

到目前为止,我们已经学习了如何编写用户空间代码来与内核中的驱动程序进行交互。对于快速原型设计和测试,其实也可以利用一些技术社区提供的 V4L2 用户空间工具。通过使用这些工具,我们可以专注于系统设计并验证相机系统。最著名的工具是v4l2-ctl,我们将重点介绍。同时,它随 v4l-utils 软件包一起提供。

除此之外,可用工具还包括 yavta(yavta 代表的是 yet another V4L2 test application),它可用于测试、调试和控制相机子系统,不过本书无意讨论它。

9.5.1　关于 v4l2-ctl

v4l2-utils 是一个用户空间应用程序,可用于查询或配置 V4L2 设备(包括子设备)。该工具可以帮助设置和设计基于 V4L2 的细粒度系统,因为它有助于调整和利用设备的功能。

ℹ 注意:

　　qv4l2 是等效于 v4l2-ctl 的 Qt GUI 库 (Qt GUI 是 Linux 下基于 C++的支持图形化工具的库)。v4l2-ctl 是嵌入式系统的理想选择，而 qv4l2 则是交互式测试的理想选择。

9.5.2　列出视频设备及其功能

　　首先，我们需要使用--list-devices 选项列出所有可用的视频设备:

```
# v4l2-ctl --list-devices
Integrated Camera: Integrated C (usb-0000:00:14.0-8):
    /dev/video0
    /dev/video1
```

　　如果有多个设备可用，则可以在任何 v4l2-ctl 命令之后使用-d 选项来定位特定设备。注意，如果未指定-d 选项，则默认以/dev/video0 为目标。

　　为了获得特定设备的信息，必须使用-D 选项，示例如下:

```
# v4l2-ctl -d /dev/video0 -D
Driver Info (not using libv4l2):
    Driver name     : uvcvideo
    Card type       : Integrated Camera: Integrated C
    Bus info        : usb-0000:00:14.0-8
    Driver version  : 5.4.60
    Capabilities    : 0x84A00001
        Video Capture
        Metadata Capture
        Streaming
        Extended Pix Format
        Device Capabilities
Device Caps : 0x04200001
        Video Capture
        Streaming
        Extended Pix Format
```

　　上述命令可显示设备信息 (如驱动程序及其版本) 和功能等。

　　此外，--all 命令提供了更好的详细信息，读者可以自行尝试。

9.5.3　更改设备属性

　　在讨论更改设备属性之前，首先需要了解设备支持哪些控件，它们的值类型 (整数、布尔值、字符串等）是什么，它们的默认值是什么，以及接受哪些可能值等。

为了获取设备支持的控件列表，可以使用带有-L 选项的 v4l2-ctl，示例如下：

```
# v4l2-ctl -L
        brightness 0x00980900 (int) : min=0 max=255
step=1 default=128 value=128
        contrast 0x00980901 (int) : min=0 max=255
step=1 default=32 value=32
        saturation 0x00980902 (int) : min=0 max=100
step=1 default=64 value=64
            hue 0x00980903 (int) : min=-180 max=180
step=1 default=0 value=0
    white_balance_temperature_auto 0x0098090c (bool) : default=1 value=1
        gamma 0x00980910 (int) : min=90 max=150
step=1 default=120 value=120
        power_line_frequency 0x00980918 (menu) : min=0 max=2
default=1 value=1
                0: Disabled
                1: 50 Hz
                2: 60 Hz
        white_balance_temperature 0x0098091a (int) : min=2800
max=6500 step=1 default=4600 value=4600 flags=inactive
                sharpness 0x0098091b (int) : min=0 max=7
step=1 default=3 value=3
        backlight_compensation 0x0098091c (int) : min=0 max=2
step=1 default=1 value=1
                exposure_auto 0x009a0901 (menu) : min=0 max=3
default=3 value=3
                1: Manual Mode
                3: Aperture Priority Mode
        exposure_absolute 0x009a0902 (int) : min=5 max=1250
step=1 default=157 value=157 flags=inactive
        exposure_auto_priority 0x009a0903 (bool) : default=0 value=1
jma@labcsmart:~$
```

在上面的输出中，value=字段返回的是控件的当前值，其他字段的意义不言而喻。

现在我们已经知道了设备支持的控件列表，可以通过--set-ctrl选项更改控件值，具体示例如下：

```
# v4l2-ctl --set-ctrl brightness=192
```

之后，可使用以下命令检查当前值：

```
# v4l2-ctl -L
                brightness 0x00980900 (int) : min=0 max=255
step=1 default=128 value=192
                [...]
```

或者，也可以使用--get-ctrl 命令，示例如下：

```
# v4l2-ctl --get-ctrl brightness
brightness: 192
```

现在可以调试设备了。在此之前，可以先检查一下设备的视频特性。

9.5.4　设置像素格式、分辨率和帧速率

在选择特定格式或分辨率之前，需要枚举设备可用的选项。为了得到支持的像素格式以及分辨率和帧速率，需要给 v4l2-ctl 添加--list-formats-ext 选项，示例如下：

```
# v4l2-ctl --list-formats-ext
ioctl: VIDIOC_ENUM_FMT
    Index          : 0
    Type           : Video Capture
    Pixel Format   : 'MJPG' (compressed)
    Name           : Motion-JPEG
        Size:      Discrete 1280x720
                   Interval: Discrete 0.033s (30.000 fps)
        Size:      Discrete 960x540
                   Interval: Discrete 0.033s (30.000 fps)
        Size:      Discrete 848x480
                   Interval: Discrete 0.033s (30.000 fps)
        Size:      Discrete 640x480
                   Interval: Discrete 0.033s (30.000 fps)
        Size:      Discrete 640x360
                   Interval: Discrete 0.033s (30.000 fps)
        Size:      Discrete 424x240
                   Interval: Discrete 0.033s (30.000 fps)
        Size:      Discrete 352x288
                   Interval: Discrete 0.033s (30.000 fps)
        Size:      Discrete 320x240
                   Interval: Discrete 0.033s (30.000 fps)
        Size:      Discrete 320x180
                   Interval: Discrete 0.033s (30.000 fps)

    Index          : 1
```

```
Type              : Video Capture
Pixel Format      : 'YUYV'
Name              : YUYV 4:2:2
    Size:     Discrete 1280x720
              Interval: Discrete 0.100s (10.000 fps)
    Size:     Discrete 960x540
              Interval: Discrete 0.067s (15.000 fps)
    Size:     Discrete 848x480
              Interval: Discrete 0.050s (20.000 fps)
    Size:     Discrete 640x480
              Interval: Discrete 0.033s (30.000 fps)
    Size:     Discrete 640x360
              Interval: Discrete 0.033s (30.000 fps)
    Size:     Discrete 424x240
              Interval: Discrete 0.033s (30.000 fps)
    Size:     Discrete 352x288
              Interval: Discrete 0.033s (30.000 fps)
    Size:     Discrete 320x240
              Interval: Discrete 0.033s (30.000 fps)
    Size:     Discrete 320x180
              Interval: Discrete 0.033s (30.000 fps)
```

从上述输出中，可以看到目标设备支持的选项，即 MJPG（mjpeg）压缩格式和 YUYV 原始格式。

现在，要更改相机配置，首先可使用--set-parm 选项选择帧速率，具体如下所示：

```
# v4l2-ctl --set-parm=30
Frame rate set to 30.000 fps
#
```

然后，可以使用--set-fmt-video 选项选择所需的分辨率和/或像素格式，示例如下：

```
# v4l2-ctl --set-fmt-video=width=640,height=480,
pixelformat=MJPG
```

当涉及帧速率时，可以使用带有--set-parm 选项的 v4l2-ctl，它仅给出帧速率的分子——分母固定为 1（仅允许整数帧速率值）——如下所示：

```
# v4l2-ctl --set-parm=<framerate numerator>
```

9.5.5　采集帧和流传输

v4l2-ctl 支持的选项比你想象的要多得多。为了查看可能的选项，你可以打印相应部分的帮助消息。与流传输和视频采集相关的常见 help 命令如下。

- ❑　help-streaming：打印所有处理流传输的选项的帮助消息。
- ❑　help-subdev：打印所有处理 v4l-subdevX 设备的选项的帮助消息。
- ❑　help-vidcap：打印获取/设置/列出视频采集格式的所有选项的帮助消息。

从这些帮助命令的说明信息中可以了解到，要在磁盘上采集 QVGA MJPG 压缩帧，可使用以下命令：

```
# v4l2-ctl --set-fmt-video=width=320,height=240, pixelformat=MJPG \
    --stream-mmap --stream-count=1 --stream-to=grab-320x240.mjpg
```

使用以下命令可采集具有相同分辨率的原始 YUV 图像：

```
# v4l2-ctl --set-fmt-video=width=320,height=240, pixelformat=YUYV \
    --stream-mmap --stream-count=1 --stream-to=grab-320x240-yuyv.raw
```

除非使用合适的原始图像查看器，否则无法显示原始 YUV 图像。为此，你可以使用 ffmpeg 工具转换原始图像，示例如下：

```
 # ffmpeg -f rawvideo -s 320x240 -pix_fmt yuyv422 \
        -igrab-320x240-yuyv.rawgrab-320x240.png
```

你可以注意到，原始图像和压缩图像之间的大小存在很大差异，如以下代码片段所示：

```
# ls -hl grab-320x240.mjpg
-rw-r--r-- 1 root root 8,0K oct. 21 20:26 grab-320x240.mjpg
# ls -hl grab-320x240-yuyv.raw
-rw-r--r-- 1 root root 150K oct. 21 20:26 grab-320x240-yuyv.raw
```

注意，在原始采集的文件名中包含图像格式是一种很好的做法（例如，grab-320x240-yuyv.raw 中的 yuyv），这样你就可以轻松地从正确的格式进行转换。此规则对于压缩图像格式不是必需的，因为这些格式是图像容器格式，其标头描述了后面的像素数据，并且可以使用 gst-typefind-1.0 工具轻松读取。JPEG 就是这样一种压缩格式，以下是其标头的读取方式：

```
# gst-typefind-1.0 grab-320x240.mjpg
grab-320x240.mjpg - image/jpeg, width=(int)320,
height=(int)240, sof-marker=(int)0
# gst-typefind-1.0 grab-320x240-yuyv.raw
grab-320x240-yuyv.raw - FAILED: Could not determine type of stream.
```

有关 V4L2 用户空间工具 v4l2-ctl 的介绍至此结束，接下来，让我们更深入地探讨一下 V4L2 调试。

9.6　在用户空间中调试 V4L2

由于视频系统设置可能存在漏洞，因此 V4L2 提供了一个简单但庞大的后门，用于从用户空间进行调试，以便跟踪和解决来自 VL4L2 框架核心或用户空间 API 的问题。

9.6.1　启用框架调试

可以按如下方式启用框架调试：

```
# echo 0x3 > /sys/module/videobuf2_v4l2/parameters/debug
# echo 0x3 > /sys/module/videobuf2_common/parameters/debug
```

上述命令可指示 V4L2 将核心跟踪添加到内核日志消息中。这样，假设问题来自核心，那么它就可以轻松跟踪问题的来源。运行以下命令：

```
# dmesg
[831707.512821] videobuf2_common: __setup_offsets: buffer 0,
plane 0 offset 0x00000000
[831707.512915] videobuf2_common: __setup_offsets: buffer 1,
plane 0 offset 0x00097000
[831707.513003] videobuf2_common: __setup_offsets: buffer 2,
plane 0 offset 0x0012e000
[831707.513118] videobuf2_common: __setup_offsets: buffer 3,
plane 0 offset 0x001c5000
[831707.513119] videobuf2_common: __vb2_queue_alloc: allocated
4 buffers, 1 plane(s) each
[831707.513169] videobuf2_common: vb2_mmap: buffer 0, plane 0
successfully mapped
[831707.513176] videobuf2_common: vb2_core_qbuf: qbuf of buffer
0 succeeded
[831707.513205] videobuf2_common: vb2_mmap: buffer 1, plane 0
successfully mapped
[831707.513208] videobuf2_common: vb2_core_qbuf: qbuf of buffer
1 succeeded
[...]
```

在上述内核日志消息中，可以看到与内核相关的 V4L2 核心函数调用以及其他一些细节。如果出于任何原因，V4L2 核心跟踪对你来说不是必需的或不够用，则还可以使用以下命令启用 V4L2 用户态 API 跟踪：

```
$ echo 0x3 > /sys/class/video4linux/video0/dev_debug
```

运行该命令后，将允许你采集原始图像，可以在内核日志消息中看到以下内容：

```
$ dmesg
[833211.742260] video0: VIDIOC_QUERYCAP: driver=uvcvideo,
card=Integrated Camera: Integrated C, bus=usb-0000:00:14.0-8,
version=0x0005043c, capabilities=0x84a00001, device_caps=0x04200001
[833211.742275] video0: VIDIOC_QUERY_EXT_CTRL: id=0x980900,
type=1, name=Brightness, min/max=0/255, step=1, default=128,
flags=0x00000000, elem_size=4, elems=1, nr_of_dims=0, dims=0,0,0,0
[...]
[833211.742318] video0: VIDIOC_QUERY_EXT_CTRL: id=0x98090c,
type=2, name=White Balance Temperature, Auto, min/max=0/1,
step=1, default=1, flags=0x00000000, elem_size=4, elems=1,
nr_of_dims=0, dims=0,0,0,0
[833211.742365] video0: VIDIOC_QUERY_EXT_CTRL: id=0x98091c,
type=1, name=Backlight Compensation, min/max=0/2, step=1,
default=1, flags=0x00000000, elem_size=4, elems=1,
nr_of_dims=0, dims=0,0,0,0
[833211.742376] video0: VIDIOC_QUERY_EXT_CTRL: id=0x9a0901,
type=3, name=Exposure, Auto, min/max=0/3, step=1, default=3,
flags=0x00000000, elem_size=4, elems=1, nr_of_dims=0, dims=0,0,0,0
[...]
[833211.756641] videobuf2_common: vb2_mmap: buffer 1, plane 0
successfully mapped
[833211.756646] videobuf2_common: vb2_core_qbuf: qbuf of buffer
1 succeeded
[833211.756649] video0: VIDIOC_QUERYBUF: 00:00:00.00000000
index=2, type=vid-cap, request_fd=0, flags=0x00012000,
field=any, sequence=0, memory=mmap, bytesused=0, offset/
userptr=0x12e000, length=614989
[833211.756657] timecode=00:00:00 type=0, flags=0x00000000,
frames=0, userbits=0x00000000
[833211.756698] videobuf2_common: vb2_mmap: buffer 2, plane 0
successfully mapped
[833211.756704] videobuf2_common: vb2_core_qbuf: qbuf of buffer
2 succeeded
[833211.756706] video0: VIDIOC_QUERYBUF: 00:00:00.00000000
index=3, type=vid-cap, request_fd=0, flags=0x00012000,
field=any, sequence=0, memory=mmap, bytesused=0, offset/
userptr=0x1c5000, length=614989
[833211.756714] timecode=00:00:00 type=0, flags=0x00000000,
frames=0, userbits=0x00000000
[833211.756751] videobuf2_common: vb2_mmap: buffer 3, plane 0
successfully mapped
```

```
[833211.756755] videobuf2_common: vb2_core_qbuf: qbuf of buffer
3 succeeded
[833212.967229] videobuf2_common: vb2_core_streamon: successful
[833212.967234] video0: VIDIOC_STREAMON: type=vid-cap
```

在上述输出中，可以跟踪不同的 V4L2 用户态 API 调用，它们对应于不同的 ioctl 命令及其参数。

9.6.2　V4L2 合规性驱动程序测试

为了使驱动程序符合 V4L2，它必须满足一些标准，其中包括 v4l2-compliance 工具测试，该工具可用于测试各种 V4L 设备。v4l2-compliance 尝试测试 V4L2 设备的所有方面，它几乎涵盖了所有 V4L2 ioctl。

与其他 V4L2 工具一样，可以使用-d 或--device=命令指定视频设备目标。如果未指定设备，则默认以/dev/video0 为目标。以下是其输出的片段：

```
# v4l2-compliance
v4l2-compliance SHA : not available

Driver Info:
    Driver name    : uvcvideo
    Card type      : Integrated Camera: Integrated C
    Bus info       : usb-0000:00:14.0-8
    Driver version : 5.4.60
    Capabilities   : 0x84A00001
        Video Capture
        Metadata Capture
        Streaming
        Extended Pix Format
        Device Capabilities
    Device Caps : 0x04200001
        Video Capture
        Streaming
        Extended Pix Format

Compliance test for device /dev/video0 (not using libv4l2):

Required ioctls:
    test VIDIOC_QUERYCAP: OK

Allow for multiple opens:
    test second video open: OK
```

```
    test VIDIOC_QUERYCAP: OK
    test VIDIOC_G/S_PRIORITY: OK
    test for unlimited opens: OK

Debug ioctls:
    test VIDIOC_DBG_G/S_REGISTER: OK (Not Supported)
    test VIDIOC_LOG_STATUS: OK (Not Supported)
    [...]

Output ioctls:
    test VIDIOC_G/S_MODULATOR: OK (Not Supported)
    test VIDIOC_G/S_FREQUENCY: OK (Not Supported)
    [...]

Test input 0:

    Control ioctls:
        fail: v4l2-test-controls.cpp(214): missing control class
for class 00980000
        fail: v4l2-test-controls.cpp(251): missing control class
for class 009a0000
        test VIDIOC_QUERY_EXT_CTRL/QUERYMENU: FAIL
        test VIDIOC_QUERYCTRL: OK
        fail: v4l2-test-controls.cpp(437): s_ctrl returned an error (84)
        test VIDIOC_G/S_CTRL: FAIL
        fail: v4l2-test-controls.cpp(675): s_ext_ctrls returned an error (
```

在上述日志中可以看到，/dev/video0 已被指定为目标。此外还可以看到，驱动程序不支持 Debug ioctls 和 Output ioctls（这些不是故障）。

尽管上述输出已经足够详细，但使用--verbose 命令会更好，它可以使输出对用户更友好且更详细。

如果要提交新的 V4L2 驱动程序，则该驱动程序必须通过 V4L2 合规性测试。

9.7　小　　结

本章详细介绍了 V4L2 的用户空间实现。我们从视频设备属性管理开始，深入讨论了 V4L2 缓冲区管理和视频流传输等示例。

当然，V4L2 是一个较为复杂的框架，这不仅体现在代码方面，也体现在功耗方面。因此，第 10 章将讨论 Linux 内核电源管理，以便在不降低系统属性的情况下将系统保持在尽可能低的功耗水平。

第 10 章　Linux 内核电源管理

移动设备正变得越来越复杂，具有越来越多的功能，以顺应商业趋势及满足消费者的需求。虽然此类设备的一些部分运行专有软件或裸机软件，但其中大多数都运行在基于 Linux 的操作系统（例如，嵌入式 Linux 发行版、Android 等），并且全部由电池供电。因此，除了完整的功能和性能外，消费者还需求待机时间尽可能长的电池续航能力。

很明显，完整的功能和自主性（省电）是两个完全不兼容的概念，因此，在使用设备时必须找到一个折中方案。这种妥协意味着需要进行电源管理，它使我们能够尽可能降低功耗和设备性能，但是又不忽略设备在进入低功耗状态后唤醒（或完全运行）所需的时间。

Linux 内核具有多种电源管理功能，允许你在短暂空闲期间（或执行功率需求较低的任务时）节省电源，并且在暂停使用不活跃时将整个系统置于休眠状态。

此外，当有设备添加到系统时，由于 Linux 内核提供的通用电源管理 API，它们也可以加入到此电源管理中，以便允许设备驱动程序开发人员从设备实现的电源管理机制中受益。这允许调整每个设备或系统范围的电源参数，它不仅能延长设备的自主性，而且还能延长电池的使用寿命。

本章将介绍 Linux 内核电源管理子系统，探讨如何利用其 API 并从用户空间管理其选项。

本章包含以下主题。
- ❑ 基于 Linux 系统的电源管理概念。
- ❑ 主要电源管理框架详解。
- ❑ 系统电源管理休眠状态。
- ❑ 为设备驱动程序添加电源管理功能。
- ❑ 综合应用。
- ❑ 系统挂起和恢复顺序。
- ❑ 系统唤醒源。

10.1　技 术 要 求

要轻松阅读和理解本章，你需要具备以下条件。

□　基础电气知识。

□　C 语言编程技巧。

□　高级计算机架构知识。

□　Linux Kernel v4.19X 源，其下载地址如下：

　　https://github.com/torvalds/linux

10.2　基于 Linux 系统的电源管理概念

电源管理（power management，PM）的目标是在任何时候都消耗尽可能少的电力。操作系统必须处理两种类型的电源管理：设备电源管理和系统电源管理。

□　设备电源管理（device power management）：这是特定于设备的。它允许在系统运行时将设备置于低功耗状态。这可能允许关闭当前未使用设备的一部分以节省电量，例如，在不打字时关闭键盘背光。

　　无论电源管理活动如何设置，都可以在设备上显式调用单个设备的电源管理，或者在设备空闲一段时间后自动执行。

　　设备电源管理其实是所谓的运行时电源管理（runtime power management，RPM）的别名。

□　系统电源管理（system power management），也称为休眠状态（sleep state）：这使平台能够进入全系统的低功耗状态。换句话说，进入休眠状态就是整个系统进入低功耗状态的过程。

　　系统可能会进入多种低功耗状态（或休眠状态），具体取决于平台、其功能和目标唤醒延迟。例如，当笔记本电脑的盖子合上时、关闭手机屏幕时，或达到某些临界状态（如电池电量不足某个设定的百分比）时，就会发生这种情况。其中许多状态在不同平台上是相似的（如冻结，它纯粹是软件，因此与设备或系统无关），稍后将详细讨论。

　　一般情况下是在系统断电（或称之为进入休眠状态，注意，这和硬件关机不一样）之前保存正在运行的系统状态，并在系统恢复供电后恢复。这会阻止系统执行整个关闭和启动序列。

尽管系统电源管理和运行时电源管理处理的是空闲管理的不同场景，但部署它们对于防止平台浪费电力很重要。你应该将它们视为互补措施，接下来我们将详细讨论它们。

10.2.1　运行时电源管理

运行时电源管理是 Linux 电源管理的一部分，用于管理单个设备的电源，而不会将整个系统置于低功耗状态。

在此模式下，操作在系统运行时生效，因此它才被称为运行时电源管理。为了适应设备功耗，它的属性会在系统仍在运行的情况下动态更改，因此它的另一个名称是动态电源管理（dynamic power management，DPM）。

10.2.2　动态电源管理接口

除了驱动程序开发人员可以在设备驱动程序中实现的针对设备的电源管理功能之外，Linux 内核还提供了用户空间接口来添加/删除/修改电源策略。其中一些比较有名的动态电源管理接口如下。

- ❑ CPU Idle：这有助于在没有任务执行时管理 CPU 功耗。
- ❑ CPUFreq：这允许根据系统负载更改 CPU 电源属性（即相关的电压和频率）。
- ❑ Thermal：这允许根据系统预定义区域（大部分时间是靠近 CPU 的区域）中感测到的温度来调整功率属性。

你可能已经注意到，上述策略是针对 CPU 的。这是因为 CPU 是移动设备（或嵌入式系统）功耗的主要来源之一。

除这 3 个接口之外，其实还存在其他接口，如 QoS 和 DevFreq。感兴趣的读者可以自行探索。

10.3　主要电源管理框架详解

如前文所述，CPU Idle、CPUFreq 和 Thermal 都是有名的动态电源管理接口，它们也称为电源管理框架。本节将逐一详细介绍。

10.3.1　CPU Idle 框架

每当系统中的逻辑 CPU 没有要执行的任务时，就可能需要将其置于特定状态以节省电量。在这种情况下，大多数操作系统只是简单地调度一个所谓的空闲线程（idle thread）。在执行此线程时，CPU 被称为空闲，或处于空闲状态。

CPU Idle 是一个管理空闲线程的框架。有几个级别（也称为模式或状态）的空闲。这取决于 CPU 中嵌入的内置节电硬件。

CPU 空闲模式有时也称为 C 模式（C-mode）或 C 状态（C-state），这是一个高级配置和电源接口（advanced configuration and power interface，ACPI）术语。状态通常从 C0 开始，这是正常的 CPU 工作模式；换句话说，CPU 是 100%开启的。随着 C 数字的增加，CPU 休眠模式变得更深；换句话说，关闭的电路和信号越多，CPU 返回 C0 模式（即唤醒）所需的时间就越长。

C1 是第一个 C 状态，C2 是第二个 C 状态，依次类推。当逻辑处理器空闲时（除 C0 之外的任何 C 状态），其频率通常为 0。

下一个事件决定了 CPU 可以休眠多长时间。每个空闲状态由以下 3 个特征描述。

❑ 退出延迟，以微秒（μs）为单位：这是退出此状态的延迟。退出延迟（exit latency）是指从 CPU 要求处理器硬件进入空闲状态到从该状态唤醒后开始执行第一条指令所需的最长时间。一般来说，退出延迟还必须包含进入给定状态所需的时间，如果在硬件进入时发生唤醒，则必须完全进入才能以有序方式退出。

❑ 功耗，单位为毫瓦（mW）：这并不总是可靠的。

❑ 目标驻留时间，以微秒（μs）为单位：这是硬件在该状态下必须花费的最短时间，包括进入它所需的时间（可能是实质性的），以便通过输入较浅的空闲状态而节省更多的能量。

CPU 空闲驱动程序是与特定平台相关的，Linux 内核期望 CPU 驱动程序最多支持 10 种状态（请参阅 Kernel 源代码中的 CPUIDLE_STATE_MAX）。但是，真正的状态数取决于底层 CPU 硬件（它嵌入了内置节电逻辑），大多数 ARM 平台仅提供一两个空闲状态。进入状态的选择是基于调控器的管理策略。

在这种情况下，调控器（governor）是一个简单的模块，它实现了一种算法，可以根据某些属性做出最佳的 C 状态选择。换句话说，调控器决定了系统的目标 C 状态。

尽管系统上可以存在多个调控器，但任何时候都只有一个调控器控制给定的 CPU。它的设计方式是，如果调度程序运行队列为空（这意味着 CPU 无事可做）并且需要让 CPU 进入空闲状态，那么它将向 CPU Idle 框架请求 CPU 空闲。

CPU Idle 框架将依赖当前选择的调控器来选择合适的 C 状态。有两个 CPU 空闲调控器：一个是 ladder，用于基于周期性定时器嘀嗒的系统；另一个是 menu，用于无嘀嗒的系统。

虽然 ladder 调控器始终可用，但如果选择了 CONFIG_CPU_IDLE，则 menu 调控器还需要设置 CONFIG_NO_HZ_IDLE（或旧内核上的 CONFIG_NO_HZ）。

调控器是在配置内核时选择的。简而言之，使用它们中的哪一个（ladder 或 menu）取决于内核的配置，特别是调度程序滴答是否可以被空闲循环停止，因此要设置 CONFIG_NO_HZ_IDLE。有关详细信息，可以参考 Documentation/timers/NO_HZ.txt。

调控器可以决定是继续当前状态还是转换到不同的状态，在这种情况下，它将指示当前驱动程序转换到所选状态。

当前空闲驱动程序可以通过读取/sys/devices/system/cpu/cpuidle/current_driver 文件的内容以及/sys/devices/system/cpu/cpuidle/current_governor_ro 中的当前调控器来识别：

```
$ cat /sys/devices/system/cpu/cpuidle/current_governor_ro menu
```

在给定的系统上，/sys/devices/system/cpu/cpuX/cpuidle/中的每个目录对应一个 C 状态，每个 C 状态目录属性文件的内容描述了这个 C 状态：

```
$ ls /sys/devices/system/cpu/cpu0/cpuidle/
state0 state1 state2 state3 state4 state5 state6 state7 state8
$ ls /sys/devices/system/cpu/cpu0/cpuidle/state0/
above below desc disable latency name power residency time usage
```

在 ARM 平台上，空闲状态可以在设备树中描述。开发人员可以查阅 Kernel 源代码中的 Documentation/devicetree/bindings/arm/idle-states.txt 文件以获取更多相关信息。

❶ 注意：

与其他电源管理框架不同，CPU Idle 无须用户干预即可工作。

有一个和 CPU Idle 类似的框架，那就是 CPU Hotplug，它允许在运行时动态启用和禁用 CPU，而无须重新启动系统。例如，要将 CPU #2 热插拔（hotplug）出系统，可以使用以下命令：

```
# echo 0 > /sys/devices/system/cpu/cpu2/online
```

可以通过读取/proc/cpuinfo 来确保 CPU #2 实际上被禁用：

```
# grep processor /proc/cpuinfo
processor : 0
processor : 1
processor : 3
processor : 4
processor : 5
processor : 6
processor : 7
```

上述输出结果确认 CPU #2 现在已经离线（offline）。要将该 CPU 热插拔回系统，则可以执行以下命令：

```
# echo 1 > /sys/devices/system/cpu/cpu2/online
```

CPU 热插拔在幕后的作用取决于你的特定硬件和驱动程序。它可能只是导致某些系统上的 CPU 处于空闲状态，而其他系统可能会从物理上移除指定核心的电源。

10.3.2　CPUFreq 框架

CPUFreq 框架允许基于约束和要求、用户偏好或其他因素对 CPU 进行动态电压选择和频率缩放。因为这个框架是处理频率的，所以它肯定涉及时钟框架。该框架使用操作性能点（operating performance points，OPP）的概念，它包括用{Frequency,voltage}元组表示系统的性能状态。

OPP 可以在设备树中描述，它在 Kernel 源代码中的绑定文档可以作为一个很好的起点，有关它的详细信息，可参考 Documentation/devicetree/bindings/opp/opp.txt。

🛈 注意：

你偶尔会遇到 P 状态（P-state）这个术语。这也是一个 ACPI 术语（与 C 状态一样），用于指定 CPU 内置硬件 OPP。某些 Intel CPU 就是这种情况，操作系统使用策略对象来处理这些问题。

可以在基于 Intel 的机器上检查 ls/sys/devices/system/cpu/cpufreq/的结果。C 状态是空闲节能状态，而 P 状态是执行节能状态。

CPUFreq 也使用了调控器的概念（实现了缩放算法），该框架中的调控器如下。

- ❑ ondemand：此调控器可对 CPU 的负载进行采样，并积极向上扩展以提供适当的处理能力，但在必要时将频率重置为最大值。
- ❑ conservative：这类似于 ondemand，但使用一种不那么激进的方法来增加 OPP。例如，即使系统突然需要高性能，它也不会从最低的 OPP 直接跳到最高的 OPP，而是会逐步做到这一点。
- ❑ performance：该调控器始终选择频率最高的 OPP。该调控器优先考虑性能。
- ❑ powersave：与 performance 相比，该调控器始终选择频率尽可能低的 OPP。该调控器优先考虑节电。
- ❑ userspace：该调控器允许用户使用在/sys/devices/system/cpu/cpuX/cpufreq/scaling_available_frequencies 中找到的任何值设置所需的 OPP，方法是将其回显到/sys/devices/system/cpu/cpuX/cpufreq/scaling_setspeed。

❑ schedutil：该调控器是调度程序的一部分，因此它可以在内部访问调度程序数据结构，使其能够获取有关系统负载的更可靠和更准确的统计信息，以便更好地选择合适的 OPP。

userspace 调控器是唯一允许用户选择 OPP 的调控器。对于其他调控器，OPP 更改会根据其算法的系统负载自动发生。也就是说，userspace 可用的调控器列出如下：

```
$ cat /sys/devices/system/cpu/cpu0/cpufreq/scaling_available_governors
performance powersave
```

要查看当前的调控器，可执行以下命令：

```
$ cat /sys/devices/system/cpu/cpu0/cpufreq/scaling_governor
powersave
```

要设置调控器，可使用以下命令：

```
$ echo userspace > /sys/devices/system/cpu/cpu0/cpufreq/
scaling_governor
```

要查看当前 OPP（以 kHz 为单位的频率），可执行以下命令：

```
$ cat /sys/devices/system/cpu/cpu0/cpufreq/scaling_cur_freq
800031
```

要查看支持的 OPP（以 kHz 为单位的频率），可执行以下命令：

```
$ cat /sys/devices/system/cpu/cpu0/cpufreq/scaling_available_frequencies
275000 500000 600000 800031
```

要更改 OPP，可使用以下命令：

```
$ echo 275000 > /sys/devices/system/cpu/cpu0/cpufreq/scaling_setspeed
```

🛈 注意：

还有一个 devfreq 框架，它是一个适用于非 CPU 设备的通用动态电压和频率缩放（dynamic voltage and frequency scaling，DVFS）框架，并包含 ondemand、performance、powersave 和 passive 等调控器。

请注意，上述命令仅在选择了 ondemand 调控器时才起作用，因为它是唯一允许更改 OPP 的命令。

当然，在上述所有命令中，cpu0 仅用于教学目的。可以将它想象成 cpuX，其中 X 是系统看到的 CPU 的索引。

10.3.3　Thermal 框架

Thermal 框架专用于监控系统温度。它具有根据温度阈值的专用配置文件。Thermal 传感器可感应热点并报告。该框架与冷却设备配合使用，有助于功耗控制/限制过热。

Thermal 框架使用以下概念。

❑ 热区（thermal zone）：可以将热区视为需要监控其温度的硬件。

❑ 热传感器（thermal sensor）：这些是用于进行温度测量的组件。热传感器在热区提供温度传感功能。

❑ 冷却设备（cooling device）：这些设备提供功耗控制。一般来说，有两种冷却方法：一是被动冷却，包括调节设备性能，在这种情况下使用 DVFS；二是主动冷却，包括激活特殊的冷却设备，如风扇（GPIO 风扇、PWM 风扇）。

❑ 跳闸点（trip point）：这些点描述了建议采取冷却措施的关键温度（实际上是阈值）。这些点的集合是根据硬件限制选择的。

❑ 调控器（governor）：包括根据某些标准选择最佳冷却的算法。

❑ 冷却图（cooling map）：这些图用于描述跳闸点和冷却设备之间的联系。

Thermal 框架可以分为 4 个部分，即 thermal zone、thermal governor、thermal cooling 和 thermal core。

thermal core 是前 3 个部分之间的黏合剂。它可以在用户空间从/sys/class/thermal/目录中进行管理：

```
$ ls /sys/class/thermal/
cooling_device0 cooling_device4 cooling_device8 thermal_zone3
thermal_zone7
cooling_device1 cooling_device5 thermal_zone0 thermal_zone4
cooling_device2 cooling_device6 thermal_zone1 thermal_zone5
cooling_device3 cooling_device7 thermal_zone2 thermal_zone6
```

在上述输出中，每个 thermal_zoneX 文件代表一个热区驱动程序，或一个热驱动程序。热区驱动程序是与热区相关联的热传感器的驱动程序。

热区驱动程序公开了需要冷却的跳闸点，还提供了与传感器关联的冷却设备列表。

Thermal 工作流设计为通过热区驱动程序获取温度，然后通过 Thermal 调控器做出决策，最后通过 Thermal 冷却进行温度控制。有关详细信息，可参考 Kernel 源文件中的 Thermal sysfs 文档，即 Documentation/thermal/sysfs-api.txt。

此外，在设备树中还可以进行热区描述、跳闸点定义和冷却设备绑定，其相关文档为 Kernel 源代码中的 Documentation/devicetree/bindings/thermal/thermal.txt。

10.4　系统电源管理休眠状态

系统电源管理针对整个系统。其目的是将其置于低功耗状态。在这种低功耗状态下，系统消耗极少的功率，同时对用户保持相对较低的响应延迟。确切的功耗和响应延迟的时间取决于系统处于休眠状态的深度。这也称为静态电源管理（static power management），因为它会在系统长时间不活动时激活。

系统可以进入的状态取决于底层平台，并且在不同架构甚至同一架构的几代或系列之间有所不同。

在大多数平台上常见的 4 种休眠状态如下。

❑　挂起到空闲（suspend to idle），也称为冻结（freeze）。

❑　通电待机（power-on standby），也称为待机（standby）。

❑　挂起到内存（suspend to RAM，STR），也称为 mem。

❑　挂起到磁盘（suspend to disk，STD），也称为休眠（hibernation）。

这些状态有时也被它们的 ACPI 状态所引用：分别为 S0、S1、S3 和 S4：

```
# cat /sys/power/state
freeze mem disk standby
```

CONFIG_SUSPEND 是必须设置的内核配置选项，以便系统可以支持其电源管理休眠状态。也就是说，除了冻结，每个休眠状态都是与特定平台相关的。因此，如果有平台支持其余 3 个状态中的任何一个，那么它必须为每个状态显式注册到核心系统的 suspend 子系统。当然，对休眠的支持取决于其他内核配置选项，下文将会详细叙述。

ℹ️ 注意：

因为只有用户知道什么时候系统不会被使用（甚至是用户代码，如 GUI），所以系统电源管理操作总是从用户空间启动。内核不知道这一点。这就是为什么本节中的大部分内容都涉及 sysfs 和命令行。

10.4.1　挂起到空闲

挂起到空闲（suspend to idle）是最基本和最轻量级的休眠方式。它将冻结 I/O 设备，将它们置于低功耗状态，使处理器进入空闲状态，其唤醒最快，耗电也比其他的 Standby、

STR 和 STD 方式高。

这种状态纯粹是软件驱动的,涉及尽可能使 CPU 处于最深的空闲状态。为了实现这一点,用户空间被冻结(所有用户空间任务都被冻结)并且所有 I/O 设备都被置于低功耗状态(可能比运行时可用的功耗低),以便处理器可以在空闲状态休眠更多时间。以下是使系统空闲的命令:

```
$ echo freeze > /sys/power/state
```

上述命令可将系统置于空闲状态。由于它是纯软件的,因此此状态始终可获得支持(假设设置了 CONFIG_SUSPEND 内核配置选项)。此状态可用于没有通电待机(standby)或挂起到内存(STR)支持的平台。

当然,下文也将看到,它可以与挂起到内存(STR)一起使用,以减少恢复延迟。

ℹ️ **注意:**

挂起到空闲=冻结的进程+挂起的设备+空闲的处理器。

10.4.2 通电待机

除冻结用户空间并将所有 I/O 设备置于低功耗状态之外,此状态执行的另一个操作是关闭所有非启动 CPU 的电源。它会挂起系统,且唤醒较快,耗电比 STR 和 STD 方式高。

以下是将系统置于待机状态的命令,假设平台支持它:

```
$ echo standby > /sys/power/state
```

由于此状态比冻结状态更进一步,因此相对于挂起到空闲,它还可以节省更多能量,但恢复延迟通常会大于冻结状态,尽管它非常低。

10.4.3 挂起到内存

挂起到内存(STR)休眠方式可将运行状态数据保存到内存,关闭外设,进入等待模式,其唤醒较慢,耗电比挂起到磁盘(STD)方式要高。

除将系统中的所有内容都置于低功耗状态之外,该状态还会进一步关闭所有 CPU 并将内存置于自刷新状态,以便其内容不会丢失,尽管这可能会根据平台的不同而进行其他操作。这种方式的响应延迟高于待机,但仍然算是较低的。

在这种状态下,系统和设备状态被保存在内存中。也就是说,只有内存可以完全运行,这也是其名称的由来:

```
# echo mem > /sys/power/state
```

上述命令应该将系统置于挂起到内存状态。但是，写入 mem 字符串时执行的实际操作由/sys/power/mem_sleep 文件控制。该文件包含一个字符串列表，其中每个字符串表示在将 mem 写入/sys/power/state 后系统可以进入的模式。

尽管并非总是可用（这取决于平台），但其可能的模式包括以下内容。

❑ s2idle：这相当于挂起到空闲。因此，它始终可用。

❑ shallow：这相当于通电待机。它的可用性取决于平台对待机模式的支持。

❑ deep：这是真正的挂起到内存状态，其可用性取决于平台。

以下是查询内容的示例：

```
$ cat /sys/power/mem_sleep
[s2idle] deep
```

所选模式放置在方括号[ ]中。如果平台不支持某个模式，则与它对应的字符串仍然不会出现在/sys/power/mem_sleep 中。将/sys/power/mem_sleep 中存在的其他字符串之一写入它会导致随后使用的挂起模式更改为由该字符串表示的模式。

当系统启动时，默认的挂起模式（换句话说，就是无须向/sys/power/mem_sleep 写入任何内容即可使用的挂起模式）是 deep（如果支持挂起到内存方式）或 s2idle，但它可以被内核命令行中的 mem_sleep_default 参数的值覆盖。

对此进行测试的一种方法是使用系统上可用的 RTC（假设它支持 wakeup alarm 功能）。可以使用 ls/sys/class/rtc/识别系统上可用的 RTC。

每个 RTC 都有一个目录（rtc0 和 rtc1）。对于一个支持 alarm 功能的 rtc，在该 rtc 目录下会有一个 wakealarm 文件，可以用来配置闹钟，然后挂起系统到内存：

```
/* 没有返回值意味着没有设置警报 */
$ cat /sys/class/rtc/rtc0/wakealarm
/* 设置 20 s 的唤醒闹钟 */
# echo +20 > /sys/class/rtc/rtc0/wakealarm
/* 现在将系统挂起到内存 */
# echo mem > /sys/power/state
```

在唤醒之前，你应该不会在控制台上看到进一步的活动。

10.4.4　挂起到磁盘

挂起到磁盘（STD）方式可将运行状态数据存到硬盘，其唤醒速度最慢。

由于关闭了尽可能多的系统电源（包括内存），此状态提供了最大的节能效果。内存内容（快照）被写入持久性媒体（通常是磁盘）。在此之后，内存断电，同时整个系统断电。恢复后，快照被读回内存，系统从此休眠映像启动。当然，此状态也是恢复时间最长的状态，但仍比执行完整的重启序列要快：

```
$ echo disk > /sys/power/state
```

将内存状态写入磁盘后，可以执行多个操作。要执行的操作由/sys/power/disk 文件及其内容控制。此文件包含一个字符串列表，其中每个字符串代表一个一旦系统状态保存在永久存储介质上就可以执行的操作（在实际保存休眠图像之后）。可能的操作包括如下几种。

❑ platform：自定义的和特定于平台的，可能需要固件（BIOS）干预。

❑ shutdown：关闭系统电源。

❑ reboot：重新启动系统（主要用于诊断）。

❑ suspend：将系统置于通过前面描述的 mem_sleep 文件选择的挂起休眠状态。如果系统成功地从该状态唤醒，则休眠图像将被简单地丢弃并且一切继续。否则，该映像用于恢复系统的先前状态。

❑ test_resume：用于系统恢复诊断目的。它将加载映像，就像系统刚刚从休眠状态唤醒一样，当前运行的内核实例是恢复内核，并跟进完整的系统恢复。

但是，给定平台上支持的操作取决于/sys/power/disk 文件的内容：

```
$ cat /sys/power/disk
[platform] shutdown reboot suspend test_resume
```

所选操作放置在方括号[ ]中。将列出的字符串之一写入此文件会导致选择它所代表的选项。休眠是一项非常复杂的操作，它有自己的配置选项 CONFIG_HIBERNATION。必须设置此选项才能启用休眠功能。也就是说，只有在对给定 CPU 架构的支持包括用于系统恢复的低级代码时才能设置此选项（请参阅 ARCH_HIBERNATION_POSSIBLE 内核配置选项）。

为了使挂起到磁盘（STD）工作，并且根据应存储休眠映像的位置，磁盘上可能需要一个专用分区。此分区也称为交换分区（swap partition）。此分区用于将内存内容写入以释放交换空间。

为了检查休眠是否按预期工作，通常可尝试在 reboot 模式下休眠，示例如下：

```
$ echo reboot > /sys/power/disk
# echo disk > /sys/power/state
```

上述第一个命令通知电源管理核心在创建休眠映像后应该执行什么操作。在本示例中，就是重新启动。

在重新启动后，系统将从休眠映像中恢复，然后返回到开始转换的命令提示符。此测试的成功可能表明休眠最有可能正常工作。也就是说，应该多次进行以加强测试。

有关运行系统休眠状态管理的介绍至此结束。接下来让我们看看如何在驱动程序代码中实现对它的支持。

10.5　为设备驱动程序添加电源管理功能

设备驱动程序本身可以实现独特的电源管理功能，称为运行时电源管理（runtime power management，RPM）。但是，并非所有设备都支持运行时电源管理，这些设备必须导出一些回调函数以根据用户或系统的策略控制其电源状态。如前文所述，这是特定于设备的。本节将学习如何通过电源管理支持来扩展设备驱动程序的功能。

10.5.1　设备和电源管理操作数据结构

设备驱动程序既可以提供运行时电源管理回调函数，也可以通过提供另一组回调函数来管控系统休眠状态，其中每组回调函数都可管控一种特定的系统休眠状态。

每当系统需要进入一种休眠状态或从给定的状态中恢复时，内核将遍历为该状态提供回调函数的每个驱动程序，然后按精确的顺序调用它们。

简单地说，设备电源管理包括对设备所处状态的描述，以及控制这些状态的机制。这是由内核提供的 struct dev_pm_ops 掌握的，每个对电源管理感兴趣的设备驱动程序/类/总线都必须填充它。它允许内核与系统中的每个设备进行通信，而不管设备所在的总线或它所属的类。现在让我们后退一步，回忆一下 struct device 的原型：

```
struct device {
    [...]
    struct device *parent;
    struct bus_type *bus;
    struct device_driver *driver;
    struct dev_pm_info power;
    struct dev_pm_domain *pm_domain;
}
```

在上面的 struct device 数据结构中可以看到，一个设备既可以是子设备（它的 .parent 字段指向另一个设备），也可以是某个设备的父设备（当另一个设备的 .parent 字段指向它时）；既可以在一个给定的总线上，也可以属于一个给定的类，或者间接地属于一个给定的子系统。

此外，我们还可以看到，设备可以是给定电源域的一部分。.power 字段是 struct dev_pm_info 类型的。它主要保存与电源管理（PM）相关的状态，比如，当前电源状态、是否可以唤醒、是否已经准备就绪、是否已经挂起等。由于涉及的内容比较多，因此只能在后面使用到的时候再逐一讲解。

要让设备在子系统级别或设备驱动程序级别参与电源管理，则它们的驱动程序需要实现一组设备电源管理操作，这可以通过定义和填充 include/linux/pm.h 中定义的 struct dev_pm_ops 类型的对象来实现，具体如下所示：

```
struct dev_pm_ops {
    int (*prepare)(struct device *dev);
    void (*complete)(struct device *dev);
    int (*suspend)(struct device *dev);
    int (*resume)(struct device *dev);
    int (*freeze)(struct device *dev);
    int (*thaw)(struct device *dev);
    int (*poweroff)(struct device *dev);
    int (*restore)(struct device *dev);
    [...]
    int (*suspend_noirq)(struct device *dev);
    int (*resume_noirq)(struct device *dev);
    int (*freeze_noirq)(struct device *dev);
    int (*thaw_noirq)(struct device *dev);
    int (*poweroff_noirq)(struct device *dev);
    int (*restore_noirq)(struct device *dev);
    int (*runtime_suspend)(struct device *dev);
    int (*runtime_resume)(struct device *dev);
    int (*runtime_idle)(struct device *dev);
};
```

在上述数据结构中，为了更加简洁易读，已经将*_early()和*_late()回调函数删除。建议你仔细看看其完整定义。由于其中包含大量的回调函数，因此我们只能在适当的时候根据章节内容需要讲解它们。

🛈 注意：

　　设备电源状态有时被称为 D 状态，其灵感来自 PCI 设备和 ACPI 规范。这些状态的范围从状态 D0 到 D3（包括 D0 和 D3）。虽然并非所有设备类型都以这种方式定义电源状态，但这种表示仍然可以映射到所有已知的设备类型。

10.5.2　实现运行时电源管理功能

运行时电源管理是一种针对每个设备的电源管理功能，允许特定设备在系统运行时控制其状态，而不管全局系统如何。

对于实现运行时电源管理的驱动程序，它应该只提供 struct dev_pm_ops 中整个回调函数列表的一个子集，如下所示：

```
struct dev_pm_ops {
    [...]
    int (*runtime_suspend)(struct device *dev);
    int (*runtime_resume)(struct device *dev);
    int (*runtime_idle)(struct device *dev);
};
```

Kernel 还提供了 SET_RUNTIME_PM_OPS()，它接收要填充到结构中的 3 个回调函数。该宏的定义如下：

```
#define SET_RUNTIME_PM_OPS(suspend_fn, resume_fn, idle_fn) \
        .runtime_suspend = suspend_fn, \
        .runtime_resume = resume_fn, \
        .runtime_idle = idle_fn,
```

上述回调函数是唯一涉及运行时电源管理的回调函数，它们要执行的操作如下。

❑ .runtime_suspend()：必须在必要时记录设备的当前状态，并将设备置于静止状态。在设备未被使用时，该方法由电源管理调用。在其简单形式中，该方法必须将设备置于无法与 CPU 和 RAM 通信的状态。

❑ .runtime_resume()：在设备必须处于全功能状态时调用。如果系统需要访问此设备，则可能出现这种情况。此方法必须恢复电源并重新加载任何所需的设备状态。

❑ .runtime_idle()：在设备不再被使用时，根据设备使用计数器（实际上是当它达到 0 时）以及活动子设备的数量调用。

当然，此回调函数执行的操作是与特定的驱动程序相关的。

在大多数情况下，如果满足某些条件，驱动程序会在设备上调用 runtime_suspend()，或者调用 pm_schedule_suspend()（给定一个延迟，以设置一个计时器，以便在将来提交挂起请求），或调用 pm_runtime_autosuspend()（以便根据已设置的延迟安排将来的挂起请求。这个延迟是使用 pm_runtime_set_autosuspend_delay()设置的）。

如果.runtime_idle 回调函数不存在或返回 0，则电源管理核心将立即调用.runtime_

suspend()回调函数。

为了让电源管理核心什么都不做，.runtime_idle()必须返回一个非零值。在这种情况下，驱动程序常返回-EBUSY 或 1。

实现回调函数后，可以将它们输入 struct dev_pm_ops 中，示例如下：

```
static const struct dev_pm_ops bh1780_dev_pm_ops = {
    SET_SYSTEM_SLEEP_PM_OPS(pm_runtime_force_suspend,
                            pm_runtime_force_resume)
    SET_RUNTIME_PM_OPS(bh1780_runtime_suspend,
                       bh1780_runtime_resume, NULL)
};
[...]
static struct i2c_driver bh1780_driver = {
    .probe = bh1780_probe,
    .remove = bh1780_remove,
    .id_table = bh1780_id,
    .driver = {
        .name = "bh1780",
        .pm = &bh1780_dev_pm_ops,
        .of_match_table = of_match_ptr(of_bh1780_match),
    },
};
module_i2c_driver(bh1780_driver);
```

以上代码片段摘自 drivers/iio/light/bh1780.c，这是一个 IIO 环境光传感器驱动程序。在该代码片段中，可以看到如何使用宏来填充 struct dev_pm_ops。

在本示例中，SET_SYSTEM_SLEEP_PM_OPS 被用于填充与系统休眠相关的宏，下文将详细展开讨论。

pm_runtime_force_suspend 和 pm_runtime_force_resume 是电源管理核心公开的特殊辅助函数，分别用于强制设备挂起和恢复。

10.5.3　驱动程序中的运行时电源管理

事实上，电源管理核心使用两个计数器跟踪每个设备的活动。第一个计数器是 power.usage_count，它统计对设备的活动引用次数。这些可能是外部引用，例如，打开的文件句柄，或者使用此设备的其他设备，也可能是用于在操作期间保持设备处于活动状态的内部引用。另一个计数器是 power.child_count，它可以统计活动的子设备的数量。

这些计数器从电源管理的角度定义了给定设备的活动/空闲状态。设备的活动/空闲状态是电源管理核心确定设备是否可访问的唯一可靠手段。

空闲状态（idle condition）是指当设备使用计数递减到 0 时，而只要设备使用计数增加，就会出现活动状态（active condition）——也称为恢复状态（resume condition）。

在出现空闲状态的情况下，电源管理核心将发送/执行空闲通知（即将设备的 power.idle_notification 字段设置为 true，调用总线类型/类/设备->runtime_idle()回调函数，并设置.idle_notification 字段再次返回 false）以检查设备是否可以挂起。

如果->runtime_idle()回调函数不存在或返回 0，则电源管理核心将立即调用 ->runtime_suspend()回调函数来挂起设备，之后设备的 power.runtime_status 字段设置为 RPM_SUSPENDED，即表示该设备已挂起。

在恢复状态下（指设备的使用计数增加），电源管理核心将同步或异步地执行此设备的恢复（仅在某些条件下）。有关详细信息，可查看 drivers/base/power/runtime.c 中的 rpm_resume()函数及其说明。

最初，所有设备的运行时电源管理都是禁用的。这意味着调用设备上大多数与电源管理相关的辅助函数都将失败，直到调用 pm_runtime_enable()启用此设备的运行时电源管理。

虽然所有设备的初始运行时电源管理状态都是挂起的，但它不需要反映设备的实际物理状态。因此，如果设备最初处于活动状态（换句话说，它能够处理 I/O），则必须借助 pm_runtime_set_active()将其运行时电源管理状态更改为活动状态（即将 power.runtime_status 设置为 RPM_ACTIVE），如果可能的话，还必须在为设备调用 pm_runtime_enable()之前使用 pm_runtime_get_noresume()增加其使用计数。设备完全初始化后，即可对其调用 pm_runtime_put()。

这里调用 pm_runtime_get_noresume()的原因是，如果有调用 pm_runtime_put()，设备使用计数会归零，对应空闲状态，然后执行空闲通知。此时，你将能够检查是否满足必要条件并挂起设备。当然，如果初始设备状态是被禁用的，则无须执行此操作。

除了上面介绍的辅助函数之外，常见的辅助函数还包括 pm_runtime_get()、pm_runtime_get_sync()、pm_runtime_put_noidle()和 pm_runtime_put_sync()。

pm_runtime_get_sync()、pm_runtime_get()和 pm_runtime_get_noresume()之间的区别在于，如果在设备使用计数增加后匹配活动/恢复（active/resume）状态，则：

- ❏ pm_runtime_get_sync()将同步（立即）执行设备的恢复。
- ❏ pm_runtime_get()将异步执行（提交请求）。
- ❏ pm_runtime_get_noresume()将在减少设备使用计数后立即返回（甚至不需要检查恢复状态）。

相同的机制适用于与它们相应的 3 个辅助函数：pm_runtime_put_sync()、pm_runtime_put()和 pm_runtime_put_noidle()。

给定设备的活动子设备的数量会影响该设备的使用计数。一般来说，访问子设备时需要父设备，因此，在子设备活动时关闭父设备显然是不合理的。当然，有时在确定该设备是否空闲时可能需要忽略该设备的活动子设备。一个很好的例子是 I2C 总线，当位于该总线上的设备（子设备）处于活动状态时，可以将总线报告为空闲。对于这种情况，可以调用 pm_suspend_ignore_children()以允许设备报告空闲，即使它有活动的子设备。

10.5.4　运行时电源管理的同步和异步操作

在 10.5.3 节中，介绍了电源管理核心可以执行同步或异步电源管理操作的事实。一般来说，同步操作很简单（因为其函数调用是序列化的），而异步调用时则需要注意在电源管理上下文中的执行步骤。

开发人员应该牢记，在异步模式下，会提交对操作的请求，或者立即调用此操作的处理程序。其工作原理如下。

（1）电源管理核心将设备的 power.request 字段（属于 enum rpm_request 类型）设置为要提交的请求类型（换句话说，RPM_REQ_IDLE 用于空闲通知请求，RPM_REQ_SUSPEND 用于挂起请求，或 RPM_REQ_AUTOSUSPEND 用于提交一个自动挂起请求），它对应于要执行的操作。

（2）电源管理核心将设备的 power.request_pending 字段设置为 true。

（3）电源管理核心将设备与 RPM 相关工作加入与电源管理相关的全局工作队列中（调度以供稍后执行）。设备与 RPM 相关工作即 power.work，其工作函数为 pm_runtime_work()；有关详细信息，可参考 pm_runtime_init()，这是它初始化的地方。

（4）当 power.work 有机会运行时，work 函数（即 pm_runtime_work()）会首先检查设备上是否还有一个请求挂起(if (dev->power.request_pending))，并在设备的 power.request_pending 字段上执行 switch ... case 以调用底层请求处理程序。

请注意，工作队列管理自己的线程，它可以运行已调度的工作。因为在异步模式下，处理程序被安排在工作队列中，与异步电源管理相关的辅助函数在原子上下文中被调用是完全安全的。例如，如果在 IRQ 处理程序中调用，则相当于推迟电源管理请求处理。

10.5.5　自动挂起

自动挂起（autosuspend）是驱动程序使用的一种机制，驱动程序不希望设备在运行时变成空闲时立即挂起，而是希望设备首先在特定的最短时间段内保持不活动状态。

在运行时电源管理（RPM）的上下文中，自动挂起（autosuspend）并不意味着设备自动挂起自己。相反，它是基于一个计时器的，该计时器在到期时将对挂起请求进行排队。这个计时器实际上是设备的 power.suspend_timer 字段（参见 pm_runtime_init()，这是设置它的地方）。

调用 pm_runtime_put_autosuspend()将启动计时器，而 pm_runtime_set_autosuspend_delay()将设置超时（这也可以通过/sys/devices/.../power/autosuspend_delay_ms 属性中的 sysfs 设置）。该超时由设备的 power.autosuspend_delay 字段表示。

该计时器也可以被 pm_schedule_suspend()辅助函数使用，作为延迟参数（在这种情况下将优先于 power.autosuspend_delay 字段中的设置），之后将提交挂起请求。

你可以将此计时器视为可用于在计数器达到 0 和设备被认为空闲之间添加延迟的东西。这对于开启或关闭需要较高相关成本的设备很有用。

要使用自动挂起，子系统或驱动程序必须调用 pm_runtime_use_autosuspend()（最好在注册设备之前）。该辅助函数可将设备的 power.use_autosuspend 字段设置为 true。

在请求启用了自动挂起的设备后，你应该在该设备上调用 pm_runtime_mark_last_busy()，从而将 power.last_busy 字段设置为当前时间（以 jiffies 为单位），因为该字段用于计算自动挂起的不活动时间。例如：

```
new_expire_time = last_busy + msecs_to_jiffies(autosuspend_delay))
```

至此，我们已经介绍了所有的运行时电源管理概念，现在可以进入实战环节，看看在实际的驱动程序中，运行时电源管理是如何实现的。

10.6　综　合　应　用

如果没有实际应用示例，那么前面对运行时电源管理核心的理论研究不过是纸上谈兵。因此，现在我们需要进行实际案例的研究，看看如何应用先前讨论的概念。

本示例将选择 bh1780 Linux 驱动程序，它是一个数字 16 位 I2C 环境光传感器。该设备的驱动程序在 Linux Kernel 源代码中为 drivers/iio/light/bh1780.c。

10.6.1　probe 函数中的电源管理机制

首先，让我们看一下 bh1780 Linux 驱动程序中 probe 函数的代码片段：

```
static int bh1780_probe(struct i2c_client *client,
                        const struct i2c_device_id *id)
{
    [...]
    /* 为设备通电 */
    [...]
    pm_runtime_get_noresume(&client->dev);
    pm_runtime_set_active(&client->dev);
    pm_runtime_enable(&client->dev);

    ret = bh1780_read(bh1780, BH1780_REG_PARTID);
    dev_info(&client->dev, "Ambient Light Sensor, Rev : %lu\n",
            (ret & BH1780_REVMASK));

    /*
     * 由于设备在开机后甚至需要 250 ms 才能进行新的测量
     * 因此非必要请勿关机
     * 将自动挂起设置为 5 s
     */
    pm_runtime_set_autosuspend_delay(&client->dev, 5000);
    pm_runtime_use_autosuspend(&client->dev);
    pm_runtime_put(&client->dev);
    [...]
    ret = iio_device_register(indio_dev);
    if (ret)
        goto out_disable_pm; return 0;

out_disable_pm:
    pm_runtime_put_noidle(&client->dev);
    pm_runtime_disable(&client->dev); return ret;
}
```

在上面的代码片段中，为了便于阅读，只留下了与电源管理相关的函数调用。

首先，pm_runtime_get_noresume()将增加设备使用计数而不会执行设备的空闲通知（_noidle 后缀）。你可以使用 pm_runtime_get_noresume()接口关闭运行时挂起函数，或即使在设备挂起时也使其使用计数为正，以避免由于运行时挂起而无法正常唤醒的问题。

然后，该驱动程序中的下一行是 pm_runtime_set_active()。此辅助函数可将设备标记为活动（power.runtime_status = RPM_ACTIVE）并清除设备的 power.runtime_error 字段。

此外，未挂起（活动）子设备的父设备的计数器将被修改以反映新状态（实际上就是递增）。在设备上调用 pm_runtime_set_active()将阻止该设备的父设备在运行时挂起（假设该父设备的运行时电源管理已启用），除非父设备设置了 power.ignore_children 标志。

出于这个原因，一旦为设备调用了 pm_runtime_set_active()，那么也应该尽快地为它调用 pm_runtime_enable()。调用此函数不是强制性的，它必须与电源管理核心和设备状态一致（假设其初始状态为 RPM_SUSPENDED）。

ⓘ 注意：

与 pm_runtime_set_active()相对的是 pm_runtime_set_suspended()，它将设备状态更改为 RPM_SUSPENDED，并递减活动子设备的父设备的计数器，提交父设备的空闲通知请求。

pm_runtime_enable()是强制的运行时电源管理辅助函数，它可以启用设备的运行时电源管理，即在设备的 power.disable_depth 值大于 0 的情况下递减该值。为了获取信息，每次调用运行时电源管理辅助函数时，都将检查设备的 power.disable_depth 值，并且它的值必须为 0，辅助函数才能继续。其初始值为 1，该值在调用 pm_runtime_enable()时递减。

如果出现错误，则将调用 pm_runtime_put_noidle()以使电源管理运行时计数器平衡，而 pm_runtime_disable()则可以完全禁用设备上的运行时电源管理。

10.6.2　读取函数中的电源管理调用

你可能已经猜到，该驱动程序还将使用 IIO 框架，这意味着它公开了 sysfs 中的条目，这些条目对应于它的物理转换通道。读取与通道对应的 sysfs 文件将报告由该通道产生的转换数字值。

当然，对于 bh1780 来说，其驱动程序中的通道读取入口点是 bh1780_read_raw()。该函数的代码片段如下：

```
static int bh1780_read_raw(struct iio_dev *indio_dev,
                           struct iio_chan_spec const *chan,
                           int *val, int *val2, long mask)
{
    struct bh1780_data *bh1780 = iio_priv(indio_dev);
    int value;

    switch (mask) {
    case IIO_CHAN_INFO_RAW:
        switch (chan->type) {
        case IIO_LIGHT:
            pm_runtime_get_sync(&bh1780->client->dev);
            value = bh1780_read_word(bh1780, BH1780_REG_DLOW);
```

```
        if (value < 0)
            return value;
        pm_runtime_mark_last_busy(&bh1780->client->dev);
        pm_runtime_put_autosuspend(&bh1780->client->dev);
        *val = value;
        return IIO_VAL_INT;
    default:
        return -EINVAL;
case IIO_CHAN_INFO_INT_TIME:
    *val = 0;
    *val2 = BH1780_INTERVAL * 1000;
    return IIO_VAL_INT_PLUS_MICRO;

default:
    return -EINVAL;
}
}
```

同样，我们仅关心该代码片段中与运行时电源管理相关的函数调用。在读取通道的情况下，将调用上述函数。

设备驱动程序必须指示设备对通道进行采样，并执行转换，其结果将由设备驱动程序读取并报告给读取器。

现在的情况是，设备可能处于挂起状态。这样，由于驱动程序需要立即访问设备，因此驱动程序将对该设备调用 pm_runtime_get_sync()。如果你没忘记的话，就应该知道该函数会增加设备的使用计数并执行设备的同步恢复（因为它使用的是_sync 后缀）。

设备恢复后，驱动程序即可与设备对话并读取转换值。由于驱动程序支持自动挂起，因此调用 pm_runtime_mark_last_busy()以标记设备最近一次处于活动状态的时间。这将更新用于自动挂起的计时器的超时值。

最后，驱动程序调用 pm_runtime_put_autosuspend()，它将在自动挂起计时器到期后执行设备的运行时挂起，除非在到期之前，该计时器因 pm_runtime_mark_last_busy()在某处被调用而再次重新开始，或再次进入读取函数（例如，在 sysfs 中读取通道）。

总而言之，在访问硬件之前，驱动程序可以使用 pm_runtime_get_sync()恢复设备，当它使用完硬件时，即可通过 pm_runtime_put_sync()、pm_runtime_put()或 pm_runtime_put_autosuspend()通知设备空闲。

注意，使用 pm_runtime_put_ autosuspend()时，假设已启用了自动挂起，在这种情况下，必须先调用 pm_runtime_mark_last_busy()以更新自动挂起计时器的超时设置。

10.6.3　卸载模块时的电源管理方法

最后，让我们看看卸载模块时调用的方法。以下是我们感兴趣的仅与电源管理相关的调用代码片段：

```
static int bh1780_remove(struct i2c_client *client)
{
    int ret;
    struct iio_dev *indio_dev = i2c_get_clientdata(client);
    struct bh1780_data *bh1780 = iio_priv(indio_dev);

    iio_device_unregister(indio_dev);
    pm_runtime_get_sync(&client->dev);
    pm_runtime_put_noidle(&client->dev);
    pm_runtime_disable(&client->dev);

    ret = bh1780_write(bh1780, BH1780_REG_CONTROL, BH1780_POFF);
    if (ret < 0) {
        dev_err(&client->dev, "failed to power off\n");
        return ret;
    }
    return 0;
}
```

在上述代码中，调用的第一个运行时电源管理方法是 pm_runtime_get_sync()。这个调用让我们猜测该设备将被使用，即驱动程序需要访问该硬件。因此，该辅助函数将立即恢复设备（它实际上是增加设备使用计数器并执行设备的同步恢复）。

在此之后，pm_runtime_put_noidle()将被调用，以在不执行空闲通知的情况下减少设备的使用计数。

接下来，调用 pm_runtime_disable()以禁用设备上的运行时电源管理。这将增加设备的 power.disable_depth 值，如果该值之前为零，则取消该设备所有挂起的运行时电源管理请求，并等待所有正在进行的操作完成。

在这种情况下，对于电源管理核心来说，该设备不再存在（请记住，power.disable_depth 的值将与电源管理核心期望的值不匹配，这意味着在此设备上调用的任何进一步的运行时电源管理辅助函数都将失败）。

最后，设备通过 I2C 命令关闭电源，此后其硬件状态将反映其运行时电源管理状态。

10.6.4　运行时电源管理回调函数执行的一般规则

以下是适用于运行时电源管理回调函数执行的一般规则。

❑　->runtime_idle()和->runtime_suspend()只能对活动设备（即状态为 active 的设备）执行。

❑　->runtime_idle()和->runtime_suspend()只能对使用计数器为 0 且活动子设备的计数器为 0，或设置了 power.ignore_children 标志的设备执行。

❑　->runtime_resume()只能对挂起的设备（即状态为 suspended 的设备）执行。

此外，电源管理核心提供的辅助函数遵循以下规则。

❑　如果->runtime_suspend()即将执行或有一个挂起的执行请求，则->runtime_idle()将不会对同一设备执行。

❑　执行或调度执行->runtime_suspend()的请求将取消对同一设备执行->runtime_idle()的任何挂起请求。

❑　如果->runtime_resume()即将执行或有一个挂起的执行请求，则不会对同一设备执行其他回调函数。

❑　执行->runtime_resume()的请求将取消任何挂起或已调度的请求，以执行同一设备的其他回调函数，计划好的自动挂起除外。

上述规则很好地展示了这些回调函数的任何调用可能失败的原因。从这些规则中还可以观察到，恢复或恢复请求的优先级高于任何其他回调函数或请求。

10.6.5　电源域的概念

从技术上讲，电源域（power domain）就是一组共享电源资源的设备。例如，时钟或电源平面（power plane）。

从内核的角度来看，电源域是一组设备，其电源管理使用与子系统级别的公共电源管理数据相同的回调函数集。

从硬件的角度来看，电源域是一个硬件概念，用于管理与电源电压相关的设备，例如，视频核心 IP 与显示 IP 共享一个电源轨（power rail）。

由于 SoC 设计日益复杂，因此需要找到一种抽象方法，以便驱动程序尽可能保持通用，genpd 由此应运而生。

genpd 指的是通用电源域（generic power domain）。它是一个 Linux Kernel 抽象，可

以将每个设备的运行时电源管理扩展到一组共享电源轨的设备。

此外，电源域还被定义为设备树的一部分，其中描述了设备和电源控制器之间的关系。这允许动态重新设计电源域，并使驱动程序适应，而无须重新启动整个系统或重建新内核。

如果设备存在电源域对象，则其电源管理回调函数优先于总线类型（或设备类或类型）回调函数。Kernel 源代码中的 Documentation/devicetree/bindings/power/power_domain.txt 提供了关于此信息的通用文档，而与 SoC 相关的文档也可以在同一目录中找到。

10.7　系统挂起和恢复顺序

struct dev_pm_ops 数据结构的引入在某种程度上可以加深我们对电源管理核心在挂起或恢复阶段执行的步骤和操作的理解，该顺序可以总结如下：

```
"prepare -> Suspend -> suspend_late -> suspend_noirq"
        |---------- Wakeup ----------|
"resume_noirq -> resume_early -> resume -> complete"
```

上面显示的是完整的系统电源管理链，它已经在 enum suspend_stat_step 中列举（enum suspend_stat_step 在 include/linux/suspend.h 中定义）。这个流程应该可以让你想起 struct dev_pm_ops 数据结构。

在 Linux Kernel 代码中，enter_state() 是系统电源管理核心调用以进入系统休眠状态的函数。接下来，我们将了解系统挂起和恢复期间的实际情况。

10.7.1　挂起阶段

以下是 enter_state() 在挂起时经历的步骤。

（1）如果 CONFIG_SUSPEND_SKIP_SYNC 内核配置选项未设置，那么它将首先调用文件系统上的 sync()（请参阅 ksys_sync()）。

（2）调用挂起通知程序（当用户空间仍然存在时）。请参考 register_pm_notifier()，这是用于 notifier 注册的辅助函数。

（3）冻结任务（参见 suspend_freeze_processes()），这会冻结用户空间和内核线程。如果内核配置中未设置 CONFIG_SUSPEND_FREEZER，则跳过此步骤。

（4）通过调用驱动程序注册的每个 .suspend() 回调函数来挂起设备。这是挂起的第一阶段（请参阅 suspend_devices_and_enter()）。

（5）禁用设备的中断（参见 suspend_device_irqs()）。该操作可以防止设备驱动程序接收中断。

（6）然后，挂起设备的第二阶段发生（调用.suspend_noirq 回调函数）。这一步被称为 noirq 阶段。

（7）禁用非启动 CPU（使用 CPU hotplug）。CPU 调度程序被告知在这些 CPU 离线之前不要在这些 CPU 上调度任何内容（请参阅 disable_nonboot_cpus()）。

（8）关闭中断。

（9）执行系统核心回调函数（参见 syscore_suspend()）。

（10）使系统进入休眠状态。

以上就是对系统进入休眠之前执行的操作的粗略描述。根据系统将要进入的休眠状态，某些操作的行为可能略有不同。

10.7.2　恢复阶段

一旦系统挂起（无论它的休眠有多深），一旦发生唤醒事件，系统就需要恢复。以下是电源管理核心为唤醒系统而执行的步骤和操作。

（1）接收到唤醒信号。

（2）运行 CPU 的唤醒代码。

（3）执行系统核心回调函数。

（4）打开中断。

（5）启用非引导 CPU（使用 CPU hotplug）。

（6）恢复设备的第一阶段（.resume_noirq()回调函数）。

（7）启用设备中断。

（8）恢复设备的第二阶段（.resume()回调函数）。

（9）解冻任务。

（10）调用通知程序（当用户空间返回时）。

开发人员可以在电源管理代码中发现在恢复过程的每个步骤中调用了哪些函数。当然，在驱动程序内部，这些步骤都是透明的。驱动程序唯一需要做的就是根据它希望参与的步骤，使用适当的回调函数填充 struct dev_pm_ops，这也是在 10.7.3 节中将要讨论的内容。

10.7.3　实现系统休眠功能

系统休眠和运行时电源管理虽然彼此相关，但它们仍然是有区别的。在某些情况下，它们通过不同的方式进行操作，可以使系统处于相同的物理状态。但是，用其中一个替换另一个并不是什么好主意。

前文已经介绍过，设备驱动程序可以根据需要进入的休眠状态，在 struct dev_pm_ops 数据结构中填充一些回调函数来加入系统休眠。无论休眠状态是什么，驱动程序提供的回调函数基本上都是.suspend、.resume、.freeze、.thaw、.poweroff 和.restore。它们都是非常通用的回调函数，详细解释如下。

- .suspend：这是在系统进入休眠状态之前执行的，在 suspend 中，主内存的内容将被保留。
- .resume：系统从休眠状态唤醒后将调用此回调函数，其中主内存的内容将被保留，运行此回调函数时的设备状态取决于设备所属的平台和子系统。
- .freeze：这是和特定的休眠状态相关的，此回调函数在创建休眠映像之前执行。它类似于.suspend，但它不应使设备发出唤醒事件信号或更改其电源状态。大多数实现此回调函数的设备驱动程序只需将设备设置保存在内存中，以便在随后的.resume 从休眠状态中返回时使用。
- .thaw：此回调函数也是和特定的休眠状态相关的，在创建休眠映像后或映像创建失败时执行。它也会尝试在从映像恢复主内存的内容失败后执行。它必须撤销之前的.freeze 所做的更改，使设备以与调用.freeze 之前相同的方式运行。
- .poweroff：这也是和特定的休眠状态相关的，此回调函数在保存休眠映像后执行。它类似于.suspend，但它不需要将设备的设置保存在内存中。
- .restore：这是最后一个和特定的休眠状态相关的回调函数，在从休眠映像恢复主内存的内容后执行。它类似于.resume。

上述大多数回调函数都非常相似或执行大致相似的操作。

例如，.resume、.thaw 和.restore 可能会执行类似的任务，而->suspend、->freeze 和->poweroff 也差不多。因此，为了提高代码可读性或便于回调函数填充，电源管理核心提供了 SET_SYSTEM_SLEEP_PM_OPS 宏，该宏采用 suspend 和 resume 函数，并可填充与系统相关的电源管理回调函数，示例如下：

```
#define SET_SYSTEM_SLEEP_PM_OPS(suspend_fn, resume_fn) \
        .suspend = suspend_fn, \
        .resume = resume_fn, \
        .freeze = suspend_fn, \
        .thaw = resume_fn, \
        .poweroff = suspend_fn, \
        .restore = resume_fn,
```

与_noirq()相关的回调函数也是如此。如果驱动程序只需要参与系统挂起的 noirq 阶段，则可以使用 SET_NOIRQ_SYSTEM_SLEEP_PM_OPS 宏来自动填充 struct dev_pm_ops 数据结构中与_noirq()相关的回调函数。下面是该宏的定义：

```
#define SET_NOIRQ_SYSTEM_SLEEP_PM_OPS(suspend_fn, resume_fn) \
    .suspend_noirq = suspend_fn, \
    .resume_noirq = resume_fn, \
    .freeze_noirq = suspend_fn, \
    .thaw_noirq = resume_fn, \
    .poweroff_noirq = suspend_fn, \
    .restore_noirq = resume_fn,
```

上面的宏只接收两个参数，与前面的宏一样，它们表示 suspend 和 resume 回调函数，只不过这次是在 noirq 阶段。开发人员应该记住的是，此类回调函数是在系统上禁用 IRQ 的情况下调用的。

此外，还有一个 SET_LATE_SYSTEM_SLEEP_PM_OPS 宏，它会将->suspend_late、->freeze_late 和->poweroff_late 指向同一个函数，而对于->resume_early、->thaw_early 和->restore_early 来说，也是一样的：

```
#define SET_LATE_SYSTEM_SLEEP_PM_OPS(suspend_fn, resume_fn) \
    .suspend_late = suspend_fn, \
    .resume_early = resume_fn, \
    .freeze_late = suspend_fn, \
    .thaw_early = resume_fn, \
    .poweroff_late = suspend_fn, \
    .restore_early = resume_fn,
```

除减少编码工作之外，上述所有宏都以#ifdef CONFIG_PM_SLEEP 内核配置选项为条件，因此如果不需要电源管理，则不会构建它们。

最后，如果要使用相同的 suspend 和 resume 回调函数来挂起到内存（STR）和休眠，则可以使用以下命令：

```
#define SIMPLE_DEV_PM_OPS(name, suspend_fn, resume_fn) \
const struct dev_pm_ops name = { \
    SET_SYSTEM_SLEEP_PM_OPS(suspend_fn, resume_fn) \
}
```

在上述代码片段中，name 表示 struct dev_pm_ops 结构将被实例化的名称。suspend_fn 和 resume_fn 是系统进入挂起状态或从休眠状态恢复时要调用的回调函数。

现在我们已经能够在驱动程序代码中实现系统休眠功能，接下来将叙述如何编写系统唤醒源的代码，它允许退出休眠状态。

10.8　系统唤醒源

电源管理核心允许系统在挂起后被唤醒。能够唤醒系统的设备在电源管理术语中被称为唤醒源（wakeup source）。为了使唤醒源正常工作，它需要一个所谓的唤醒事件（wakeup event），在大多数情况下，它被理解为一条 IRQ 线。

换句话说，唤醒源生成唤醒事件。当唤醒源产生唤醒事件时，唤醒源通过唤醒事件框架提供的接口设置为激活状态。当事件处理结束时，它被设置为停用状态。激活和停用之间的间隔表示正在处理事件。

本节将讨论如何在驱动程序代码中使你的设备成为系统唤醒源。

10.8.1　唤醒源的数据结构

唤醒源的工作原理是，当系统中正在处理任何唤醒事件时，不允许挂起。如果挂起正在进行，则终止。Kernel 通过 struct wakeup_source 抽象唤醒源，该结构也用于收集与其相关的统计信息。以下是 include/linux/pm_wakeup.h 中这个数据结构的定义：

```
struct wakeup_source {
    const char *name;
    struct list_head entry;
    spinlock_t lock;
    struct wake_irq *wakeirq;
    struct timer_list timer;
    unsigned long timer_expires;
    ktime_t total_time;
    ktime_t max_time;
    ktime_t last_time;
    ktime_t start_prevent_time;
    ktime_t prevent_sleep_time;
    unsigned long event_count;
    unsigned long active_count;
    unsigned long relax_count;
    unsigned long expire_count;
    unsigned long wakeup_count;
    bool active:1;
    bool autosleep_enabled:1;
};
```

就代码编写而言，这种结构对你来说毫无用处，但研究它会帮助你了解唤醒源 sysfs
属性的含义。

- ❑　entry：用于跟踪链表中的所有唤醒源。
- ❑　timer：与 timer_expires 密切相关。当唤醒源生成唤醒事件并且正在处理该事件
  时，唤醒源被称为处于活动状态，这可以防止系统挂起。

  在处理唤醒事件后（系统不再需要为此目的处于活动状态），它返回到非活动
  状态。激活和停用操作都可以由驱动程序执行，或者驱动程序也可以通过在活
  动期间指定超时来另外决定。

  电源管理唤醒内核将使用此超时来配置一个计时器，该计时器将在事件到期后
  自动将事件设置为非活动状态。timer 和 timer_expires 均用于此目的。
- ❑　total_time：这是该唤醒源一直处于活动状态的总时间。它总结了唤醒源在活动
  状态下花费的总时间。它是唤醒源对应设备的繁忙程度和功耗水平的良好指标。
- ❑　max_time：这是唤醒源保持（或连续）处于活动状态的最长时间。时间越长，
  则越不正常。
- ❑　last_time：指示此唤醒源上次处于活动状态的开始时间。
- ❑　start_prevent_time：这是唤醒源启动以防止系统自动休眠的时间点。
- ❑　prevent_sleep_time：这是唤醒源阻止系统自动休眠的总时间。
- ❑　event_count：表示唤醒源报告的事件数。换句话说，它表示发出信号的唤醒事
  件的数量。
- ❑　active_count：表示唤醒源被激活的次数。在某些情况下，此值可能不相关或不
  连贯。例如，当发生唤醒事件时，需要将唤醒源切换到活动状态。

  当然，情况并非总是如此，因为在唤醒源已经激活时可能会发生事件。因此
  active_count 可能小于 event_count，在这种情况下，这意味着很可能在处理前一
  个唤醒事件之前生成了另一个唤醒事件，直到结束。这在一定程度上反映了唤
  醒源所代表的设备的业务。
- ❑　relax_count：表示唤醒源被停用的次数。
- ❑　expire_count：表示唤醒源超时已到期的次数。
- ❑　wakeup_count：这是唤醒源终止挂起进程的次数。如果唤醒源在挂起过程中产生
  了唤醒事件，挂起过程将被终止。该变量可记录唤醒源终止挂起进程的次数。
  这是一个很好的指标，用于检查你是否确定系统始终无法挂起。
- ❑　active：表示唤醒源的激活状态。
- ❑　autosleep_enabled：记录系统自动休眠状态的状态，无论是否已启用自动休眠。

10.8.2　使设备成为唤醒源

为了使设备成为唤醒源，其驱动程序必须调用 device_init_wakeup()。此函数可设置设备的 power.can_wakeup 标志（以便 device_can_wakeup()辅助函数可以返回当前设备作为唤醒源），并将其与唤醒相关的属性添加到 sysfs。此外，它还可以创建一个唤醒源对象，对其进行注册，并将其附加到设备（dev->power.wakeup）。当然，device_init_wakeup()只会将设备转换为具有唤醒功能的设备，而不会为其分配唤醒事件。

ℹ️ 注意：

只有具有唤醒功能的设备才会在 sysfs 中拥有一个 power 目录来提供所有唤醒信息。

为了分配唤醒事件，驱动程序必须调用 enable_irq_wake()，将用作唤醒事件的 IRQ 线作为参数提供。

enable_irq_wake()所做的事情可能是与特定的平台相关的（其中包括调用底层 irqchip 驱动程序公开的 irq_chip.irq_set_wake 回调函数）。

除打开平台逻辑来使用给定的 IRQ 作为系统唤醒的中断线之外，enable_irq_wake() 还将指示 suspend_device_irqs()区别处理给定的 IRQ。在第 10.7.1 节"挂起阶段"的步骤（5）中已经提到过该函数，它在系统挂起路径上调用。

因此，IRQ 将在下一次中断时保持启用状态，之后它将被禁用，标记为 pending 并挂起，以便在随后的系统恢复期间通过 resume_device_irqs()重新启用。

这使得驱动程序的->suspend 方法成为调用 enable_irq_wake()的正确位置，因为这样可以使唤醒事件总是在正确的时刻重新启动。

另一方面，驱动程序的->resume 回调函数则是调用 disable_irq_wake()的正确位置，这将关闭用于 IRQ 的系统唤醒功能的平台配置。

设备能否作为唤醒源，这是硬件本身的问题；具有唤醒能力的设备是否应该发出唤醒事件，则是一个策略决定，它可以由用户空间管理，方法是通过 sysfs 属性（/sys/devices/.../power/wakeup）。该文件允许用户空间检查或决定设备是否启用唤醒功能，通过其唤醒事件将系统从休眠状态唤醒。

sysfs 文件可以被读取和写入。读取时，可以返回 enabled 或 disabled。如果返回的是 enabled，则意味着设备能够发出事件；如果返回的是 disabled，则意味着设备无法执行此操作。向其写入 enabled 或 disabled 字符串将分别指示设备是否发出系统唤醒信号（内核 device_may_wakeup()辅助函数将分别返回 true 或 false）。

请注意，对于无法生成系统唤醒事件的设备，此文件不存在。

10.8.3　唤醒功能激活实例

现在让我们通过一个具体实例来看看驱动程序如何利用设备的唤醒功能。

本示例是 drivers/input/keyboard/snvs_pwrkey.c 中的 i.MX6 SNVS powerkey 驱动程序，其代码片段如下：

```c
static int imx_snvs_pwrkey_probe(struct platform_device *pdev)
{
    [...]
    error = devm_request_irq(&pdev->dev, pdata->irq,
    imx_snvs_pwrkey_interrupt, 0, pdev->name, pdev);
    pdata->wakeup = of_property_read_bool(np, "wakeup-source");
    [...]
    device_init_wakeup(&pdev->dev, pdata->wakeup);
    return 0;
}

static int
    maybe_unused imx_snvs_pwrkey_suspend(struct device *dev)
{
    [...]
    if (device_may_wakeup(&pdev->dev))
        enable_irq_wake(pdata->irq);
    return 0;
}

static int maybe_unused imx_snvs_pwrkey_resume(struct device *dev)
{
    [...]
    if (device_may_wakeup(&pdev->dev))
        disable_irq_wake(pdata->irq);
    return 0;
}
```

在上面的代码片段中，从上到下，先出现的是驱动程序的 probe 方法，它可以使用 device_init_wakeup()函数启用设备的唤醒功能。

在电源管理恢复回调函数中，将检查是否允许该设备发出唤醒信号（通过 device_may_wakeup()辅助函数），然后通过调用 enable_irq_wake()启用唤醒事件，并使用关联的 IRQ 编号作为参数。

使用 device_may_wakeup() 来调节唤醒事件启用/禁用的原因是，用户空间可能已经改变了这个设备的唤醒策略（通过前面提到的 /sys/devices/.../power/wakeup 中的 sysfs 文件），该辅助函数将返回当前的启用/禁用（enabled/disabled）状态。它能够与用户空间的决定保持一致。

resume 方法也是如此，它将在禁用唤醒事件的 IRQ 线之前执行相同的检查。

接下来，在该驱动程序代码的底部，可看到以下内容：

```
static SIMPLE_DEV_PM_OPS(imx_snvs_pwrkey_pm_ops,
                         imx_snvs_pwrkey_suspend,
                         imx_snvs_pwrkey_resume);
static struct platform_driver imx_snvs_pwrkey_driver = {
    .driver = {
        .name = "snvs_pwrkey",
        .pm = &imx_snvs_pwrkey_pm_ops,
        .of_match_table = imx_snvs_pwrkey_ids,
    },
    .probe = imx_snvs_pwrkey_probe,
};
```

上述代码片段演示了著名的 SIMPLE_DEV_PM_OPS 宏的用法，这意味着相同的挂起回调函数（即 imx_snvs_pwrkey_suspend）将用于挂起到内存（STR）或 hibernation 休眠状态，并且将使用相同的恢复回调函数（实际上是 imx_snvs_pwrkey_resume）从这些状态恢复。

在该宏中可以看到，设备电源管理结构被命名为 imx_snvs_pwrkey_pm_ops，然后将其提供给驱动程序。填充电源管理的操作就是这么简单。

10.8.4 IRQ 处理程序

现在来看一下上述设备驱动程序中的 IRQ 处理程序：

```
static irqreturn_t imx_snvs_pwrkey_interrupt(int irq, void *dev_id)
{
    struct platform_device *pdev = dev_id;
    struct pwrkey_drv_data *pdata = platform_get_drvdata(pdev);

    pm_wakeup_event(pdata->input->dev.parent, 0);
    [...]
    return IRQ_HANDLED;
}
```

这里的关键函数是 pm_wakeup_event()。简而言之，它报告了一个唤醒事件。此外，它将停止当前的系统状态转换。例如，在挂起路径上，它会中止挂起操作，并阻止系统进入休眠状态。该函数的原型如下：

```
void pm_wakeup_event(struct device *dev, unsigned int msec)
```

该函数的第一个参数是唤醒源所属的设备，第二个参数 msec 是在唤醒源被电源管理唤醒核心自动切换到非活动状态之前等待的毫秒数。如果 msec 等于 0，则在报告事件后立即禁用唤醒源。如果 msec 不为 0，则唤醒源的禁用被安排在未来 msec 毫秒之后。

这是使用唤醒源的 timer 和 timer_expires 字段的地方。一般来说，唤醒事件上报包括以下步骤。

（1）它增加唤醒源的 event_count 计数器并增加唤醒源的 wakeup_count，这是唤醒源可能中止挂起操作的次数。

（2）如果唤醒源尚未激活，则应在激活路径上执行以下步骤。

❏　它将唤醒源标记为 active 并增加唤醒源的 active_count 元素。

❏　将唤醒源的 last_time 字段更新为当前时间。

❏　如果其他字段 autosleep_enabled 为 true，则更新唤醒源的 start_prevent_time 字段。

然后，唤醒源的停用将包括以下步骤。

（1）它将唤醒源的 active 字段设置为 false。

（2）它通过将处于活动状态的时间与其旧值相加来更新唤醒源的 total_time 字段。

（3）如果活动状态的持续时间大于旧的 max_time 字段的值，那么它将更新唤醒源的 max_time 字段。

（4）用当前时间更新唤醒源的 last_time 字段，删除唤醒源的 timer 计时器，并清除 timer_expires。

（5）如果另一个字段 prevent_sleep_time 为 true，则将更新唤醒源的 prevent_sleep_time 字段。

如果 msec == 0，则停用可能会立即发生；如果不是 0 的话，则在未来 msec 毫秒之后发生。所有这些应该能让你想起我们之前介绍的 struct wakeup_source，其大部分元素都通过此函数调用更新。

IRQ 处理程序是调用 pm_wakeup_event() 的好地方，因为中断触发也标记了唤醒事件。

值得一提的是，可以从 sysfs 接口检查任何唤醒源的每一个属性，这也是接下来我们将要讨论的内容。

10.8.5　唤醒源和 sysfs

出于调试目的，我们需要讨论更多的内容。要列出系统中的整个唤醒源列表，可以打印/sys/kernel/debug/wakeup_sources 的内容（假设系统上挂载了 debugfs）：

```
# cat /sys/kernel/debug/wakeup_sources
```

该文件还报告了每个唤醒源的统计信息。由于设备包含与电源相关的 sysfs 属性，这些统计信息可以单独收集。其中一些 sysfs 文件属性如下：

```
#ls /sys/devices/.../power/wake*
wakeup wakeup_active_count wakeup_last_time_ms autosuspend_delay_ms
wakeup_abort_count wakeup_count wakeup_max_time_ms wakeup_active
wakeup_expire_count wakeup_total_time_ms
```

上述示例使用了 wake*模式来过滤与运行时电源管理相关的属性（这些属性也在同一个目录中）。

与其说明每个属性是什么，不如指出上述属性映射在 struct wakeup_source 结构体中的哪些字段更有价值。

- ❑ wakeup：这是一个可读写（RW）属性，前文已经详细介绍过。它的内容决定了 device_may_wakeup()辅助函数的返回值。只有这个属性是既可读又可写的。以下其他属性都是只读的。
- ❑ wakeup_abort_count 和 wakeup_count：这是指向同一字段的只读属性，即 wakeup->wakeup_count。
- ❑ wakeup_expire_count：该属性可映射到 wakeup->expire_count 字段。
- ❑ wakeup_active：这是只读的并且映射到 wakeup->active 元素。
- ❑ wakeup_total_time_ms：这是只读属性，返回 wakeup->total_time 值，单位为毫秒（ms）。
- ❑ wakeup_max_time_ms：以毫秒（ms）为单位，返回 power.wakeup->max_time 值。
- ❑ wakeup_last_time_ms：只读属性，对应 wakeup->last_time 值；单位是毫秒（ms）。
- ❑ wakeup_prevent_sleep_time_ms：也是只读的，可映射 wakeup->prevent_sleep_time 值，单位是毫秒（ms）。

并非所有设备都具有唤醒功能，但具有唤醒功能的设备大致遵循此准则。

现在我们已经熟悉了 sysfs 的唤醒源管理，接下来可以介绍一个特殊的 IRQF_NO_SUSPEND 标志，它有助于防止 IRQ 在系统挂起路径中被禁用。

10.8.6　关于 IRQF_NO_SUSPEND 标志

即使在整个系统挂起-恢复周期中，也需要能够触发中断，包括挂起和恢复设备的 noirq 阶段，以及在非引导 CPU 脱机和重新联机期间。

例如，定时器中断就是这种情况。必须在此类中断上设置此标志。虽然这个标志有助于在挂起阶段保持启用中断，但它并不能保证 IRQ 将系统从挂起状态唤醒——对于这种情况，有必要使用 enable_irq_wake()，它同样是与特定平台相关的。因此，开发人员不应混淆或混合使用 IRQF_NO_SUSPEND 标志和 enable_irq_wake()。

如果具有此标志的 IRQ 由多个用户共享，则每个用户都会受到影响，而不仅仅是设置了该标志的用户。换句话说，即使在 suspend_device_irqs() 之后，每个注册到该中断的处理程序都会像往常一样被调用。这可能不是你想要的结果。因此，应该避免混合使用 IRQF_NO_SUSPEND 和 IRQF_SHARED 标志。

10.9　小　　结

本章详细阐释了 Linux 系统的电源管理操作，这可以是在驱动程序中开发代码，也可以是在用户空间中使用命令行。我们既可以在运行时对单个设备进行操作，也可以对整个设备进行操作，以使系统进入休眠状态。本章还介绍了其他框架如何帮助降低系统功耗（如 CPUFreq、Thermal 和 CPU Idle 框架）。

第 11 章将讨论 PCI 设备驱动程序。

第 3 篇

与其他 Linux 内核子系统保持同步

本篇将深入探讨一些有用的 Linux 内核子系统。目前市面上介绍这些子系统的图书不多，而这些子系统本身的说明文档也都不够新。本篇将采用循序渐进的方法进行 PCI 设备驱动程序开发，讨论如何利用 NVMEM 和看门狗框架，以及如何通过一些调试技巧和最佳实践提高开发效率。

本篇包含以下章节。

第 11 章，编写 PCI 设备驱动程序。

第 12 章，利用 NVMEM 框架。

第 13 章，看门狗设备驱动程序。

第 14 章，Linux 内核调试技巧和最佳实践。

第 11 章 编写 PCI 设备驱动程序

外设部件互连（peripheral component interconnect，PCI）是 PC 中使用最为广泛的接口标准，几乎所有的主板产品上都带有这种插槽。PCI 不仅仅是一条总线，它还是一个标准，具有一套完整的规范，定义了计算机的不同部分应该如何交互。

多年来，PCI 总线已成为设备互连的事实上的总线标准，因此几乎每个 SoC 都对此类总线提供本机支持。对速度的需求导致了这种总线的不同版本和世代。

在该标准的早期，第一个实现 PCI 标准的总线是 PCI 总线（总线名称与标准相同），作为 ISA 总线的替代品。这改进了（使用 32 位寻址和无跳线自动检测和配置）ISA 遇到的地址限制（ISA 标准限制为 24 位，偶尔需要使用跳线来路由 IRQ 等）。与以前的 PCI 标准总线实现相比，后续改进的主要因素是速度。

PCI Express 是当前的 PCI 总线系列。它是一种串行总线，而它的祖先是并行总线。除速度外，PCIe 还将其前身的 32 位寻址扩展到 64 位，并在中断管理系统中进行了多项改进。这个系列分为好几代（统称为 GenX），下文将详细介绍。

我们将从 PCI 总线和接口的介绍开始，了解总线枚举，然后再研究 Linux Kernel PCI API 和核心功能。

好消息是，无论 PCI 总线属于哪个系列，其几乎所有事情对驱动程序开发人员来说都是透明的。Linux Kernel 将抽象其中的大部分机制，并隐藏在一组精简的 API 背后，开发人员使用这些 API 即可编写可靠的 PCI 设备驱动程序。

本章包含以下主题。

❑ PCI 总线和接口介绍。

❑ Linux Kernel PCI 子系统和数据结构。

❑ PCI 和直接内存访问（DMA）。

11.1 技 术 要 求

要轻松阅读和理解本章，你需要具备以下条件。

❑ 了解 Linux 内存管理和内存映射。

❑ 熟悉中断和锁的概念。

❑　　Linux Kernel v4.19.X 源，其下载地址如下：

https://git.kernel.org/pub/scm/linux/kernel/git/stable/linux.git/refs/tags

11.2　PCI 总线和接口介绍

外设部件互连是一种本地总线标准，用于将外围硬件设备连接到计算机系统。作为总线标准，它定义了计算机的不同外围设备应该如何交互。当然，多年来，PCI 标准在功能或速度方面都在不断发展。从创建到现在，已经有若干个总线系列实现了 PCI 标准，例如，PCI（与标准同名的总线）和 PCI Extended（PCI-X）、PCI Express（PCIe 或 PCI-E），这是当前一代的 PCI。遵循 PCI 标准的总线称为 PCI 总线。

从软件的角度来看，所有这些技术都是兼容的，可以由相同的内核驱动程序处理。这意味着内核不需要知道使用了哪个确切的总线变体。

从软件的角度（尤其是读/写 I/O 或内存事务）来看，PCIe 极大地扩展了 PCI，并有很多相似之处。虽然两者都是软件兼容的，但 PCIe 是串行总线而不是并行（在 PCIe 之前，每个 PCI 总线系列都是并行的），这也意味着你不能将 PCI 卡安装在 PCIe 插槽中，或者反过来，将 PCIe 卡安装在 PCI 插槽上。

PCI Express 是如今计算机上最流行的总线标准，因此本章将主要针对 PCIe 进行讨论，同时在必要时提及与 PCI 的异同。

除上面介绍的内容之外，以下是 PCIe 中的一些改进。

❑　　PCIe 是一种串行总线技术，而 PCI（或其他实现方式）则是并行的，这意味着 PCIe 减少了连接设备所需的 I/O 通道数量，从而降低了设计复杂性。

❑　　PCIe 实现了增强的中断管理功能，提供基于消息的中断（message-based interrupt，MSI）或其扩展版本（MSI-X），在不增加延迟的情况下，扩展了 PCI 设备可以处理的中断数量。

❑　　PCIe 通过代际更迭提高了传输频率和吞吐量：Gen1、Gen2、Gen3⋯⋯

PCI 设备是内存映射类型的设备。连接到任何 PCI 总线的设备在处理器的地址空间中被分配了地址范围。这些地址范围在 PCI 地址域中具有不同的含义，根据它们包含的内容（基于 PCI 的设备的控制、数据和状态寄存器）或访问方式（I/O 端口或内存映射），有 3 种不同的内存类型。这些内存区域将由设备驱动程序/内核访问，以控制通过 PCI 总线连接的特定设备并与其共享信息。

PCI 地址域包含必须映射到处理器地址空间的 3 种不同的内存类型。

11.2.1　术语

由于 PCIe 生态系统相当庞大，因此在做进一步研究之前，我们需要先了解一些术语。具体如下。

- ❑ 根复合体（root complex，RC）：这是指系统级芯片（SoC，也称为片上系统）中的 PCIe 主机控制器。它可以在没有 CPU 干预的情况下访问主存，这是其他设备用来访问主存的一个特性。它们也称为主机到 PCI 桥（host-to-PCI bridge）。
- ❑ 端点（endpoint，EP）：端点是 PCIe 设备，由 00h 类型的配置空间标头表示。它们永远不会出现在交换开关的内部总线上，也没有下游端口。
- ❑ 通道（lane）：代表一组差分信号对，一对用于发送（Tx），一对用于接收（Rx）。
- ❑ 链路（link）：这表示两个组件之间的双单工（实际上是一对）通信通道。为了扩展带宽，链路可以聚合由 xN（x1、x2、x4、x8、x12、x16 和 x32）表示的多个通道，其中 N 是对的数量。

并非所有 PCIe 设备都是端点。它们也可以是交换开关或桥。

- ❑ 桥（bridge）：它们可为其他总线（如 PCI 或 PCI X，甚至是 PCIe 总线）提供接口。桥还可以为同一总线提供接口。例如，PCI-to-PCI 桥可通过创建一个完全独立的次总线（下文将介绍次总线是什么）来促进向总线添加更多负载。桥的概念有助于理解和实现交换开关的概念。
- ❑ 交换开关（switch）：它们提供聚合能力并允许更多设备连接到单个根端口。不用说，交换开关只有一个上行端口，但可能有多个下行端口。它们足够聪明，可以充当数据包路由器，并根据给定数据包的地址或其他路由信息（如 ID）识别给定数据包需要采用的路径。也就是说，还有隐式路由，它仅用于某些消息事务，例如，来自根复合体的广播和总是发送到根复合体的消息。

交换开关下游端口是（虚拟的）PCI-PCI 桥，从内部总线桥接到代表此 PCI Express 交换开关下游 PCI Express 链路的总线。需要牢记的是，只有代表交换开关下游端口的 PCI-PCI 桥才可能出现在内部总线上。

ℹ️注意：

PCI-to-PCI 桥提供了两条 PCI 总线之间的连接路径。请记住，在总线枚举期间只考虑 PCI-PCI 桥的下游端口。这对于理解枚举过程非常重要。

11.2.2　PCI 总线枚举、设备配置和寻址

PCIe 对 PCI 最明显的改进是它的点对点总线拓扑。每个设备都位于自己的专用总线上，在 PCIe 术语中，该总线称为链路（link）。理解 PCIe 设备的枚举过程（enumeration process）需要一些基础知识。

当你查看设备的寄存器空间（在报头类型寄存器中）时，它们会说明它们是类型 0 还是类型 1 寄存器空间。一般来说，类型 0 表示端点设备，类型 1 表示桥。该软件必须确定它是与端点设备还是与桥通话。

桥的配置与端点设备的配置是不一样的。在桥（类型 1）枚举期间，软件必须为其分配以下元素。

- ❑　主总线编号（primary bus number）：这是上游总线编号。
- ❑　次总线/从属总线编号（secondary/subordinate bus number）：这给出了特定 PCI 桥的下游总线编号的范围。次总线编号是紧接 PCI-PCI 桥下游的总线编号，而从属总线编号代表可以到达桥下游的所有总线的最高总线编号。

在枚举的第一阶段，从属总线编号字段的值为 0xFF，因为 255 是最高总线编号。当枚举继续时，该字段将被赋予该桥可以向下游走多远的实际值。

11.2.3　设备识别

设备标识由一些属性或参数组成，这些属性或参数使设备具有唯一性或可寻址性。在 PCI 子系统中，这些参数如下。

- ❑　供应商 ID（vendor ID）：标识了设备的制造商。
- ❑　设备 ID（device ID）：标识了特定的供应商设备。

上述两个元素可能就足够了，但你还可以使用以下元素。

- ❑　修订 ID（revision ID）：指定了与特定设备相关的修订标识符。
- ❑　类代码（class code）：标识设备实现的通用功能。
- ❑　报头类型（header type）：定义了报头的布局。

所有这些参数都可以从设备配置寄存器中读取。这就是内核在枚举总线时为识别设备所起的作用。

11.2.4　总线枚举

在深入研究 PCIe 总线枚举功能之前，我们需要注意一些基本的限制。

- 系统上可以有 256 条总线（0～255），因为有 8 位来标识它们（2^8=256）。
- 每条总线可以有 32 个设备（0～31），因为每条总线上有 5 位来标识它们（2^5=32）。
- 一个设备最多可以有 8 个功能（0～7），因此用 3 位来标识它们（2^3=8）。

所有外部 PCIe 通道，无论它们是否来自 CPU，都位于 PCIe 桥之后（因此获得新的 PCIe 总线编号）。配置软件能够枚举给定系统上多达 256 条 PCI 总线。数字 0 总是分配给根复合体。请记住，在总线枚举期间只考虑 PCI-PCI 桥的下游端口（也就是次总线一侧）。

PCI 枚举过程基于深度优先搜索（depth-first search，DFS）算法，它通常从一个随机节点开始（但在 PCI 枚举用例中，这个节点是预先知道的，在我们的例子中就是根复合体），并在回溯之前尽可能地沿着每个分支探索（实际上是寻找桥）。

举例来说，当找到一个桥时，配置软件会为其分配一个编号，至少比该桥所在的总线编号大 1。在此之后，配置软件开始在这条新总线上寻找新的桥，以此类推，然后返回到该桥的同级桥（如果桥是多端口交换开关的一部分）或相邻桥（就拓扑而言）。

枚举设备使用 BDF 格式标识，该格式代表的是总线设备功能（bus-device-function），它使用三字节（即 XX:YY:ZZ）以十六进制（不带 0x）表示法进行标识。

例如，00:01:03 的字面意思是 Bus 0x00:Device 0x01:Function 0x03。我们可以将其解释为总线 0 上设备 1 的功能 3。

BDF 符号有助于快速定位给定拓扑中的设备。如果使用双字节表示法，则意味着该功能已被省略或无关紧要，换句话说，就是只有 XX:YY。

图 11.1 显示了 PCIe 结构的拓扑示意图。

在解释图 11.1 中的拓扑示意图之前，请仔细阅读以下 4 项说明，并确保理解。

（1）PCI-to-PCI 桥通过创建一个完全独立的次总线来促进向总线添加更多负载。因此，每个桥接下游端口都是一个新的总线，并且必须被赋予一个总线编号，该编号的值至少比它所在的总线编号大 1。

（2）交换开关下游端口是（虚拟的）PCI-PCI（P2P）桥，从内部总线桥接到代表此 PCI Express 交换开关下游 PCI Express 链路的总线。

（3）CPU 通过 Host-to-PCI 桥连接到根复合体，它代表根复合体中的上游桥。

（4）总线枚举时只考虑 PCI-PCI 桥的下游端口。

将枚举算法应用于图 11.1 中的拓扑结构后，我们可以列出 10 个步骤，从 A 到 J。

步骤 A 和 B 位于根复合体内部，它承载总线 0 和两个桥，因此提供了两个总线，即 00:00:00 和 00:01:00。

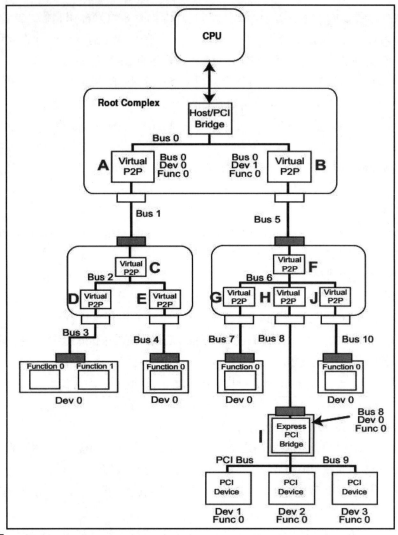

图 11.1 PCI 总线枚举

原 文	译 文	原 文	译 文
Root Complex	根复合体	Express PCI Bridge	PCIe-to-PCI 桥
Virtual P2P	虚拟 PCI-PCI 桥	PCI Device	PCI 设备
Host/PCI Bridge	主机/PCI 桥		

以下是对图 11.1 中的拓扑示意图枚举过程的详细说明，其中，步骤 C 是标准化枚举逻辑的开始。

- ❑ 00:00 是一个（虚拟）桥，毫无疑问，它的下游端口是总线。然后给它分配编号 1（请记住，它总是大于桥所在的总线编号，而目前桥所在的总线编号为 0）。然后枚举总线 1。

- ❑ 步骤 C：总线 1 上有一个交换开关，它有一个上游虚拟桥提供其内部总线，有两个下游虚拟桥公开其输出总线。此开关的内部总线编号为 2。

- ❑ 现在立即进入步骤 D，找到第一个下游桥，并在分配总线编号 3 后枚举其总线，在其后面有一个端点（无下游端口）。根据深度优先搜索（DFS）算法的原理，我们到达了这个分支的叶节点，就可以开始回溯了。

- ❑ 因此，在步骤 E 中又找到一个虚拟桥，这是在步骤 D 中找到的同级桥，现在已经轮到它了。它的总线被分配了总线编号 4，并且在它后面有一个设备。在到达该设备后，即可再次回溯。

- ❑ 现在我们到达步骤 F，在步骤 B 中找到的虚拟桥被分配了一个总线编号，即 5。在该总线后面有一个交换开关，它有一个上游虚拟桥实现内部总线，其总线编号为 6，还有 3 个下游虚拟桥代表其外部总线，因此这是一个三端口交换开关。

- ❑ 步骤 G 找到三端口交换开关的第一个下游虚拟桥。它的总线被分配了总线编号 7，并且在该总线后面有一个端点。如果使用 BDF 格式标识此端点的功能 0，那么它将是 07:00:00（总线 7 上设备 0 的功能 0）。根据 DFS 算法，我们已经到了分支的底部，现在可以开始回溯，这将导致进入步骤 H。

- ❑ 在步骤 H，找到三端口交换开关中的第二个下游虚拟桥。它的总线被分配了总线编号 8。在该总线后面有一个 PCIe-to-PCI 桥。

- ❑ 在步骤 I 中，该 PCIe-to-PCI 桥被分配了下游总线编号 9，并且在该总线后面有一个三功能端点。在 BDF 表示法中，这些端点将分别被标识为 09:00:00、09:00:01 和 09:00:02。由于端点标志分支已经到达了最深度，因此它允许我们执行另一个回溯，这导致进入步骤 J。

- ❑ 在回溯阶段，我们进入步骤 J，并找到了三端口交换开关的第三个（也是最后一个）下游虚拟桥，其总线的总线编号为 10。在该总线后面有一个端点，该端点使用 BDF 表示法将其标识为 0a:00:00。这标志着枚举过程的结束。

由此可见，PCI(e)总线枚举乍看可能让人感觉很复杂，但它其实非常简单。仔细阅读上述说明就足以理解整个过程。

11.3　PCI 地址空间

　　PCI 目标可以根据其内容或访问方法实现多达 3 种不同类型的地址空间。它们是配置地址空间（configuration address space）、内存地址空间（memory address space）和 I/O 地址空间（I/O address space）。

　　配置地址空间和内存地址空间都是内存映射的——它们被分配了来自系统地址空间的地址范围，因此对该地址范围的读取和写入不会进入 RAM，而是直接从 CPU 路由到设备，而 I/O 地址空间则不是这样。

　　闲话少说，让我们仔细分析一下它们之间的差异及其不同的用例。

11.3.1　PCI 配置空间

　　PCI 配置空间是可以访问设备配置并存储有关设备的基本信息的地址空间，操作系统也可以使用该地址空间对设备进行操作设置方面的编程。

　　PCI 上的配置空间有 256 个字节。PCIe 将其扩展到 4 KB 的寄存器空间。由于配置地址空间是内存映射的，任何指向配置空间的地址都是从系统内存映射中分配的，因此，这 4 KB 空间从系统内存映射中分配内存地址，但实际值/位/内容通常在外围设备上的寄存器中实现。例如，当你读取供应商 ID 或设备 ID 时，即使正在使用的内存地址来自系统内存映射，目标外围设备也会返回数据。

　　该地址空间的一部分是标准化的。配置地址空间拆分如下。

- ❑　前 64 个字节（00h～3Fh）代表标准配置标头，其中包括 PCI 总线 ID、供应商 ID 和设备 ID 寄存器，用于标识设备。
- ❑　剩余的 192 字节（40h～FFh）构成用户定义的配置空间，例如，特定于 PC 板卡的信息，供其随附的软件驱动程序使用。

　　一般来说，配置空间存储的是设备的基本信息。它允许中央资源或操作系统使用操作设置对设备进行编程。没有与配置地址空间相关联的物理内存。它是在事务层数据包（transaction layer packet，TLP）中使用的地址列表，用于识别事务的目标。

　　用于在 PCI 设备的每个配置地址空间之间传输数据的命令称为配置读取（configuration read）命令或配置写入（configuration write）命令。

11.3.2　PCI I/O 地址空间

目前，PCI I/O 地址空间用于与 x86 架构的 I/O 端口地址空间兼容。PCIe 规范不鼓励使用此地址空间。

如果 PCIe 规范的未来修订版彻底弃用 I/O 地址空间，那也不足为奇。I/O 映射 I/O 的唯一优点是，由于其独立的地址空间，它不会从系统内存空间中窃取地址范围。因此，计算机可以在 32 位系统上访问整个 4 GB 的 RAM。

I/O 读（I/O read）和 I/O 写（I/O write）命令用于在 I/O 地址空间中传输数据。

11.3.3　PCI 内存地址空间

在计算机的早期，英特尔定义了一种通过所谓的 I/O 地址空间访问输入/输出设备中寄存器的方法。由于处理器的内存地址空间非常有限（如 16 位系统），使用它的某些范围来访问设备几乎没有意义。当系统内存空间不再受限制时（如 32 位系统，其中 CPU 最多可以寻址 4 GB），I/O 地址空间和内存地址空间之间的分离变得不那么重要，甚至是有点鸡肋。

I/O 地址空间有很多限制和约束，导致 I/O 设备中的寄存器直接映射到系统的内存地址空间，因此才有了内存映射 I/O 或 MMIO。这些限制和约束包括如下几方面。

❑　需要专用总线。

❑　单独的指令集。

❑　由于它是在 16 位系统时代实现的，端口地址空间被限制为 65536 个端口（对应于 2^{16}），相对于一些非常老的机器使用 10 位作为 I/O 地址空间并且只有 1024 个唯一的端口地址，它算是一种进步。但是现在看来它已经很落后了。

因此，利用内存映射 I/O 的优势变得更加实用。内存映射 I/O 允许通过使用普通内存访问指令简单地读取或写入那些"特殊"地址来访问硬件设备，尽管解码高达 4 GB（或更多）地址的成本要比 65536 高得多。

PCI 设备通过称为基地址寄存器（BAR）的窗口公开其内存区域。一个 PCI 设备最多可以有 6 个 BAR。接下来让我们详细了解一下它。

11.4　BAR 的概念

BAR 代表的是基地址寄存器（base address register），这是一个 PCI 概念，设备通过

它告诉主机它需要多少内存以及它的类型。这是内存空间（从系统内存映射中获取），
而不是实际的物理 RAM（实际上，你也可以将 RAM 本身视为"专用内存映射 I/O 设
备"，其任务只是保存和返回数据，尽管如今使用的现代 CPU 具有缓存等功能，但这在
物理上并不简单）。将请求的内存空间分配给目标设备是 BIOS 或操作系统的责任。

分配后，BAR 被主机系统（CPU）视为与设备通信的内存窗口。设备本身不会写入
该窗口。这个概念可以看作是一种访问真实物理内存的间接机制，它对于 PCI 设备来说，
算是内部和本地的。

实际上，内存的真实物理地址和输入/输出寄存器的地址在 PCI 设备内部。以下是主
机处理外设存储空间的方式。

（1）外围设备通过某种方式告诉系统它有几个存储区间和 I/O 地址空间，每个区间
有多大，以及它们各自的本地地址。显然，这些地址是本地和内部的，都是从 0 开始。

（2）系统软件知道有多少个外设、有什么样的存储区间后，就可以给这些区间分配
"物理地址"，并建立这些区间与总线的连接。这些地址是可访问的。

显然，这里所谓的"物理地址"与真实的物理地址有些不同。它实际上是一个逻辑
地址，所以经常变成"总线地址"，因为这是 CPU 在总线上看到的地址。

可以想象，外设上肯定有某种地址映射机制。所谓"给外设分配地址"就是给它们
分配总线地址并建立映射关系。

11.5　中　断　分　配

现在我们来讨论一下 PCI 设备处理中断的方式。

PCI Express 有 3 种中断类型。具体如下。

❑　传统中断：也称为 INTx 中断，是旧 PCI 实现中唯一可用的一种机制。

❑　基于消息的中断（message-based interrupt，MSI）：它扩展了传统机制，例如，
　　增加可能的中断数量。

❑　扩展的 MSI（extended MSI，MSI-X）：它扩展并增强了 MSI，例如，允许将单
　　个中断定位到不同的处理器（在某些高速网络应用中很有帮助）。

PCI Express 端点中的应用逻辑可以实现上面列举的 3 种方法中的一种或多种，以发
出中断信号。让我们来详细看看这些中断。

11.5.1　PCI 传统 INT-X 中断

传统中断管理基于 PCI INT-X 中断线，由多达 4 条虚拟中断线组成，称为 INTA、

INTB、INTC 和 INTD。这些中断线由系统中的所有 PCI 设备共享。

PCI 的传统中断管理方式要识别和处理中断，需经过以下步骤。

（1）设备置位（assert）其 INT# 引脚之一以生成中断。

（2）CPU 确认中断并通过调用它们的中断处理程序轮询连接到此 INT#线（共享）的每个设备（实际上是其驱动程序）。服务中断所需的时间取决于共享线路的设备数量。

设备的中断服务程序（interrupt service routine，ISR）可以通过读取设备的内部寄存器来确定中断的原因，从而检查中断是否源自该设备。

（3）ISR 采取措施服务中断。

在上述传统方法中，中断线是共享的，每个设备都可以使用。而另一方面，物理中断线又是有限的。接下来，让我们看看 MSI 如何解决这些问题并促进中断管理。

🛈 注意：

i.MX6 分别将 INTA/B/C/D 映射到 ARM GIC IRQ 155/154/153/152。这允许 PCIe-to-PCI 桥正常工作。有关详细信息，可参阅 IMX6DQRM.pdf 第 225 页。

11.5.2　基于消息的中断类型

有两种基于消息的中断机制：MSI 和 MSI-X，分别属于增强版和扩展版。MSI（或 MSI-X）只是一种使用 PCI Express 协议层发出中断信号的方式，PCIe 根复合体（主机）负责中断 CPU。

传统上，设备被分配引脚作为中断线，当它想向 CPU 发出中断信号时，则必须置位（assert）。这种发出信号的方式是带外（out-of-band，OOB）的，也就是说，它使用了另一种方式（不同于主数据路径）来发送这种控制信息。

当然，MSI 允许设备将少量中断描述数据写入特殊的内存映射 I/O 地址，然后根复合体负责将相应的中断传递给 CPU。一旦端点设备想要生成 MSI 中断，它就会向（目标）消息地址寄存器中指定的地址发出写入请求，并在消息数据寄存器中指定数据内容。为此使用了数据路径，因此它是一种带内（in-band，IB）机制。此外，MSI 还增加了可能的中断数量，下文将详细介绍。

🛈 注意：

PCI Express 根本没有单独的中断引脚。但是，它可在软件级别上与传统中断兼容。为此，它需要 MSI 或 MSI-X，因为它使用特殊的带内消息来允许模拟引脚置位或取消置位。换句话说，PCI Express 是通过提供 assert_INTx 和 deassert_INTx 来模拟此功能。消息包通过 PCI Express 串行链路发送。

在使用 MSI 的实现中，以下是通常的步骤。

（1）设备通过向上游发送 MSI 内存写入来生成中断。

（2）CPU 确认中断并调用适当的设备 ISR，因为这是基于 MSI 向量提前知道的。

（3）ISR 采取措施服务中断。

MSI 不共享，因此分配给设备的 MSI 保证在系统内是唯一的。显然，MSI 实现显著减少了中断所需的总服务时间。

🛈 注意：

大多数人认为 MSI 允许设备将数据作为中断的一部分发送到处理器。这是一种误解。事实上，作为内存写入事务一部分发送的数据由芯片组（实际上是根复合体）专门用于确定在哪个处理器上触发哪个中断；该数据不可用于设备向中断处理程序传达附加信息。

11.5.3　MSI 机制

MSI 最初被定义为 PCI 2.2 标准的一部分，允许设备分配 1、2、4、8、16 或最多 32 个中断。设备被编程为写入地址以发出中断信号（通常是中断控制器中的控制寄存器），它也被编程为一个 16 位的数据字（data word）以用于标识设备。中断号被添加到该数据字中以识别中断。

PCI Express 端点可以通过向根端口发送标准的 PCI Express 发布的写入数据包来发送信号通知 MSI。数据包由特定地址（由主机分配）和主机提供给端点的最多 32 个数据值之一（因此仅允许 32 个中断）组成。与传统中断相比，变化的数据值和地址值提供了更详细的中断事件标识。中断屏蔽功能在 MSI 规范中是可选的。

这种方法确实有一些局限性。32 个数据值仅使用一个地址，这使得很难将各个中断定位到不同的处理器。

这种限制产生的原因是，与 MSI 相关联的内存写入操作只能通过它们的目标地址位置（而不是数据）与其他内存写入操作区分开来，这些位置由系统保留且用于中断传递。

以下是 MSI 配置步骤，由 PCI Express 设备的 PCI 控制器驱动程序执行。

（1）总线枚举过程发生在启动期间。它由扫描 PCI 总线以发现设备的内核 PCI 核心代码组成（换句话说，它可以执行有效供应商 ID 的配置读取）。在发现 PCI Express 功能后，PCI 核心代码将读取功能列表指针，以获得寄存器链中第一个功能寄存器的位置。

（2）PCI 核心代码搜索功能寄存器组。它一直进行此操作，直到发现 MSI 功能寄存器集（功能 ID 为 05h）为至。

（3）PCI 核心代码配置该设备，为该设备的消息地址寄存器分配一个内存地址。这是传递中断请求时使用的内存写入的目标地址。

（4）PCI 核心代码检查设备消息控制寄存器中的多消息功能（multiple message capable）字段，以确定设备希望分配给它的与特定事件相关的消息数量。

（5）核心代码分配等于或小于设备请求数量的消息。至少需要为设备分配一条消息。

（6）核心代码将基本消息数据模式写入设备的消息数据寄存器。

（7）PCI 核心代码设置设备消息控制寄存器中的 MSI 启用位，从而使其能够使用 MSI 内存写入生成中断。

11.5.4　MSI-X 机制

MSI-X 只是 PCIe 中 PCI MSI 的扩展——它提供相同的功能，但可以承载更多信息，并且也更灵活。请注意，PCIe 支持 MSI 和 MSI-X。

MSI-X 最初是在 PCI 3.0（PCIe）标准中定义的。它允许设备支持至少 64 个（64 是最小值，但这也已经是 MSI 最大中断数的两倍）中断，最多 2048 个中断。实际上，MSI-X 允许大量中断，并可以为每个中断提供一个单独的目标地址和数据字。

由于发现原始 MSI 使用的单个地址对某些架构有限制，因此，MSI-X 设备可使用地址和数据对，允许设备使用多达 2048 个地址和数据对。

此外，由于每个端点都有大量的地址值，因此，可以将 MSI-X 消息路由到系统中的不同中断使用者，这与 MSI 数据包可用的单个地址不同。

最后，具有 MSI-X 功能的端点还包括用于屏蔽和保持挂起中断的应用逻辑，以及地址和数据对的内存表。

除上述区别之外，MSI-X 中断与 MSI 基本上是相同的。当然，MSI-X 还会强制要求 MSI 中的可选功能（如 64 位寻址和中断屏蔽）。

11.5.5　传统 INTx 模拟

由于 PCIe 声称向后兼容传统的并行 PCI，因此它还需要支持基于 INTx 的中断机制。但这如何实现呢？

实际上，经典 PCI 系统中有 4 条 INTx（INTA、INTB、INTC 和 INTD）物理 IRQ 线，它们都是电平触发的，实际上是低电平激活（也就是说，只要物理 INTx 线处于低电压即生成中断）。那么每个 IRQ 在模拟版本中是如何传输的呢？

答案是 PCIe 通过使用带内信令机制（in-band signaling mechanism），即所谓的 MSI，将 PCI 物理中断信号虚拟化。

　　由于每条物理线都有两个电平（置位和取消置位），因此 PCIe 每条线路提供两条消息，称为 assert_INTx 和 deassert_INTx 消息。这意味着总共有 8 种消息类型：assert_INTA、deassert_INTA…assert_INTD、deassert_INTD。它们简称为 INTx 消息。这样，INTx 中断即可像 MSI 和 MSI-X 一样通过 PCIe 链路传播。

　　这种向后兼容性主要存在于 PCI-to-PCIe 桥接芯片中，以便 PCI 设备无须修改驱动程序即可在 PCIe 系统中正常工作。

　　现在我们已经熟悉了 PCI 子系统中的中断分配，了解了传统的基于 INT-X 的机制和基于消息的机制，接下来可以深入研究一下 Linux Kernel PCI 子系统。

11.6　Linux Kernel PCI 子系统

　　Linux Kernel 支持 PCI 标准并提供了 API 来处理此类设备。在 Linux 中，PCI 实现大致可以分为以下主要组件。

- ❑　PCI BIOS：这是一个依赖于架构的部分，负责启动 PCI 总线初始化。ARM 特定的 Linux 实现位于 arch/arm/kernel/bios32.c 中。PCI BIOS 代码包括 PCI 主机控制器代码以及 PCI 内核接口，它可以执行总线枚举和资源（如内存和中断）分配。BIOS 执行的成功完成保证了系统中的所有 PCI 设备都被分配了部分可用的 PCI 资源，并且它们各自的驱动程序（称为从属驱动程序或端点驱动程序）都可以使用 PCI 核心提供的设施来控制它们。

  Kernel 可以调用架构服务和与特定板卡相关的 PCI 功能。PCI 配置有两个重要的任务：第一个任务是扫描总线上的所有 PCI 设备，配置它们，并分配内存资源；第二个任务是配置设备。在这里，配置意味着资源（内存）被保留并分配了 IRQ，但这并不意味着初始化。初始化是与特定设备相关的，应该由设备驱动程序完成。PCI BIOS 可以选择性地跳过资源分配。

- ❑　主机控制器（根复合体）：这部分是与特定 SoC 相关的（位于 drivers/pci/host/ 中，例如，r-car SoC 则位于 drivers/pci/controller/pcie-rcar.c 中）。

  当然，某些 SoC 可能会实现来自给定供应商（如 Synopsys DesignWare）的相同 PCIe IP 模块。这样的控制器可以在同一个目录下找到，比如，Kernel 源代码中的 drivers/pci/controller/dwc/。例如，i.MX6 的 PCIe IP 模块来自该供应商，则其驱动程序实现的位置为 drivers/pci/controller/dwc/pci-imx6.c。

  这一部分可处理与特定 SoC（有时是板卡）相关的初始化和配置，并可能调用 PCI BIOS。当然，它应该为 BIOS 以及 PCI 核心提供 PCI 总线访问和设施回调函数，这些函数将在 PCI 系统初始化期间以及在访问 PCI 总线时调用。

此外，它还提供可用内存/IO 空间、INTx 中断线和 MSI 的资源信息。它应该便于 IO 空间访问（如果支持的话），并且可能还需要提供间接内存访问（如果硬件支持的话）。

❑ 核心（drivers/pci/probe.c）：它负责为系统中的总线、设备以及桥创建和初始化数据结构树。它可以处理总线/设备编号，也可以创建设备条目并提供 proc/sysfs 信息，还可以为 PCI BIOS 和从属（端点）驱动程序以及可选的热插拔支持（如果硬件支持的话）提供服务。

它可以定位端点驱动程序接口查询，并初始化在枚举期间找到的相应设备。

它还提供了一个 MSI 中断处理框架和 PCI Express 端口总线支持。

以上这些都为 Linux Kernel 中设备驱动程序的开发提供了很大的方便。

11.7　PCI 数据结构

Linux Kernel PCI 框架有助于 PCI 设备驱动程序的开发，这些驱动程序构建在以下两个主要的数据结构之上。

❑ struct pci_dev：它代表内核中的 PCI 设备。

❑ struct pci_driver：它代表 PCI 驱动程序。

11.7.1　实例化 PCI 设备的结构体

struct pci_dev 是内核用来实例化系统上每个 PCI 设备的结构体。它描述了设备并存储了它的一些状态参数。该结构体在 include/linux/pci.h 中定义如下：

```
struct pci_dev {
    struct pci_bus *bus;            /* 此设备已开启总线 */
    struct pci_bus *subordinate;    /* 已桥接此设备总线 */

    struct proc_dir_entry   *procent;
    struct pci_slot         *slot;
    unsigned short          vendor;
    unsigned short          device;
    unsigned short          subsystem_vendor;
    unsigned short          subsystem_device;
    unsigned int            class;
```

```
    /* 3 字节: (base,sub,prog-if) */
    u8 revision;                          /* PCI 修订，类字的低字节 */
    u8 hdr_type;                          /* PCI 标头类型（multi'标志被屏蔽） */
    u8 pin;                               /* 此设备使用的中断引脚 */
    struct pci_driver *driver;            /* 绑定到此设备的驱动程序 */
    u64 dma_mask;
    struct device_dma_parameters dma_parms;

    struct device dev;
    int cfg_size;
    unsigned int irq;
    [...]
    unsigned int no_msi:1;                /* 可以不使用 MSI */
    unsigned int no_64bit_msi:1;          /* 只能使用 32 位 MSI */
    unsigned int msi_enabled:1;
    unsigned int msix_enabled:1;
    atomic_t enable_cnt;
    [...]
};
```

在上述代码中，为了增加可读性，删除了一些元素。其余元素的含义如下。

❑ procent：这是/proc/bus/pci/中的设备条目。

❑ slot：这是该设备所在的物理插槽。

❑ vendor：这是设备制造商的供应商 ID。PCI 特别兴趣小组（PCI special interest group）维护着此类编号的全球注册表，制造商必须申请为其分配唯一编号。该 ID 存储在设备配置空间的 16 位寄存器中。

❑ device：这是在探测到此特定设备后标识该设备的 ID。这取决于供应商，因此没有官方注册表。此 ID 也存储在 16 位寄存器中。

❑ subsystem_vendor 和 subsystem_device：指定 PCI 子系统供应商和子系统设备 ID。如前文所述，它们可用于进一步识别设备。

❑ class：标识此设备所属的类。它存储在 16 位寄存器中（在设备配置空间中），其前 8 位标识基类或组。

❑ pin：该设备使用的中断引脚，这是在使用传统的基于 INTx 的中断的情况下。

❑ driver：与此设备关联的驱动程序。

❑ dev：此 PCI 设备的底层设备结构体。

❑ cfg_size：配置空间的大小。

❑ irq：这是值得花时间研究的字段。当设备启动时，MSI(-X)模式未启用，并且在通过 pci_alloc_irq_vectors() API 显式启用之前保持不变（旧驱动程序使用 pci_enable_msi()）。

因此，irq 首先对应于默认的预分配非 MSI IRQ。但是，其值或用途可能会根据以下情况之一发生变化。

> 在 MSI 中断模式下（这需要成功调用 pci_alloc_irq_vectors()并设置了 PCI_IRQ_MSI 标志），该字段的（预分配）值被一个新的 MSI 向量替换。这个向量对应于所分配向量的基本中断号，这样向量 X（索引从 0 开始）对应的 IRQ 号就等价于（等同于）pci_dev->irq + X（参见 pci_irq_vector()函数，它旨在返回设备向量的 Linux IRQ 编号）。

> 在 MSI-X 中断模式下（这需要成功调用 pci_alloc_irq_vectors()并设置了 PCI_IRQ_MSIX 标志），该字段的（预分配）值保持不变（因为每个 MSI-X 向量都有其专用消息地址和消息数据对，并且这不需要 1：1 向量-条目映射）。但是，在这种模式下，irq 是无效的。在驱动程序中使用它来请求服务中断可能导致不可预测的行为。因此，如果需要 MSI(-X)，则应在驱动程序调用 devm_equest_irq()之前调用 pci_alloc_irq_vectors()函数（在分配向量之前启用 MXI(-X)），因为 MSI(-X)向量的提交方式与基于引脚的中断向量是不同的。

❑ msi_enabled：保持 MSI IRQ 模式的启用状态。

❑ msix_enabled：保持 MSI-X IRQ 模式的启用状态。

❑ enable_cnt：保存 pci_enable_device()被调用的次数。只有在 pci_enable_device() 的所有调用者都调用了 pci_disable_device()之后，才有助于真正禁用设备。

11.7.2　用于识别 PCI 设备的结构体

struct pci_dev 描述 PCI 设备，而 struct pci_device_id 则用于识别 PCI 设备。该结构体的定义如下：

```
struct pci_device_id {
    u32 vendor, device;
    u32 subvendor, subdevice;
    u32 class, class_mask;
    kernel_ulong_t driver_data;
};
```

要了解此结构体对 PCI 驱动程序的重要性，可以先来看看其每个元素。

❑ vendor 和 device：分别代表设备的供应商 ID 和设备 ID。两者配对以形成设备的唯一 32 位标识符。驱动程序依靠这个 32 位标识符来识别其设备。

❑ subvendor 和 subdevice：表示子系统 ID。

❑ class 和 class_mask：这是与类相关的 PCI 驱动程序，旨在处理给定类的每个设备。对于此类驱动程序，vendor 和 device 应设置为 PCI_ANY_ID。PCI 规范中描述了不同类别的 PCI 设备。这两个值允许驱动程序指定它支持一种 PCI 类设备。

❑ driver_data：这是驱动程序私有的数据。该字段不用于标识设备，而是传递不同的数据以区分设备。

有 3 个宏允许你创建 struct pci_device_id 的特定实例。

❑ PCI_DEVICE：该宏用于描述一个特定的 PCI 设备，它可以创建一个 struct pci_device_id，该结构体可匹配特定的 PCI 设备，使用供应商 ID 和设备 ID 作为参数（PCI_DEVICE(vend,dev)），而子供应商、子设备和与类相关的字段则设置为 PCI_ANY_ID。

❑ PCI_DEVICE_CLASS：该宏用于描述特定 PCI 设备类，它可以创建一个 struct pci_device_id，该结构体可与特定 PCI 类相匹配，使用 class 和 class_mask 作为参数（PCI_DEVICE_CLASS(dev_class,dev_class_mask)），而供应商、设备、子供应商和子设备字段将设置为 PCI_ANY_ID。其典型的示例如下：

```
PCI_DEVICE_CLASS(PCI_CLASS_STORAGE_EXPRESS, 0xffffff)
```

它对应于 NVMe 设备的 PCI 类，无论供应商和设备 ID 是什么，它都会匹配任何此类设备。

❑ PCI_DEVICE_SUB：该宏用于描述包含子系统的特定 PCI 设备，它可以创建一个 struct pci_device_id 匹配特定设备，使用子系统信息作为参数（PCI_DEVICE_SUB(vend, dev, subvend, subdev)）。

驱动程序支持的每个设备/类都应该输入到同一个数组中供以后使用（我们将在两个地方使用它），示例如下：

```
static const struct pci_device_id bt8xxgpio_pci_tbl[] = {
    { PCI_DEVICE(PCI_VENDOR_ID_BROOKTREE, PCI_DEVICE_ID_BT848) },
    { PCI_DEVICE(PCI_VENDOR_ID_BROOKTREE, PCI_DEVICE_ID_BT849) },
    { PCI_DEVICE(PCI_VENDOR_ID_BROOKTREE, PCI_DEVICE_ID_BT878) },
    { PCI_DEVICE(PCI_VENDOR_ID_BROOKTREE, PCI_DEVICE_ID_BT879) },
    { 0, },
};
```

每个 pci_device_id 结构体都需要导出到用户空间，以便让热插拔和设备管理器（udev、mdev 等）知道哪一个驱动程序与哪一个设备配合使用。将它们全部放入同一数组的首要原因是它们可以一次性导出。

要完成此操作，可以使用 MODULE_DEVICE_TABLE 宏，示例如下：

```
MODULE_DEVICE_TABLE(pci, bt8xxgpio_pci_tbl);
```

该宏使用给定信息创建自定义部分。在编译时，构建过程（更准确地说是 depmod）可从驱动程序中提取此信息，并构建一个名为 modules.alias 的人类可读表，它位于 /lib/modules/<kernel_version>/目录中。

当内核告诉热插拔系统有新设备可用时，热插拔系统将参考 modules.alias 文件以找到要加载的正确驱动程序。

11.7.3　实例化 PCI 设备驱动程序的结构体

struct pci_driver 结构体可代表一个 PCI 设备驱动程序的实例，不管它是什么以及它属于什么子系统。它是每个 PCI 驱动程序必须创建和填充的主要结构体，以便能够在内核中注册它们。struct pci_driver 定义如下：

```
struct pci_driver {
    const char *name;
    const struct pci_device_id *id_table; int (*probe)(struct
                                                    pci_dev *dev,
    const struct pci_device_id *id); void (*remove)(struct pci_dev *dev);
    int (*suspend)(struct pci_dev *dev, pm_message_t state);
    int (*resume) (struct pci_dev *dev); /* 设备已唤醒 */
    void (*shutdown) (struct pci_dev *dev); [...]
};
```

该结构体中的部分元素已被删除，因为它们不在我们的兴趣范围之内。以下是该结构体中其余字段的含义。

❑　name：这是驱动程序的名称。由于驱动程序通常由其名称标识，因此它在 Kernel 的所有 PCI 驱动程序中必须是唯一的。

　　一般来说，可将此字段设置为与驱动程序的模块名称相同的名称。如果在同一个子系统总线中已经有一个同名的驱动程序注册，那么你的驱动程序注册将会失败。要了解其内部工作原理，可查看以下网址中的 driver_register()：

　　https://elixir.bootlin.com/linux/v4.19/source/drivers/base/driver.c#L146

❑　id_table：这应该指向前文介绍过的 struct pci_device_id 表。这是该结构体在驱动程序中使用的第二个地方，也是最后一个地方。对于调用的 probe 方法来说，它必须是非 NULL 的。

❑ probe：这是指向驱动程序 probe 函数的指针。当 PCI 设备匹配（通过供应商/产品 ID 或类 ID）驱动程序 id_table 中的条目时，它会被 PCI 核心调用。如果它负责初始化设备，则此方法应返回 0，否则返回负错误。

❑ remove：当由该驱动程序处理的设备从系统中删除（从总线上消失）或驱动程序序从内核中卸载时，PCI 核心将调用它。

❑ suspend、resume 和 shutdown：这些是可选的电源管理函数，但推荐使用。在这些回调函数中，你可以使用与 PCI 相关的电源管理辅助函数，如 pci_save_state() 或 pci_restore_state()、pci_disable_device() 或 pci_enable_device()、pci_set_power_state() 和 pci_choose_state()。这些回调函数分别由 PCI 核心调用以执行以下操作。

➢ 挂起设备。状态将作为回调函数的参数给出。

➢ 恢复设备。这可能只在调用 suspend 之后才发生。

➢ 正确关闭设备。

以下是正在初始化的 PCI 驱动程序结构体的示例：

```
static struct pci_driver bt8xxgpio_pci_driver = {
    .name       = "bt8xxgpio",
    .id_table   = bt8xxgpio_pci_tbl,
    .probe      = bt8xxgpio_probe,
    .remove     = bt8xxgpio_remove,
    .suspend    = bt8xxgpio_suspend,
    .resume     = bt8xxgpio_resume,
};
```

11.7.4　注册 PCI 驱动程序

向 PCI 核心注册 PCI 驱动程序包括调用 pci_register_driver()，给定一个参数作为指向先前设置的 struct pci_driver 结构体的指针。这应该在模块 init 方法中完成，示例如下：

```
static int init pci_foo_init(void)
{
    return pci_register_driver(&bt8xxgpio_pci_driver);
}
```

如果注册时一切顺利，则 pci_register_driver() 返回 0，否则返回负错误。这个返回值由内核处理。

当然，在模块的卸载路径上，struct pci_driver 需要注销，这样系统才不会尝试使用对

应模块已经不存在的驱动程序。因此，卸载 PCI 驱动程序需要调用 pci_unregister_driver()
以及指向与注册相同的结构体的指针。这应该在模块 exit 函数中完成，示例如下：

```
static void exit pci_foo_exit(void)
{
    pci_unregister_driver(&bt8xxgpio_pci_driver);
}
```

由于这些操作经常在 PCI 驱动程序中重复，因此，PCI 核心公开了 module_pci_
macro()宏以自动处理注册/注销，示例如下：

```
module_pci_driver(bt8xxgpio_pci_driver);
```

该宏更安全，因为它负责注册和注销，防止某些开发人员提供了一个而忘记另一个。

现在我们已经熟悉了最重要的 PCI 数据结构——struct pci_dev（表示 PCI 设备）、
struct pci_device_id（识别 PCI 设备）和 struct pci_driver（表示 PCI 驱动程序），以及处
理这些数据结构的辅助函数。

接下来，我们将讨论驱动程序结构体，了解如何使用上述数据结构。

11.8　PCI 驱动程序结构体概述

在编写 PCI 设备驱动程序时，需要遵循一些步骤，其中一些需要按照预定义的顺序
完成。现在我们将尝试讨论这些步骤，并在必要时解释细节。

11.8.1　启用设备

在 PCI 设备上执行任何操作之前（即使只是读取其配置寄存器），都必须启用该 PCI
设备，这必须由代码显式完成。为此，Kernel 提供了 pci_enable_device()。该函数可初始
化设备，以便驱动程序可以使用它，要求低级代码启用 I/O 和内存。它还可以处理 PCI
电源管理唤醒，这样，如果设备被挂起，它也会被唤醒。

pci_enable_device()的原型如下：

```
int pci_enable_device(struct pci_dev *dev)
```

由于 pci_enable_device()可能会失败，因此必须检查它返回的值，示例如下：

```
int err;
    err = pci_enable_device(pci_dev);
```

```
    if (err) {
    printk(KERN_ERR "foo_dev: Can't enable device.\n");
    return err;
}
```

请记住，pci_enable_device()将初始化内存映射和 I/O BAR。但是，你可能想要初始化其中一个而不是另一个，这要么是因为你的设备不支持两者，要么是因为你不会在驱动程序中同时使用两者。

为了不初始化I/O空间，你可以使用启用方法的另一种变体pci_enable_device_mem()。另一方面，如果你只需要处理 I/O 空间，则可以改用 pci_enable_device_io()变体。

这两种变体之间的区别在于：pci_enable_device_mem()将仅初始化内存映射 BAR，而 pci_enable_device_io()将初始化 I/O BAR。

请注意，如果设备被启用多次，每个操作都会增加 struct pci_dev 结构体中的.enable_cnt 字段，但只有第一个操作才会真正作用于设备。

当要禁用 PCI 设备时，你应该采用 pci_disable_device()方法，无论使用的是哪一种启用变体。该方法可向系统发出信号，表明系统不再使用该 PCI 设备。下面是它的原型：

```
void pci_disable_device(struct pci_dev *dev)
```

pci_disable_device()还会禁用设备上的总线控制（如果它原来是活动的）。当然，直到 pci_enable_device()（或其变体之一）的所有调用者都调用 pci_disable_device()时，设备才会被禁用。

11.8.2 总线控制能力

根据定义，PCI 设备可以在它成为总线主控的那一刻启动总线上的事务。设备启用后，你可能需要启用总线主控。

这实际上包括通过在适当的配置寄存器中设置总线主控位来启用设备中的 DMA。PCI 核心为此提供了 pci_set_master()。该方法可调用 pci_bios（实际上是 pcibios_set_master()）以执行必要的特定于架构的设置。pci_clear_master()将通过清除总线主控位来禁用 DMA。它们是相反的操作：

```
void pci_set_master(struct pci_dev *dev)
void pci_clear_master(struct pci_dev *dev)
```

请注意，如果设备旨在执行 DMA 操作，则必须调用 pci_set_master()。

11.8.3　访问配置寄存器

一旦设备绑定到驱动程序并被驱动程序启用后，访问设备内存空间是很常见的。一般来说，首先访问的是配置空间。

传统的 PCI 和 PCI-X 模式 1 设备有 256 字节的配置空间。PCI-X 模式 2 和 PCIe 设备有 4096 字节的配置空间。

驱动程序能够访问设备配置空间，读取驱动程序正常运行所必需的信息，或者设置一些重要参数，这是最基本的。Kernel 可以为不同大小的数据配置空间公开标准和专用 API（用于读取和写入）。

为了从设备配置空间读取数据，可使用以下原语：

```
int pci_read_config_byte(struct pci_dev *dev, int where, u8 *val);
int pci_read_config_word(struct pci_dev *dev, int where, u16 *val);
int pci_read_config_dword(struct pci_dev *dev, int where, u32 *val);
```

上述代码分别读取了由 dev 参数表示的 PCI 设备配置空间中的 1、2 或 4 个字节。读取的值返回给 val 参数。

在将数据写入设备配置空间时，可使用以下原语：

```
int pci_write_config_byte(struct pci_dev *dev, int where, u8 val);
int pci_write_config_word(struct pci_dev *dev, int where, u16 val);
int pci_write_config_dword(struct pci_dev *dev, int where, u32 val);
```

上述原语分别将 1、2 或 4 个字节写入设备配置空间。val 参数表示要写入的值。

在读取或写入情况下，where 参数是从配置空间开始的字节偏移量。但是，内核中还存在一些常用的配置偏移量，这些偏移量由符号命名的宏标识，定义在 include/uapi/linux/pci_regs.h 中。以下是其中的一些代码片段：

```
#define PCI_VENDOR_ID 0x00          /* 16 位 */
#define PCI_DEVICE_ID 0x02          /* 16 位 */
#define PCI_STATUS 0x06             /* 16 位 */
#define PCI_CLASS_REVISION 0x08     /* 高 24 位是类，低 8 位修订 */
#define PCI_REVISION_ID 0x08        /* 修订 ID */
#define PCI_CLASS_PROG 0x09         /* 寄存器电平编程接口 */
#define PCI_CLASS_DEVICE 0x0a       /* 设备类 */
[...]
```

因此，要获取给定 PCI 设备的修订 ID，可使用以下示例：

```
static unsigned char foo_get_revision(struct pci_dev *dev)
{
    u8 revision;
    pci_read_config_byte(dev, PCI_REVISION_ID, &revision);
    return revision;
}
```

在上述代码中使用了 pci_read_config_byte()，因为修订仅由一个字节表示。

🛈 注意：

由于数据以小端格式（little endian format）存储在 PCI 设备中或从 PCI 设备中读取，因此读取原语（实际上是 word 和 dword 变体）负责将读取数据转换为 CPU 的本机字节序，而写入原语（word 和 dword 变体）负责（在将数据写入设备之前）将来自 CPU 本机字节序的数据转换为小端格式。

11.8.4　访问内存映射 I/O 资源

内存寄存器几乎可用于其他所有事情，例如，用于突发事务。这些寄存器实际上对应于设备内存 BAR。然后，它们中的每一个都被分配了系统地址空间中的一个内存区域，以便对这些区域的任何访问都被重定向到相应的设备，目标是与 BAR 对应的正确本地（在设备中）内存。这就是内存映射 I/O。

在 Linux Kernel 的内存映射 I/O 世界中，在为其创建映射之前请求（实际上是声明）内存区域是很常见的。可以将 request_mem_region() 和 ioremap() 原语用于这两个目的。以下是它们的原型：

```
struct resource *request_mem_region(unsigned long start,
                                    unsigned long n,
                                    const char *name)
void iomem *ioremap(unsigned long phys_addr, unsigned long size);
```

request_mem_region() 是一种纯保留机制，不执行任何映射。它依赖于其他驱动程序应该有序轮询调用 request_mem_region() 这一事实，这将防止另一个驱动程序重叠已经声明的内存区域。除非此调用成功返回，否则不应映射或访问已声明的区域。

在其参数中，name 表示要赋予资源的名称；start 表示应为其创建映射的地址；n 表示映射的大小。

要获取给定 BAR 的信息，可以使用 pci_resource_start()、pci_resource_len() 甚至 pci_resource_end()，其原型如下。

❑ unsigned long pci_resource_start(struct pci_dev *dev, int bar)：该函数返回与索引为 bar 的 BAR 关联的第一个地址（内存地址或 I/O 端口号）。

❑ unsigned long pci_resource_len(struct pci_dev *dev, int bar)：该函数返回 BAR bar 的大小。

❑ unsigned long pci_resource_end(struct pci_dev *dev, int bar)：该函数返回作为 I/O 区域编号 bar 一部分的最后一个地址。

❑ unsigned long pci_resource_flags(struct pci_dev *dev, int bar)：该函数不仅与内存资源 BAR 相关。它实际上返回与此资源关联的标志。IORESOURCE_IO 表示 BAR bar 是 I/O 资源（因此适用于 I/O 映射的输入/输出），而 IORESOURCE_MEM 则表示它是内存资源（用于内存映射 I/O）。

另一方面，ioremap()确实创建了真正的映射，并返回映射区域上的内存映射 I/O cookie。例如，以下代码显示了如何映射给定设备的 bar0：

```
unsigned long bar0_base; unsigned long bar0_size;
void iomem *bar0_map_membase;

/* 获取 PCI 基地址寄存器（BAR）*/
bar0_base = pci_resource_start(pdev, 0);
bar0_size = pci_resource_len(pdev, 0);

/*
 * 考虑托管版本并使用 devm_request_mem_regions()
 */
if (request_mem_region(bar0_base, bar0_size, "bar0-mapping")) {
    /* 出现错误 */
    goto err_disable;
}

/* 考虑托管版本并改为使用 devm_ioremap */
bar0_map_membase = ioremap(bar0_base, bar0_size);
if (!bar0_map_membase) {
    /* 出现错误 */
    goto err_iomap;
}

/* 现在可以在 bar0_map_membase 上使用 ioread32()/iowrite32() */
```

上述代码运行良好，但很呆板，因为我们要为每个 BAR 执行此操作。

事实上，request_mem_region()和 ioremap()是非常基本的原语。PCI 框架提供了更多与 PCI 相关的函数以方便执行此类常见任务：

```
int pci_request_region(struct pci_dev *pdev, int bar,
                       const char *res_name)
int pci_request_regions(struct pci_dev *pdev, const char *res_name)
void iomem *pci_iomap(struct pci_dev *dev, int bar,
                      unsigned long maxlen)
void iomem *pci_iomap_range(struct pci_dev *dev, int bar,
                            unsigned long offset,
                            unsigned long maxlen)
void iomem *pci_ioremap_bar(struct pci_dev *pdev, int bar)

void pci_iounmap(struct pci_dev *dev, void iomem *addr)
void pci_release_regions(struct pci_dev *pdev)
```

上述辅助函数可以描述如下。

❑ pci_request_regions()：将与 pdev PCI 设备关联的所有 PCI 区域标记为由所有者 res_name 保留。在其参数中，pdev 是要保留其资源的 PCI 设备，res_name 是与资源关联的名称。

❑ pci_request_region()：以单个 BAR 为目标，由 bar 参数标识。

❑ pci_iomap()：为 BAR 创建映射。你可以使用 ioread*()和 iowrite*()访问它。maxlen 指定要映射的最大长度。如果你想在不检查其长度的情况下访问完整的 BAR，请在此处传递 0。

❑ pci_iomap_range()：从 BAR 中的偏移量开始创建映射。生成的映射从 offset 开始，并且是 maxlen 宽。maxlen 指定要映射的最大长度。如果要从 offset 到末尾访问完整 BAR，请在此处传递 0。

❑ pci_ioremap_bar()：提供了一种防错方式（相对于 pci_ioremap()）来执行 PCI 内存重映射。它确保 BAR 实际上是内存资源，而不是 I/O 资源。当然，它映射了整个 BAR 大小。

❑ pci_iounmap()：与 pci_iomap()相反，它将撤销映射。它的 addr 参数对应于先前由 pci_iomap()返回的 cookie。

❑ pci_release_regions()：与 pci_request_regions()相反。它将释放先前声明的保留 PCI I/O 和内存资源。pci_release_region()则是针对单个 BAR 变体。

使用这些辅助函数，我们可以重写与之前相同的代码，但这次针对的是 BAR1。这将如下所示：

```
#define DRV_NAME "foo-drv"
```

```
void iomem *bar1_map_membase;
int err;
err = pci_request_regions(pci_dev, DRV_NAME);
if (err) {
    /* 出现错误 */
    goto error;
}

bar1_map_membase = pci_iomap(pdev, 1, 0);
if (!bar1_map_membase) {
    /* 出现错误 */
    goto err_iomap;
}
```

在声明和映射内存区域后，提供平台抽象的 ioread*() 和 iowrite*() API 即可访问映射的寄存器。

11.8.5　访问 I/O 端口资源

I/O 端口访问需要经过与 I/O 内存相同的步骤，但是其底层机制不同。它需要请求 I/O 区域，映射 I/O 区域（这不是强制性的，只是一个有序轮询的问题），并访问 I/O 区域。

前两个步骤我们已在不知不觉中完成了。实际上，pci_requestregion*() 原语处理的是 I/O 端口和 I/O 内存。它依赖于资源标志（pci_resource_flags()）来调用适当的低级辅助函数。例如，request_region() 用于 I/O 端口，而 request_mem_region() 则用于 I/O 内存：

```
unsigned long flags = pci_resource_flags(pci_dev, bar);
if (flags & IORESOURCE_IO)
    /* 使用 request_region() */
else if (flag & IORESOURCE_MEM)
    /* 使用 request_mem_region() */
```

因此，无论资源是 I/O 内存还是 I/O 端口，都可以安全地使用 pci_request_regions() 或其 bar 变体 pci_request_region()。

这同样适用于 I/O 端口映射。pci_iomap*() 原语能够处理 I/O 端口或 I/O 内存。它们也依赖于资源标志，并调用适当的辅助函数来创建映射。

根据资源类型，适用于 I/O 内存的底层映射函数是 ioremap()，而 I/O 内存是 IORESOURCE_MEM 类型的资源。

适用于 I/O 端口的底层映射函数是 __pci_ioport_map()，而 I/O 端口对应的是 IORESOURCE_IO 类型的资源。

　　__pci_ioport_map()是一个依赖于架构的函数（实际上被 MIPS 和 SH 架构覆盖），大部分时间对应于 ioport_map()。

　　为了确认上述说明，可以仔细研究一下 pci_iomap_range()函数的主体，pci_iomap()依赖于该函数：

```
void iomem *pci_iomap_range(struct pci_dev *dev, int bar,
                            unsigned long offset,
                            unsigned long maxlen)
{
    resource_size_t start = pci_resource_start(dev, bar);
    resource_size_t len = pci_resource_len(dev, bar);
    unsigned long flags = pci_resource_flags(dev, bar);

    if (len <= offset || !start)
        return NULL;
    len -= offset; start += offset;

    if (maxlen && len > maxlen)
        len = maxlen;
    if (flags & IORESOURCE_IO)
        return pci_ioport_map(dev, start, len);
    if (flags & IORESOURCE_MEM)
        return ioremap(start, len);

    /* 资源类型 */
    return NULL;
}
```

　　当然，在涉及访问 I/O 端口时，API 就完全改变了。

　　以下是访问 I/O 端口的辅助函数。这些函数隐藏了底层映射的细节以及它们的类型。下面列出了 Kernel 提供的访问 I/O 端口的函数：

```
u8 inb(unsigned long port);
u16 inw(unsigned long port);
u32 inl(unsigned long port);
void outb(u8 value, unsigned long port);
void outw(u16 value, unsigned long port);
void outl(u32 value, unsigned long port);
```

　　在上面的代码片段中，in*()系列分别从端口位置读取一个、两个或 4 个字节。获取的数据由一个值返回。另一方面，out*()系列分别写入一个、两个或 4 个字节，它们指的是 port 位置中的 value 参数。

11.8.6　处理中断

需要为设备提供中断服务的驱动程序需要首先请求这些中断。从 probe()方法中请求中断是很常见的。

为了处理传统的和非 MSI IRQ，驱动程序可以直接使用 pci_dev->irq 字段，该字段是在探测设备时预先分配的。

当然，对于更通用的方法来说，建议使用 pci_alloc_irq_vectors() API。该函数定义如下：

```
int pci_alloc_irq_vectors(struct pci_dev *dev,
                          unsigned int min_vecs,
                          unsigned int max_vecs,
                          unsigned int flags);
```

如果成功，则上面的函数返回分配的向量数（可能小于 max_vecs），在发生错误时则返回负错误代码。

分配的向量数量至少达到 min_vecs。如果可用于 dev 的中断向量少于 min_vecs 个，则该函数将失败并返回-ENOSPC。

该函数的优点是它可以处理传统中断和 MSI 或 MSI-X 中断。根据 flags 参数，驱动程序可以指示 PCI 层为此设备设置 MSI 或 MSI-X 功能。此参数用于指定设备和驱动程序使用的中断类型。可能的标志是在 include/linux/pci.h 中定义的。

- □　PCI_IRQ_LEGACY：单个传统 IRQ 向量。
- □　PCI_IRQ_MSI：在成功路径上，pci_dev->msi_enabled 设置为 1。
- □　PCI_IRQ_MSIX：在成功路径上，pci_dev->msix_enabled 设置为 1。
- □　PCI_IRQ_ALL_TYPES：这允许尝试分配上述任何类型的中断，但按照一个固定的顺序进行。MSI-X 模式总是先尝试，如果成功，函数立即返回。如果 MSI-X 失败，则尝试 MSI。在 MSI-X 和 MSI 都失败的情况下，传统模式用作回退。驱动程序可以依靠 pci_dev->msi_enabled 和 pci_dev->msix_enabled 来确定哪一种模式成功。
- □　PCI_IRQ_AFFINITY：这允许关联自动分配。如果设置了该标志，则 pci_alloc_irq_vectors()将在可用 CPU 周围传播中断。

若要获取将传递给 request_irq()和 free_irq()的 Linux IRQ 编号（对应于向量），可使用以下函数：

```
int pci_irq_vector(struct pci_dev *dev, unsigned int nr);
```

在上述代码中，dev 是要操作的 PCI 设备，nr 是与设备相关的中断向量索引（从 0 开始）。现在让我们仔细看看该函数的工作方式：

```
int pci_irq_vector(struct pci_dev *dev, unsigned int nr)
{
    if (dev->msix_enabled) {
        struct msi_desc *entry;
        int i = 0;
        for_each_pci_msi_entry(entry, dev) {
            if (i == nr)
                return entry->irq;
            i++;
        }
        WARN_ON_ONCE(1);
        return -EINVAL;
    }

    if (dev->msi_enabled) {
        struct msi_desc *entry = first_pci_msi_entry(dev);
        if (WARN_ON_ONCE(nr >= entry->nvec_used))
            return -EINVAL;
    } else {
        if (WARN_ON_ONCE(nr > 0))
            return -EINVAL;
    }

    return dev->irq + nr;
}
```

在上述代码片段中可以看到，第一次尝试的是 MSI-X（if (dev->msix_enabled)）。

此外，返回的 IRQ 与在设备探测时预先分配的原始 pci_dev->irq 无关。但是，如果 MSI 被启用（dev->msi_enabled 为 true），那么该函数将执行一些完整性检查并返回 dev->irq + nr。这证实了当我们在 MSI 模式下操作时 pci_dev->irq 被一个新值替换的事实，并且这个新值对应于分配的 MSI 向量的基本中断号。

最后你会注意到，没有对传统模式进行特殊检查。

实际上，在传统模式下，预先分配的 pci_dev->irq 保持不变，它只是一个分配的向量。因此，在传统模式下操作时，nr 应为 0。在这种情况下，返回的向量只不过是 dev->irq。

某些设备可能不支持使用传统的中断线，在这种情况下，驱动程序可以指定仅接收 MSI 或 MSI-X：

```
nvec =
    pci_alloc_irq_vectors(pdev, 1, nvec, PCI_IRQ_MSI | PCI_IRQ_MSIX);
if (nvec < 0)
    goto out_err;
```

ℹ️ **注意：**

MSI/MSI-X 和传统中断是互斥的，在设备上启用 MSI 或 MSI-X 中断后，它会保持此模式，直到它们再次被禁用。

11.8.7　传统 INTx IRQ 分配

PCI 总线类型（struct bus_type pci_bus_type）的 probe 方法是 pci_device_probe()，它在 drivers/pci/pci-driver.c 中实现。每次向总线添加新 PCI 设备或向系统注册新 PCI 驱动程序时，都会调用此方法。

pci_device_probe() 函数首先将调用 pci_assign_irq(pci_dev)，然后再调用 pcibios_alloc_irq(pci_dev)，以便为 PCI 设备分配一个 IRQ，即著名的 pci_dev->irq。该操作开始发生在 pci_assign_irq() 中。pci_assign_irq() 可读取 PCI 设备连接的引脚，示例如下：

```
u8 pin;
pci_read_config_byte(dev, PCI_INTERRUPT_PIN, &pin);
/* (1=INTA, 2=INTB, 3=INTD, 4=INTD) */
```

接下来的步骤依赖于 PCI 主机桥，其驱动程序应该公开许多回调函数，包括一个特殊的回调函数.map_irq，其目的是根据设备的插槽和先前读取的引脚为设备创建 IRQ 映射：

```
void pci_assign_irq(struct pci_dev *dev)
{
    int irq = 0; u8 pin;
    struct pci_host_bridge *hbrg = pci_find_host_bridge(dev->bus);

    if (!(hbrg->map_irq)) {
    pci_dbg(dev, "runtime IRQ mapping not provided by arch\n");
        return;
    }

    pci_read_config_byte(dev, PCI_INTERRUPT_PIN, &pin);
    if (pin) {
        [...]
        irq = (*(hbrg->map_irq))(dev, slot, pin);
        if (irq == -1)
```

```
            irq = 0;
    }

    dev->irq = irq;
    pci_dbg(dev, "assign IRQ: got %d\n", dev->irq);
    /*
     * 始终告诉设备，以便驱动程序知道要使用的真正 IRQ 是什么
     * 设备不使用它
     */
    pci_write_config_byte(dev, PCI_INTERRUPT_LINE, irq);
}
```

这是设备探测期间 IRQ 的第一次分配。

回到 pci_device_probe()函数，在 pci_assign_irq()之后调用的下一个方法是 pcibios_alloc_irq()。

但是，pcibios_alloc_irq()被定义为一个弱函数（而且是空函数），可以被 arch/arm64/kernel/pci.c 中的 AArch64 架构覆盖，并且它依赖于 ACPI（如果已启用的话）来删除已分配的 IRQ。其他架构也希望覆盖此函数。

pci_device_probe()的最终代码如下所示：

```
static int pci_device_probe(struct device *dev)
{
    int error;
    struct pci_dev *pci_dev = to_pci_dev(dev);
    struct pci_driver *drv = to_pci_driver(dev->driver);
    pci_assign_irq(pci_dev);
    error = pcibios_alloc_irq(pci_dev);
    if (error < 0)
        return error;

    pci_dev_get(pci_dev);
    if (pci_device_can_probe(pci_dev)) {
        error = pci_device_probe(drv, pci_dev);
        if (error) {
            pcibios_free_irq(pci_dev);
            pci_dev_put(pci_dev);
        }
    }
    return error;
}
```

ℹ️ **注意：**

PCI_INTERRUPT_LINE 中包含的 IRQ 值在调用 pci_enable_device()之前是不理想的。但是，外围设备的驱动程序不应该更改 PCI_INTERRUPT_LINE，因为它反映了 PCI 中断连接到中断控制器的方式，这是不可更改的。

11.8.8　模拟 INTx IRQ 调和

请注意，大多数传统 INTx 模式下的 PCIe 设备将默认为本地 INTA 虚拟线输出（virtual wire output），对于通过 PCIe/PCI 桥连接的许多物理 PCI 设备也是如此。操作系统最终会在系统中的所有外围设备之间共享 INTA 输入，并且所有设备共享相同的 IRQ 线——不难想象，这是一场灾难。

此问题的解决方案是虚拟线 INTx IRQ 调和（virtual wire INTx IRQ swizzling）。回到 pci_device_probe()函数的代码，它调用的是 pci_assign_irq()。如果你仔细研究此函数的主体（在 drivers/pci/setup-irq.c 中），则会注意到一些旨在解决此问题的调和操作。

11.8.9　关于锁定的注意事项

许多设备驱动程序都有一个在中断处理程序中使用的针对每个设备的自旋锁，这是很常见的。由于中断在基于 Linux 的系统上保证是不可重入（non-reentrant）的，因此，当你使用基于引脚的中断或单个 MSI 时，没有必要禁用中断。

但是，如果设备使用多个中断，则驱动程序必须在持有锁时禁用中断。如果设备可发送不同的中断，则将防止死锁，其处理程序将尝试获取已被正在服务的中断锁定的自旋锁。因此，在这种情况下使用的锁定原语是 spin_lock_irqsave()或 spin_lock_irq()，它们可禁用本地中断并获取锁。你可以参考第 1 章"嵌入式开发人员需要掌握的 Linux 内核概念"，了解有关锁原语和中断管理的更多信息。

11.8.10　关于传统 API 的简要说明

有许多驱动程序仍在使用传统的和现已弃用的 MSI 或 MSI-X API，它们包括 pci_enable_msi()、pci_disable_msi()、pci_enable_msix_range()、pci_enable_msix_exact()和 pci_disable_msix()。

上述 API 根本不应该在新代码中使用。但是，以下是尝试使用 MSI 并在 MSI 不可用时回退到传统中断模式的代码片段示例：

```
    int err;

    /* 尝试使用 MSI 中断 */
    err = pci_enable_msi(pci_dev);
    if (err)
        goto intx;

    err = devm_request_irq(&pci_dev->dev, pci_dev->irq,
                           my_msi_handler, 0, "foo-msi", priv);
    if (err) {
        pci_disable_msi(pci_dev);
        goto intx;
    }
    return 0;

    /* 尝试使用传统中断 */
intx:
    dev_warn(&pci_dev->dev,
    "Unable to use MSI interrupts, falling back to legacy\n");
    err = devm_request_irq(&pci_dev->dev, pci_dev->irq,
            my_shared_handler, IRQF_SHARED, "foo-intx", priv);
    if (err) {
        dev_err(pci_dev->dev, "no usable interrupts\n");
        return err;
    }
    return 0;
```

由于上述代码包含已弃用的 API，因此将其转换为新的 API 可能是一个很好的练习。

现在我们已经完成了通用 PCI 设备驱动程序结构并解决了此类驱动程序中的中断管理问题，接下来将讨论如何利用设备的直接内存访问功能。

11.9　PCI 和直接内存访问

为了加速数据传输并通过允许 CPU 不执行繁重的内存复制操作来减轻 CPU 的负担，控制器和设备都可以配置为执行直接内存访问（direct memory access，DMA），这是一种在设备和主机之间交换数据但却不涉及 CPU 的方式。根据根复合体的类型，PCI 地址空间可以是 32 位或 64 位。

11.9.1 关于 DMA 缓冲区

作为 DMA 传输源或目标的系统内存区域称为 DMA 缓冲区。但是，DMA 缓冲内存的范围取决于总线地址的大小。这源于 24 位宽的 ISA 总线。在这样的总线中，DMA 缓冲区只能存在于系统内存的底部 16 MB 中。此底部内存也称为 ZONE_DMA。当然，PCI 总线没有这样的限制。

虽然经典 PCI 总线支持 32 位寻址，但 PCIe 将其扩展到 64 位。因此，可以使用两种不同的地址格式：32 位地址格式和 64 位地址格式。

为了提取 DMA API，驱动程序应该包含 #include <linux/dma-mapping.h>。

要通知内核对 DMA 缓冲区的任何特殊需求（包括指定总线的宽度），可以使用 dma_set_mask()，其定义如下：

```
dma_set_mask(struct device *dev, u64 mask);
```

这将有助于系统有效分配内存，特别是如果设备可以直接在 4 GB 物理 RAM 以上的系统 RAM 中寻址一致内存（consistent memory）。

在上面的辅助函数中，dev 是 PCI 设备的底层设备，而 mask 是要使用的实际掩码，可以通过使用 DMA_BIT_MASK 宏以及实际总线宽度来指定。dma_set_mask() 成功时将返回 0。任何其他值都表示发生了错误。

以下是 32 位（或 64 位）系统的示例：

```
int err = 0;
err = pci_set_dma_mask(pci_dev, DMA_BIT_MASK(32));

/*
 * 在 64 位系统上则使用以下语句:
 * err = pci_set_dma_mask(dev, DMA_BIT_MASK(64));
 */
if (err) {
    dev_err(&pci_dev->dev,
        "Required dma mask not supported, \
        failed to initialize device\n");
    goto err_disable_pci_dev;
}
```

也就是说，DMA 传输需要合适的内存映射。此映射包括分配 DMA 缓冲区并为每个缓冲区生成一个总线地址，它们的类型为 dma_addr_t。

由于 I/O 设备可通过总线控制器和任何输入/输出内存管理单元（input/output memory

management unit，IOMMU）查看 DMA 缓冲区，因此其获得的总线地址将提供给设备，以便通知它 DMA 缓冲区的位置。

由于每个内存映射也会产生一个虚拟地址，因此它不仅会生成总线地址，还会为映射生成虚拟地址。为了使 CPU 能够访问缓冲区，DMA 服务例程还可以将 DMA 缓冲区的内核虚拟地址映射到总线地址。

PCI 的 DMA 映射有两种类型：一致映射和流式映射。无论是哪一种，Kernel 都提供了一个健康的 API，它屏蔽了处理 DMA 控制器的许多内部细节。

11.9.2　PCI 一致 DMA 映射

驱动程序可使用 dma_alloc_coherent 建立一致映射（coherent/consistent mapping），因为它可以为设备分配未缓存的（一致的）和未缓冲的内存以执行 DMA 操作。由于设备或 CPU 的写入都可以立即被读取，因此无须担心缓存的一致性，并且这种映射也是同步的。

尽管大多数设备都需要它，但所有这些都会使系统的一致性映射成本过高。当然，就代码而言，它更容易实现。

以下函数设置了一个一致映射：

```
void * pci_alloc_consistent(struct pci_dev *hwdev, size_t size,
                            dma_addr_t *dma_handle)
```

在上述代码中，为映射分配的内存保证在物理上是连续的。size 是需要分配的区域的长度。该函数返回两个值：一个是虚拟地址，可用于从 CPU 访问它，另一个是 dma_handle，这也是第三个参数，它是一个输出参数，对应于函数调用为已分配区域生成的总线地址。总线地址实际上是传递给 PCI 设备的地址。

请注意，pci_alloc_consistent()实际上是 dma_alloc_coherent()的包装，只不过它是带有 GFP_ATOMIC 标志集的，这意味着分配不会休眠并且从原子上下文中调用它是安全的。

如果你希望更改分配标志，例如，使用 GFP_KERNEL 而不是 GFP_ATOMIC，则可以使用 dma_alloc_coherent()（强烈推荐）。

请记住，映射是昂贵的，并且它可以分配的最小单位是一个页面。实际上，它只分配 2 的幂次方的页数。页的顺序是通过 int order = get_order(size)获得的。这种映射将用于持续设备生命周期的缓冲区。

要取消映射并释放这样的 DMA 区域，可以调用 pci_free_consistent()：

```
pci_free_consistent(dev, size, cpu_addr, dma_handle);
```

在上述代码中，cpu_addr 和 dma_handle 对应于内核虚拟地址和 pci_alloc_consistent()

返回的总线地址。虽然映射函数可以从原子上下文中调用，但在这样的上下文中可能不会调用这个函数。

还要注意的是，pci_free_consistent()是 dma_free_coherent()的简单包装，如果已经使用 dma_alloc_coherent()完成映射，则可以使用它：

```
#define DMA_ADDR_OFFSET          0x14
#define DMA_REG_SIZE_OFFSET      0x32
[...]

int do_pci_dma (struct pci_dev *pci_dev, int direction, size_t count)
{
    dma_addr_t dma_pa;
    char *dma_va;
    void iomem *dma_io;

    /* 应该检查错误 */
    dma_io = pci_iomap(dev, 2, 0);

    dma_va = pci_alloc_consistent(&pci_dev->dev, count, &dma_pa);
    if (!dma_va)
        return -ENOMEM;
    /* 可能需要清除已分配的区域 */
    memset(dma_va, 0, count);

    /* 设置设备 */
    iowrite8(CMD_DISABLE_DMA, dma_io + REG_CMD_OFFSET);
    iowrite8(direction ? CMD_WR : CMD_RD);
    /* 向设备发送总线地址 */
    iowrite32(dma_pa, dma_io + DMA_ADDR_OFFSET);
    /* 将大小发送给设备 */
    iowrite32(count, dma_io + DMA_REG_SIZE_OFFSET);

    /* 开始操作 */
    iowrite8(CMD_ENABLE_DMA, dma_io + REG_CMD_OFFSET);

    return 0;
}
```

上述代码显示了如何执行 DMA 映射并将生成的总线地址发送到设备。在实际应用中，这可能引发中断，然后你应该从驱动程序内部处理它。

11.9.3　流式 DMA 映射

如前文所述，一致 DMA 映射的代码很容易实现，而流式映射（streaming mapping）在代码方面则有更多限制。首先，此类映射需要使用已分配的缓冲区。其次，已映射的缓冲区属于设备，不再属于 CPU。因此，在 CPU 可以使用缓冲区之前，首先应取消映射，以解决可能的缓存问题。

如果你需要启动写入事务（从 CPU 到设备），则驱动程序应在映射之前将数据放入缓冲区。此外，必须指定数据应该移动的方向，并且只能根据这个方向使用数据。

在 CPU 访问缓冲区之前必须取消映射缓冲区的原因是缓存。不用说，CPU 映射是可缓存的。用于流式映射的 dma_map_*()系列函数（实际上由 pci_map_*()函数包装）首先将清除与缓冲区相关的缓存，并且在相应的 dma_unmap_*()（由 pci_unmap_*()函数包装）执行之前，CPU 不能访问这些缓冲区。

在 CPU 可以读取由设备写入内存的任何数据之前，这些取消映射操作将再次使缓存无效（如果需要的话），以防在此期间发生任何提取操作。只有在执行了取消映射的操作之后，CPU 才能访问缓冲区。

有一些流式映射可以接受若干个不连续和分散的缓冲区。因此，我们可以枚举以下两种形式的流映射。

❑　单缓冲区映射，仅允许单页映射。

❑　分散/聚集映射，允许传递多个缓冲区（分散在内存中）。

接下来我们将逐一认识它们。

11.9.4　单缓冲区映射

单缓冲区映射（single buffer mapping）指的是映射单个缓冲区。它用于偶尔映射。可使用以下语句设置单个缓冲区：

```
dma_addr_t pci_map_single(struct pci_dev *hwdev, void *ptr,
                          size_t size, int direction)
```

在上述代码中，direction 应该是 PCI_DMA_BIDIRECTION、PCI_DMA_TODEVICE、PCI_DMA_FROMDEVICE 或 PCI_DMA_NONE。

ptr 是缓冲区的内核虚拟地址，dma_addr_t 是返回的可以发送到设备的总线地址。

你应该确保使用真正符合数据移动方式的方向，而不仅仅是 DMA_BIDIRECTIONAL。

pci_map_single()是 dma_map_single()的包装，其方向映射到 DMA_TO_DEVICE、

DMA_FROM_DEVICE 或 DMA_BIDIRECTIONAL。

你应该使用以下内容释放映射：

```
void pci_unmap_single(struct pci_dev *hwdev, dma_addr_t dma_addr,
                      size_t size, int direction)
```

这是 dma_unmap_single() 的封装。dma_addr 应该与 pci_map_single() 返回的值相同（或者是 dma_map_single() 返回的值，如果你使用的是该函数的话）。direction 和 size 应与你在映射中指定的内容相匹配。

流式映射的简化示例如下（实际上是单缓冲区）：

```
int do_pci_dma( struct pci_dev *pci_dev, int direction,
             void *buffer, size_t count)
{
    dma_addr_t dma_pa;
    /* 总线地址 */
    void iomem *dma_io;

    /* 应该检查错误 */
    dma_io = pci_iomap(dev, 2, 0);
    dma_dir = (write ? DMA_TO_DEVICE : DMA_FROM_DEVICE);

    dma_pa = pci_map_single(pci_dev, buffer, count, dma_dir);
    if (!dma_va)
        return -ENOMEM;
    /* 可能需要清除已分配的区域 */
    memset(dma_va, 0, count);

    /* 设置设备 */
    iowrite8(CMD_DISABLE_DMA, dma_io + REG_CMD_OFFSET);
    iowrite8(direction ? CMD_WR : CMD_RD);
    /* 向设备发送总线地址 */
    iowrite32(dma_pa, dma_io + DMA_ADDR_OFFSET);
    /* 将大小发送到设备 */
    iowrite32(count, dma_io + DMA_REG_SIZE_OFFSET);

    /* 开始操作 */
    iowrite8(CMD_ENABLE_DMA, dma_io + REG_CMD_OFFSET);

    return 0;
}
```

在上述示例中，buffer 应该已经分配并包含数据。然后对其进行映射，将其总线地址发送到设备，再开始 DMA 操作。

以下示例（作为 DMA 事务的中断处理程序实现）演示了如何从 CPU 端处理缓冲区：

```
void pci_dma_interrupt(int irq, void *dev_id)
{
    struct private_struct *priv =
    (struct private_struct *) dev_id;

    /* 取消 DMA 缓冲的映射 */
    pci_unmap_single(priv->pci_dev, priv->dma_addr,
                        priv->dma_size, priv->dma_dir);

    /* 现在可以安全访问缓冲区 */
    [...]
}
```

在上述代码中，先释放了映射，然后 CPU 才能访问缓冲区。

11.9.5　分散/聚集映射

分散/聚集映射（scatter/gather mapping）是流式 DMA 映射的第二个系列，使用它可以一次传输多个缓冲区（不一定是物理上连续的缓冲区），而不是单独映射每个缓冲区并一个一个地传输它们。

为了建立一个 scatterlist 映射，首先应该分配你的分散缓冲区，它必须是页面大小，最后一个缓冲区除外，它可能有不同的大小。

然后，你应该分配一个 scatterlist 数组，并使用 sg_set_buf() 用之前分配的缓冲区填充它。

最后，你还必须在 scatterlist 数组中调用 dma_map_sg()。在使用 DMA 完成操作后，在数组上调用 dma_unmap_sg() 即可取消 scatterlist 条目的映射。

虽然可以按照一对一映射每个缓冲区的方式，通过 DMA 发送多个缓冲区的内容，但分散/聚集操作可以将指向 scatterlist 的指针以及长度（即列表中条目的数量）发送到设备，以一次性发送所有内容：

```
u32 *wbuf1, *wbuf2, *wbuf3;
struct scatterlist sgl[3];
int num_mapped;

wbuf1 = kzalloc(PAGE_SIZE, GFP_DMA);
wbuf2 = kzalloc(PAGE_SIZE, GFP_DMA);
```

```
/* 最后一个条目的大小可能不同 */
wbuf3 = kzalloc(CUSTOM_SIZE, GFP_DMA);

sg_init_table(sg, 3);
sg_set_buf(&sgl[0], wbuf1, PAGE_SIZE);
sg_set_buf(&sgl[1], wbuf2, PAGE_SIZE);
sg_set_buf(&sgl[2], wbuf3, CUSTOM_SIZE);
num_mapped = pci_map_sg(NULL, sgl, 3, PCI_DMA_BIDIRECTIONAL);
```

首先可以看到，pci_map_sg()是 dma_map_sg()的包装。在上述代码中，使用了 sg_init_table()，这会产生一个静态分配的表。也可以使用 sg_alloc_table()进行动态分配。

此外，我们可以使用 for_each_sg()宏来循环每个 sg（scatterlist）元素，还可以使用 sg_set_page()辅助函数设置此分散列表绑定的页面（不应该直接分配页面）。以下是涉及此类辅助函数的示例：

```
static int pci_map_memory(struct page **pages,
                          unsigned int num_entries,
                          struct sg_table *st)
{
    struct scatterlist *sg;
    int i;

    if (sg_alloc_table(st, num_entries, GFP_KERNEL))
        goto err;
    for_each_sg(st->sgl, sg, num_entries, i)
        sg_set_page(sg, pages[i], PAGE_SIZE, 0);

    if (!pci_map_sg(priv.pcidev, st->sgl, st->nents,PCI_DMA_BIDIRECTIONAL))
        goto err;
    return 0;
err:
    sg_free_table(st);
    return -ENOMEM;
}
```

在上述代码块中，页面应该已经分配并且显然应该是 PAGE_SIZE 大小。st 是一个输出参数，它将在此函数的成功路径上正确设置。

再重复一下，scatterlist 条目必须是页面大小（最后一个条目除外，它可能具有不同的大小）。对于 scatterlist 输入中的每个缓冲区，dma_map_sg()可确定提供给设备的正确总线地址。每个缓冲区的总线地址和长度都存储在 struct scatterlist 条目中，但它们在结构体中的位置因架构而异。因此，可使用以下两个宏来使代码具有可移植性。

❑ dma_addr_t sg_dma_address(struct scatterlist *sg)：从该 scatterlist 条目返回总线（DMA）地址。

❑ unsigned int sg_dma_len(struct scatterlist *sg)：返回该缓冲区的长度。

dma_map_sg() 和 dma_unmap_sg() 负责缓存的一致性。但是，如果必须在 DMA 传输之间访问（读/写）数据，则必须以适当的方式在每次传输之间同步缓冲区。如果 CPU 需要访问缓冲区，则可以使用 dma_sync_sg_for_cpu()；如果是设备需要访问缓冲区，则可以使用 dma_sync_sg_for_device()。

单区域映射的类似函数是 dma_sync_single_for_cpu() 和 dma_sync_single_for_device()。

综上所述，我们可以得出结论，一致 DMA 映射易于编码但使用起来很昂贵，而流式映射则相反。当 I/O 设备长期拥有缓冲区时，将使用流式映射。

当每个 DMA 操作不同的缓冲区时，流式 DMA 常用于异步操作（例如，在网络驱动程序中，每个 skbuf 数据可动态映射和取消映射）。当然，设备对你应该使用的方法拥有最终决定权。

话虽如此，如果有选择的话，开发人员应该尽可能使用流式映射，在迫不得已的时候才使用一致映射。

11.10　小　　结

本章详细讨论了 PCI 规范总线和实现，以及它在 Linux Kernel 中的支持。

本章阐释了总线枚举过程，并介绍了 Linux 内核访问不同地址空间的方式。按照编写 PCI 设备驱动程序的详细分步指南，我们深入研究了 PCI 数据结构、PCI 驱动程序结构体和直接内存访问等内容，并介绍了中断机制以及不同机制之间的差异。

现在你应该已经可以编写自己的 PCI 设备驱动程序，并且熟悉它们的枚举过程，了解它们的中断机制，掌握如何访问它们各自的内存区域。

第 12 章将讨论 NVMEM 框架，它有助于为非易失性存储设备（如 EEPROM）开发驱动程序。

第 12 章　利用 NVMEM 框架

NVMEM 框架是 Kernel 层，用于处理非易失性存储，如带电可擦可编程只读存储器（electrically erasable programmable read only memory，EEPROM）、一次性可编程存储器（eFuse）等。

NVMEM 代表的是非易失性存储器（non-volatile memory），这些非易失性存储设备的驱动程序过去存储在 drivers/misc/中，大多数情况下，每个设备都必须实现自己的 API 来处理相同的功能，这可以是为 Kernel 用户实现的，也可以是公开给用户空间的。事实上，这些驱动程序严重缺乏抽象代码。结果就是，这些设备越来越多，而 Kernel 中对它们的支持也导致了大量的代码重复。

在 Kernel 中引入 NVMEM 框架就是为了解决上面提到的这些问题。它还为使用者设备引入了设备树（DT）表示，以从 NVMEM 中获取它们需要的数据（如 MAC 地址、SoC/修订 ID、部件编号等）。

本章将从介绍 NVMEM 数据结构开始，学习编写 NVMEM 提供者（provider）驱动程序，掌握如何向使用者（consumer）公开 NVMEM 内存区域。最后，还将探讨 NVMEM 使用者驱动程序，了解如何利用提供者公开的内容。

本章包含以下主题。

❑ NVMEM 数据结构和 API 介绍。

❑ 编写 NVMEM 提供者驱动程序。

❑ NVMEM 使用者驱动程序 API。

12.1　技　术　要　求

要轻松阅读和理解本章，你需要具备以下条件。

❑ C 语言编程技能。

❑ Kernel 编程和设备驱动程序开发技巧。

❑ Linux Kernel v4.19.X 源。其下载地址如下：

https://git.kernel.org/pub/scm/linux/kernel/git/stable/linux.git/refs/tags

12.2　NVMEM 数据结构和 API

NVMEM 是一个小型框架，具有精简的 API 和数据结构集。本节将介绍这些 API 和数据结构，以及作为该框架基础的单元（cell）的概念。

NVMEM 基于生产者/使用者（producer/consumer）模式，这和第 4 章"通用时钟框架"中描述的时钟提供者/使用者（provider/consumer）概念类似（生产者和提供者的概念可以通用）。NVMEM 设备只有一个驱动程序，可公开设备单元，以便使用者驱动程序可以访问和操作它们。

12.2.1　NVMEM 硬件抽象数据结构

NVMEM 设备驱动程序必须包括<linux/nvmem-provider.h>，使用者驱动程序则必须包含<linux/nvmem-consumer.h>。该框架只有寥寥几个数据结构，其中一个便是 struct nvmem_device，具体如下所示：

```
struct nvmem_device {
    const char *name;
    struct module *owner;
    struct device dev;
    int stride;
    int word_size;
    int id;
    int users;
    size_t size;
    bool read_only;
    int flags;
    nvmem_reg_read_t reg_read;
    nvmem_reg_write_t reg_write; void *priv;
    [...]
};
```

该结构实际上抽象了真正的 NVMEM 硬件。它是在设备注册时由框架创建和填充的。也就是说，struct nvmem_device 的字段实际上是使用 struct nvmem_config 中字段的完整副本设置的。

12.2.2　NVMEM 设备的运行时配置数据结构

struct nvmem_config 结构体的定义如下：

```
struct nvmem_config {
    struct device *dev;
    const char *name;
    int id;
    struct module *owner;
    const struct nvmem_cell_info *cells;
    int ncells;
    bool read_only;
    bool root_only;
    nvmem_reg_read_t reg_read;
    nvmem_reg_write_t reg_write;
    int size;
    int word_size;
    int stride;
    void *priv;
    [...]
};
```

该结构是 NVMEM 设备的运行时配置，可提供有关它的信息或访问其数据单元的辅助函数。在设备注册时，其大部分字段用于填充新创建的 nvmem_device 结构体。

该结构体中字段的含义描述如下（如前文所述，这些字段可用来构建底层的 struct nvmem_device 结构体）。

- ❑ dev：这是父设备。
- ❑ name：这是此 NVMEM 设备的可选名称。它与 id 填充一起使用，可以构建完整的设备名称。最终的 NVMEM 设备名称将为<name><id>。

  最好在名称中附加一个短横线（-），以便全名可以具有以下模式：

```
<name>-<id>
```

  这就是 PCF85363 驱动程序中使用的模式。如果忽略 name 的话，则 nvmem<id> 将用作默认名称。

- ❑ id：这是此 NVMEM 设备的可选 ID。如果 name 为 NULL，则忽略它。如果设置为-1，则内核将负责为该设备提供唯一 ID。
- ❑ owner：这是拥有此 NVMEM 设备的模块。
- ❑ cells：这是一组预定义的 NVMEM 单元。它是可选的。
- ❑ ncells：这是单元中的元素数。
- ❑ read_only：将此设备标记为只读。
- ❑ root_only：表明此设备是否只能由 root 访问。

❑　reg_read 和 reg_write：这是框架分别用于读取和写入数据的底层回调函数。它们的定义如下：

```
typedef int (*nvmem_reg_read_t)(void *priv,
                                unsigned int offset,
                                void *val, size_t bytes);
typedef int (*nvmem_reg_write_t)(void *priv,
                                 unsigned int offset,
                                 void *val,
                                 size_t bytes);
```

❑　size：表示设备的大小。

❑　word_size：这是此设备的最小读/写访问粒度。

❑　stride：这是最小读/写访问步长。它的原理在前面的章节中已经解释过了。

❑　priv：这是传递给读/写回调函数的上下文数据。例如，它可以是一个更大的包装这个 NVMEM 设备的结构。

12.2.3　NVMEM 数据单元的数据结构

这里有必要解释一下术语数据单元（data cell）。一个数据单元代表 NVMEM 设备中的一个内存区域（或数据区域）。这也可能是设备的整个内存。实际上，数据单元将分配给使用者驱动程序。这些内存区域由框架使用两种不同的数据结构维护，具体取决于我们是在使用者端还是在提供者端。对于提供者端，使用的是 struct nvmem_cell_info 结构体；而对于使用者端，则使用的是 struct nvmem_cell 结构体。

在 NVMEM 核心代码中，Kernel 可以使用 nvmem_cell_info_to_nvmem_cell() 从 struct nvmem_cell_info 结构体切换到 struct nvmem_cell 结构体。

struct nvmem_cell 结构体如下所示：

```
struct nvmem_cell {
    const char *name;
    int offset;
    int bytes;
    int bit_offset;
    int nbits;
    struct nvmem_device *nvmem;
    struct list_head node;
};
```

struct nvmem_cell_info 结构体如下所示：

```
struct nvmem_cell_info {
    const char *name;
    unsigned int offset;
    unsigned int bytes;
    unsigned int bit_offset;
    unsigned int nbits;
};
```

可以看到，这两个数据结构几乎共享相同的属性。其含义解释如下。

❑ name：这是单元的名称。

❑ offset：这是单元在整个硬件数据寄存器中的偏移量（即单元开始的地方）。

❑ bytes：这是数据单元的大小（以字节为单位），从 offset 开始。

❑ bit_offset 和 nbits：一个单元可能具有位级粒度。对于这些单元，应设置 bit_offset 以指定单元内的位偏移，并且应根据感兴趣区域的大小（以位为单位）定义 nbits。

❑ nvmem：这是该单元所属的 NVMEM 设备。

❑ node：用于在系统范围内跟踪单元。

该字段最终出现在 nvmem_cells 列表中，该列表包含系统上所有可用的单元，而不管它们属于哪个 NVMEM 设备。

nvmem_cells 全局列表实际上受互斥锁 nvmem_cells_mutex 保护，两者都静态定义在 drivers/nvmem/core.c 中。

为了更好地理解上述字段，让我们来看一个具有以下配置的单元示例：

```
static struct nvmem_cellinfo mycell = {
    .offset = 0xc,
    .bytes = 0x1,
    [...]
}
```

在上面的例子中，假设.nbits 和.bit_offset 都等于 0，这意味着我们对单元的整个数据区域感兴趣（本示例这个数据区域是 1 字节大小）。但是，如果我们仅对第 2 位到第 4 位（实际上是 3 位）感兴趣呢？则其结构体如下：

```
staic struct nvmem_cellinfo mycell = {
    .offset = 0xc,
    .bytes = 0x1,
    .bit_offset = 2,
    .nbits = 2,
    [...]
}
```

ⓘ 注意:

上面的示例仅用于教学目的。即使你可以在驱动程序代码中预定义单元,我们还是建议你依靠设备树来声明单元,详见第 12.3.5 节 "NVMEM 提供者的设备树绑定"。

使用者和提供者驱动程序都不应创建 struct nvmem_cell 的实例。NVMEM 核心将在内部处理此问题,无论是在生产者提供单元信息数组时,还是在使用者请求单元时。

到目前为止,我们已经了解了 NVMEM 框架提供的数据结构和 API。NVMEM 设备既可以从内核访问,也可以从用户空间访问。

此外,在内核中必须有一个驱动程序公开设备存储,以便其他驱动程序可以访问它。这是生产者/使用者设计,其中,提供者驱动程序是生产者,而另一个驱动程序则是使用者。接下来,我们将详细讨论该框架的提供者(又名生产者)部分。

12.3　编写 NVMEM 提供者驱动程序

提供者将公开设备内存,以便其他驱动程序(使用者)可以访问它。这些驱动程序的主要任务如下。

- ❑　提供与设备数据表相关的正确 NVMEM 配置,以及允许访问内存的例程。
- ❑　在系统中注册设备。
- ❑　提供设备树绑定文档。

以上就是提供者必须做的所有事情。余下的大多数机制/逻辑都将由 NVMEM 框架的代码处理。

12.3.1　NVMEM 设备的注册和注销

注册/注销 NVMEM 设备实际上是提供者端驱动程序的一部分。要执行该操作,可以使用 nvmem_register()/nvmem_unregister()函数或其托管版本: devm_nvmem_register()/devm_nvmem_unregister()。示例如下:

```
struct nvmem_device *nvmem_register(const struct nvmem_config *config)
struct nvmem_device *devm_nvmem_register(struct device *dev,
                          const struct nvmem_config *config)
int nvmem_unregister(struct nvmem_device *nvmem)
int devm_nvmem_unregister(struct device *dev, struct nvmem_device *nvmem)
```

在注册设备之后,将创建/sys/bus/nvmem/devices/dev-name/nvmem 二进制条目。在这

些接口中，*config 参数是 NVMEM 配置，这是描述 NVMEM 设备必须创建的。*dev 参数仅适用于托管版本，代表使用 NVMEM 设备的设备。在成功路径上，这些函数将返回一个指向 nvmem_device 的指针，否则返回 ERR_PTR()错误。

另一方面，注销函数可接受指向在注册函数成功路径上创建的 NVMEM 设备的指针。成功注销后返回 0，否则返回负错误。

12.3.2　实时时钟设备中的 NVMEM 存储器

有许多嵌入非易失性存储器的实时时钟（real-time clock，RTC）设备。这种嵌入式存储器可以是带电可擦可编程只读存储器（EEPROM）或电池供电的 RAM。

仔细查看 include/linux/rtc.h 中的 RTC 设备数据结构，会发现有与 NVMEM 相关的字段，具体如下所示：

```
struct rtc_device {
    [...]
    struct nvmem_device *nvmem;
    /* 旧ABI 支持 */
    bool nvram_old_abi;
    struct bin_attribute *nvram;
    [...]
}
```

对上述结构体中字段的解释如下。

❑　nvmem：抽象底层硬件的内存。

❑　nvram_old_abi：这是一个布尔值，指示是否使用旧的（现已弃用）NVRAM ABI 注册此 RTC 的 NVMEM，该 ABI 使用/sys/class/rtc/rtcx/device/nvram 来公开内存。只有当你使用此旧 ABI 接口的现有应用程序（而且你想继续使用）时，才应将此字段设置为 true。新驱动程序不应设置该字段。

❑　nvram：实际上是底层内存的二进制属性，被 RTC 框架仅用于旧的 ABI 支持。也就是说，需要先将 nvram_old_abi 设置为 true。

可以通过 RTC_NVMEM 内核配置选项启用与 RTC 相关的 NVMEM 框架 API。该 API 在 drivers/rtc/nvmem.c 中定义，并分别公开 rtc_nvmem_register()和 rtc_nvmem_unregister()，用于 RTC-NVMEM 注册和注销。具体如下所示：

```
int rtc_nvmem_register(struct rtc_device *rtc,
                       struct nvmem_config *nvmem_config)
void rtc_nvmem_unregister(struct rtc_device *rtc)
```

rtc_nvmem_register()成功时将返回 0。它接受一个有效的 RTC 设备作为它的第一个参数。这对代码的编写有影响，因为这意味着只有在实际的 RTC 设备成功注册后才能注册 RTC 的 NVMEM。换句话说，只有在 rtc_register_device()成功后才会调用 rtc_nvmem_register()。

第二个参数应该是一个指向有效 nvmem_config 对象的指针。

此外，正如我们已经看到的，这个配置可以在堆栈中声明，因为它的所有字段都被完全复制以构建 nvmem_device 结构体。

rtc_nvmem_unregister()的作用刚好相反，它将注销 NVMEM。

12.3.3　DS1307 实时时钟驱动程序示例

现在可以来看看 DS1307 实时时钟（RTC）驱动程序 probe 函数的代码片段，其完整代码可以在 drivers/rtc/rtc-ds1307.c 中找到：

```
static int ds1307_probe(struct i2c_client *client,
                        const struct i2c_device_id *id)
{
    struct ds1307 *ds1307;
    int err = -ENODEV;
    int tmp;
    const struct chip_desc *chip;
    [...]

    ds1307->rtc->ops = chip->rtc_ops ?: &ds13xx_rtc_ops;
    err = rtc_register_device(ds1307->rtc);
    if (err)
        return err;
    if (chip->nvram_size) {
        struct nvmem_config nvmem_cfg = {
            .name = "ds1307_nvram",
            .word_size = 1,
            .stride = 1,
            .size = chip->nvram_size,
            .reg_read = ds1307_nvram_read,
            .reg_write = ds1307_nvram_write,
            .priv = ds1307,
        };
        ds1307->rtc->nvram_old_abi = true;
        rtc_nvmem_register(ds1307->rtc, &nvmem_cfg);
```

```
    }
    [...]
}
```

可以看到，上述代码在注册 NVMEM 设备之前将首先向内核注册 RTC，并给出与 RTC 的存储空间相对应的 NVMEM 配置。

请注意，上述代码是与 RTC 相关的而不是通用的。其他 NVMEM 设备必须让它们的驱动程序公开回调函数，NVMEM 框架将向其转发任何读/写请求，无论是来自用户空间还是来自内核本身。12.3.4 节将解释这是如何完成的。

12.3.4　实现 NVMEM 读/写回调函数

为了使内核和其他框架能够从 NVMEM 设备及其单元读取数据或者向它们写入数据，每个 NVMEM 提供者必须公开若干个回调函数以允许这些读取/写入操作。这种机制允许独立于硬件的使用者代码，因此，来自使用者端的任何读/写请求都将被重定向到底层提供者的读/写回调函数。

以下是每个提供者必须符合的读/写原型：

```
typedef int (*nvmem_reg_read_t)(void *priv,
                                unsigned int offset,
                                void *val, size_t bytes);
typedef int (*nvmem_reg_write_t)(void *priv,
                                 unsigned int offset,
                                 void *val, size_t bytes);
```

这些读取/写入操作独立于 NVMEM 设备背后的底层总线。

nvmem_reg_read_t 用于从 NVMEM 设备读取数据。priv 是 NVMEM 配置中提供的用户上下文，offset 是应该开始读取的位置，val 是必须存储读取数据的输出缓冲区，bytes 是要读取的数据大小（实际上是字节数）。此函数在成功时将返回已成功读取的字节数，而错误时则返回负错误代码。

另一方面，nvmem_reg_write_t 用于写入目的。priv 和读取函数中的意思一样，offset 是写入的起始位置，val 是一个包含要写入数据的缓冲区，bytes 是 val 中应该写入的数据的字节数。bytes 不一定是 val 的大小。此函数在成功时将返回已成功写入的字节数，而错误时则返回负错误代码。

现在我们已经理解了如何实现提供者读/写回调函数，接下来，让我们看看如何使用设备树扩展提供者功能。

12.3.5　NVMEM 提供者的设备树绑定

　　NVMEM 数据提供者没有任何特别的绑定，但是，此类数据应该根据其父总线设备树（DT）绑定来描述。例如，如果它是一个 I2C 设备，那么它应该（基于 I2C 绑定）描述为节点的子设备（这里的节点就代表后面的 I2C 总线）。当然，有一个可选的 read-only 属性可以将设备设置为只读。

　　此外，每个子节点都将被视为一个数据单元（NVMEM 设备中的内存区域）。

　　现在让我们来看看一个 MMIO NVMEM 设备及其子节点的示例：

```
ocotp: ocotp@21bc000 {
    #address-cells = <1>;
    #size-cells = <1>;
    compatible = "fsl,imx6sx-ocotp", "syscon";
    reg = <0x021bc000 0x4000>;
    [...]

    tempmon_calib: calib@38 {
        reg = <0x38 4>;
    };
    tempmon_temp_grade: temp-grade@20 {
        reg = <0x20 4>;
    };
    foo: foo@6 {
        reg = <0x6 0x2> bits = <7 2>
    };
    [...]
};
```

　　根据子节点中定义的属性，NVMEM 框架将构建适当的 nvmem_cell 结构体并将它们插入到全局 nvmem_cells 列表中。以下是数据单元绑定的可能属性。

- ❑　reg：此属性是必需的。它是一个双单元属性，描述了 NVMEM 设备内数据区域的字节偏移量（属性中的第一个单元）和字节大小（属性中的第二个单元）。
- ❑　bits：这是一个可选的双单元属性，用于指定偏移量的位数（可能值为 0~7）和 reg 属性指定的地址范围内的位数。

　　在提供者节点内定义了数据单元后，可以使用 nvmem-cells 属性将这些数据单元分配给使用者，该属性是 NVMEM 提供者的 phandle 列表。

　　此外，还应该有一个 nvmem-cell-names 属性，其主要目的是为每个数据单元命名。

因此，这个已分配的名称可用于查找适当的数据单元（通过使用者 API）。

下面是一个分配的示例：

```
tempmon: tempmon {
    compatible = "fsl,imx6sx-tempmon", "fsl,imx6q-tempmon";
    interrupt-parent = <&gpc>;
    interrupts = <GIC_SPI 49 IRQ_TYPE_LEVEL_HIGH>;
    fsl,tempmon = <&anatop>;
    clocks = <&clks IMX6SX_CLK_PLL3_USB_OTG>;
    nvmem-cells = <&tempmon_calib>, <&tempmon_temp_grade>;
    nvmem-cell-names = "calib", "temp_grade";
};
```

完整的 NVMEM 设备树绑定可以在 Documentation/devicetree/bindings/nvmem/nvmem.txt 文件中找到。

现在我们已经了解了提供者（生产者）驱动程序的实现，它将公开 NVMEM 设备的存储。内核中可能还有其他驱动程序需要访问生产者公开的存储，因此，接下来我们将详细讨论使用者驱动程序 API。

12.4 NVMEM 使用者驱动程序 API

NVMEM 使用者也是驱动程序，它们需要访问由生产者公开的 NVMEM 设备的存储。因此，这些驱动程序需要 NVMEM 使用者 API。

12.4.1 NVMEM 使用者 API

要利用 NVMEM 使用者 API，需要#include <linux/nvmem-consumer.h>，这将引入以下基于单元的 API：

```
struct nvmem_cell *nvmem_cell_get(struct device *dev, const char *name);
struct nvmem_cell *devm_nvmem_cell_get(struct device *dev,
                                        const char *name);
void nvmem_cell_put(struct nvmem_cell *cell);
void devm_nvmem_cell_put(struct device *dev, struct nvmem_cell *cell);
void *nvmem_cell_read(struct nvmem_cell *cell, size_t *len);
int nvmem_cell_write(struct nvmem_cell *cell, void *buf, size_t len);
int nvmem_cell_read_u32(struct device *dev, const char *cell_id,
                    u32 *val);
```

上述带有 devm_前缀的 API 是资源托管的版本，只要有可能就会被使用。

使用者接口完全取决于生产者公开的单元（因为只有公开的单元才能被访问）。如前文所述，这种提供/公开单元的能力应该通过设备树来完成。

devm_nvmem_cell_get()可用于根据已分配的名称获取给定单元（这个名称是通过 nvmem-cell-names 属性分配的）。

如果可能的话，nvmem_cell_read API 将始终读取整个单元的大小（即 nvmem_cell->bytes）。它的第三个参数 len 是一个输出参数，保存了实际读取的 nvmem_config.word_size 的数量（实际上，大多数时候它保存的是 1，这意味着单个字节）。

成功读取时，len 指向的内容将等于单元中的字节数：*len = nvmem_cell->bytes。另一方面，nvmem_cell_read_u32()可将单元值读取为 u32。

以下代码片段可以获取分配给 tempmon 节点的单元并读取其内容：

```
static int imx_init_from_nvmem_cells(struct platform_device *pdev)
{
    int ret; u32 val;
    ret = nvmem_cell_read_u32(&pdev->dev, "calib", &val);
    if (ret)
        return ret;

    ret = imx_init_calib(pdev, val);
    if (ret)
        return ret;

    ret = nvmem_cell_read_u32(&pdev->dev, "temp_grade", &val);
    if (ret)
        return ret;
    imx_init_temp_grade(pdev, val);
    return 0;
}
```

现在我们已经了解了 NVMEM 框架的使用者和生产者方面的 API。一般来说，驱动程序需要向用户空间公开它们的服务。NVMEM 框架和其他 Linux 内核框架一样，可以透明处理向用户空间公开 NVMEM 服务。12.4.2 节将详细解释这一点。

12.4.2　用户空间中的 NVMEM

和大多数内核框架一样，NVMEM 用户空间接口依赖于 sysfs。在系统中注册的每个 NVMEM 设备都有一个在/sys/bus/nvmem/devices 中创建的目录条目，以及在该目录中创建的 nvmem 二进制文件（你可以在此文件中使用 hexdump 甚至 echo），它代表设备的内存。其完整路径具有以下模式：

```
/sys/bus/nvmem/devices/<dev-name>X/nvmem
```

在此路径模式中，<dev-name>是生产者驱动程序提供的 nvmem_config.name 名称。以下代码片段演示了 NVMEM 核心如何构建<dev-name>X 模式：

```
int rval;
rval = ida_simple_get(&nvmem_ida, 0, 0, GFP_KERNEL);
nvmem->id = rval;
if (config->id == -1 && config->name) {
    dev_set_name(&nvmem->dev, "%s", config->name);
} else {
    dev_set_name(&nvmem->dev, "%s%d", config->name ? : "nvmem",
    config->name ? config->id : nvmem->id);
}
```

从上述代码中可以看到，如果 nvmem_config->id == -1，则模式中的 X 将被省略，只有 nvmem_config->name 用于命名 sysfs 目录条目。如果 nvmem_config->id != -1 并且设置了 nvmem_config->name，那么它将与驱动程序设置的 nvmem_config->id 字段一起使用（在模式中是 X）。但是，如果驱动程序未设置 nvmem_config->name，则核心将使用 nvmem 字符串以及已生成的 ID（即模式中的 X）。

🛈 注意：

无论定义什么单元，NVMEM 框架都会通过 NVMEM 二进制文件（而不是单元）公开完整的寄存器空间。从用户空间访问单元需要提前知道它们的偏移量和大小。

借助 sysfs 接口，可以使用 hexdump 或简单的 cat 命令在用户空间中读取 NVMEM 内容。例如，假设我们有一个 I2C EEPROM，位于地址 0x55 的 I2C 编号 2 上，在系统上注册为 NVMEM 设备，其 sysfs 路径将为/sys/bus/nvmem/devices/2-00550/nvmem。以下是其编写/读取某些内容的方式：

```
cat /sys/bus/nvmem/devices/2-00550/nvmem
echo "foo" > /sys/bus/nvmem/devices/2-00550/nvmem
cat /sys/bus/nvmem/devices/2-00550/nvmem
```

现在我们已经明白了 NVMEM 寄存器公开给用户空间的方式。虽然本节很短，但相信你已经掌握了从用户空间利用 NVMEM 框架的方法。

12.5　小　　结

本章介绍了 Linux 内核中的 NVMEM 框架实现。我们从生产者端和使用者端两个方面介绍了其 API，并讨论了如何从用户空间使用它。NVMEM 设备在嵌入式世界中多有应用，因此，掌握本章内容颇有意义。

第 13 章将通过看门狗设备解决可靠性问题，讨论如何设置这些设备并编写它们的 Linux 内核驱动程序。

第 13 章　看门狗设备驱动程序

看门狗是一种硬件设备（有时由软件模拟），旨在确保给定系统的可用性。它有助于确保系统始终在严重挂起时重新启动，从而允许监视系统的"正常"行为。

无论是基于硬件的还是由软件模拟的，看门狗在大多数情况下只是一个定时器，它初始化了一个合理的超时时间，应该由运行在受监控系统上的软件定期刷新。如果出于任何原因，软件在计时器到期（它运行到超时）之前停止/无法刷新计时器（并且没有明确关闭它），都将触发整个系统（在我们的语境中就是指计算机）重启。这种机制甚至可以帮助从内核崩溃中恢复。通读本章之后，你将能够执行以下操作。

❑ 阅读/理解现有的看门狗内核驱动程序，并使用它在用户空间中公开的内容。
❑ 编写新的看门狗设备驱动程序。
❑ 掌握一些生僻的概念，如看门狗调控器和预超时。

本章包含以下主题。

❑ 看门狗数据结构和 API。
❑ 看门狗用户空间接口。

13.1　技　术　要　求

要轻松阅读和理解本章，你需要具备以下条件。

❑ C 语言编程技能。
❑ 基础电子学知识。
❑ Linux Kernel v4.19.X 源。其下载地址如下：

https://git.kernel.org/pub/scm/linux/kernel/git/stable/linux.git/refs/tags

13.2　看门狗数据结构和 API

本节将介绍看门狗（watchdog）框架并阐释它幕后的工作原理。

13.2.1　表示看门狗设备的结构体

看门狗子系统有若干个数据结构，其中主要的一个是 struct watchdog_device 结构体，它是看门狗设备的 Linux 内核表示，包含有关它的所有信息。

该结构体在 include/linux/watchdog.h 中定义，具体如下所示：

```
struct watchdog_device {
    int id;
    struct device *parent;
    const struct watchdog_info *info;
    const struct watchdog_ops *ops;
    const struct watchdog_governor *gov;
    unsigned int bootstatus;
    unsigned int timeout;
    unsigned int pretimeout;
    unsigned int min_timeout;
    struct watchdog_core_data *wd_data;
    unsigned long status;
    [...]
};
```

以下是对该数据结构中字段的说明。

- id：内核在设备注册过程中分配的看门狗 ID。
- parent：代表此设备的父级。
- info：这是 struct watchdog_info 结构体的指针，提供了一些关于看门狗定时器本身的附加信息。这是在看门狗字符设备上调用 WDIOC_GETSUPPORT ioctl 以检索其功能时返回给用户的结构体。稍后将详细介绍这种结构体。
- ops：指向看门狗操作列表的指针。稍后将再次介绍这种数据结构。
- gov：指向看门狗预超时调控器的指针。调控器（governor）只不过是根据特定事件或系统参数做出反应的策略管理器。
- bootstatus：启动时看门狗设备的状态。这是触发系统重置原因的位掩码。稍后在介绍 struct watchdog_info 结构体时将枚举可能的值。
- timeout：这是看门狗设备的超时值（以秒为单位）。
- pretimeout：预超时（pretimeout）可以解释为在实际超时发生之前的某个时间发生的事件，因此，如果系统处于不健康状态，那么它会在实际超时重置之前触发中断。这些中断通常是不可屏蔽的（NMI），NMI 代表的是不可屏蔽中断

（non-maskable interrupt），这可用于保护重要数据并关闭特定应用程序或使系统恐慌。

系统恐慌（panic）的意思是，Linux Kernel 遇到问题不知道如何继续时，它将在重置之前尽可能收集有用的信息，而不是盲目地突然重启。

在这种情况下，pretimeout 字段实际上是触发真正超时中断之前的时间间隔（以秒为单位）。这不是预超时之前的秒数。例如，如果你将超时设置为 60 s 并将预超时设置为 10 s，那么你将在 50 s 内触发预超时事件。将预超时设置为 0 将禁用它。

❑ min_timeout 和 max_timeout：它们分别是看门狗设备的最小和最大超时值（以秒为单位）。这些实际上是有效超时范围的下限和上限。如果值为 0，则框架将对看门狗驱动程序本身进行检查。

❑ wd_data：指向看门狗核心内部数据的指针。该字段必须通过 watchdog_set_drvdata()和 watchdog_get_drvdata()辅助函数进行访问。

❑ status：这是一个包含设备内部状态位的字段。其可能的值如下。

➢ WDOG_ACTIVE：指示看门狗是否正在运行/活动。

➢ WDOG_NO_WAY_OUT：通知是否设置了 nowayout 功能。你可以使用 watchdog_set_nowayout()来设置 nowayout 功能，它的签名如下：

```
void watchdog_set_nowayout(struct watchdog_device *wdd, bool nowayout)
```

➢ WDOG_STOP_ON_REBOOT：应在重新启动时停止。

➢ WDOG_HW_RUNNING：指示硬件看门狗正在运行。

可以使用 watchdog_hw_running()辅助函数检查是否设置了此标志。但是，你应该在看门狗启动函数的成功路径上设置此标志（或者，如果出于任何原因启动它或发现看门狗已经启动，则在 probe 函数中设置）。为此，可以使用 set_bit()辅助函数。

➢ WDOG_STOP_ON_UNREGISTER：指定在注销时应停止看门狗。可以使用 watchdog_stop_on_unregister()辅助函数来设置此标志。

13.2.2　表示看门狗信息的结构体

如前文所述，struct watchdog_info 结构体提供了一些关于看门狗定时器本身的附加信息，它是在 include/uapi/linux/watchdog.h 中定义的，实际上，它也是用户空间 API 的一部分：

```
struct watchdog_info {
    u32 options;
    u32 firmware_version;
    u8 identity[32];
};
```

它也是 WDIOC_GETSUPPORT ioctl 在成功路径上返回到用户空间的结构体。此结构体中的字段含义解释如下。

❑ options：代表看门狗卡/驱动程序支持的功能。它是看门狗设备/驱动程序支持的功能的位掩码，因为某些看门狗卡提供的不仅仅是倒计时。其中一些标志也可以在 watchdog_device.bootstatus 字段中设置以响应 GET_BOOT_STATUS ioctl。这些标志的可能值如下。

➢ WDIOF_SETTIMEOUT：表示看门狗设备可以设置超时。如果设置了此标志，则必须定义 set_timeout 回调函数。

➢ WDIOF_MAGICCLOSE：表示驱动程序支持魔术关闭字符（magic close char）功能。由于关闭看门狗字符设备文件并不会停止看门狗，因此，该功能意味着在此看门狗文件中写入一个 V 字符（也称为魔术字符或魔术 V）序列，这将允许下一次 close 关闭看门狗（如果未设置 nowayout 的话）。

➢ WDIOF_POWERUNDER：表示设备可以监视/检测有问题的电源或电源故障。当在 watchdog_device.bootstatus 中设置了该标志时，意味着机器显示欠压（under-voltage）触发了重启。

➢ WDIOF_POWEROVER：这和上一个标志相反，意味着设备可以监控工作电压。在 watchdog_device.bootstatus 中设置了该标志时，表示系统重启可能是由于过压（over-voltage）状态。请注意，如果一个电平欠压，另一个电平过压，则两个位都将被设置。

➢ WDIOF_OVERHEAT：表示看门狗设备可以监控芯片/SoC 温度。当在 watchdog_device.bootstatus 中设置了该标志时，这意味着最后一次通过看门狗重启机器的原因是超出了温度限制。

➢ WDIOF_FANFAULT：表示该看门狗设备可以监控风扇。设置该标志后，表示看门狗卡监控的系统风扇发生故障。

➢ WDIOF_EXTERN1 和 WDIOF_EXTERN2：有些设备甚至有单独的事件输入。如果定义了事件，则在这些输入上会出现电信号，这也会导致重启。这正是 WDIOF_EXTERN1 和 WDIOF_EXTERN2 要监控的目标。如果在 watchdog_device.bootstatus 中设置了它们，则意味着机器最近一次的重新启动是由于外部继电器（external relay）1 或 2 的缘故。

➢ WDIOF_PRETIMEOUT：表示此看门狗设备支持预超时功能。

➢ WDIOF_KEEPALIVEPING：表示此驱动程序支持 WDIOC_KEEPALIVE ioctl（这可以通过 ioctl ping 一下试试）；否则，ioctl 将返回-EOPNOTSUPP。当在 watchdog_device.bootstatus 中设置了该标志时，意味着自上次查询以来看门狗看到了一个保持活动的 ping。

➢ WDIOF_CARDRESET：这是一个特殊标志，可能仅出现在 watchdog_device. bootstatus 中。如果设置了该标志，则意味着最后一次重启是由看门狗本身引起的（实际上是它的超时）。

❑ firmware_version：这是看门狗卡的固件版本。

❑ identity：描述设备的字符串。

13.2.3　表示看门狗操作的结构体

还有一个数据结构是不可或缺的，这就是 struct watchdog_ops，其定义如下：

```
struct watchdog_ops { struct module *owner;
    /* 强制操作 */
    int (*start)(struct watchdog_device *);
    int (*stop)(struct watchdog_device *);
    /* 可选操作 */
    int (*ping)(struct watchdog_device *);
    unsigned int (*status)(struct watchdog_device *);
    int (*set_timeout)(struct watchdog_device *, unsigned int);
    int (*set_pretimeout)(struct watchdog_device *, unsigned int);
    unsigned int (*get_timeleft)(struct watchdog_device *);
    int (*restart)(struct watchdog_device *, unsigned long, void *);
    long (*ioctl)(struct watchdog_device *, unsigned int, unsigned long);
};
```

上述结构体包含看门狗设备上允许的操作列表。每个操作的含义解释如下。

❑ start 和 stop：这些是强制性操作，分别可以启动和停止看门狗。

❑ ping：该回调函数用于向看门狗发送保持活动的 ping。此方法是可选的。如果未定义，则该看门狗将通过.start 操作重新启动，因为这意味着看门狗没有自己的 ping 方法。

❑ status：这是一个可选例程，用于返回看门狗设备的状态。如果已定义 status，则将发送其返回值以响应 WDIOC_GETBOOTSTATUS ioctl。

❑　set_timeout：这是设置看门狗超时值（以秒为单位）的回调函数。
　　如果已定义该函数，那么你还应该设置 X 选项标志；否则，任何设置超时的尝试都将导致-EOPNOTSUPP 错误。

❑　set_pretimeout：这是设置预超时的回调函数。如果定义了它，那么你还应该设置 WDIOF_PRETIMEOUT 选项标志；否则，任何设置预超时的尝试都将导致-EOPNOTSUPP 错误。

❑　get_timeleft：这是一个可选操作，它将返回重启前剩余的秒数。

❑　restart：这实际上是重启机器（而不是看门狗设备）的例程。如果设置了它，那么你可能希望在看门狗设备上调用 watchdog_set_restart_priority()以便在向系统注册看门狗之前设置此重启处理程序的优先级。

❑　ioctl：除非必须——例如，如果你需要处理额外的/非标准的 ioctl 命令，否则你不应实现此回调函数。如果定义了它，则此方法将覆盖看门狗核心默认 ioctl，除非它返回-ENOIOCTLCMD。

根据设备的功能，该结构体包含其支持的回调函数。

现在我们已经熟悉了看门狗的数据结构，接下来可以切换到看门狗 API，特别是了解如何向系统注册和注销这样的设备。

13.2.4　注册/注销看门狗设备

看门狗框架提供了两个基本函数来向系统注册/注销看门狗设备，即 watchdog_register_device()和 watchdog_unregister_device()，它们各自的原型如下：

```
int watchdog_register_device(struct watchdog_device *wdd)
void watchdog_unregister_device(struct watchdog_device *wdd)
```

watchdog_register_device()方法在注册成功时返回 0，在失败时返回负 errno 代码。

另一方面，watchdog_unregister_device()执行相反的操作。为了免于注销的烦恼，可以使用该函数的托管版本 devm_watchdog_register_device，其原型如下：

```
int devm_watchdog_register_device(struct device *dev,
                                  struct watchdog_device *wdd)
```

上述托管版本将在驱动程序分离时自动处理注销。

注册方法（无论是不是托管版本）将检查是否提供了 wdd->ops->restart 函数并将此方法注册为重启处理程序。因此，在向系统注册看门狗设备之前，驱动程序应使用 watchdog_set_restart_priority()辅助函数设置重启优先级。

了解重启处理程序的优先级值应遵循以下准则。

❑　0：这是最低优先级，它意味着使用看门狗的重启功能作为最后的手段，也就是
　　说，当系统中没有提供其他重启处理程序时。

❑　128：这是默认优先级，意味着如果没有其他处理程序可用或如果 restart 足以重
　　新启动整个系统时，则默认使用此重启处理程序。

❑　255：这是最高优先级，将抢占所有其他处理程序。

只有在你处理完我们讨论过的所有要素后，才能进行设备注册，即在提供看门狗设
备的有效.info、.ops 和与超时相关的字段之后。在这之前，应该为 watchdog_device 结构
体分配内存空间。将此结构体包装在更大的驱动程序数据结构中是一种很好的做法，如
以下代码片段所示，该示例摘自 drivers/watchdog/imx2_wdt.c：

```
[...]
struct imx2_wdt_device {
    struct clk *clk;
    struct regmap *regmap;
    struct watchdog_device wdog;
    bool ext_reset;
};
```

从上述代码中可以看到看门狗设备数据结构嵌入到更大结构体 struct imx2_wdt_
device 中的方式。

现在再来看 probe 方法，它初始化一切，并在更大的结构体中设置看门狗设备：

```
static int init imx2_wdt_probe(struct platform_device *pdev)
{
    struct imx2_wdt_device *wdev;
    struct watchdog_device *wdog; int ret;
    [...]
    wdev = devm_kzalloc(&pdev->dev, sizeof(*wdev), GFP_KERNEL);
    if (!wdev)
        return -ENOMEM;

    [...]

    Wdog = &wdev->wdog;
    if (imx2_wdt_is_running(wdev)) {
        imx2_wdt_set_timeout(wdog, wdog->timeout);
        set_bit(WDOG_HW_RUNNING, &wdog->status);
    }
```

```
    ret = watchdog_register_device(wdog);
    if (ret) {
        dev_err(&pdev->dev, "cannot register watchdog device\n");
        [...]
    }
    return 0;
}

static int exit imx2_wdt_remove(struct platform_device *pdev)
{
    struct watchdog_device *wdog = platform_get_drvdata(pdev);
    struct imx2_wdt_device *wdev = watchdog_get_drvdata(wdog);
    watchdog_unregister_device(wdog);
    if (imx2_wdt_is_running(wdev)) {
        imx2_wdt_ping(wdog);
        dev_crit(&pdev->dev, "Device removed: Expect reboot!\n");
    }
    return 0;
}
[...]
```

此外，在 move 方法中可以使用更大的结构体来跟踪设备状态，特别是嵌入其中的看门狗数据结构。这就是上述代码片段要着重展示的。

到目前为止，我们已经阐述了看门狗的基础知识，浏览了基本的数据结构，并描述了主要的 API。接下来，我们可以介绍一些其他功能，如预超时和调控器，以便定义系统在触发看门狗事件时的行为。

13.2.5　处理预超时和调控器

调控器（governor）的概念出现在 Linux Kernel 的几个子系统中（如 Thermal 调控器、CPUFreq 调控器和现在的看门狗调控器）。它只不过是实现对系统的某些状态/事件做出反应的策略管理（有时以算法的形式）的驱动程序。

每个子系统实现其调控器驱动程序的方式可能与其他子系统不同，但其主要思想保持不变。此外，调控器由唯一名称和使用中的调控器（策略管理器）标识。它们可能会即时更改，最常见的是在 sysfs 接口内更改。

现在回到看门狗预超时和调控器的讨论。通过启用 CONFIG_WATCHDOG_PRETIMEOUT_GOV 内核配置选项，可以将对它们的支持添加到 Linux 内核中。

Kernel 中实际上有两个看门狗调控器驱动程序：drivers/watchdog/pretimeout_noop.c

和 drivers/watchdog/pretimeout_panic.c。它们的唯一名称分别是 noop 和 panic。默认情况下可以通过启用 CONFIG_WATCHDOG_PRETIMEOUT_DEFAULT_GOV_NOOP 或 CONFIG_WATCHDOG_PRETIMEOUT_DEFAULT_GOV_PANIC 来使用它。

　　本小节的主要目标是将预超时事件传递给当前处于活动状态的看门狗调控器。这可以通过 watchdog_notify_pretimeout()接口来实现，它具有以下原型：

```
void watchdog_notify_pretimeout(struct watchdog_device *wdd)
```

　　如前文所述，一些看门狗设备会生成一个 IRQ 来响应预超时事件。其主要思想是从这个 IRQ 处理程序中调用 watchdog_notify_pretimeout()。在后台，该接口将在内部找到看门狗调控器（通过在系统注册的看门狗调控器全局列表中查找其名称），并调用其.pretimeout 回调函数。

　　你可以通过查看 drivers/watchdog/pretimeout_noop.c 或 drivers/watchdog/pretimeout_panic.c 中的源代码找到有关看门狗调控器驱动程序的更多信息。

　　看门狗调控器结构体如下所示：

```
struct watchdog_governor {
    const char name[WATCHDOG_GOV_NAME_MAXLEN];
    void (*pretimeout)(struct watchdog_device *wdd);
};
```

　　显然，它的字段必须由底层的看门狗调控器驱动程序填充。

　　有关 pretimeout 通知的实际用法，可以参考 drivers/watchdog/imx2_wdt.c 中定义的 i.MX6 看门狗驱动程序的 IRQ 处理程序。上述代码仅显示了其中一个片段。在完整代码中，你会看到 watchdog_notify_pretimeout()是从看门狗（实际上是 pretimeout）IRQ 处理程序中调用的。

　　此外，你还会注意到驱动程序使用不同的 watchdog_info 结构体，具体取决于看门狗是否有正常有效的 IRQ。如果存在有效的 IRQ，则使用在.options 中设置了 WDIOF_PRETIMEOUT 标志的结构体，这意味着该设备具有预超时功能。否则，它将使用没有设置 WDIOF_PRETIMEOUT 标志的结构体。

　　现在我们已经了解了调控器和预超时的概念，接下来可以考虑学习另一种实现看门狗的方法，如基于 GPIO 的看门狗。

13.2.6　基于 GPIO 的看门狗

　　有时，使用外部看门狗设备而不是 SoC 本身提供的设备可能会更好，例如，有些 SoC

的内部看门狗需要比外部看门狗更多的功率，这时出于电源效率的原因，就可能使用外部设备。大多数情况下，这种外部看门狗设备是通过通用输入输出（general purpose input/output，GPIO）线控制的，并且有可能重置系统。它通过切换它所连接的 GPIO 线来 ping。这种配置可用于 UDOO QUAD（未在其他 UDOO 变体上检验）。

Linux Kernel 能够通过启用 CONFIG_GPIO_WATCHDOG 配置选项来处理此设备，该选项将拉取底层驱动程序 drivers/watchdog/gpio_wdt.c。

如果启用了该选项的话，它将通过 1-to-0-to-1 切换来定期 ping 连接到 GPIO 线的硬件。如果该硬件没有定期收到其 ping，那么它将重置系统。你应该使用它而不是使用 sysfs 直接与 GPIO 对话；它提供了比 GPIO 更好的 sysfs 用户空间接口，并且它与内核框架的集成比用户空间代码更好。

对此特性的支持仅来自设备树，有关其绑定的更好文档可以在 Documentation/devicetree/bindings/watchdog/gpio-wdt.txt 中找到，显然，它来自 Kernel 源代码。

下面是一个绑定示例：

```
watchdog: watchdog {
    compatible = "linux,wdt-gpio";
    gpios = <&gpio3 9 GPIO_ACTIVE_LOW>;
    hw_algo = "toggle";
    hw_margin_ms = <1600>;
};
```

compatible 属性必须始终为 linux,wdt-gpio。

gpios 是控制看门狗设备的 GPIO 说明符。

hw_algo 应该是 toggle 或 level。前者意味着应该使用从低到高（low-to-high）或从高到低（high-to-low）的转换来 ping 外部看门狗设备，并且当 GPIO 线悬空或连接到三态缓冲器时，看门狗被禁用。为此，将 GPIO 配置为输入就足够了。第二个 algo 值（level）意味着应用信号电平（高或低）就足以 ping 看门狗。

它的工作方式如下：当用户空间代码通过 /dev/watchdog 设备文件 ping 看门狗时，底层驱动程序（实际上是 gpio_wdt.c）将切换 GPIO 线（如果 hw_algo 是 toggle 的话，则为 1-0-1），或在该 GPIO 线上分配特定电平（如果 hw_algo 是 level，则为 high 或 low）。

例如，UDOO QUAD 使用 APX823-31W5，一个 GPIO 控制的看门狗，其事件输出将连接到 i.MX6 PORB 线（实际上是复位线）。其原理图可在以下文档中获得：

http://udoo.org/download/files/schematics/UDOO_REV_D_schematics.pdf

现在我们已经完成了 Kernel 端的看门狗。我们研究了底层数据结构，处理了它的 API，引入了预超时的概念，甚至处理了基于 GPIO 的看门狗替代方案。接下来，我们将研究用户空间的实现，它是看门狗服务的一种使用者。

<h2 style="text-align:center">13.3　看门狗用户空间接口</h2>

在基于 Linux 的系统上，看门狗的标准用户空间接口是/dev/watchdog 文件，守护进程将通过该文件通知内核看门狗驱动程序，用户空间仍处于活动状态。看门狗在文件打开后立即启动，并通过定期写入此文件来执行 ping 操作。

当通知发生时，底层驱动程序会通知看门狗设备，这将导致其超时重置；然后看门狗将在重置系统之前等待另一个 timeout 持续时间。但是，如果由于任何原因导致用户空间在超时之前没有执行通知，则看门狗将重置系统（导致重新启动）。这种机制提供了一种强制系统可用性的方法。

现在让我们从基础开始，学习如何启动和停止看门狗。

13.3.1　启动和停止看门狗

打开/dev/watchdog 设备文件后，看门狗会自动启动，如下例所示：

```
int fd;
fd = open("/dev/watchdog", O_WRONLY);

if (fd == -1) {
    if (errno == ENOENT)
        printf("Watchdog device not enabled.\n");
    else if (errno == EACCES)
        printf("Run watchdog as root.\n");
    else
        printf("Watchdog device open failed %s\n", strerror(errno));

    exit(-1);
}
```

仅关闭看门狗设备文件并不会停止它。关闭文件后，你可能会面临系统重置。要正确停止看门狗，首先需要将魔法字符 V 写入看门狗设备文件中，这会指示内核在下次关闭设备文件时关闭看门狗，如下所示：

```
const char v = 'V';
printf("Send magic character: V\n"); ret = write(fd, &v, 1);
```

```
if (ret < 0)
    printf("Stopping watchdog ticks failed (%d)...\n", errno);
```

然后，你需要关闭看门狗设备文件以停止它：

```
printf("Close for stopping..\n");
close(fd);
```

ⓘ 注意：

通过关闭文件设备来停止看门狗时有一个例外：当 Kernel 的 CONFIG_WATCHDOG_ NOWAYOUT 配置选项被启用时。启用此选项后，看门狗根本无法停止。

因此，你需要一直维护它，否则它会重置系统。

此外，看门狗驱动程序应该在其选项中设置 WDIOF_MAGICCLOSE 标志；否则魔术关闭功能将不起作用。

现在我们已经了解了如何启动和停止看门狗，接下来将学习如何刷新设备以防止系统突然重启。

13.3.2 发送保持活动的 ping

看门狗的工作原理是利用一个定时器电路，其定时输出连接到电路的复位端，程序在一定时间范围内对定时器清零——俗称"喂狗"（feed the watchdog）或"踢狗"（kick the watchdog），因此，当程序正常工作时，定时器始终无法溢出，也就不能产生复位信号。如果程序出现故障，不能在定时周期内"喂狗"或"踢狗"，就会使看门狗定时器溢出，产生复位信号并重启系统。

在实际操作中，所谓"喂狗"或"踢狗"，其实就是发送保持活动的 ping。有两种方法可以踢或喂看门狗。

（1）将任何字符写入/dev/watchdog：写入看门狗设备文件被定义为保持活动的 ping。建议不要写入 V 字符（因为它有特定的含义），即使它是在字符串中。

（2）使用 WDIOC_KEEPALIVE ioctl。示例如下：

```
ioctl(fd, WDIOC_KEEPALIVE, 0);
```

该 ioctl 的参数被忽略。看门狗驱动程序应该在此 ioctl 之前的选项中设置 WDIOF_ KEEPALIVEPING 标志，以便它正常工作。

比较好的做法是在看门狗到达其超时值的一半时喂狗。这意味着如果它的超时时间是 30 s，那么你应该每 15 s 喂一次。

接下来，让我们学习如何收集有关看门狗的一些信息。

13.3.3　获取看门狗的功能和 ID

获取看门狗的功能和 ID 包括获取与看门狗关联的底层 struct watchdog_info 结构体。如前文所述，该信息结构体是强制性的，由看门狗驱动程序提供。

为此，需要使用 WDIOC_GETSUPPORT ioctl。示例如下：

```
struct watchdog_info ident;
ioctl(fd, WDIOC_GETSUPPORT, &ident);
printf("WDIOC_GETSUPPORT:\n");

/*
 * 打印看门狗的 ID，实际上是它的唯一名称
 */
printf("\tident.identity = %s\n",ident.identity);

/* 打印固件版本 */
printf("\tident.firmware_version = %d\n", ident.firmware_version);

/* 以十六进制格式打印支持的选项（功能）*/
printf("WDIOC_GETSUPPORT: ident.options = 0x%x\n", ident.options);
```

我们还可以进一步测试功能中的一些字段，示例如下：

```
if (ident.options & WDIOF_KEEPALIVEPING)
    printf("\tKeep alive ping reply.\n");

if (ident.options & WDIOF_SETTIMEOUT)
    printf("\tCan set/get the timeout.\n");
```

现在你可以（或者应该说"必须"）使用它来检查看门狗功能，然后再对其执行某些操作。接下来，我们还可以更进一步，学习如何获取和设置更多的看门狗属性。

13.3.4　设置和获取超时和预超时

在设置/获取超时之前，看门狗信息应该设置 WDIOF_SETTIMEOUT 标志。有些驱动程序可以使用 WDIOC_SETTIMEOUT ioctl 动态修改看门狗超时。这些驱动程序必须在其看门狗信息结构体中设置 WDIOF_SETTIMEOUT 标志并提供.set_timeout 回调函数。

该参数是一个整数，表示以秒为单位的超时值，但返回值是应用于硬件设备的实际

超时，由于硬件限制，它可能与 ioctl 中请求的超时不同：

```
int timeout = 45;
ioctl(fd, WDIOC_SETTIMEOUT, &timeout);
printf("The timeout was set to %d seconds\n", timeout);
```

在查询当前超时参数时，可使用 WDIOC_GETTIMEOUT ioctl，示例如下：

```
int timeout;
ioctl(fd, WDIOC_GETTIMEOUT, &timeout);
printf("The timeout is %d seconds\n", timeout);
```

最后，当涉及 pretimeout 时，看门狗驱动程序应该在选项中设置 WDIOF_PRETIMEOUT 并在其操作中提供一个.set_pretimeout 回调函数。然后你应该使用 WDIOC_SETPRETIMEOUT 和 pretimeout 值作为参数，示例如下：

```
pretimeout = 10;
ioctl(fd, WDIOC_SETPRETIMEOUT, &pretimeout);
```

如果所需的预超时值为 0 或大于当前超时值，那么你将收到-EINVAL 错误。

现在我们已经知道了如何在看门狗设备上获取和设置超时/预超时，接下来可以学习如何在看门狗触发之前获得剩余时间。

13.3.5　获取剩余的时间

WDIOC_GETTIMELEFT ioctl 允许检查在发生复位之前看门狗计数器上剩余多少时间。看门狗驱动程序应通过提供.get_timeleft()回调函数来支持此功能；否则，将出现EOPNOTSUPP 错误。此 ioctl 的应用示例如下：

```
int timeleft;
ioctl(fd, WDIOC_GETTIMELEFT, &timeleft);
printf("The remaining timeout is %d seconds\n", timeleft);
```

timeleft 变量填充在 ioctl 的返回路径上。

一旦看门狗触发，它会在配置为重启时触发重启。

接下来，我们将学习如何获取上次重启的原因，以查看该重启是否是由看门狗引起的。

13.3.6　获取（启动/重启）状态

本小节有两个 ioctl 命令可用，即 WDIOC_GETSTATUS 和 WDIOC_GETBOOTSTATUS。其处理方式取决于驱动程序的实现，并且有两种类型的驱动程序实现。

❑　通过各种设备提供看门狗功能的旧驱动程序。

这些驱动程序不使用通用看门狗框架接口，而是提供它们自己的 file_ops 以及它们自己的.ioctl 操作。

此外，这些驱动程序仅支持 WDIOC_GETSTATUS，而其他驱动程序可能同时支持 WDIOC_GETSTATUS 和 WDIOC_GETBOOTSTATUS。两者的区别在于，前者将返回设备状态寄存器的原始内容，而后者则更聪明一点，因为它可以解析原始内容并且仅返回启动状态标志。

这些驱动程序需要迁移到新的通用看门狗框架。

请注意，一些支持这两个命令的驱动程序可能会为两个 ioctl 返回相同的值（相同的 case 语句），而其他的驱动程序则可能返回一个不同的值（每个命令都有自己的 case 语句）。

❑　新驱动程序使用通用看门狗框架。这些驱动程序依赖于框架，不再关心 file_ops。一切都在 drivers/watchdog/watchdog_dev.c 文件中完成（你可以仔细研究一下，特别是看看 ioctl 命令是如何实现的）。

对于这些类型的驱动程序，WDIOC_GETSTATUS 和 WDIOC_GETBOOTSTATUS 由看门狗内核分别处理。本小节将使用这些驱动程序。

现在让我们专注于通用实现。对于这些驱动程序，WDIOC_GETBOOTSTATUS 将返回底层 watchdog_device.bootstatus 字段的值。

对于 WDIOC_GETSTATUS，如果提供了看门狗的.status 操作，那么它将会被调用，其返回值会被复制给用户；否则，watchdog_device.bootstatus 的内容将通过 AND 操作进行调整，以清除（或标记）无意义的位。

以下代码片段显示了它在内核空间中的完成方式：

```c
static unsigned int watchdog_get_status(struct watchdog_device *wdd)
{
    struct watchdog_core_data *wd_data = wdd->wd_data;
    unsigned int status;

    if (wdd->ops->status)
        status = wdd->ops->status(wdd);
    else
        status = wdd->  bootstatus &
                        (WDIOF_CARDRESET | WDIOF_OVERHEAT |
                        WDIOF_FANFAULT | WDIOF_EXTERN1 |
                        WDIOF_EXTERN2 | WDIOF_POWERUNDER |
                        WDIOF_POWEROVER);
```

```
    if (test_bit(_WDOG_ALLOW_RELEASE, &wd_data->status))
        status |= WDIOF_MAGICCLOSE;

    if (test_and_clear_bit(_WDOG_KEEPALIVE, &wd_data->status))
        status |= WDIOF_KEEPALIVEPING;

    return status;
}
```

上述代码是一个通用的看门狗核心函数，用于获取看门狗状态。它实际上是一个包装器，负责调用底层的 ops.status 回调函数。

现在回到用户空间的用法，我们可以执行以下操作：

```
int flags = 0;
int flags;
ioctl(fd, WDIOC_GETSTATUS, &flags);
/* 或 ioctl(fd, WDIOC_GETBOOTSTATUS, &flags); */
```

显然，我们可以继续进行单独的标志检查，就像之前在第 13.3.3 节 "获取看门狗的功能和 ID" 中所做的那样。

到目前为止，我们已经编写了代码来使用看门狗设备。接下来将演示如何在不编写代码的情况下从用户空间使用看门狗，主要是使用 sysfs 接口。

13.3.7　看门狗 sysfs 接口

看门狗框架提供了通过 sysfs 接口从用户空间管理看门狗设备的可能性。如果内核中启用了 CONFIG_WATCHDOG_SYSFS 配置选项，并且根目录为/sys/class/watchdogX/，则这是可能的。X 是系统中看门狗设备的索引。

sysfs 中的每个看门狗目录都包括以下内容。

❑　nowayout：如果设备支持 nowayout 功能，则为 1，否则为 0。

❑　status：这是与 WDIOC_GETSTATUS ioctl 等效的 sysfs。该 sysfs 文件可报告看门狗的内部状态位。

❑　timeleft：这是与 WDIOC_GETTIMELEFT ioctl 等效的 sysfs。这个 sysfs 条目可返回看门狗重置系统之前剩余的时间（实际上是秒数）。

❑　timeout：给出编程超时的当前值。

❑　identity：包含看门狗设备的 ID 字符串。

❑　bootstatus：这是与 WDIOC_GETBOOTSTATUS ioctl 等效的 sysfs。此项通知系

统重置是否由看门狗设备引起。

❑　state：给出看门狗设备的活动/非活动状态。

现在我们已经了解了上述看门狗属性，接下来可以关注一下用户空间的预超时管理。

13.3.8　处理预超时事件

设置调控器是通过 sysfs 完成的。调控器只不过是一个策略管理器，它可以根据一些外部（输入）参数采取某些行动。如前文所述，常见的调控器有 Thermal、CPUFreq 和此处的看门狗调控器。每个调控器都在自己的驱动程序中实现。

可使用以下命令检查看门狗（假设是 watchdog0）的可用调控器：

```
# cat /sys/class/watchdog/watchdog0/pretimeout_available_governors
noop panic
```

现在检查是否可以选择 pretimeout 调控器：

```
# cat /sys/class/watchdog/watchdog0/pretimeout_governor
panic
# echo -n noop > /sys/class/watchdog/watchdog0/pretimeout_governor
# cat /sys/class/watchdog/watchdog0/pretimeout_governor
noop
```

要检查 pretimeout 值，执行以下操作即可：

```
# cat /sys/class/watchdog/watchdog0/pretimeout
10
```

现在我们已经掌握了从用户空间使用看门狗 sysfs 接口的方法。虽然不在内核中，但我们仍然可以利用整个框架，尤其是使用看门狗参数。

13.4　小　　结

本章详细讨论了看门狗设备的所有方面：它们的 API、GPIO 替代方案，以及它们如何帮助保持系统的可靠性。我们演示了如何启动、如何停止以及如何为看门狗设备提供服务。此外，本章还介绍了预超时和看门狗专用调控器的概念。

第 14 章将讨论一些 Linux 内核开发和调试技巧，如分析内核恐慌消息和内核跟踪信息等。

第 14 章　Linux 内核调试技巧和最佳实践

大多数时候，作为开发过程的一部分，编写代码并不是最难的部分，调试代码才是真正让人感到棘手的工作。由于 Linux Kernel 是位于操作系统最底层的独立软件，因此调试 Linux 内核更具有挑战性。当然，大多数情况下，我们并不需要额外的工具来调试内核代码，因为大多数内核调试工具都是 Kernel 本身的一部分。

本章将从 Linux Kernel 发布模型开始，详细介绍 Linux 内核发布流程和步骤；然后，我们将讨论与 Linux 内核调试相关的开发技巧（尤其是通过 print 进行调试的方式），最后还将介绍 Linux 内核跟踪、脱靶（off-target）调试和内核 oops 等。

本章包含以下主题。
- ❑　了解 Linux 内核发布流程。
- ❑　Linux 内核开发技巧。
- ❑　Linux 内核跟踪和性能分析。
- ❑　Linux 内核调试技巧。

14.1　技　术　要　求

要轻松阅读和理解本章，你需要具备以下条件。
- ❑　高级计算机架构知识。
- ❑　C 语言编程技巧。
- ❑　Linux Kernel v4.19.X 源，其下载地址如下：

https://git.kernel.org/pub/scm/linux/kernel/git/stable/linux.git/refs/tags

14.2　了解 Linux 内核发布流程

根据 Linux Kernel 发布模型，始终存在 3 种类型的活动内核版本：主线版本（mainline）、稳定版本（stable release）和长期支持（long-term support，LTS）版本。

首先，子系统维护人员将收集并准备错误修复和新功能，然后提交给 Linus Torvalds

（Linux 内核发明人）以便他将它们包含在他自己的 Linux 树中，该树称为主线 Linux 树，也称为主 Git 存储库。这是每个稳定版本的起源。

在每个新的内核版本发布之前，都会通过 release candidate（版本候选）标签提交给社区，以便开发人员可以测试和完善所有新功能，最重要的是分享反馈。在这个周期中，Linus 将根据反馈来决定最终版本是否可以发布。当他确信新内核已准备就绪时，他将制作（实际上就是标记一下）最终版本，我们称此版本为稳定版本，以表明它不再是候选版本：这些版本是 vX.Y 版本。

版本的发布没有严格的时间表。但是，新的主线内核通常每 2～3 个月发布一次。稳定内核版本基于 Linus 的版本，即主线树版本。

一旦 Linus 发布了主线内核，那么它也会出现在 linux-stable 树中，该树可以通过以下网址访问：

https://git.kernel.org/pub/scm/linux/kernel/git/stable/linux.git/

在该网址中，它是一个分支，从该网址可以接收稳定版本的错误修复。

Greg Kroah-Hartman 负责维护该树，它也被称为稳定树，因为它可用于跟踪以前发布的稳定内核。也就是说，为了将修复应用到该树，此修复必须首先合并到 Linus 树中。因为修复必须在返回之前进行，所以据说此修复是向后移植的。

一旦在主线存储库中修复了错误，就可以将其应用于仍由内核开发社区维护的先前发布的内核。所有向后移植到稳定版本的修复都必须满足一组强制性的验收标准——其中一个标准就是它们必须已经存在于 Linus 的树中。

ⓘ 注意：

错误修复（bugfix）内核版本被认为是稳定的。

例如，4.9 版本的 Kernel 是由 Linus 发布的，然后基于这个内核的稳定 Kernel 版本编号为 4.9.1、4.9.2、4.9.3 等。这样的版本被称为错误修复内核版本，当提到它们在稳定内核版本树中的分支时，序列通常简化为数字 4.9.y。

每个稳定的内核版本树都由一个内核开发人员维护，他负责为版本选择必要的补丁，并执行审查/发布过程。在下一个主线内核可用之前，通常只有几个错误修复内核版本，除非它被指定为长期维护内核。

每个子系统和内核维护者存储库都托管在以下网址：

https://git.kernel.org/pub/scm/linux/kernel/git/

在该网址中，还可以找到 Linus 树或稳定树。

Linus 树的网址如下：

https://git.kernel.org/pub/scm/linux/kernel/git/torvalds/linux.git/

在 Linus 树中只有一个分支，即 master 分支。在该树中的标签要么是稳定版本，要么是候选版本。

稳定树的网址如下：

https://git.kernel.org/pub/scm/linux/kernel/git/stable/linux.git/

每个稳定内核版本都有一个分支（名为<A.B>.y，其中，<A.B>是 Linus 树中的发布版本），并且每个分支都包含其错误修复内核版本。

ⓘ **注意：**

为了及时跟踪 Linux Kernel 版本的变化，你可以收藏一些网址。

第一个网址如下：

https://www.kernel.org/

在该网址中可以下载内核的存档文件。

第二个网址如下：

https://www.kernel.org/category/releases.html

在该网址中可以访问最新的长期支持（LTS）内核版本及其支持时间表。

最后一个网址如下：

https://patchwork.kernel.org/

在该网址中可以跟踪基于子系统的内核补丁提交。

现在我们已经熟悉了 Linux 内核发布模型，接下来可以深入研究一些开发技巧和最佳实践，这有助于整合和利用其他内核开发人员的经验。

14.3 Linux 内核开发技巧

我们可以从现有的内核代码中汲取最佳 Linux 内核开发实践的灵感，也就是说，现有的经验是有益的，不必所有东西都推倒重来。本章要讨论的是调试，最常用的调试方法涉及日志记录和打印输出。为了利用这种经过时间考验的调试技术，Linux Kernel 提供了合适的日志 API，并公开了一个内核消息缓冲区来存储日志。

本节将重点关注内核日志 API，并学习如何通过内核代码或用户空间管理消息缓冲区。

14.3.1　消息打印

无论是在内核空间还是用户空间，消息打印和日志记录都是开发所固有的。在内核中，printk()函数长期以来一直是为事实上的内核消息打印函数。它类似于 C 库中的 printf()，但具有日志级别的概念。

如果研究一下实际驱动程序代码的示例，你会注意到它的用法如下：

```
printk(<LOG_LEVEL> "printf like formatted message\n");
```

其中，<LOG_LEVEL>是 include/linux/kern_levels.h 中定义的 8 个不同日志级别之一，它可以指定错误消息的严重性。还要注意的是，日志级别和格式字符串之间没有逗号（因为预处理器将连接这两个字符串）。

14.3.2　内核日志级别

Linux 内核使用级别的概念来确定消息的重要性。其中有 8 个级别，每个级别都定义为一个字符串，描述如下。

- KERN_EMERG：定义为"0"。它用于紧急消息，意味着系统即将崩溃或不稳定（即无法使用）。
- KERN_ALERT：定义为"1"，表示发生了很不好的事情，必须立即采取行动。
- KERN_CRIT：定义为"2"，表示发生了严重情况，如严重的硬件/软件故障。
- KERN_ERR：定义为"3"并在错误情况下使用，驱动程序经常使用它来指示硬件问题或与子系统交互失败。
- KERN_WARNING：定义为"4"并用作警告，表示本身并不严重，但是很可能存在问题。
- KERN_NOTICE：定义为"5"，表示不严重，但仍然值得注意。这通常用于报告安全事件。
- KERN_INFO：定义为"6"，用于信息性消息，如驱动程序初始化时的启动信息。
- KERN_DEBUG：定义为"7"，用于调试目的，仅当启用了 DEBUG 内核选项时才有效。否则，它的内容将被简单地忽略。

如果你没有在消息中指定日志级别，则默认为 DEFAULT_MESSAGE_LOGLEVEL（通常为"4"=KERN_WARNING），可以通过 CONFIG_DEFAULT_MESSAGE_LOGLEVEL

内核配置选项进行设置。

对于新驱动程序，建议使用更方便的打印 API，这些 API 在其名称中嵌入了日志级别。这些打印辅助函数包括 pr_emerg、pr_alert、pr_crit、pr_err、pr_warning、pr_warn、pr_notice、pr_info、pr_debug 或 pr_dbg。

除了比等效的 printk()调用更简洁外，它们还可以通过 pr_fmt()宏对格式字符串使用通用定义，例如，在源文件的顶部（在任何 #include 指令之前）定义它：

```
#define pr_fmt(fmt) "%s:%s: " fmt, KBUILD_MODNAME, __func__
```

这将在该文件中的每个 pr_*()消息前加上产生该消息的模块和函数名称。如果内核是用 DEBUG 编译的，那么 pr_devel 和 pr_debug 将被替换为 printk(KERN_DEBUG ...)，否则它们被替换为空语句。

pr_*()系列宏将在核心代码中使用。对于设备驱动程序，你应该使用与设备相关的辅助函数，它也将接受相关的设备结构作为参数。它们还将以标准格式打印相关设备的名称，确保始终可以将消息与生成它的设备相关联：

```
dev_emerg(const struct device *dev, const char *fmt, ...);
dev_alert(const struct device *dev, const char *fmt, ...);
dev_crit(const struct device *dev, const char *fmt, ...);
dev_err(const struct device *dev, const char *fmt, ...);
dev_warn(const struct device *dev, const char *fmt, ...);
dev_notice(const struct device *dev, const char *fmt, ...);
dev_info(const struct device *dev, const char *fmt, ...);
dev_dbg(const struct device *dev, const char *fmt, ...);
```

内核使用日志级别的概念来确定消息的重要性，同时它也可用于决定是否立即将此消息呈现给用户，方法是将其打印到当前控制台（当然，控制台也可以是串行设备，甚至可以是打印机，而不是 xterm 终端模拟器）。

内核可以将消息的日志级别与 console_loglevel 内核变量进行比较，如果消息日志级别重要性高于 console_loglevel（注意，值越低则重要性越高），则将消息输出到当前控制台。由于默认内核日志级别通常为"4"，所以你在控制台上看不到 pr_info()或 pr_notice()甚至 pr_warn()消息，因为它们的值分别为"6"、"5"、"4"，其重要性低于或等于默认级别，所以不会在控制台上显示。

要确定系统上当前的 console_loglevel，可使用以下命令：

```
$ cat /proc/sys/kernel/printk
4       4       1       7
```

上述第一个整数（4）是当前控制台日志级别，第二个数字（4）是默认值，第三个数字（1）是可以设置的最小控制台日志级别，第四个数字（7）是启动时默认控制台日志级别。

要更改当前的 console_loglevel，只需写入同一个文件，即/proc/sys/kernel/printk。因此，为了将所有消息打印到控制台，可执行以下简单命令：

```
# echo 8 > /proc/sys/kernel/printk
```

每条内核消息都会出现在控制台上。其结果如下：

```
# cat /proc/sys/kernel/printk
8    4    1    7
```

更改控制台日志级别的另一种方法是使用带有-n 参数的 dmesg：

```
# dmesg -n 5
```

使用上述命令，可以将 console_loglevel 设置为打印 KERN_WARNING (4)或更严重的消息。你还可以在启动时使用 loglevel 启动参数指定 console_loglevel（有关详细信息，请参阅 Documentation/kernel-parameters.txt）。

注意:

还有 KERN_CONT 和 pr_cont，它们有点特殊，因为它们不是指定紧急程度，而是指示继续的消息。

它们应该只在早期启动期间由核心/架构代码使用（否则连续的行就不是 SMP 安全的）。当要打印的消息行的一部分取决于计算结果时，这会很有用，如下例所示：

```
[...]
pr_warn("your last operation was ");
if (success)
    pr_cont("successful\n");
else
    pr_cont("NOT successful\n");
```

请记住，只有最后的打印语句才有尾随的\n 字符。

14.3.3 内核日志缓冲区

无论它们是否立即打印在控制台上，每个内核消息都记录在缓冲区中。该内核消息缓冲区是一个固定大小的循环缓冲区，这意味着如果缓冲区填满，那么它会循环填充，这样你可能会丢失消息。因此，增加缓冲区大小可能会有所帮助。

为了改变内核消息缓冲区的大小，你可以使用 LOG_BUF_SHIFT 选项，该选项的值用于左移 1 以获得最终大小，即内核日志缓冲区大小（例如，16 => 1<<16 => 64KB，17 => 1 << 17 => 128 KB）。也就是说，它是在编译时定义的静态大小。这个大小也可以通过内核引导参数来定义，方法是使用 log_buf_len 参数，换句话说，log_buf_len=1M（只接受 2 的幂次方值）。

14.3.4　添加计时信息

有时，将时间信息添加到打印的消息中很有用，这样你就可以看到特定事件发生的时间。

Kernel 包含一个用于执行此操作的功能，称为 printk time，可以通过 CONFIG_PRINTK_TIME 选项启用。

配置内核时，可以在 Kernel Hacking 菜单上找到此选项。启用后，此计时信息将作为每个日志消息的前缀，如下所示：

```
$ dmesg
[...]
[    1.260037] loop: module loaded
[    1.260194] libphy: Fixed MDIO Bus: probed
[    1.260195] tun: Universal TUN/TAP device driver, 1.6
[    1.260224] PPP generic driver version 2.4.2
[    1.260260] ehci_hcd: USB 2.0 'Enhanced' Host Controller
(EHCI) Driver
[    1.260262] ehci-pci: EHCI PCI platform driver
[    1.260775] ehci-pci 0000:00:1a.7: EHCI Host Controller
[    1.260780] ehci-pci 0000:00:1a.7: new USB bus registered,
assigned bus number 1
[    1.260790] ehci-pci 0000:00:1a.7: debug port 1
[    1.264680] ehci-pci 0000:00:1a.7: cache line size of 64 is
not supported
[    1.264695] ehci-pci 0000:00:1a.7: irq 22, io mem 0xf7ffa000
[    1.280103] ehci-pci 0000:00:1a.7: USB 2.0 started, EHCI 1.00
[    1.280146] usb usb1: New USB device found, idVendor=1d6b,
idProduct=0002
[    1.280147] usb usb1: New USB device strings: Mfr=3,
Product=2, SerialNumber=1
[...]
```

插入内核消息输出的时间戳由秒和微秒（实际上是 seconds.microseconds）组成，作为从机器操作开始（或从内核计时开始）的绝对值，对应于引导加载程序传递控制权限到内核的时间——也就是当你在控制台上看到类似以下消息时：

```
[0.000000] Booting Linux on physical CPU 0x0
```

printk 时间可以在运行时通过写入/sys/module/printk/parameters/time 来控制，以便启用和禁用 printk 时间戳。示例如下：

```
# echo 1 >/sys/module/printk/parameters/time
# cat /sys/module/printk/parameters/time
N
# echo 1 >/sys/module/printk/parameters/time
# cat /sys/module/printk/parameters/time
Y
```

它并不控制是否记录时间戳。它只控制是否在转储内核消息缓冲区时、启动时或使用 dmesg 时打印它。

这可能是启动时间可以优化的地方。如果禁用，则打印日志将花费更少的时间。

现在我们已经熟悉了内核打印 API 及其日志缓冲区，了解了如何调整消息缓冲区，并根据需要添加或删除信息。

这些技巧可用于通过打印进行调试。当然，Linux 内核中还附带了其他调试和跟踪工具，这也是接下来我们将要讨论的内容。

14.4　Linux 内核跟踪和性能分析

尽管打印调试信息已经涵盖了大部分的调试需求，但在某些情况下，我们还需要在运行时监控 Linux 内核以跟踪一些莫名的行为，包括延迟、CPU 占用、调度问题等。

在 Linux 世界中，实现这一目标最有用的工具是 Kernel 本身的一部分。最重要的是 ftrace，它是一个 Linux 内核内部跟踪工具，也是本节的主要话题。

14.4.1　使用 Ftrace 检测代码

Ftrace 代表的是 function trace（函数跟踪），其功能远不止其名称所蕴含的意义。例如，它可用于测量处理中断所需的时间、跟踪耗时函数、计算激活高优先级任务的时间、跟踪上下文切换等。

Ftrace 由 Steven Rostedt 开发，从 2008 年的 2.6.27 版本开始就包含在 Kernel 中。这是一个可以提供调试环形缓冲区（ring buffer）用于记录数据的框架。此数据由内核的集成 tracer 收集。

Ftrace 工作在 debugfs 文件系统之上，并且在大多数情况下，当它被启用时，即挂载在它自己的名为 tracing 的目录中。

在大多数现代 Linux 发行版中，它默认安装在/sys/kernel/debug/目录中（仅对 root 用户可用），这意味着你可以从/sys/kernel/debug/tracing/中利用 Ftrace。

为了在系统上支持 Ftrace，需要启用以下内核选项：

```
CONFIG_FUNCTION_TRACER
CONFIG_FUNCTION_GRAPH_TRACER
CONFIG_STACK_TRACER
CONFIG_DYNAMIC_FTRACE
```

上述选项取决于支持跟踪功能的架构，架构的这些功能可以通过以下选项启用。

❑　CONFIG_HAVE_FUNCTION_TRACER
❑　CONFIG_HAVE_DYNAMIC_FTRACE
❑　CONFIG_HAVE_FUNCTION_GRAPH_TRACER

要挂载 tracefs 目录，可将以下行添加到/etc/fstab 文件中：

```
tracefs /sys/kernel/debug/tracing tracefs defaults 0 0
```

或者，也可以在运行时借助以下命令挂载它：

```
mount -t tracefs nodev /sys/kernel/debug/tracing
```

该目录的内容应如下所示：

```
# ls /sys/kernel/debug/tracing/
README                          set_event_pid
available_events                set_ftrace_filter
available_filter_functions      set_ftrace_notrace
available_tracers               set_ftrace_pid
buffer_size_kb                  set_graph_function
buffer_total_size_kb            set_graph_notrace
current_tracer                  snapshot
dyn_ftrace_total_info           stack_max_size
enabled_functions               stack_trace
events                          stack_trace_filter
free_buffer                     trace
function_profile_enabled        trace_clock
instances                       trace_marker
max_graph_depth                 trace_options
options                         trace_pipe
```

`per_cpu`	`trace_stat`
`printk_formats`	`tracing_cpumask`
`saved_cmdlines`	`tracing_max_latency`
`saved_cmdlines_size`	`tracing_on`
`set_event`	`tracing_thresh`

本章无意描述所有这些文件和子目录，因为它们在官方文档中已有介绍。此处仅简要介绍一些上下文相关文件。

❑ available_tracers：可用的 tracer。

❑ tracing_cpumask：这允许跟踪选定的 CPU。掩码（mask）应以十六进制字符串格式指定。例如，要仅跟踪核心 0，则应该在此文件中包含 1。要跟踪核心 1，则应该在其中包含一个 2。对于核心 3，则应该包括数字 8。

❑ current_tracer：当前正在运行的 tracer。

❑ trace_on：负责启用或禁用数据写入环形缓冲区的系统文件（要启用此功能，必须将数字 1 添加到文件中；要禁用它，则添加数字 0）。

❑ trace：以人类可读格式保存跟踪数据的文件。

现在我们已经了解了 Ftrace 及其功能，接下来可以深入研究它的用法并掌握它在跟踪和调试方面的用处。

14.4.2　可用的 tracer

可使用以下命令查看可用 tracer 的列表：

```
# cat /sys/kernel/debug/tracing/available_tracers
blk function_graph wakeup_dl wakeup_rt wakeup irqsoff function nop
```

让我们快速浏览一下每个 tracer 的功能。

❑ function：不带参数的函数调用 tracer。

❑ function_graph：带有子调用的函数调用 tracer。

❑ blk：与块设备 I/O 操作相关的调用和事件 tracer（这是 blktrace 使用的）。

❑ mmiotrace：内存映射 I/O 操作 tracer。它跟踪模块对硬件进行的所有调用。它通过CONFIG_MMIOTRACE 启用，后者取决于CONFIG_HAVE_MMIOTRACE_SUPPORT。

❑ irqsoff：跟踪禁用中断的区域，并保存具有最长最大延迟的跟踪。此 tracer 取决于 CONFIG_IRQSOFF_TRACER。

❑ preemptoff：取决于 CONFIG_PREEMPT_TRACER。它类似于 irqsoff，但会跟踪

和记录禁用抢占的时间量。

☐ preemtirqsoff：类似于 irqsoff 和 preemptoff，但它将跟踪并记录禁用中断和/或抢占的最长时间。

☐ wakeup 和 wakeup_rt：由 CONFIG_SCHED_TRACER 启用。wakeup 将跟踪并记录最高优先级任务在被唤醒后调度所花费的最大延迟，而 wakeup_rt 将跟踪并记录实时任务的最大延迟（与当前 wakeup tracer 的执行方式相同）。

☐ nop：最简单的 tracer，顾名思义，它什么也不做（nop = no operation，表示无操作）。nop tracer 只显示 trace_printk()调用的输出。

irqsoff、preemptoff 和 preemtirqsoff 是所谓的延迟 tracer。它们测量中断被禁用的时间、抢占被禁用的时间以及中断和/或抢占被禁用的时间。唤醒延迟 tracer 测量的是进程在为所有任务或仅实时任务唤醒后运行所需的时间。

14.4.3　function tracer

我们将从 function tracer 开始介绍 Ftrace 的操作。先来看一个测试脚本：

```
# cd /sys/kernel/debug/tracing
# echo function > current_tracer
# echo 1 > tracing_on
# sleep 1
# echo 0 > tracing_on
# less trace
```

该脚本相当简单，但有几点值得注意。我们将当前 tracer 的名称写入了 current_tracer 文件，以此启用该 tracer。接下来，我们向 tracing_on 写入 1，这将启用环形缓冲区。语法要求 1 和>符号之间有一个空格；也就是说，echo1> tracking_on 将不起作用。

在一行之后，我们又禁用了该缓冲区（如果 0 被写入 tracing_on 中，则缓冲区将不会清除并且 Ftrace 不会被禁用）。

为什么要这样做？在两个 echo 命令之间，我们看到了 sleep 1 命令。我们启用了缓冲区，运行此命令，然后又禁用了它。这让 tracer 包含与命令运行时发生的所有系统调用相关的信息。在脚本的最后一行，我们给出了在控制台中显示跟踪数据的命令。脚本运行后，即可看到如图 14.1 所示的打印输出（这只是一个小片段）。

可以看到，上述打印输出以与缓冲区中的条目数和写入的条目总数有关的信息开始。这两个数字之间的差异是填充缓冲区时丢失的事件数。然后，有一个包含以下信息的函数列表。

```
# entries-in-buffer/entries-written: 72097/184701    #P:1
#
#                              -----=> irqs-off
#                             / ----=> need-resched
#                            / / ---=> hardirq/softirq
#                           || / --=> preempt-depth
#                           ||| /     delay
#           TASK-PID   CPU#  ||||    TIMESTAMP  FUNCTION
#             | |       |    ||||       |          |
        mmcqd/0-917   [000] d.h5   413.431967: irq_may_run <-handle_fasteoi_irq
        mmcqd/0-917   [000] d.h5   413.431967: handle_irq_event <-handle_fasteoi_irq
        mmcqd/0-917   [000] d.h5   413.431967: preempt_count_sub <-handle_irq_event
        mmcqd/0-917   [000] d.h4   413.431967: handle_irq_event_percpu <-handle_irq_event
        mmcqd/0-917   [000] d.h4   413.431967: dw_mci_interrupt <-handle_irq_event_percpu
        mmcqd/0-917   [000] d.h4   413.431967: dw_mci_cmd_interrupt <-dw_mci_interrupt
        mmcqd/0-917   [000] d.h4   413.431967: __tasklet_schedule <-dw_mci_cmd_interrupt
        mmcqd/0-917   [000] d.h4   413.431967: __raise_softirq_irqoff <-__tasklet_schedule
        mmcqd/0-917   [000] d.h4   413.431967: add_interrupt_randomness <-handle_irq_event_percpu
        mmcqd/0-917   [000] d.h4   413.431967: read_current_timer <-add_interrupt_randomness
        mmcqd/0-917   [000] d.h4   413.431967: note_interrupt <-handle_irq_event_percpu
        mmcqd/0-917   [000] d.h4   413.431967: preempt_count_add <-handle_irq_event
        mmcqd/0-917   [000] d.h5   413.431967: gic_eoi_irq <-handle_fasteoi_irq
        mmcqd/0-917   [000] d.h5   413.431967: preempt_count_sub <-handle_fasteoi_irq
        mmcqd/0-917   [000] d.h4   413.431967: irq_exit <-__handle_domain_irq
        mmcqd/0-917   [000] d.h4   413.431967: preempt_count_sub <-irq_exit
        mmcqd/0-917   [000] ..s4   413.431967: tasklet_action <-__do_softirq
```

图 14.1　Ftrace function tracer 截屏

❑　进程名称（TASK）。

❑　进程标识符（PID）。

❑　进程运行所在的 CPU（CPU#）。

❑　函数开始时间（TIMESTAMP）。此时间戳是自启动以来的时间。

❑　被跟踪函数的名称（FUNCTION）和在<-符号后调用的父函数。例如，在上述
　　输出的第一行中，irq_may_run 函数被 handle_fasteoi_irq 调用。

现在我们已经熟悉了 function tracer 及其特性，接下来可以了解下一个 tracer，它功
能更丰富，可提供更多跟踪信息，如调用图。

14.4.4　function_graph tracer

function_graph tracer 的工作方式与函数类似，但是以一种更详细的方式工作：显示
每个函数的入口和出口点。

使用该 tracer，可以跟踪带有子调用的函数并测量每个函数的执行时间。

将第 14.4.3 节 "function tracer" 中的脚本示例改写一下：

```
# cd /sys/kernel/debug/tracing
# echo function_graph > current_tracer
# echo 1 > tracing_on
```

```
# sleep 1
# echo 0 > tracing_on
# less trace
```

运行此脚本后，可得到以下打印输出：

```
# tracer: function_graph
#
# CPU DURATION                  FUNCTION CALLS
# |   |   |   |                 |   |   |   |
5) 0.400 us    |                } /* set_next_buddy */
5) 0.305 us    |                    __update_load_avg_se();
5) 0.340 us    |                    __update_load_avg_cfs_rq();
5)             |                    update_cfs_group() {
5)             |                        reweight_entity() {
5)             |                            update_curr() {
5) 0.376 us    |                                __calc_delta();
5) 0.308 us    |                                update_min_vruntime();
5) 1.754 us    |                            }
5) 0.317 us    |                            account_entity_dequeue();
5) 0.260 us    |                            account_entity_enqueue();
5) 3.537 us    |                        }
5) 4.221 us    |                    }
5) 0.261 us    |                    hrtick_update();
5) + 16.852 us |                } /* dequeue_task_fair */
5) + 23.353 us |            } /* deactivate_task */
5)             |            pick_next_task_fair() {
5) 0.286 us    |                update_curr();
5) 0.271 us    |                check_cfs_rq_runtime();
5)             |                pick_next_entity() {
5) 0.441 us    |            wakeup_preempt_entity.isra.77();
5) 0.306 us    |                    clear_buddies();
5) 1.645 us    |                }
 ------------------------------------------------
5) SCTP ti-27174 => Composi-2089
 ------------------------------------------------

5) 0.632 us    |                    __switch_to_xtra();
5) 0.350 us    |                    finish_task_switch();
5) ! 271.440 us |                } /* schedule */
5)             |                _cond_resched() {
5) 0.267 us    |                    rcu_all_qs();
5) 0.834 us    |                }
5) ! 273.311 us |            } /* futex_wait_queue_me */
```

在此打印输出中，DURATION 显示了运行函数所花费的时间。请特别注意由 + 和 ! 符号标记的点。加号（+）表示该函数耗时超过 10 μs，而感叹号（!）则表示该函数耗时超过 100 μs。在 FUNCTION_CALLS 下，可以找到与每个函数调用相关的信息。用于表示每个函数启动和完成的符号与 C 语言中的符号相同：花括号（{}）划分函数，前半个花括号表示开始，后半个花括号表示结束；不调用任何其他函数的叶函数用分号（;）标记。

Ftrace 还允许使用 tracing_thresh 选项将跟踪限制为超过一定时间的函数。应被记录的函数的时间阈值必须以微秒为单位写入该文件。这可用于查找在内核中花费很长时间的例程。在内核启动时使用它可能会很有趣，它可以帮助优化启动时间。要在启动时设置阈值，可以在内核命令行中设置如下：

```
trace_thresh=200 ftrace=function_graph
```

这会跟踪所有耗时超过 200 μs（即 0.2 ms）的函数。你可以使用任何所需的持续时间阈值。

在运行时，可以简单地执行：

```
echo 200 > tracking_thresh
```

14.4.5　函数过滤器

开发人员也可以挑选并选择要跟踪的函数。毫无疑问，要跟踪的函数越少，开销就越小。Ftrace 打印输出可能很大，要准确找到你要查找的内容可能极其困难，因此，可以使用过滤器来简化搜索：打印输出将只显示我们感兴趣的函数信息。

为此，可以在 set_ftrace_filter 文件中写入函数名称，如下所示：

```
# echo kfree > set_ftrace_filter
```

要禁用过滤器，可以在此文件中添加一个空行：

```
# echo > set_ftrace_filter
```

运行以下命令：

```
# echo kfree > set_ftrace_notrace
```

结果恰恰相反：打印输出将提供有关除 kfree() 之外的每个函数的信息。另一个有用的选项是 set_ftrace_pid。此工具用于跟踪可以代表特定进程调用的函数。

Ftrace 还包括更多的过滤选项。有关详细信息，可访问以下网址：

https://www.kernel.org/doc/Documentation/trace/ftrace.txt

14.4.6　跟踪事件

在介绍跟踪事件之前，先说一下跟踪点（tracepoint）。跟踪点是触发系统事件的特殊代码插入。跟踪点可能是动态的（意味着它们有若干个附加的检查项），也可能是静态的（没有附加的检查项）。

静态跟踪点不会以任何方式影响系统。它们只是在检测函数的末尾为函数调用添加若干个字节，并在单独的部分中添加数据结构。

执行相关代码片段时，动态跟踪点会调用跟踪函数。跟踪数据被写入环形缓冲区。跟踪点可以包含在代码中的任何位置。事实上，它们已经可以在很多内核函数中找到。

现在来看看 mm/slab.c 中 kmem_cache_free 函数的代码片段：

```
void kmem_cache_free(struct kmem_cache *cachep, void *objp)
{
    [...]
    trace_kmem_cache_free(_RET_IP_, objp);
}
```

kmem_cache_free 本身就是一个跟踪点。只需查看其他内核函数的源代码，就可以找到更多的例子。

Linux 内核有一个特殊的 API 来处理来自用户空间的跟踪点。在/sys/kernel/debug/tracing 目录下，有一个 events 目录，系统事件保存在其中。这些可用于跟踪。这种上下文中的系统事件可以理解为内核中包含的跟踪点。

可通过运行以下命令查看这些列表：

```
# cat /sys/kernel/debug/tracing/available_events
mac80211:drv_return_void
mac80211:drv_return_int
mac80211:drv_return_bool
mac80211:drv_return_u32
mac80211:drv_return_u64
mac80211:drv_start
mac80211:drv_get_et_strings
mac80211:drv_get_et_sset_count
mac80211:drv_get_et_stats
mac80211:drv_suspend
[...]
```

可以看到，上述命令在控制台中使用<subsystem>:<tracepoint>模式打印出了一长串列表。这看起来有点不方便。因此，可使用以下命令打印出更结构化的列表：

```
# ls /sys/kernel/debug/tracing/events
block           gpio            napi            regmap          syscalls
cfg80211        header_event    net             regulator       task
clk             header_page     oom             rpm             timer
compaction      i2c             pagemap         sched           udp
enable          irq             power           signal          vmscan
fib             kmem            printk          skb             workqueue
filelock        mac80211        random          sock            writeback
filemap         migrate         raw_syscalls    spi
ftrace          module          rcu             swiotlb
```

所有可能的事件都按子系统组合在子目录中。在开始跟踪事件之前，我们将确保已启用写入环形缓冲区。

在第 1 章"嵌入式开发人员需要掌握的 Linux 内核概念"中已经引入了高分辨率定时器（high resolution timer）hrtimer 的概念。通过列出/sys/kernel/debug/tracing/events/timer 的内容，即可获得与定时器相关的跟踪点，包括与 hrtimer 相关的，具体如下所示：

```
# ls /sys/kernel/debug/tracing/events/timer
enable                  hrtimer_init            timer_cancel
filter                  hrtimer_start           timer_expire_entry
hrtimer_cancel          itimer_expire           timer_expire_exit
hrtimer_expire_entry    itimer_state            timer_init
hrtimer_expire_exit     tick_stop               timer_start
#
```

现在让我们跟踪与 hrtimer 相关的内核函数的访问。对于 tracer，我们可以使用 nop，因为 function 和 function_graph 记录了太多信息，包括我们不感兴趣的事件信息。以下是我们将要使用的脚本：

```
# cd /sys/kernel/debug/tracing/
# echo 0 > tracing_on
# echo > trace
# echo nop > current_tracer
# echo 1 > events/timer/enable
# echo 1 > tracing_on;
# sleep 1;
# echo 0 > tracing_on;
# echo 0 > events/timer/enable
# less trace
```

上述代码首先禁用跟踪，以防它已经在运行。然后在将当前 tracer 设置为 nop 之前清除环形缓冲区数据。接下来，启用与计时器相关的跟踪点，或者说是启用计时器事件跟踪。最后，启用跟踪并转储环形缓冲区内容，如图 14.2 所示。

```
# tracer: nop
#
# entries-in-buffer/entries-written: 35988/35988   #P:8
#
#                              -----=> irqs-off
#                             / _----=> need-resched
#                            | / _---=> hardirq/softirq
#                            || / _--=> preempt-depth
#                            ||| /     delay
#         TASK-PID    CPU#   ||||    TIMESTAMP  FUNCTION
#            | |        |     ||||       |         |
         bash-16561  [002] ....  639537.102581: hrtimer_init: hrtimer=000000002ba8a2be clockid=CLOCK_MONOTONIC mode=0x9
         bash-16561  [002] ....  639537.102582: hrtimer_init: hrtimer=000000000ded79d7 clockid=CLOCK_MONOTONIC mode=0x9
         bash-16561  [002] ....  639537.102590: hrtimer_init: hrtimer=000000003d041aad clockid=CLOCK_MONOTONIC mode=REL
        <idle>-0     [004] d.h.  639537.102680: hrtimer_cancel: hrtimer=000000007df5b21a
```

图 14.2　使用 nop tracer 进行 Ftrace 事件跟踪

在打印输出的末尾，我们可以找到有关 hrtimer 函数调用的信息（图 14.2 中有一小部分）。有关配置事件跟踪的更多详细信息，请访问以下网址：

https://www.kernel.org/doc/Documentation/trace/events.txt

14.4.7　使用 Ftrace 接口跟踪特定进程

按原样使用 Ftrace 可以让你拥有启用跟踪的内核跟踪点/函数，而不管这些函数代表哪个进程运行。要仅跟踪代表特定函数执行的内核函数，应该将伪 set_ftrace_pid 变量设置为进程 ID（process ID，PID），例如，可以使用 pgrep 获取。

如果进程尚未运行，则可以使用已包装的 shell 脚本和 exec 命令以已知 PID 的形式执行命令，如下所示：

```
#!/bin/sh
echo $$ > /debug/tracing/set_ftrace_pid
# [can set other filtering here]
echo function_graph > /debug/tracing/current_tracer
exec $*
```

在上述示例中，$$是当前正在执行的进程（shell 脚本本身）的 PID。这是在 set_ftrace_pid 变量中设置的，然后启用 function_graph tracer，之后此脚本执行命令（该命令由脚本的第一个参数指定）。

假设脚本名称是 trace_process.sh，其用法示例如下：

```
sudo ./trace_command ls
```

在了解了跟踪事件和跟踪点操作之后，相信你已经能够跟踪特定的内核事件或子系统。虽然在内核开发方面，跟踪是必须执行的操作，但遗憾的是，有些情况下也会影响内核的稳定性。此类情况可能需要脱靶（off-target）分析，这将在调试中解决，也是接下来要讨论的内容。

14.5　Linux 内核调试技巧

编写代码并不总是内核开发中最困难的方面。调试才是真正的瓶颈，即使对于有经验的内核开发人员来说也是如此。

大多数内核调试工具都是内核本身的一部分。有时，内核通过称为 oops 的消息协助查找故障的来源，这样调试最终就归结为分析消息。

14.5.1　oops 和恐慌分析

oops 是英文中常用的语气词，表示"哎呀""糟了"之类的尴尬之意。在 Linux 内核中，它表示"不好意思，出错了"，所以，oops 是 Linux 内核在发生错误或无法处理异常时打印的消息。它会尽力描述异常并在错误或异常发生之前转储调用堆栈。

来看下面的内核模块示例：

```
#include <linux/kernel.h>
#include <linux/module.h>
#include <linux/init.h>

static void __attribute__ ((__noinline__)) create_oops(void) {
        *(int *)0 = 0;
}

static int __init my_oops_init(void) {
        printk("oops from the module\n");
        create_oops();
        return 0;
}
static void __exit my_oops_exit(void) {
        printk("Goodbye world\n");
}

module_init(my_oops_init);
```

```
module_exit(my_oops_exit);
MODULE_LICENSE("GPL");
```

在上述模块代码中，我们尝试对一个空指针取消引用（dereference）以使内核恐慌。此外，还使用了__noinline__属性以使 create_oops()不被内联，允许它在反汇编期间和调用堆栈中显示为一个单独的函数。该模块已在 ARM 和 x86 平台上构建和测试。

oops 消息和内容因机器而异：

```
# insmod /oops.ko
[29934.977983] Unable to handle kernel NULL pointer dereference
at virtual address 00000000
[29935.010853] pgd = cc59c000
[29935.013809] [00000000] *pgd=00000000
[29935.017425] Internal error: Oops - BUG: 805 [#1] PREEMPT ARM
[...]
[29935.193185] systime: 1602070584s
[29935.196435] CPU: 0 PID: 20021 Comm: insmod Tainted: P
O    4.4.106-ts-armv7l #1
[29935.204629] Hardware name: Columbus Platform
[29935.208916] task: cc731a40 ti: cc66c000 task.ti: cc66c000
[29935.214354] PC is at create_oops+0x18/0x20 [oops]
[29935.219082] LR is at my_oops_init+0x18/0x1000 [oops]
[29935.224068] pc : [<bf2a8018>]  lr : [<bf045018>]  psr: 60000013
[29935.224068] sp : cc66dda8  ip : cc66ddb8  fp : cc66ddb4
[29935.235572] r10: cc68c9a4  r9 : c08058d0  r8 : c08058d0
[29935.240813] r7 : 00000000  r6 : c0802048  r5 : bf045000  r4 : cd4eca40
[29935.247359] r3 : 00000000  r2 : a6af642b  r1 : c05f3a6a  r0 : 00000014
[29935.253906] Flags: nZCv IRQs on FIQs on Mode SVC_32 ISA
ARM Segment none
[29935.261059] Control: 10c5387d Table: 4c59c059 DAC:00000051
[29935.266822] Process insmod (pid: 20021, stack limit = 0xcc66c208)
[29935.272932] Stack: (0xcc66dda8 to 0xcc66e000)
[29935.277311] dda0: cc66ddc4 cc66ddb8
bf045018 bf2a800c cc66de44 cc66ddc8
[29935.285518] ddc0: c01018b4 bf04500c cc66de0c cc66ddd8
c01efdbc a6af642b cff76eec cff6d28c
[29935.293725] dde0: cf001e40 cc24b600 c01e80b8 c01ee628
cf001e40 c01ee638 cc66de44 cc66de08
[...]
[29935.425018] dfe0: befdcc10 befdcc00 004fda50 b6eda3e0
a0000010 00000003 00000000 00000000
[29935.433257] Code: e24cb004 e52de004 e8bd4000 e3a03000 (e5833000)
[29935.462814] ---[ end trace ebc2c98aeef9342e ]---
[29935.552962] Kernel panic - not syncing: Fatal exception
```

现在让我们仔细研究一下上面的转储，以了解一些重要的信息：

```
[29934.977983] Unable to handle kernel NULL pointer dereference
at virtual address 00000000
```

第一行描述了错误及其性质，在本例中说明代码试图取消引用 NULL 指针。

```
[29935.214354] PC is at create_oops+0x18/0x20 [oops]
```

PC 代表的是程序计数器（program counter），表示当前执行的指令在内存中的地址。在这里可以看到，我们在 create_oops 函数中，该函数位于 oops 模块中（在方括号中列出）。十六进制数字表示指令指针在函数中是 24（十六进制为 0x18）字节，其显示则为 32（十六进制为 0x20）字节长。

```
[29935.219082] LR is at my_oops_init+0x18/0x1000 [oops]
```

LR 指链接寄存器（link register），它包含程序计数器到达"从子程序返回"指令时应设置的地址。换句话说，LR 保存着调用当前正在执行的函数（即 PC 所在函数）的函数地址。首先，这意味着 my_oops_init 是调用执行代码的函数。这也意味着如果 PC 中的函数已经返回，则下一行将执行 my_oops_init+0x18，这意味着 CPU 将在距 my_oops_init 的起始地址的 0x18 偏移处分支。

```
[29935.224068] pc : [<bf2a8018>] lr : [<bf045018>] psr: 60000013
```

在上述代码中，pc 和 lr 是程序计数器（PC）和链接寄存器（LR）的实际十六进制内容，没有显示符号名称。这些地址可以与 addr2line 程序一起使用，这是我们用来查找故障线路的另一个工具。

如果内核是在禁用 CONFIG_KALLSYMS 选项的情况下构建的，我们将在打印输出中看到这一点，然后可以推导出 create_oops 和 my_oops_init 的地址分别是 0xbf2a8000 和 0xbf045000。

```
[29935.224068] sp : cc66dda8 ip : cc66ddb8 fp : cc66ddb4
```

sp 代表的是栈指针（stack pointer），可保存栈中的当前位置；而 fp 代表的是帧指针（frame pointer），指向栈中当前活动的帧。

当函数返回时，栈指针恢复到帧指针，即函数被调用之前栈指针的值。以下来自维基百科的例子很好地解释了它。

例如，DrawLine 的栈帧将有一个内存位置保存 DrawSquare 使用的帧指针值。该值在进入子程序时保存并在返回时恢复。

```
[29935.235572] r10: cc68c9a4 r9 : c08058d0 r8 : c08058d0
```

```
[29935.240813] r7 : 00000000 r6 : c0802048 r5 : bf045000 r4: cd4eca40
[29935.247359] r3 : 00000000 r2 : a6af642b r1 : c05f3a6a r0: 00000014
```

上面的结果是一些 CPU 寄存器的转储。

```
[29935.266822] Process insmod (pid: 20021, stack limit = 0xcc66c208)
```

上述结果显示了发生恐慌的进程，在本例中为 insmod，其 PID 为 20021。

也有一些存在回溯的 oops，就像下面的示例（见图 14.3）这样，它是输入 echo c > /proc/sysrq-trigger 之后生成的 oops 的片段。

```
[29255.091518] [<c0301780>] (sysrq_handle_crash) from [<c0302128>] (__handle_sysrq+0x98/0x134)
[29255.099903] [<c0302128>] (__handle_sysrq) from [<c030259c>] (write_sysrq_trigger+0x68/0x78)
[29255.108296] [<c030259c>] (write_sysrq_trigger) from [<c0250a40>] (proc_reg_write+0x78/0x8c)
[29255.116991] [<c0250a40>] (proc_reg_write) from [<c01fcc0c>] (__vfs_write+0x48/0xf4)
[29255.124382] [<c01fcc0c>] (__vfs_write) from [<c01fd3fc>] (vfs_write+0xbc/0x144)
[29255.131724] [<c01fd3fc>] (vfs_write) from [<c01fdbdc>] (SyS_write+0x68/0xc0)
[29255.138811] [<c01fdbdc>] (SyS_write) from [<c0107780>] (ret_fast_syscall+0x0/0x1c)
```

图 14.3　内核 oops 中的回溯片段

回溯跟踪生成 oops 之前的函数调用历史记录：

```
[29935.433257] Code: e24cb004 e52de004 e8bd4000 e3a03000 (e5833000)
```

在上述结果中，Code 是 oops 发生时正在运行的机器代码部分的十六进制转储。

14.5.2　转储 oops 跟踪消息

当内核崩溃时，可以将 kdump/kexec 与 crash 实用程序一起使用，以检查崩溃时系统的状态。这种技术不允许查看在导致崩溃的事件之前发生了什么，但它可能是理解或修复错误的一个很好的切入点。

Ftrace 附带了一个试图解决这个问题的功能。为了启用它，可以将 1 回显到/proc/sys/kernel/ftrace_dump_on_oops 或在内核引导参数中启用 ftrace_dump_on_oops。

配置 Ftrace 并启用此功能将指示 Ftrace 在 oops 或恐慌时以 ASCII 格式将整个跟踪缓冲区转储（dump）到控制台。

将控制台输出到串行线路会使调试崩溃变得更加容易。这样，你就可以设置所有内容，然后等待崩溃出现。一旦发生了崩溃，你将在控制台上看到跟踪缓冲区。然后，你将能够追溯导致崩溃的事件。跟踪事件可以追溯到多远取决于跟踪缓冲区的大小，因为这是存储事件历史数据的内容。

也就是说，转储到控制台可能需要很长时间，并且在将所有内容放置到位之前缩小跟踪缓冲区是很常见的，因为每个 CPU 默认的 Ftrace 环形缓冲区超过 1 MB。

你可以使用/sys/kernel/debug/tracing/buffer_size_kb，通过在该文件中写入你希望环形缓冲区的千字节（KB）数来减少跟踪缓冲区大小。请注意，该值是针对每个 CPU 的，而不是环形缓冲区的总大小。

修改跟踪缓冲区大小的示例如下：

```
# echo 3 > /sys/kernel/debug/tracing/buffer_size_kb
```

上述命令会将 Ftrace 环形缓冲区缩小到每个 CPU 仅 3 KB（其实 1 KB 可能就足够了，这取决于你想追溯到崩溃前多远）。

14.5.3　使用 objdump 识别内核模块中的错误代码行

可以使用 objdump 来反汇编目标文件并识别生成 oops 的行。我们将使用反汇编的代码来处理符号名称和偏移量，以指向确切的错误行。

以下行将反汇编 oops.as 文件中的内核模块：

```
arm-XXXX-objdump -fS oops.ko > oops.as
```

生成的输出文件类似以下内容：

```
[...]
architecture: arm, flags 0x00000011:
HAS_RELOC, HAS_SYMS
start address 0x00000000


Disassembly of section .text.unlikely:

00000000 <create_oops>:
0:     e1a0c00d     mov     ip, sp
4:     e92dd800     push    {fp, ip, lr, pc}
8:     e24cb004     sub     fp, ip, #4
c:     e52de004     push    {lr} ; (str lr, [sp, #-4]!)
10:    ebfffffe     bl      0 <__gnu_mcount_nc>
14:    e3a03000     mov     r3, #0
18:    e5833000     str     r3, [r3]
1c:    e89da800     ldm     sp, {fp, sp, pc}

Disassembly of section .init.text:

00000000 <init_module>:
0:     e1a0c00d     mov     ip, sp
4:     e92dd800     push    {fp, ip, lr, pc}
```

```
8:      e24cb004    sub     fp, ip, #4
c:      e59f000c    ldr     r0, [pc, #12] ; 20 <init_module+0x20>
10:     ebffffffe   bl      0 <printk>
14:     ebffffffe   bl      0 <init_module>
18:     e3a00000    mov     r0, #0
1c:     e89da800    ldm     sp, {fp, sp, pc}
20:     00000000    .word   0x00000000

Disassembly of section .exit.text:

00000000 <cleanup_module>:
0:      e1a0c00d    mov     ip, sp
4:      e92dd800    push    {fp, ip, lr, pc}
8:      e24cb004    sub     fp, ip, #4
c:      e59f0004    ldr     r0, [pc, #4] ; 18 <cleanup_module+0x18>
10:     ebffffffe   bl      0 <printk>
14:     e89da800    ldm     sp, {fp, sp, pc}
18:     00000016    .word   0x00000016
```

ℹ注意：

在编译模块时启用调试选项将使调试信息在.ko 对象中可用。在本示例中，使用 objdump-S 将插入源代码以获得更好的视图。

从上述 oops 消息中可以看到，PC 在 create_oops+0x18 处，也就是在 create_oops 地址的 0x18 偏移处。这将我们引向 18: e5833000 str r3, [r3]行（该行已加粗显示）。

为了更好地理解该行，我们可以看看它之前的行：mov r3, #0。在这一行之后，我们有 r3 = 0。回到我们感兴趣的那一行，对于熟悉 ARM 汇编语言的人来说，这意味着将 r3 写入 r3 指向的原始地址（[r3]的 C 语言对应表示是*r3）。请记住，这对应于我们代码中的*(int *)0 = 0。

14.6　小　　结

本章介绍了一些内核调试技巧，并解释了如何使用 Ftrace 跟踪代码以识别一些莫名奇妙的问题，如耗时的函数和 irq 延迟。我们介绍了 API 的打印输出，包括与核心或设备驱动程序相关的代码。最后，我们还学习了如何分析和调试内核 oops。

本章标志着本书的结束，希望你在阅读本书时也能像作者一样享受到本书带来的启发和乐趣，也希望本书竭诚传播的知识对你大有裨益。